普通高等教育"十一五"规划教材

大学物理实验教程

江美福　方建兴　编著

科学出版社

北京

内 容 简 介

本书是苏州大学物理科学与技术学院物理实验中心集体智慧的结晶，是综合多年来使用原有教材的老师和学生的建议和要求，结合建设国家级物理实验教学示范中心过程中的教学实践编写而成的.本书系统介绍了物理实验的基本知识，编排了70余个实验项目，内容涉及物理实验操作基础、基本物理实验和提高性实验、综合设计性实验和拓展创新性实验.

本书可作为普通高等院校各专业不同层次的"大学物理实验"课程的教材或教学参考书，也可作为有关实验技术人员和专业人员的参考用书.

图书在版编目(CIP)数据

大学物理实验教程/江美福，方建兴编著.—北京:科学出版社，2009
普通高等教育"十一五"规划教材
ISBN 978-7-03-024320-1

I.大… II.①江…②方… III.物理学-实验-高等学校-教材 IV.O4-33

中国版本图书馆 CIP 数据核字(2009)第 043882 号

责任编辑:胡云志　唐保军／责任校对:张　琪
责任印制:张　伟／封面设计:耕者设计工作室

科学出版社 出版
北京东黄城根北街16号
邮政编码:100717
http://www.sciencep.com

北京凌奇印刷有限责任公司 印刷
科学出版社发行　各地新华书店经销

*

2009年8月第 一 版　开本:787×1092　1/16
2021年12月第七次印刷　印张:21
印数:17201—17300　字数:550 000

定价:59.00元
(如有印装质量问题，我社负责调换)

前　言

　　本书是在苏州大学出版社出版的《大学物理实验》(1998年,江美福、谈利琴编著)、《物理实验》(2002年第一版,方建兴、江美福、魏品良编著;2007年第二版,方建兴、江美福、朱天淳编著)的基础上,考虑到近年来实验仪器和项目已作更新,教学内容和要求也已发生了较大的变化,综合多年来使用上述教材的老师和学生的建议和要求,结合建设国家级物理实验教学示范中心过程中的教学实践改编而成的,名称改为《大学物理实验教程》,仍定位于高等学校物理实验课程教材,也可作为相关专业的教师和学生的参考用书.

　　本书在内容编排上体现了物理实验教学示范中心近年来形成的物理实验课程新体系的特色,在体系上按物理实验操作基础、基本物理实验和提高性实验、综合设计性实验、拓展创新性实验四大模块编写.依托全息光学、光电子技术、材料物理和等离子体物理组成的拓展实验平台,更新、增添了26个相关实验,综合设计性实验和拓展创新性实验的比重显著加强,突出对学生综合实验研究能力的培养.

　　参加本书编写的人员包括:江美福、方建兴、叶超、张毓麟、罗晓琴、朱天淳、戴永丰、钱侬、阮中中、吴亮、杨亦赏、储炳寿、吴茂成等,最后由江美福、方建兴统稿修改后定稿.

　　本书出版的整个过程中,得到了苏州大学物理科学与技术学院、科学出版社和复旦大学物理系马世红教授的大力支持.在此一并表示感谢!

　　虽然编者为本书的出版进行了较长时间的酝酿和多次研讨,为保证本书的质量做了许多努力,但由于水平有限,书中难免存在不足之处,敬请广大读者批评指正.

编　者

2009年1月于苏州

目 录

前言
绪论 …………………………………………………………………………………………………… 1
第1章 物理实验的基本知识 ………………………………………………………………………… 3
  1.1 测量与误差 …………………………………………………………………………………… 3
  1.2 不确定度的评定 ……………………………………………………………………………… 13
  1.3 有效数字及其运算 …………………………………………………………………………… 17
  1.4 测量结果的完整表示 ………………………………………………………………………… 20
  1.5 实验数据的分析和处理 ……………………………………………………………………… 24
  1.6 数据处理的基本方法 ………………………………………………………………………… 25
  1.7 物理实验的基本测量方法 …………………………………………………………………… 30
  练习题 ……………………………………………………………………………………………… 34
第2章 物理实验操作基础 …………………………………………………………………………… 37
  实验2.1 长度的测量和密度的测定 ……………………………………………………………… 37
  实验2.2 重力加速度的测定 ……………………………………………………………………… 40
  实验2.3 气垫实验 ………………………………………………………………………………… 44
  实验2.4 电路连接和多用电表的使用 …………………………………………………………… 50
  实验2.5 模拟法测绘静电场 ……………………………………………………………………… 57
  实验2.6 电势差计及其使用 ……………………………………………………………………… 60
  实验2.7 圆线圈磁场的测绘 ……………………………………………………………………… 62
  实验2.8 薄透镜焦距的测定 ……………………………………………………………………… 65
  实验2.9 显微镜与望远镜 ………………………………………………………………………… 68
  实验2.10 灵敏电流计的研究 ……………………………………………………………………… 71
  附2.1 常用物理量的测量 ………………………………………………………………………… 75
  附2.2 实验基本操作规程 ………………………………………………………………………… 101
第3章 基本物理实验和提高性实验 ………………………………………………………………… 104
  实验3.1 杨氏模量的测定(拉伸法) ……………………………………………………………… 104
  实验3.2 液体表面张力系数的测定 ……………………………………………………………… 106
  实验3.3 金属线胀系数的测定(光杠杆法) ……………………………………………………… 108
  实验3.4 用落球法测液体的黏度系数 …………………………………………………………… 111
  实验3.5 空气密度的测定 ………………………………………………………………………… 115
  实验3.6 耦合摆的研究 …………………………………………………………………………… 118
  实验3.7 扭摆法测定物体的转动惯量 …………………………………………………………… 121
  实验3.8 弦振动的研究 …………………………………………………………………………… 125
  实验3.9 弹簧振子振动周期的研究 ……………………………………………………………… 127

实验 3.10　用玻尔共振仪研究受迫振动 ……………………………………………… 128
实验 3.11　电热法测定热功当量 …………………………………………………… 131
实验 3.12　不良导体导热系数的测定 ……………………………………………… 133
实验 3.13　空气比热容比的测定 …………………………………………………… 135
实验 3.14　电子元件伏安特性的测量和修正 ……………………………………… 138
实验 3.15　电介质介电常数的测量 ………………………………………………… 140
实验 3.16　用直流电桥测量电阻 …………………………………………………… 143
实验 3.17　交流电桥 ………………………………………………………………… 150
实验 3.18　霍尔效应测磁感强度 …………………………………………………… 153
实验 3.19　油滴实验——电子电荷的测定 ………………………………………… 156
实验 3.20　RLC 电路谐振特性的研究 ……………………………………………… 161
实验 3.21　RLC 串联电路的稳态特性 ……………………………………………… 165
实验 3.22　RLC 串联电路的暂态过程 ……………………………………………… 170
实验 3.23　半导体 pn 结物理特性及弱电流的测量研究 ………………………… 175
实验 3.24　示波器 …………………………………………………………………… 178
实验 3.25　温度传感器及其应用 …………………………………………………… 185
实验 3.26　单色仪的定标与滤光片光谱透射率的测定 …………………………… 191
实验 3.27　用双棱镜测光波波长 …………………………………………………… 195
实验 3.28　分光计的调节及棱镜折射率的测定 …………………………………… 197
实验 3.29　用透射光栅测定光波波长 ……………………………………………… 202
实验 3.30　迈克耳孙干涉仪的调节和使用 ………………………………………… 205
实验 3.31　牛顿环与劈尖干涉 ……………………………………………………… 210
实验 3.32　偏振现象的观察与分析 ………………………………………………… 214
实验 3.33　用旋光仪测旋光性溶液的旋光率和浓度 ……………………………… 218
实验 3.34　单缝衍射相对光强分布的测量 ………………………………………… 222
实验 3.35　普朗克常量的测定 ……………………………………………………… 225
实验 3.36　液晶的电光效应与显示原理 …………………………………………… 228
实验 3.37　全息照相 ………………………………………………………………… 233
实验 3.38　空气中声速的测定 ……………………………………………………… 240

第 4 章　综合设计性实验 …………………………………………………………… 244

实验 4.1　振动法测材料的杨氏(弹性)模量 ……………………………………… 244
实验 4.2　用传感器测空气相对压力系数 ………………………………………… 248
实验 4.3　摄影和暗室技术 ………………………………………………………… 250
实验 4.4　考察光源的时间相干性 ………………………………………………… 256
实验 4.5　旋转液体特性研究 ……………………………………………………… 259
实验 4.6　热空气发动机 …………………………………………………………… 261
实验 4.7　用光电传感器(鼠标)进行位移测量实验 ……………………………… 266
实验 4.8　数码相机的应用 ………………………………………………………… 268
附 4.1　测量仪器和测量条件的选择 ……………………………………………… 270

附 4.2　测量最有利条件的确定 ··· 271
  附 4.3　测量次数的确定 ·· 272
第 5 章　拓展创新性实验 ··· 273
  实验 5.1　全息干涉计量测微小位移 ·· 273
  实验 5.2　阿贝成像原理和空间滤波 ·· 275
  实验 5.3　非线性电路混沌实验 ··· 282
  实验 5.4　法布里-珀罗标准具 ··· 285
  实验 5.5　集成运算放大器及简单应用 ·· 288
  实验 5.6　硅光电池的线性响应 ··· 290
  实验 5.7　介质薄膜折射率的测定 ··· 293
  实验 5.8　真空的获得与测量 ·· 294
  实验 5.9　等离子体的产生 ··· 299
  实验 5.10　等离子体参数的静电探针测量 ·· 301
  实验 5.11　等离子体参数的发射光谱诊断 ·· 303
  实验 5.12　纳米薄膜的红外光谱测定和分析 ··· 305
  实验 5.13　纳米薄膜的紫外光谱测定和分析 ··· 308
  实验 5.14　固体材料润湿性能的水接触角测量 ··· 310
  实验 5.15　椭圆偏振仪测量薄膜的厚度和折射率 ··· 312
参考文献 ·· 315
附录 A　中华人民共和国法定计量单位 ·· 316
附录 B　基本物理常数 ··· 318
附录 C　物理常量表 ·· 320

绪　　论

1. 物理实验课的地位、作用和任务

物理学是实验科学.物理学的概念、规律和理论的建立、发现与形成,都以物理实验为基础并受到实验的检验.物理学在自然科学的其他领域的广泛应用也离不开实验.历史上每次重大的技术革命都来源于物理学上的重大突破.热学、热力学的研究(18世纪下半叶)导致蒸汽机的发明和广泛应用,引发了第一次工业革命,使人类进入了热机、蒸汽机时代.电磁感应的研究、电磁学理论的建立(19世纪中叶)导致发电机、电动机的发明及无线电通信的发展,从而引发了第二次工业革命,人类从此跨入了电气化时代.相对论、量子力学的建立(1900～1930年)使物理学进入了高速、微观领域;核物理的研究和发展导致核能的释放和应用成为现实;原子、分子物理的研究和发展导致了激光的发明和应用;半导体、固体物理、材料科学的研究和发展导致了晶体管、大规模集成电路、新材料、电子计算机的发明和广泛应用.人们把新能源、新材料、激光技术、信息技术的发展称为第三次工业革命.物理实验的思想、方法和技术已广泛应用于其他学科和生产实践之中,成为推动科学技术发展的强有力的工具.

作为21世纪的理工科大学生,不仅要掌握比较深厚的基础理论和专业理论知识,还应在物理实验的基本知识、基本方法、基本技能等方面受到较系统的训练,加深对物理学基本概念和基本规律的理解和掌握,提高科学素质和实践能力.

物理实验课是学生必修的独立开设的一门基础实验课,是学生进入大学后接受系统实验方法和实验技能训练的开端,是理工科类专业对学生进行科学实验训练的重要基础课程.

物理实验课的具体任务是：

(1) 通过对实验现象的观察、分析,研究物理现象,验证物理规律,对物理量进行测量,掌握常用基本物理实验仪器的原理和性能,学会正确使用、调节和读数,了解一些物理量的测量方法.

(2) 培养与提高学生的科学实验能力,其中包括：①自行阅读实验教材或资料,做好实验前的准备；②借助教材或仪器说明书正确使用常用仪器；③运用物理学理论对实验现象进行初步分析和判断；④学会对实验进行误差分析和不确定度评定的基本方法,正确记录和处理实验数据,绘制曲线,说明实验结果,撰写合格的实验报告；⑤完成简单的设计性实验,为以后独立设计实验方案和解决新的实验课题创造条件；⑥提高进行科学实验工作的综合能力,包括实际动手能力、分析判断能力、独立思考能力、革新创造能力、归纳总结能力、口头表达能力等.

(3) 培养与提高学生的科学实验素养,使学生具有理论联系实际和实事求是的科学作风,严肃认真的工作态度,主动研究的探索精神和遵守纪律、爱护公共财物的优良品德.

2. 物理实验课的基本程序

(1) 预习.实验前必须认真阅读教材及有关参考资料,着重于理解实验原理,明确实验目的、测量方法和主要实验步骤,并在上课前写好预习报告.预习报告的内容主要包括：写出实验名称；回答预习思考题；列出有关测量的计算式或将要被验证的定律；画出电路图、光路图或设备示意图;设计出初步的数据记录表格.

(2) 实验操作. 首先应根据教材或仪器说明书熟悉仪器,在老师指导下了解仪器的正确使用方法,对照仪器,明确要测哪些物理量,弄清先测什么、再测什么、最后测什么、如何测等,做到心中有数,绝对不可盲目动手.

实验中,应集中精力仔细观察,认真思考观察到的物理现象;正确读数,及时将采集的实验数据和观察到的现象如实地记录下来,尤其是对所谓反常现象更要仔细观察分析,不要单纯追求"顺利",要养成对观察到的现象和所测得的数据随时进行分析、判断的习惯;对实验过程中出现的故障要学会即时排除.

实验结束后,要将测得的数据交给老师检查,检查合格并整理好仪器后,方可离开实验室.

(3) 撰写实验报告. 写实验报告是为了培养、训练学生以书面形式总结工作或报告科研成果的能力. 一份完整的实验报告一般包括以下内容:①实验名称和日期;②实验目的;③实验原理(应用自己的语言简要叙述,切忌照抄教材,应画出实验的原理图、电路图、光路图等,并列出测量和计算所依据的公式);④实验仪器及装置(仪器应标明规格、型号);⑤主要实验步骤(对实验中关键性的调整方法和测量技巧应着重写出);⑥数据表格、实验曲线;⑦数据处理及结果分析(要求写出数据处理的主要过程,进行误差分析和不确定度评定,并给出最后结果);⑧问题讨论(包括对实验现象的分析、实验中存在的问题、改进实验的建议、回答讨论题等).

实验报告要求努力做到书写清晰,字迹端正,数据记录整洁,图表合格,文理通顺,内容简明扼要. 实验报告一律用物理实验报告纸书写.

第1章 物理实验的基本知识

所谓实验,就是在理论指导下,实验者选用一些仪器设备,在一定的条件下,人为地控制或模拟自然现象,并通过对某些物理量的观察与测量去探索客观规律的过程.由于实验方法的不完善,仪器都有一定的精确度,测量条件并非总能满足理论上假定的或测量仪器所规定的使用条件,因此任何测量都不可能是绝对准确的.进行一项实验,除了要懂得如何正确获取应有的数据外,如何正确处理实验中得到的数据,如何正确表达测量结果,并给出对测量结果的可靠性评价(合理估计出误差范围或不确定度),也是实验工作者必须掌握的基本知识.

本章就是针对上述问题,通过实例,系统地介绍物理实验的基本知识.主要内容包括:测量与误差、误差与不确定度、不确定度的评定、测量结果的质量评价、有效数字及其运算、数据处理的基本方法、物理实验的基本测量方法等.

1.1 测量与误差

所谓测量,就是将待测量与选作法定标准的同类计量单位进行比较,从而确定待测量是标准单位的若干倍,这一过程称为测量.显然,测量值(结果)应包含数值和单位两部分,两者缺一不可.我国采用的单位是以 SI 制为基础的法定计量单位.

测量得到的数值称为测量值,用"x"表示.

1.1.1 测量的分类

1. 直接测量和间接测量

用测量仪器能直接获得测量结果的测量称为直接测量,相应的物理量称为直接测量量.直接测量是实验中最基本最常见的一种测量方式,如用米尺量物体的长度、用天平称物体的质量等.

实际上很多物理量是不能用仪器直接测量的,往往是通过若干可直接测量的物理量经过一定的函数关系运算后获得的,这种测量称为间接测量,相应的物理量称为间接测量量.

例如,测圆柱体的密度时,可以用游标卡尺或螺旋测微计量出它的高度 h 及直径 d,用天平称出它的质量 m,则圆柱体的密度为

$$\rho = \frac{m}{V} = \frac{4m}{\pi d^2 h}$$

需要指出的是,由于选用的测量方法不同,同一物理量可以是直接测量量,也可以是间接测量量.例如,采用上述方法测出的圆柱体体积为间接测量量,若改用量筒排水法测量,它又成为直接测量量了.

2. 等精度测量与不等精度测量

如对某一物理量进行多次重复测量,而且每次的条件都相同(同一观察者、同一组仪器、同一种实验方法、同一实验环境等),测得一组数据$(x_1, x_2, \cdots, x_n)$,尽管各次测得的结果有所

不同,没有充足的理由可以判断某次测量比另一次更精确,这样只能认为每次测量的精确程度是相同的.于是将这种同样精确程度的测量称为等精度测量;这样的一组数据称为测量列.在诸测量条件中,只要有一个发生了变化,这时所进行的测量就成为不等精度测量.

严格说来,在物理实验中,保持测量条件完全相同的多次测量是极其困难的,但当某一条件的变化对测量结果影响不大,甚至可以忽略时,仍可视这种测量为等精度测量.在本章中,除了特别指明外,所讨论的测量均为等精度测量.

1.1.2 误差

1. 真值

在一定的客观条件下,被测量的物理量具有一个客观的真实数值,称为该物理量的"真值",用"X"表示.测量的目的就是力图得到这些真值.由于在具体测量时,各种条件的限制(如仪器、测量者、客观条件、实验方法等),测量不可能绝对准确,实际上,真值永远得不到.测量只可能尽量得到真值的近似值或称近真值,有时也称最佳值.

2. 误差

测量值与真值之差,称为误差,可表示为

$$\Delta x_i = x_i - X \tag{1.1.1}$$

式中,Δx_i 为某次误差,x_i 为某次测量值,显然 Δx_i 可正也可负.

既然真值永远得不到,按照误差定义,误差也就无法精确求出.为了解决这个问题,实际测量时,有时可以用下列各类值与测量值之差来估算误差.

(1) 理论值.例如,三角形内角之和为 180°等.

(2) 公认值.世界各国公认的一些常数,如在标准大气压下,0℃时水的密度为 999.84kg/m³ 等.

(3) 计量学约定真值.例如,国际及国家计量部门规定的长度、时间、质量等标准.

(4) 相对真值.用准确度高一个等级的仪器校正的测定值.

3. 误差的分类

为了得到尽可能接近真值的测量结果,测量者必须分析和研究误差的来源和性质,有针对性地采取适当措施,尽可能地减小误差.

误差按其特征和表现形式可以分为系统误差、偶然误差两大类.

1) 系统误差

系统误差的特点是,在同一条件下(实验方法、仪器、环境和观察者等不变),每次测量同一物理量时,误差的大小和符号始终保持恒定或按一定的规律变化.

系统误差的来源有以下几个方面:

(1) 仪器的固有缺陷.如刻度不准、零点没调准、仪器水平或铅直未调整好、砝码本身未经校准等.

(2) 实验方法的不完善.实验所依据的原理不尽完善,公式的近似性或实验条件达不到理论公式所要求的条件而引起的误差,如称重时未考虑空气浮力、忽略摩擦、接触电阻等.

(3) 环境条件的变化.外界环境(如温度、湿度、电磁场等)发生变化或不满足测量仪器规定的使用条件所造成的误差,如标准电池是以 20℃时的电动势作为标准值的,若在 5℃时使用而不加修正就引入了系统误差.

(4) 测量者自身的某些因素. 由测量者感觉器官的不完善或某种不良习惯所引起的误差. 例如, 有的人习惯侧坐斜视读数而造成读数偏大或偏小, 几个人同时用秒表计时会因每个人的反应快慢不同而结果不一致等.

系统误差的数值和符号(正、负)一般来说是定值或按某种规律变化, 因此系统误差是可以被发现、减小、消除或修正的, 但不能通过多次测量来减小或消除. 对操作者来说, 系统误差的规律及其产生原因可以知道, 也可能不知道. 已被确切掌握了其大小和符号的系统误差, 称为可定系统误差; 对大小和符号不能确切掌握的系统误差称为未定系统误差. 前者一般可以在测量过程中采取措施予以消除或在测量结果中进行修正; 而后者一般难以作出修正, 只能估计出它的极限范围.

2) 随机误差(偶然误差)

在一定条件下, 每次测量同一物理量时, 测量值仍会出现一些似乎毫无规律的起伏, 这种大小和符号随机变化的误差, 称为随机误差又称偶然误差.

随机误差可能的来源是: 人们的感官(如听觉、视觉、触觉等)的分辨能力不尽相同, 表现为每个人的估读能力不一致; 外界的干扰(如温度不均匀、振动、气流、噪声等)既不能消除又无法精确估量; 所有影响测量的次要因素不尽全知等. 这种误差是无法控制的. 但在同一条件对同一物理量进行多次测量时, 随机误差的分布显示出一定的统计规律, 大多数情况下遵守正态分布, 如图 1.1.1 所示. 横坐标表示误差 $\Delta = x - X$, 纵坐标表示与误差出现的概率有关的概率密度函数 $f(\Delta)$. 应用概率论的数学方法可导出

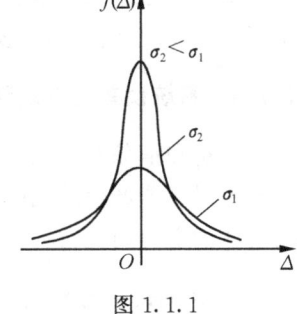

图 1.1.1

$$f(\Delta) = \frac{1}{\sigma\sqrt{2\pi}} e^{-\frac{\Delta^2}{2\sigma^2}} \tag{1.1.2}$$

式(1.1.2)中的特征量 σ 为

$$\sigma = \lim_{n \to \infty} \sqrt{\frac{\sum \Delta_i^2}{n}} = \sqrt{\frac{\sum (x_i - X)^2}{n}} \tag{1.1.3}$$

σ 称为标准误差.

服从正态分布的随机误差具有下面一些特性:

(1) 单峰性. 绝对值小的误差出现的概率比绝对值大的误差出现的概率大.

(2) 对称性. 绝对值相等的正负误差出现的概率相同.

(3) 有界性. 在一定的测量条件下, 误差的绝对值不超过一定限度.

(4) 抵偿性. 随机误差的算术平均值随着测量次数的增加而越来越趋向于零, 即

$$\lim_{n \to \infty} \frac{1}{n} \sum_{i=1}^{n} \Delta_i = 0 \tag{1.1.4}$$

综上所述, 系统误差的特点是确定性, 随机误差的特点是随机性. 它们是两种不同性质的误差, 在一定的实验条件下, 它们有自己的内涵和界限, 但当条件改变时, 彼此又可能相互转化. 例如, 系统误差与随机误差的区别有时与空间和时间的因素有关. 测量时环境温度在短时间内可保持恒定或缓慢变化, 但在长时间内却是在某个平均值附近作无规律的变化, 因此由于温度变化造成的误差在短时间内可以看成是系统误差, 而在长时间内则宜作随机误差处

理.随着技术的发展和设备的改进,某些产生随机误差的因素能够得到控制,这些随机误差就可以确定为系统误差并得到改善或修正;而有些规律复杂的未定系统误差也可以通过改变测量状态使其随机化,这种系统误差又可以当作随机误差来处理.

还有一种过失误差,是由于测量系统偶然偏离所规定的测量条件和方法或记录、计算数据时出现失误而产生的,实际上是一种测量错误.错误不同于误差,它是不允许存在的,是完全可以事先发现和避免的.

需要指出的是,不应当把有某种异常的观察值都作为过失误差来处理,因为它可能是数据中固有的随机性的极端情况.判断一个观察值是否为异常值,通常应根据技术上或物理上的理由做出决定.1.5节将给出一个简单的判定方法.

如上所述,误差自始至终存在于一切科学测量的全过程之中,因此作为一个科学实验的结果,不仅应当提供被测对象的量值大小和单位,还应当对测量数值本身的可靠程度作出判断(即给出误差范围或不确定度).一个不知道可靠程度的测量值是没有多大意义的.因此,一个正确的实验结果应该包括数值、单位和误差(或不确定度),三者缺一不可.下面简单介绍系统误差的发现和消除,以及如何估算随机误差.

1.1.3 系统误差的发现和消除

分析和消除系统误差是一个比较复杂的问题,任何一个实验者都应在实验前、实验中和实验后对可能产生的或已经产生的系统误差加以分析和研究.但由于系统误差的分析很难脱离具体的实验内容,在此仅作一简单介绍,在以后的仪器误差及不确定度的评定中也将涉及.

1. 系统误差的发现

如前所述,系统误差的数值和符号(正、负)一般来说是定值或按某种规律变化,因此系统误差不能通过简单地重复测量来发现或消除.下面介绍几种常用的揭示系统误差的方法.

(1) 理论分析.测量过程中因理论公式的近似性等原因所造成的系统误差常常可以从理论上作出判断并估计其量值,如伏安法测电阻时,电流表内接时将产生正误差,外接时将产生负误差.

(2) 将实验结果与公认值或相对真值比较.对已经调好的仪器或系统,可通过测量已有公认值或相对真值的物理量来发现该仪器或系统是否存在重大的系统误差,如在光学实验中,常常通过测量波长已知的钠双线(589.0nm 和 589.6nm)或氦氖激光器发出的红光(632.8nm)等来检查测量系统的准确度.

(3) 进行不同测量方法的比较测量.比较用不同的测量方法或设备去测量同一物理量所得出的结果也可以判断是否存在系统误差,如用两种不同型号的天平来测量某物体的质量、用两只不同的电流表先后测量某电路的电流值等.

(4) 进行不同实验条件的比较测量.改变产生某项系统误差的具体条件进行比较测量,常常可以发现有关的系统误差,如用电势差计来测量某电池的电动势时,可以通过改变辅助电源的电压来突出电阻丝不均匀所带来的影响.

2. 系统误差的消除或修正

发现系统误差之后需要对测量的各个环节进行全面的分析,进一步验证并找出其产生的具体原因,才有可能作出针对性的处理.

(1) 通过理论公式引入修正值.例如,伏安法测电阻时,电流表内接或外接必须分别考虑电流表和电压表的内阻等.

(2) 消除造成某项系统误差的因素.例如,在弹性模量和简谐运动的研究等实验中,钢丝和弹簧的自然状态几乎均非完全伸直,常常采用加起始载荷的方法来消除这类"起始"误差.

(3) 改进测量方法.例如,质量称衡时,用复称法或交换法来消除天平的不等臂误差;用分光计测量三棱镜的顶角等实验中,采用对径读数法来消除度盘的偏心差;光栅实验中,采用对± 1级衍射角取平均的办法来改善光束偏离垂直入射造成的测角误差;在电表校准实验中,用高级别的电表来对低级别的电表示值做出修正,以改善其可定系统误差.

(4) 实验曲线的内插、外推和补偿.例如,采用多管法测定液体的黏度系数实验时,测出同一钢球在不同内径的管子中经过相同距离时所用的时间,再作出$\frac{d}{D}$-t曲线,然后外推到管子内径$D \to \infty$时的极限时间值等.

(5) 系统误差的随机化处理.改变测量条件时,系统误差也将时大时小,时正时负,平均的结果可实现系统误差的部分抵偿.因此对有些系统误差,可在均匀改变测量状态下作多次测量,并取测量的平均值来削弱.例如,使用测微目镜测间距,由于测微丝杠的螺距不可能做得绝对均匀,测量中有意利用丝杠的不同部位进行测量,螺距不均匀所造成的系统误差在一定程度上被随机化了,用平均值来表达测量结果就较为准确;在圆柱或钢丝的不同截面、不同方位进行直径测量,可以部分抵偿因材质和加工等原因造成试样直径不均匀或形状不规则所带来的微小误差.

1.1.4 随机误差的统计处理

对某一物理量x进行多次直接测量后,得到的是一组含有误差的数据,如何从这组数据中获得待测量及其误差的最佳估计值呢?

从前面的讨论中可知,随机误差具有抵偿性,即随机误差的算术平均值随着测量次数的增加而逐渐趋向零(式(1.1.4)).为此可以用增加测量次数的办法来减小随机误差,当测量次数$n \to \infty$或足够多时,测量列的随机误差趋于零,此时各次测量结果的算术平均值就趋近于真值.

1. 近真值

如果在相同条件下对某物理量x进行了n次(等精度)重复测量,测量值分别为$x_1, x_2, x_3, \cdots, x_n$,其算术平均值为

$$\bar{x} = \frac{1}{n}(x_1 + x_2 + \cdots + x_n) = \frac{1}{n}\sum_{i=1}^{n} x_i \tag{1.1.5}$$

根据误差理论,在一组n次测量的数据中算术平均值最接近于真值,因此定义$\bar{x}$为测量结果的最佳值或近真值.测量值与最佳值的差称为偏差.由于真值永远得不到,只能得到近真值,进行误差估算,严格说来应是偏差估算(两者在测量次数$n \to \infty$或足够多时一致).在以后的讨论中,本书不再严格区分误差和偏差,而笼统地称为误差.

2. 误差估算

物理实验中,多次测量的误差可用算术平均绝对误差或标准误差(方均根误差)来表示,另外误差估算时还会用到极限误差.

1) 算术平均绝对误差

n次测量(等精度)中,每次测量值x_i与$\bar{x}$的偏差为$\delta_i = x_i - \bar{x}$,定义算术平均绝对误差为

$$\delta = \frac{1}{n}(|\delta_1|+|\delta_2|+\cdots+|\delta_n|) = \frac{1}{n}\sum_{i=1}^{n}|\delta_i| \qquad (1.1.6)$$

根据误差理论可算出，误差出现在 $(-\delta,+\delta)$ 区间内的概率分布函数值为 57.5%，可见算术平均绝对误差的物理意义是：任作一次测量，测量值的误差在 $-\delta \sim +\delta$ 的可能性为 57.5%。

2) 标准误差（方均根误差）

前面已约定，每次测量的随机误差的分布遵守正态分布，其概率密度函数 $f(\Delta)$ 的特征量 σ 即为标准误差（式(1.1.3)），式中 X 为真值。用误差的概率密度函数可以得出，误差出现在 $(-\sigma,+\sigma)$ 区间内的概率为

$$P(-\sigma < \Delta < +\sigma) = \int_{-\sigma}^{\sigma} f(\Delta)\mathrm{d}\Delta = \int_{-\sigma}^{\sigma} \frac{1}{\sigma\sqrt{2\pi}} e^{-\frac{\Delta^2}{2\sigma^2}} \mathrm{d}\Delta$$

查拉普拉斯积分表可得

$$P(-\sigma < \Delta < +\sigma) = 68.3\%$$

可见，标准误差 σ 所表示的意义是：任作一次测量，测量误差落在 $-\sigma \sim +\sigma$ 的可能性为 68.3%。真值实际上得不到，但当测量次数 $n \to \infty$ 或足够多时，$\bar{x} \to X$，此时标准误差 σ_x 的计算式应为

$$\sigma_x = \sqrt{\frac{\sum \Delta_i^2}{n}} = \sqrt{\frac{\sum (x_i - \bar{x})^2}{n}} \quad (n \to \infty \text{ 或足够多}) \qquad (1.1.7)$$

当测量次数 n 有限时，$\bar{x} \neq X$，我们只能得到偏差，此时只能根据偏差来估算标准误差，由误差理论可以证明，此时可以将

$$S_x = \sqrt{\frac{\sum \delta_i^2}{n-1}} = \sqrt{\frac{\sum (x_i - \bar{x})^2}{n-1}} \quad (n \text{ 有限时}) \qquad (1.1.8)^{①}$$

作为 σ_x 的最佳估计。S_x 称为测量列的标准误差，式(1.1.8)即为贝塞尔公式。不难发现，当 $n > 10$ 时，式(1.1.7)与式(1.1.8)计算出的结果已很接近。实验教学中，测量次数 n 都是有限

---

① 关于式(1.1.8)的导出。

如果在相同条件下对某物理量 x 进行了 n 次（等精度）重复测量，测量值分别为 $x_1, x_2, x_3, \cdots, x_n$，其算术平均值为 $\bar{x} = \frac{1}{n}(x_1+x_2+\cdots+x_n) = \frac{1}{n}\sum_{i=1}^{n} x_i$，而真值为 X，则按定义各次测量的误差和偏差分别为：$\Delta_i = x_i - X$，$\delta_i = x_i - \bar{x}$，对 Δ_i 求和（注意到 $\sum x_i = n\bar{x}$）得

$$\sum \Delta_i = \sum x_i - nX = n\bar{x} - nX, \quad \bar{x} = X + \frac{\sum \Delta_i}{n}$$

相应的偏差可表示为

$$\delta_i = x_i - X - \frac{\sum \Delta_i}{n} = \Delta_i - \frac{\sum \Delta_i}{n},$$

对上式两边平方再求和得

$$\sum \delta_i^2 = \sum \Delta_i^2 - 2\frac{\left(\sum \Delta_i\right)^2}{n} + n\left(\frac{\sum \Delta_i}{n}\right)^2$$

即

$$\sum \delta_i^2 = \sum \Delta_i^2 - \frac{\left(\sum \Delta_i\right)^2}{n}$$

对上式右边第二项展开可得

$$\sum \delta_i^2 = \sum \Delta_i^2 - \frac{\sum \Delta_i^2}{n} - 2\frac{\sum_{i<j} \Delta_i \Delta_j}{n}$$

由于误差有正有负，当 $n \to \infty$ 时，上式右侧第三项趋于零，于是有

的,一般 $5 \leqslant n \leqslant 10$,故常用式(1.1.8)来估算测量值的随机误差,并近似认为测量次数不是很少(10 次左右)时,测量列中任一测量值的误差落在区间 $(-S_x, +S_x)$ 内的概率仍在 68% 左右.

另外,查拉普拉斯积分表可得 $P(-2\sigma < \Delta < +2\sigma) = 95.4\%$,$P(-3\sigma < \Delta < +3\sigma) = 99.7\%$,它表明任作一次测量时,测量值的误差落在 $-3\sigma \sim +3\sigma$ 的概率为 99.7%,即在 1000 次测量中只有 3 次测量其误差绝对值会超出 3σ,而一般测量中次数很少超过几十次,因此可以认为测量值误差超出 $\pm 3\sigma$ 范围的概率是极小的,故称 3σ 为极限误差.

3) 算术平均值的标准误差

如上所述,对物理量 x 进行了 n 次等精度测量后,通常取其平均值 $\bar{x}$ 作为最佳值.显然 $\bar{x}$ 比任何一次测量值 x_i 更可靠,但 $\bar{x}$ 毕竟不是真值,其可靠性如何呢?

根据误差理论,算术平均值 $\bar{x}$ 的标准误差 $S_{\bar{x}}$ 可写成

$$S_{\bar{x}} = \frac{S_x}{\sqrt{n}} = \sqrt{\frac{\sum (x_i - \bar{x})^2}{n(n-1)}} \tag{1.1.9}①$$

上式表明,算术平均值的标准误差是测量列的标准误差的 $1/\sqrt{n}$ 倍.可以证明,算术平均值 $\bar{x}$ 的误差落在区间 $(-S_{\bar{x}}, +S_{\bar{x}})$ 内的概率为 68.3%.

标准误差 σ_x 是一个描述测量结果的离散程度的统计参量,S_x 是作为 σ_x 的估计值出现的,它提供的是单次测量的标准误差信息,尽管计算 S_x 时用到了平均值和多次测量的结果.

如果直接测量中系统误差已减至最小,被测量是稳定的,并且对它作了多次测量,那么就应该用算术平均值 $\bar{x}$ 作为测量值的最佳估计,用算术平均值的标准误差 $S_{\bar{x}}$ 作为标准误差的最佳估计.

必须指出的是,S_x 和 $S_{\bar{x}}$ 是作为 σ_x 和 $\sigma_{\bar{x}}$ 的估计值出现的,它们都不是原来意义上的误差,而属于不确定度的范畴.另外,算术平均误差 δ、测量列的标准误差 S_x 和算术平均值的标

$$\sum \delta_i^2 = \sum \Delta_i^2 - \frac{\sum \Delta_i^2}{n} = \frac{n-1}{n} \sum \Delta_i^2$$

即

$$\frac{\sum \delta_i^2}{n-1} = \frac{\sum \Delta_i^2}{n} = \sigma^2$$

用偏差计算测量列的标准误差的公式为

$$S_x = \sqrt{\frac{\sum \delta_i^2}{n-1}} = \sqrt{\frac{\sum (x_i - \bar{x})^2}{n-1}}$$

上式即为贝塞尔公式.必须指出的是,以上讨论中假定了 $n \to \infty$,而实际测量次数 n 是有限的,故 S_x 只是对 σ_x 的一种估计.当测量次数较少时(如 $n < 5$),随机误差不再遵守正态分布,而符合 t 分布.有关进一步的探讨,请参阅有关误差理论的书籍.

① 关于式(1.1.9)的证明.

如果在相同条件下对某物理量 x 进行了 n 次(等精度)重复测量,测量值分别为 $x_1, x_2, x_3, \cdots, x_n$,其算术平均值为

$$\bar{x} = \frac{1}{n}(x_1 + x_2 + \cdots + x_n)$$

由标准误差的传递公式(1.4.2 节)有

$$S_{\bar{x}} = \sqrt{\sum \left(\frac{1}{n}\right)^2 S_i^2}$$

对于多次等精度测量,$S_1 = S_2 = \cdots = S_x$,则有

$$S_{\bar{x}} = \sqrt{\sum \left(\frac{1}{n}\right)^2 S_x^2} = \frac{S_x}{\sqrt{n}}$$

准误差 $S_{\bar{x}}$ 都与测量值有相同的单位,都没有考虑待测量的大小,是以误差的绝对值来表示测定值的误差,故都属于绝对误差.但由于算术平均误差 δ 反映的是每次测量误差绝对值的平均值,显然夸大了误差,且不能反映随机误差的统计特性,一般仅在极粗略的误差估算时才用到,本书约定绝对误差一律采用标准误差来表征.

以上的讨论是针对随机误差而言的,对未定系统误差,如果通过改变测量条件使之呈现某种随机变化的特征,式(1.1.8)和式(1.1.9)仍然有效.

1.1.5 仪器误差

任何测量都需要借助一定的仪器或装置进行,任何仪器在制造或装配过程中都难免有一些缺陷,如轴承摩擦、游丝不匀、分度不匀、检测标准本身的误差等,即使在正确使用情况下,这种缺陷也会带来误差.仪器误差或允许误差限就是在正确使用仪器的条件下,测量所得结果和被测量的真值之间可能产生的最大误差,它包含了在规定条件下可定系统误差、未定系统误差和随机误差的总效果.例如,数字仪表是通过对被测信号进行适当放大(或衰减)后作量化计数,给出数字显示的,其中由于放大(或衰减)系数和量化单位不准造成的误差属于可定系统误差,来自测量过程中电子系统的漂移而产生的误差属于未定系统误差,而量化过程的尾数截断造成的误差又具有随机误差的性质.

对照通用的国际标准,按允许出现的误差的大小,国家计量局将仪器分级称为准确度级别.使用时根据仪器的量程和准确度级别,有些只根据级别就可计算出该仪器的仪器误差.结合物理实验的特点,下面作一简单的介绍.

1. 长度测量类

物理实验中最基本的长度测量工具是米尺、游标卡尺和螺旋测微计(又称千分尺).在物理实验中长度测量工具的仪器误差按下列办法确定:仪器说明书中已规定的取其给定的数值;无仪器说明书或说明书中未明确规定的,查有关标准和规定,如游标卡尺、螺旋测微计的仪器误差即为示值误差,本书摘录了其中的一部分,见表1.1.1~表1.1.3;既没有仪器说明书,又不能查表得出的,通常约定可估读仪器的仪器误差取其最小分度值的一半.

表 1.1.1 钢直尺和钢卷尺的允许误差

钢直尺		钢卷尺	
尺寸范围/mm	允许误差/mm	准确度等级	示值允许误差/mm
≥1~300	±0.10	Ⅰ级	±(0.1+0.2L)
≥300~500	±0.15	Ⅱ级	±(0.3+0.2L)
≥500~1000	±0.20		
≥1000~1500	±0.27		
≥1500~2000	±0.35		

注:式中 L 是以米为单位的长度,当长度不是米的整数倍时,取最接近的较大的整"米"数.

表 1.1.2 游标卡尺的示值误差

测量长度/mm	示值误差/mm		
	分度值 0.02mm	分度值 0.05mm	分度值 0.10mm
0~150	±0.02	±0.05	±0.10
150~200	±0.03	±0.05	
200~300	±0.04	±0.08	
300~500	±0.05	±0.08	
500~1000	±0.07	±0.10	±0.15

表 1.1.3　螺旋测微计的示值误差

测量范围/mm	示值误差/mm	测量范围/mm	示值误差/mm
0～25,25～50	±0.004	100～125,125～150	±0.006
50～75,75～100	±0.005	150～175,175～200	±0.007

2. 质量测量类

物理实验中称衡质量的主要工具是天平.天平的测量误差应当包括示值变动性误差、分度值误差和砝码误差等.单杠杆天平按精度分为十级,砝码的精度分为五等,一定精度级别的天平要配用等级相当的砝码.在简单实验中,通常取天平分度值的一半作为仪器误差.表1.1.4给出了几种实验室中常用的物理天平的感量及其允许误差.

表 1.1.4　物理天平的示值误差

	型　号	最大称量/g	感量/mg	不等臂偏差/mg	示值误差/mg
物理天平	WL	500	20	60	20
	WL	1000	50	100	50
	TW-02	200	20	<60	<20
	TW-05	500	50	<150	<50
	TW-1	1000	100	<300	<100
精密天平	TG504	1000	2	≤4	≤2
	TG604	1000	5	≤10	≤5
分析天平	TG628A	200	1	3	1

3. 时间测量类

秒表是物理实验中最常用的计时仪表,属于不可估读仪器,较短时间内通常取其最小分度值作为其仪器误差.对石英电子秒表,其最大偏差 $\leq \pm(15.8\times 10^{-6}t+0.01)$ s,其中 t 是时间的测量值.

4. 温度测量类

物理实验中常用的测温仪器包括水银温度计、热电偶和电阻温度计等,本书中约定水银温度计的仪器误差按其最小分度值的 1/2 计算.不同量程下热电偶和电阻温度计的仪器误差读者可自行查阅有关手册.

5. 电学测量类

根据国家标准,电学仪表按照其准确度大小被划分为若干等级,其基本误差限可通过准确度等级的有关公式算出.

1) 电磁仪表(指针式电流表、电压表)

在规定条件下使用时,电表的仪器误差的最大限为

$$\Delta_{仪} = \pm 量程 \times 准确度等级\% = \pm N_m \times a_n \% \quad (1.1.10)$$

式中,N_m 为电表的量程,a_n 为以百分数表示的电表的准确度等级,共分为 0.1,0.2,0.5,1.0,1.5,2.5,5.0 等七级.

例如,0.5 级电压表量程为 3.0V 时,有

$$\Delta_{仪} = \pm 3.0 \times \frac{0.5}{100} = \pm 0.015\text{V} = \pm 0.02\text{V}$$

2) 直流电阻器

实验室常用的直流电阻器包括标准电阻和电阻箱. 直流电阻器准确度等级可分为 0.0005, 0.001, 0.002, 0.005, 0.01, 0.02, 0.05, 0.1, 0.2, 0.5 等十级.

标准电阻在某一温度下的电阻值可由下式给出：

$$R_x = R_{20}[1 + \alpha(t-20) + \beta(t-20)^2] \tag{1.1.11}$$

式中，+20℃时电阻值 R_{20} 和一次、二次温度系数 α、β 可由产品说明书查出. 在规定的使用范围内标准电阻的基本误差限由准确度级别和电阻值乘积决定.

实验室常用的另一种标准电阻是电阻箱. 它的优点是阻值可调，但接触电阻和接触电阻的变化要比固定的标准电阻大一些，其仪器误差可按下式来估算：

$$\Delta R_{仪} = \sum_i \alpha_i\% \times R_i + R_0 \tag{1.1.12}$$

式中，R_0 为残余电阻（即各度盘开关取 0 时连接点的电阻值），R_i 为第 i 个度盘的示值，α_i 为相应电阻度盘的准确度级别.

实际测量中，只要最高位或次高位度盘的示值不为零，$\Delta R_{仪}$ 可以按这两挡的准确度级别（两挡相同）α_0 作简化处理

$$\Delta R_{仪} = \alpha_0\% \times R \tag{1.1.13}$$

式中，R 为电阻箱的总示值.

3) 直流电势差计（箱式）

直流电势差计的基本误差为

$$\Delta_{仪} = (\alpha\% \times U_x + b\Delta U) \tag{1.1.14}$$

式中，α 为电势差计的准确度级别，U_x 为测量度盘读数值，ΔU 为测量度盘最小步进值（或分度值），b 为附加误差项系数，实验型电势差计一般取 $b=0.5$，便携式电势差计一般取 $b=1$.

4) 直流电桥（箱式）

$$\Delta_{仪} = \alpha\% k\left(\frac{R_N}{10} + R_0\right) \tag{1.1.15}$$

式中，α 为电桥的准确度等级，k 为倍率，R_N 为电桥有效量程（测量盘）的最高位幂次方，R_0 为电桥平衡后的测量盘读数.

5) 数字仪表

随着科学技术的发展，数字测量仪表得到了越来越广泛的应用. 数字仪表的仪器误差有几种表达式，下面给出两种：

$$\Delta_{仪} = \alpha\% N_x + b\% N_m \tag{1.1.16}$$

$$\Delta_{仪} = \alpha\% N_x + d\,字 \tag{1.1.17}$$

式中，α 为数字式仪表的准确度等级，N_x 为显示的读数，b 为某个常数，称为误差的绝对项系数，N_m 为仪表的满度值，d 为仪器固定项误差，相当于最小量化单位的倍数，只取 1, 2, … 数字. 例如，某数字电压表 $\Delta_{仪}=0.02\%U_x+2$ 字，则某固定项误差是最小量化单位的 2 倍，若取 2V 量程时数字显示为 1.4786V，最小量化单位是 0.0001V，于是 $\Delta U = 0.02\% \times 1.4786 + 2 \times 0.0001 \approx 5 \times 10^{-4}$V.

6. 级别较低仪器

级别较低或未给准确度级别的仪器，其 $\Delta_{仪}$ 常取其最小刻度的一半，如实验室常用的水银温度计、钢卷尺等.

7. 仪器的等价标准误差

仪器误差也同样包含系统误差和随机误差两部分，究竟哪个因素为主，要具体分析，一般级别较高的仪表（如 0.2 级）主要是随机误差，级别低的或工业用仪表则主要是系统误差，实验室常用仪表（0.5 级）则两者都有，且数值相近. 如何确定仪器的等价标准差，它与上述仪器最大示值误差间的关系又如何？

一般仪器误差的概率分布函数服从均匀分布，即在其误差范围内$[-\Delta_{仪}, +\Delta_{仪}]$各种误差（不同大小和符号）出现的概率都相同，区间外出现的概率为零，如数字仪表的读数显示、仪器度盘或其他传动齿轮的回差、机械秒表的读数等，由于小于其最小分度值或动作单位的数值不能显示，因此在一定区间内的读数是一个定值，由此引入的误差显然属于均匀分布. 还有游标卡尺的读数误差、指零仪表判断平衡的视差以及数据截尾引起的舍入误差等都遵从均匀分布. 根据统计规律可以证明，服从均匀分布的仪器误差的等价标准差可表示为

$$\sigma_{仪} = \frac{\Delta_{仪}}{\sqrt{3}} \tag{1.1.18}$$

值得注意的是，仪器误差提供的是在正常工作条件下，误差绝对值的极限值，并不是测量的真实误差，也无法确定其符号，因此它属于不确定度的范畴. 实际上测量误差 ΔN 应当满足 $|\Delta N| \leqslant \Delta_{仪}$.

1.2 不确定度的评定

测量误差是普遍存在的，且不可能完全被消除，通常人们关心的是把误差控制在允许的范围内. 为了定量估算误差，还要引入一个新的概念——不确定度. 所谓测量不确定度，是指由于测量误差的存在而对被测量值不能肯定的程度，实际上是对表征测量的真值在某个量值范围内的一个评定. 测量不确定度是定量评价测量结果可靠程度的一个极其重要的指标. 不确定度越小，测量结果越靠近真值，其可信度越高；不确定度越大，测量结果对真值越远离，可信度越低，其使用价值也就越低.

*1.2.1 不确定度的评定体系

国际计量局 1980 年提出了实验不确定度的说明建议书 INC-1(1980 年)，建议用"不确定度"(uncertainty)一词取代"误差"(error)来评定测量结果的质量. 中国国家技术监督局颁布的已于 1992 年 10 月 1 日实施的关于《测量误差及数据处理》的技术规范中明确提出了"对标准差以及系统误差中不可掌握的部分的估计，是测量不确定度评定的主要对象"，并对不确定度的计算方法作了比较详细的说明.

测量结果的不确定度，一般来源于测量装置、测量环境、测量方法和测量对象等. 分析不确定度时，要求对不确定度来源做到不遗漏、不重复和仔细分析大的不确定度分量，遗漏了则

不确定度会算小,重复了则不确定度会算大,经验指出,常常遗漏是主要的.

根据 INC-1,不确定度用标准差即均方差 σ 表示(或方差 σ^2 表示).由于误差来源很多,测量结果的不确定度一般包含几个分量,在修正了可以修正的系统误差后,把全部误差中那些可以用统计方法计算的那些分量归入 A 类分量;而把那些用非统计方法计算的分量归为 B 类分量,然后将不确定度的 A 类分量和 B 类分量按适当方式进行合成,给出合成不确定度.

需要指出的是,A、B 类不确定度不一定与常说的随机误差、系统误差存在简单的对应关系.下面分别介绍有关不确定度的计算、不确定度的合成和传递等问题.

1. 不确定度的 A 类分量

采用统计方法计算的不确定度称为不确定度的 A 类分量,以实验标准差 S_i 表征.对于多次等精度测量,$S_i = S_{\bar{x}}$.

2. 不确定度的 B 类分量

全部误差中所有用非统计方法计算的分量归为不确定度的 B 类分量,以等价标准差 u_j 表征.常用的 B 类分量的估算方法有以下几种:

(1) 根据实际条件估算误差限.例如,杨氏模量实验中,光杠杆镜面到标尺的距离的不确定度需要由钢卷尺的准确度以及实验中位置对准、卷尺弯曲、水平保持等实际条件来估计误差限.一般说来,它将远大于钢卷尺本身的仪器误差.

(2) 根据理论公式或实验测定来推算误差限.例如,处理灵敏度误差可按照人眼分辨率的误差限 0.2div(约 0.2mm)来推算灵敏阈造成的不确定度:$0.2/(\Delta n/\Delta x)$,其中 $\Delta n/\Delta x$ 可以通过实验测定或理论公式给出.

(3) 根据计量部门、制造厂或其他资料提供的鉴定结论或误差限.例如,仪器说明书上给出的允许误差限或示值误差,此时不确定度的 B 类分量

$$u_j = \frac{\Delta_j}{C}$$

式中,C 为一个与误差特性有关的常数,称为包含因子,Δ_j 为仪器误差限.对于正态分布,$C=3$;对于均匀分布,$C=\sqrt{3}$;对于反正弦分布(如分光计等仪器上的圆形度盘由于偏心差造成的误差分布函数等),$C=\sqrt{2}$;对三角分布,$C=\sqrt{6}$ 等.

3. 合成不确定度

$$u_c = \sqrt{\sum S_i^2 + \sum u_j^2 + 2\sum_{i<j} \sigma_{ij}}$$

式中,σ_{ij} 为任意两分量的协方差.

当各分量无关时,有

$$u_c = \sqrt{\sum S_i^2 + \sum u_j^2} \tag{1.2.1}$$

4. 总不确定度(或称展伸不确定度)

合成不确定度 u_c 对应于标准差,测量结果 $N \pm u_c$ 含真值的概率为 68%.在一些实际工作特别是涉及人身健康及安全的工作中,要求置信概率较大,以使真值以高概率落在相应区

间中,为此将合成不确定度乘以置信因子 k,求出总不确定度(或称展伸不确定度).

总不确定度为

$$U = ku_c \quad (k \text{ 为置信因子})$$

式中,置信因子:$k=2$(正态分布,置信概率 $P=0.9545$);$k=3$(正态分布,置信概率 $P=0.9973$);$k=t_P(\gamma)$(t 分布,置信概率 P).式中 $t_P(\gamma)$ 为置信概率 P 下 $t(\gamma)$ 分布的临界值(表 1.2.1).当各分量独立时,合成不确定度的自由度 γ 由下式给出:

$$\gamma = \frac{u_c^4}{\sum \frac{S_i^4}{\gamma_i} + \sum \frac{u_j^4}{\gamma_j}} \tag{1.2.2}$$

式中,$\gamma_i = n_i - 1$ 是 S_i 的自由度,可由各独立观测量的测量次数 n_i 求出;而对来自 B 类评定的观测量,γ_j 可由下式确定:

$$\gamma_j \approx \frac{1}{2} \frac{u_{xj}^2}{\sigma^2(u_{xj})} = \frac{1}{2} \left[\frac{1}{\frac{\sigma(u)}{u}} \right]^2 \tag{1.2.3}$$

式中,$\sigma(u)/u$ 是不确定度的 B 类分量的相对标准误差.式(1.2.3)说明不确定度的 B 类分量的自由度可由不确定度自身的不确定度来估计,γ_j 与 u_j 的相对标准误差的平方成反比.当 u_{xj} 可认为准确知道时(这在实验中并不少见,例如估计误差限时,可以确信区间外出现的概率非常小时就属于这种情况),则可以认为 $\gamma_j \to \infty$;如果 $\sigma(u)/u$ 无法估计,为保险起见,可取 $\gamma_j = 1$.

表 1.2.1 不同置信概率 P 下的 $t_P(\gamma)$

自由度 γ t_P P	2	3	4	5	6	7	8	9	10	15	20
0.683	1.32	1.20	1.14	1.11	1.09	1.08	1.07	1.06	1.05	1.03	1.03
0.954	4.53	3.31	2.87	2.65	2.52	2.43	2.37	2.32	2.28	2.18	2.13
0.997	19.21	9.22	6.62	5.51	4.90	4.53	4.28	4.09	3.96	3.59	3.42

算出 γ 后,就可按表 1.2.1 求得 $t_P(\gamma)$,并给出 $U=ku_c$.当 γ 为非整数时,可把它按较小整数切断进行处理.

1.2.2 不确定度的简化评定方法

1. 有关的简化约定

从上面的讨论可以看出,不确定度的严格计算是相当复杂的,它涉及 t 分布、自由度、相关系数等概念的理解.为了在大学物理实验教学中推广实行测量结果的不确定度评定,给出学生可操作的简化计算公式,必须在保留和突出不确定度表述的基本精神及基本计算方法的前提下,作一些合理简化,以避免复杂的计算,特作如下假设:

(1) 假设实验中重复测量次数较少时算得的实验标准偏差与总体标准偏差十分接近,即相当于测量次数 k 很大时的实验标准偏差,这时将 $t_{0.683}(n)$ 的值简单地取 1;

(2) 假设各误差分量之间互相独立,其协方差为零;

(3) 近似认为各个用非统计方法估算的误差分量都服从均匀分布,即包含因子 C 取 $\sqrt{3}$.

另外约定:①对 A 类和 B 类不确定度分量一般只计算主要的误差分量;②测量结果的表述中一律采用合成不确定度 u_c,并取置信区间为 $[-u_c, +u_c]$.

2. 不确定度的方差合成

误差按产生的物理机制和特性的不同,分为系统误差和随机误差,但反映测量结果可靠性的定量指标是合成不确定度. 分析不确定度来源时遵循的原则是,由不同原因引起的不确定度分量无关,由同一原因引起的不确定度分量相关. 为避免协方差或相关系数的计算,由同一原因引起的不确定度可并为一项,如电学实验中,可将分量分为仪表的示值读数中的不确定度、测量装置结构参数引起的不确定度、工作条件引起的不确定度、被测对象结构参数及工作条件变化引起的不确定度,则可使各分量无关. 如果待测量 N 存在若干个误差来源,在尽可能地修正了可定系统误差以后,把余下的全部误差估计值按获得的方法分为两类,即由统计方法得到的 A 类不确定度分量 $S_1, S_2, \cdots, S_i, \cdots$ 和由其他方法获得的 B 类不确定度分量 $u_1, u_2, \cdots, u_j, \cdots$ 这些分量都是以标准差或近似标准差形式给出并互相独立,则合成不确定度 u_c 由下式给出:

$$u_c = \sqrt{\sum S_i^2 + \sum u_j^2}$$

上式是今后计算不确定度的重要公式,式中 $S_i = S_{i\bar{x}}$ 按式(1.1.9)其计算式为

$$S_i = S_{i\bar{x}} = \sqrt{\frac{\sum_{j=1}^{n}(x_{ij} - \bar{x})^2}{n(n-1)}} \qquad (1.2.4)$$

u_j 是由仪器、环境、测量方法或近似计算等引起的,给出的常常是误差限 Δ_j,按照前面的约定,除非另有说明,它们之间的关系为 $u_j = \Delta_j/\sqrt{3}$.

3. 测量结果的相对不确定度表示

$S_{\bar{x}}$ 与 $\Delta_{仪}$ 均未考虑待测量的大小,表示的是一组多次测量的数据中各个数据之间的离散程度,表征的是测量的精密范围,但不能表征测量结果接近真值的程度,因此合成不确定度不足以表征测量结果的准确度.

为了全面评价测量优劣,还需要考虑被测量本身的大小. 例如,有两个测量对象,测量结果为 $x_甲 = (2.00 \pm 0.02)$cm, $x_乙 = (20.00 \pm 0.02)$cm,虽然两者的合成不确定度均为 0.02cm,但是由于被测量的大小不同,很明显,两者测量优劣不相同,在此例中乙优于甲.

为了区分或评价测量的优劣,常用相对不确定度表示. 相对不确定度定义为

$$相对不确定度 = \frac{合成不确定度}{测量最佳值} \times 100\%$$

即

$$E = \frac{u_c}{N_{最佳值}} \times 100\% \qquad (1.2.5)$$

如上例中甲、乙两种测量,$E_甲 = 0.02/2.00 \times 100\% = 1\%$,$E_乙 = 0.02/20.00 \times 100\% = 0.1\%$,可见后者比前者的测量精度高. 故测量结果完整表示时,应在用合成不确定度表示不确定度范围的同时,再用相对不确定度表示测量的精度.

如果待测量有理论值或公认值. 则可用百分误差来表示测量的优劣.

$$百分误差 = \frac{|测量最佳值 - 公认值(或理论值)|}{公认值(或理论值)} \times 100\%$$

即
$$E_0 = \frac{|N_{测} - N_0|}{N_0} \times 100\% \qquad (1.2.6)$$

式中,N_0 为理论值或公认值.

注意:百分误差只能用来表示测量的优劣,而不能表示测量结果的统计意义.显然,E 与 E_0 都没有单位,只是一个比值.

1.3 有效数字及其运算

1.3.1 有效数字

1. 有效数字的定义

任何测量,必定存在误差,那么作为测量结果的数值如何与误差联系起来呢?例如,测得某物体的长度 $\bar{L}=45.671\text{cm}$,算得合成不确定度为 $u_{c,L}=0.06\text{cm}$,那么 $\bar{L}$ 的最后结果应如何表示呢?从 $u_{c,L}$ 值可知,该测量在百分位上已有误差,故上述 $\bar{L}$ 值中的"7"已是有误差的欠准数,表示 $\bar{L}$ 结果时后面一位"1"已不必写上,应写成 $\bar{L}=45.67\text{cm}$.也就是说,在表示测量结果的数字中,只保留一个欠准数,即数字的最后一位是欠准数,其余均为可靠数.

用实验仪器对某物理量进行测量时,指针或物体的末端一般不是正好指在某条刻线上,而是指在两条分度线之间,测得的数据只能是近似数,如图 1.3.1(a)、(b).根据仪器刻线准确读出的数字称为可靠数字;指针指出的两条刻线之间的位置可用一位估读数字表示,这位估读数字就称为欠准数(或称可疑数).

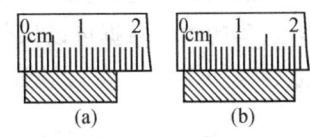

图 1.3.1

可疑数字虽不可靠,但在一定程度上反映了实际情况,因此也是有意义的,但由于可疑数毕竟不可靠,因此一般只取一位,多取毫无意义.如图 1.3.1(a)中读出的数应为 1.64cm,其中 1.6 为可靠数字,"4"为欠准数(估读数).

定义:测量结果中所有可靠数字和一位欠准数统称为有效数字.

2. 需要注意的问题

(1) 从量具上或仪表上直接读出的有效数字称为直接有效数字,它可直观地反映仪器分度值,如 $L=32.00\text{cm}$,说明所用量具的最小分度是 1mm.

经运算而获得的有效数字称为间接有效数字,它不能反映测量仪器的分度值,如用分度值为 0.1s 的秒表测单摆的周期,常采用连续测若干个周期(如 100 个)来确定周期,若 $100T=189.2\text{s}$,则 $T=1.892\text{s}$,显然这里 T 已不能反映所用量具的最小分度值.

(2) 有效数字的位数不能任意增减,且跟小数点的位置无关,在十进制单位中不因单位变换而改变,如 $L=15.03\text{cm}=150.3\text{mm}=0.1503\text{m}$;进行非十进制单位变换时,测量结果的有效数字位数应由相应的不确定度来确定,如 $t=(1.8\pm 0.1)\text{min}=(108\pm 6)\text{s}$ 等.

(3) 出现在数值中间的"0"及末尾的"0"均为有效数字.如图 1.3.1(b)中正确读数应为 2.00cm,有效数字为三位.$L=12.04\text{cm}$ 为四位有效数字.

(4) 因单位变换而产生的"0"不是有效数字,因此牵涉到单位变换时,为避免有效数字位数的改变,常采用科学记数法.

如 $32.4\text{mm} = 3.24\text{cm} = 0.0324\text{m} = 0.0000324\text{km} = 32400\mu\text{m} = 32400000\text{nm}$

上式在数学上是严格恒等的，但用来对测量结果变换则不行，上式中"324"前面及后面的"0"实际上都不是有效数字，应用科学记数法表示如下：

$$32.4\text{mm} = 3.24\text{cm} = 3.24 \times 10^{-2}\text{m} = 3.24 \times 10^{-5}\text{km} = 3.24 \times 10^{4}\mu\text{m}$$

如果用国际单位词冠表示测量结果，习惯上不用科学记数法，如用 $1.2\mu\text{s}$ 而不用 $1.2 \times 10^{-6}\text{s}$；用 1.3kg，而不用 $1.3 \times 10^{3}\text{g}$。

(5) 运算公式中的常数，如"π"、"$1/2$"、"$\sqrt{2}$"等，运算中需要几位就取几位，但最后结果有效数字的位数应由各直接测量量的有效数字的位数来定。

(6) 关于合成不确定度的有效数字。由于合成不确定度的数字里无可靠数字，故本书规定在最后结果中，合成不确定度只保留一位数字(欠准数)，相对不确定度小于1%时留一位欠准数，大于1%时最多留两位欠准数。

1.3.2 有效数字的运算法则

实验中所有直接测量结果都只能是近似数，由这些近似数通过计算而求得的间接测量值也是近似值，显然，几个近似数的运算不可能使运算结果更准确些，而只会增大其误差，因此近似数的表示和计算都有一些规则，以便确切地表示记录和运算结果的近似性。

总的原则是：测量结果的有效数字的位数(保留至哪一位)应由合成不确定度来决定；运算过程的中间数据可以保留一位或二位可疑数字；最后结果只能按尾数含入法保留一位欠准数(4舍6入5入奇)；最后结果的有效数字，末位应与合成不确定度末位对齐。

1. 加减运算(例题中数字下加划线的数代表欠准数)

统一单位后几个不同精度的有效数字相加减时，其和(或差)在小数点后所应保留的位数，跟参与运算的诸数中小数点后位数最少的一个相同，如

$$1.389\underline{1} + 17.\underline{2} + 8.64\underline{1} - 5.3\underline{2} = 21.9101 = 21.\underline{9}$$

2. 乘除运算

几个精密度不同的有效数字作乘除运算时，所得结果的有效数字位数应与参加运算的各数中位数最少的那个相同，如

$$\frac{603.2\underline{1} \times 0.3\underline{2}}{4.00\underline{1}} = 48.2447 = 4\underline{8}$$

3. 乘方与开方

某数的乘方(或开方)的有效数字位数，应与其底数的有效数字相同，如

$$\sqrt{19.3\underline{8}} = 4.40\underline{2}, \quad 25.2\underline{5}^{2} = 637.\underline{6}$$

4. 间接测量结果的有效数字

一般说来，函数运算的有效数字，应按间接量测量误差传递公式进行计算后决定。间接测量结果的有效数字应由不确定度来确定，具体步骤是：先运用有关不确定度传递公式决定函数值的合成不确定度(只保留一位)，再使函数值的运算结果的最后一位数与合成不确定度的

位数对齐.

在普通实验中,为了简便统一起见,对常用的对数函数、指数函数和三角函数按如下规则处理:①对数函数运算结果的有效数字中,小数点后面的位数取成与真数的位数相同;②指数函数运算结果的有效数字中,小数点后的位数取成与指数中小数点后的位数相同;③三角函数结果中有效数字的取法,可采用试探法,即将自变量欠准位上、下波动一个单位,观察结果在哪一位上波动,结果的欠准位就取在该位上.

以上所述有效数字的运算规则,只是一个基本原则,在实际计算时,为防止多次取舍而造成误差的累积效应,常常在中间运算时适当多取一位或二位的办法.最后表达结果时,有效数字的取位再由不确定度的所在位来一并截取.例如

例 1.3.1 已知 $\bar{x} \pm u_{c,x} = 1988 \pm 3, y = \lg x$,求 y.

解 查对数表或用计算器计算得出

$$\bar{y} = \lg 1988 = 3.298\,416\,3$$

按不确定度传递公式可知

$$u_{c,y} = \frac{u_{c,x}}{\bar{x} \ln 10} = \frac{3}{1988 \ln 10} = 6.554 \times 10^{-4} = 7 \times 10^{-4}$$

故

$$y = 3.298\underline{4} \pm 0.000\underline{7}$$

例 1.3.2 已知 $\bar{\theta} \pm u_{c,\theta} = 60°00' \pm 0°02', y = \sin\theta$,求 y.

解 $\bar{y} = \sin\bar{\theta} = \sin 60°00' = 0.866\,025\,4$

由不确定度传递公式知,$u_{c,y} = |\cos\theta| u_{c,\theta}$,将 θ 值用角度、$u_{c,\theta}$ 化为弧度值代入可得

$$u_{c,y} = |\cos 60°00'| \cdot \frac{2 \times \pi}{180 \times 60} = 0.5 \times 5.818 \times 10^{-4} = 3 \times 10^{-4} = 0.0003$$

故

$$y = 0.866\underline{0} \pm 0.000\underline{3}$$

5. 修约法则

过去对有效数字的尾数采用"四舍五入"的规则来修约,其结果是"入"的机会总是大于"舍"的机会,引起最后结果偏大.为了弥补这一缺陷,目前对有效数字普遍采用"4舍、6入、5入奇"的规则来修约.即当被舍去的第一位数小于5时舍去,不进位;大于5时,在舍去的同时进一位;要舍去的数正好是5时,若被保留的最后一位数为奇数,则舍去5的同时进一位,若被保留的最后一位数为偶数(0视为偶数),则舍去5不进位,但是5的下一位不是0时仍然要进位(相当于大于5).

如将下列数据修约到千分位:

3.14169→3.142 大于5进位, 3.1435→3.144 等于5凑偶

2.71839→2.718 小于5舍去, 5.81252→5.813 大于5进位

0.3765→0.376 等于5凑偶, 4.56448→4.564 小于5舍去

对不确定度,无论是合成不确定度,还是相对不确定度,本书采用只入不舍的原则.但当不确定度中第一位非零数字后紧接的是"0"时则不进位,如

$$u_c = 0.0215 \rightarrow 0.03, \quad u_c = 0.00408 \rightarrow 0.004, \quad E_r = 1.34\% \rightarrow 1.4\%,$$

$$E_r = 0.54\% \rightarrow 0.6\%, \quad E_r = 0.205\% \rightarrow 0.2\%$$

1.4 测量结果的完整表示

1.4.1 直接测量结果的表示

1. 单次测量结果的表示

有些物理量是在动态下测量的,不允许重复多次测量;有些仪器的精密度不高,测量条件比较稳定,多次测量结果相近;有些是间接测量,某一个物理量对结果影响不大.在这些情况下,对被测量量可以只进行一次测量.单次测量时,$N_{最佳值}=N_{测}$,测量结果的不确定度为

$$u_c = u_j = \sigma_{仪} = \frac{\Delta_{仪}}{\sqrt{3}} \tag{1.4.1}$$

$$N = N_{测} \pm u_j (单位) \tag{1.4.2}$$

式中,u_j 为仪器的等价标准误差,一般取 1~2 位有效数字,本书规定只取 1 位,尾数只进不舍;$N_{测}$ 的最后一位应与 u_j 的末位对齐.

例 1.4.1 用级别为 0.5 级,量程为 75mV 的电压表测量某电路的电压时,电表指针指在 127.2 格(满刻度为 150 格),试写出该电压值的测量结果.

解 $\Delta_{仪}=0.5\% \times 75=0.375(mV)$, $\quad u_j=0.375/\sqrt{3} \approx 0.216 \approx 0.3(mV)$
$U_{测}=(127.2/150) \times 75=63.6(mV)$, $\quad U=(63.6 \pm 0.3)mV$

2. 多次重复测量结果的表示

对于多次重复测量的物理量,以测量列的算术平均值表示测量结果的最佳值.

$$N = \bar{N} \pm u_c (单位) \tag{1.4.3}$$

$$u_c = \sqrt{S_{\bar{N}}^2 + \sigma_{仪}^2} \tag{1.4.4}$$

按照前面的简化约定,式(1.4.3)表示被测量的真值落在区间 $[\bar{N}-u_c, \bar{N}+u_c]$ 内的概率为 0.683.

例 1.4.2 用 50 分度的游标卡尺测量某圆柱体的直径共 10 次,数据如表 1.4.1.试给出测量结果.

表 1.4.1 测量数据

次数	1	2	3	4	5	6	7	8	9	10
d/mm	19.78	19.80	19.70	19.78	19.74	19.76	19.72	19.68	19.80	19.72

解 先计算直径的算术平均值 $\bar{d} = \dfrac{\sum_{i=1}^{10} d_i}{10} = 19.75 \text{mm}$

直径的算术平均值的标准差为 $S_{\bar{d}} = \sqrt{\dfrac{\sum(d_i-\bar{d})^2}{10 \times 9}} = 0.014 \text{mm}$

游标卡尺的仪器标准差为 $\sigma_{仪} = 0.02/\sqrt{3} \approx 0.012 \text{(mm)}$

合成不确定度 $u_{c,d} = \sqrt{S_{\bar{d}}^2 + \sigma_{仪}^2} = \sqrt{0.014^2 + 0.012^2} \approx 0.018 \approx 0.02 \text{(mm)}$

直径的测量结果 $d = \bar{d} \pm u_{c,d} = (19.75 \pm 0.02) \text{mm}$

1.4.2 间接测量结果的表示

1. 不确定度的传递

物理实验中,多数物理量是间接测量量,即通过先测量一些直接测量量,再经过一定的公式计算得出的物理量. 由于各直接测量量均有误差存在,间接测量的结果也有误差,用不确定度来评定间接测量结果的误差范围,就涉及不确定度的传递. 下面先讨论标准偏差的误差传递,然后再讨论不确定度的传递.

设待测间接测量量 N 与相应的诸独立的直接测量量 $x,y,\cdots$ 之间有函数关系

$$N = f(x,y,\cdots) \tag{1.4.5}$$

各直接测量量的测量结果已得出 $x=\bar{x}\pm u_{c,x}, y=\bar{y}\pm u_{c,y},\cdots$. 于是可算出待测量 N 的测量值(或最佳值)为

$$N_{测} = N_{最佳值} = \bar{N} = f(\bar{x},\bar{y},\cdots) \tag{1.4.6}$$

对式(1.4.5)求全微分,得

$$dN = \frac{\partial f}{\partial x}dx + \frac{\partial f}{\partial y}dy + \cdots \tag{1.4.7}$$

式中,$dx,dy,\cdots$ 为 $x,y,\cdots$ 的微小变化量,N 也将改变 dN,通常误差都远小于测量值,故可把 $dx,dy,\cdots,dN$ 都看作误差,这就是误差传递公式. 由各部分的误差组成总误差,就是误差的合成.

设在实验中分别对各个直接测量量 $x,y,\cdots$ 作了 n 次测量,则可算出 n 个 N 值,根据误差传递公式(1.4.7),每次测量的误差为

$$dN_i = \frac{\partial f}{\partial x}dx_i + \frac{\partial f}{\partial y}dy_i + \cdots$$

等式两边分别平方,得

$$dN_i^2 = \left(\frac{\partial f}{\partial x}\right)^2 dx_i^2 + \left(\frac{\partial f}{\partial y}\right)^2 dy_i^2 + \cdots + 2\left(\frac{\partial f}{\partial x}\right)\left(\frac{\partial f}{\partial y}\right)dx_i dy_i + \cdots$$

将 n 次测量的 dN_i^2 相加,得

$$\sum_{i=1}^{n}dN_i^2 = \left(\frac{\partial f}{\partial x}\right)^2 \sum_{i=1}^{n}dx_i^2 + \left(\frac{\partial f}{\partial y}\right)^2 \sum_{i=1}^{n}dy_i^2 + \cdots + 2\left(\frac{\partial f}{\partial x}\right)\left(\frac{\partial f}{\partial y}\right)\sum_{i=1}^{n}dx_i dy_i + \cdots$$

由于 $x,y,\cdots u$ 均是独立变量,因此 $dx_i,dy_i,\cdots$ 可正也可负,可大也可小,其交叉乘积项的和(如 $\sum_{i=1}^{n}dx_i dy_i$)将等于零(前面的约定),则

$$\sum_{i=1}^{n}dN_i^2 = \left(\frac{\partial f}{\partial x}\right)^2 \sum_{i=1}^{n}dx_i^2 + \left(\frac{\partial f}{\partial y}\right)^2 \sum_{i=1}^{n}dy_i^2 + \cdots$$

上式两边分别除以 $n(n-1)$ 后,两边再开方,并将微分号换为误差符号,即得间接测量量 N 的合成标准偏差:

$$S_{\bar{N}} = \sqrt{\left(\frac{\partial f}{\partial x}\right)^2 S_{\bar{x}}^2 + \left(\frac{\partial f}{\partial y}\right)^2 S_{\bar{y}}^2 + \cdots} \tag{1.4.8}$$

考虑到物理实验教学的特殊性及前面的简化约定,可以认为不确定度的 B 类分量也服从式(1.4.8)的合成规律,满足

$$u_j = \sqrt{\left(\frac{\partial f}{\partial x}\right)^2 u_{jx}^2 + \left(\frac{\partial f}{\partial y}\right)^2 u_{jy}^2 + \cdots} \qquad (1.4.9)$$

根据式(1.2.1)可得间接测量量 N 的合成不确定度的传递公式为

$$u_c = \sqrt{\left(\frac{\partial f}{\partial x}\right)^2 u_{c,x}^2 + \left(\frac{\partial f}{\partial y}\right)^2 u_{c,y}^2 + \cdots} \qquad (1.4.10)$$

相对不确定度的传递公式为

$$E_r = \frac{u_c}{N} = \sqrt{\left(\frac{\partial \ln f}{\partial x}\right)^2 u_{c,x}^2 + \left(\frac{\partial \ln f}{\partial y}\right)^2 u_{c,y}^2 + \cdots} \qquad (1.4.11)$$

若各个直接测量值 $x, y, \cdots$ 不是独立变量,情况要更为复杂.

对式(1.4.10)和式(1.4.11)分析后可知,对于加、减运算的函数式,可通过直接求全微分方法先求得绝对不确定度,再求相对不确定度;对于乘、除运算的函数式,可先求出相对不确定度,再求绝对不确定度.

为了计算方便起见,现将一些常用函数的不确定度传递公式列于表1.4.2中.

表1.4.2 常用函数的不确定度传递公式

函数关系式 $N=f(x,y,\cdots)$	不确定度传递公式
$N=x+y$	$u_c = \sqrt{u_{c,x}^2 + u_{c,y}^2}$
$N=x-y$	$u_c = \sqrt{u_{c,x}^2 + u_{c,y}^2}$
$N=xy$	$E_r = \frac{u_c}{N} = \sqrt{\left(\frac{u_{c,x}}{\bar{x}}\right)^2 + \left(\frac{u_{c,y}}{\bar{y}}\right)^2}$
$N=\frac{x}{y}$	$E_r = \frac{u_c}{N} = \sqrt{\left(\frac{u_{c,x}}{\bar{x}}\right)^2 + \left(\frac{u_{c,y}}{\bar{y}}\right)^2}$
$N=\frac{x^k y^m}{z^n}$	$E_r = \frac{u_c}{N} = \sqrt{k^2\left(\frac{u_{c,x}}{\bar{x}}\right)^2 + m^2\left(\frac{u_{c,y}}{\bar{y}}\right)^2 + n^2\left(\frac{u_{c,z}}{\bar{z}}\right)^2}$
$N=kx$	$u_c = ku_{c,x}, \quad E_r = E_{rx} = \frac{u_{c,x}}{\bar{x}}$
$N=\sqrt[k]{x}$	$E_r = \frac{1}{k}E_{rx} = \frac{1}{k}\frac{u_{c,x}}{\bar{x}}$
$N=\sin x$	$u_c = |\cos x| u_{c,x}$
$N=\ln x$	$u_c = \frac{u_{c,x}}{\bar{x}}$

2. 间接测量结果的表示

$$N = N_{测} \pm u_c(单位) \quad (置信概率 \quad P = 0.683) \qquad (1.4.12)$$

3. 不确定度合成举例

例1.4.3 用单摆测定重力加速度的实验中,测得周期 $T=(2.007\pm0.002)$s,摆长 $L=(100.00\pm0.01)$cm,试求测量结果.

解 由公式 $g=\frac{4\pi^2 L}{T^2}$,代入数据得 $g=4\times3.1416^2\times100.00/2.007^2=980.1(\text{cm/s}^2)$,由间接测量不确定度传递公式知,相对不确定度为

$$E_{rg} = \frac{u_{c,g}}{g} = \sqrt{E_{rL}^2 + 2^2 E_{rT}^2} = \sqrt{\left(\frac{0.01}{100.00}\right)^2 + 4\times\left(\frac{0.002}{2.007}\right)^2} = 0.002 = 0.2\%$$

$$u_{c,g} = E_{rg} \times g = 980.1 \times 0.002 = 1.96 \approx 2 (\text{cm/s}^2)$$

故测量结果为

$$g = (980 \pm 2) \text{cm/s}^2$$

例 1.4.4 用伏安法测电阻,电路如图 1.4.1 所示,所用仪器及参数如下:1 级电压表,量程 3V,内阻 $r_0 \pm u_{c,r_0} = (1.001 \pm 0.004)\text{k}\Omega$;1 级电流表,量程 150mA。测量数据为 $U=3.00\text{V}, I=147.4\text{mA}$,请给出待测电阻 R 的测量结果.

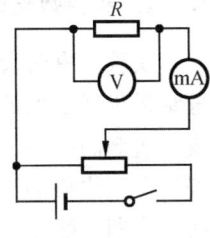

图 1.4.1

解 本实验中主要误差来源是:①方法误差,由于电流表外接而产生的系统误差,使 $R_{测} < R_{真}$;②电压测量误差;③电流测量误差. ①属于可定系统误差,应在计算不确定度前予以修正,办法是修正 R 的计算式

$$R = \frac{U}{I - \dfrac{U}{r_0}} \tag{1.4.13}$$

②和③的误差来源较多,包括器具误差、读数误差和接线误差等. 在本实验条件下可由相应仪表的允许误差限综合评定:

$$\Delta U = 3 \times 1.0\% = 0.03\text{V}, \quad \Delta I = 150 \times 1.0\% = 1.5\text{mA}$$

$$u_{c,U} = \Delta U / \sqrt{3} = 0.02\text{V}, \quad u_{c,I} = \Delta I / \sqrt{3} = 0.9\text{mA}$$

在修正了电压表内阻的影响后,可由式(1.4.13)导出不确定度传递公式. 为了帮助学生掌握相对不确定度的运算,本题给出详细的推导步骤. 首先改写式(1.4.13),即

$$R = \frac{U}{I - \dfrac{U}{r_0}} = \frac{r_0 U}{r_0 I - U} \tag{1.4.14}$$

取 $\ln R$ 的全微分,得

$$\frac{dR}{R} = \frac{dU}{U} + \frac{dr_0}{r_0} - \frac{d(Ir_0 - U)}{Ir_0 - U} = \frac{dU}{U} + \frac{dr_0}{r_0} - \frac{I dr_0 + r_0 dI - dU}{Ir_0 - U}$$

合并同类项,得

$$\frac{dR}{R} = \left(\frac{1}{U} + \frac{1}{Ir_0 - U}\right) dU + \left(\frac{1}{r_0} - \frac{I}{Ir_0 - U}\right) dr_0 - \frac{r_0}{Ir_0 - U} dI$$

把微分号改成不确定度符号,并对独立项取方和根(平方、求和、取根)得

$$\frac{u_{c,R}}{R} = \sqrt{\left(\frac{1}{U} + \frac{1}{Ir_0 - U}\right)^2 u_{c,U}^2 + \left(\frac{1}{r_0} - \frac{1}{Ir_0 - U}\right)^2 u_{c,r_0}^2 + \left(\frac{r_0}{Ir_0 - U}\right)^2 u_{c,I}^2} \tag{1.4.15}$$

也可由式(1.4.14)直接计算

$$\frac{\partial \ln R}{\partial U} u_{c,U} = \left(\frac{1}{U} + \frac{1}{Ir_0 - U}\right) u_{c,U}, \quad \frac{\partial \ln R}{\partial r_0} u_{c,r_0} = \left(\frac{1}{r_0} - \frac{1}{Ir_0 - U}\right) u_{c,r_0},$$

$$\frac{\partial \ln R}{\partial I} u_{c,I} = \left(\frac{-r_0}{Ir_0 - U}\right) u_{c,I}$$

按方差合成便可得到式(1.4.15). 代入有关数据得

$$R = 20.77\Omega, \quad \frac{u_{c,R}}{R} = 0.0085, \quad u_{c,R} = \frac{R \times u_{c,R}}{R} = 20.77 \times 0.0085 = 0.18 \approx 0.2(\Omega)$$

最后测量结果为

$$R \pm u_{c,R} = (20.8 \pm 0.2)\Omega$$

1.5 实验数据的分析和处理

1.5.1 实验数据的分析和可疑数据的处理

实验中有时会出现错误,如未严格按操作规程操作仪器、读数错误、计算错误等,导致测量结果出现了大的差异,初学者往往只顾观测而忽视数据分析.一个合格的实验工作者应养成一边观测一边分析思考的习惯,尽早发现实验中的错误,正确处理好可疑数据.例如,用秒表测得三线摆的 50 个周期,分别为 99.4s,97.7s,98.9s,97.6s.从所得数据可以分析出三线摆的周期大概在 2s 左右,但前两个数据相差 1.7s,后两个数据相差 1.3s,它们都在半个周期以上,这样大的差异显然不能用手揿秒表时的反应误差去解释,只能说明测量有错误.

在一组数据中,往往有一两个数据稍许偏大或偏小,如果简单的数据分析不能判定它是否是错误数据,就要借助于误差理论.

在误差理论中提出了多种处理可疑数据的判据,在此仅介绍格罗布斯判据.此判据给出了一个与待测量 x 的算术平均值 $\bar{x}$、测量次数 n 和测量列的标准偏差 S_x 有关的系数 G_n(表 1.5.1),则可以保留的测量值 x_i 的范围为

$$(\bar{x} - G_n \times S_x) \leqslant x_i \leqslant (\bar{x} + G_n \times S_x) \tag{1.5.1}$$

表 1.5.1 G_n 系数表(显著水平 $\alpha = 0.05$)

n	3	4	5	6	7	8	9	10	11	12	13
G_n	1.15	1.46	1.67	1.82	1.94	2.03	2.11	2.18	2.23	2.28	2.33
n	14	15	16	17	18	19	20	22	25	30	40
G_n	2.37	2.41	2.44	2.48	2.50	2.53	2.56	2.60	2.66	2.74	2.89

也可用拟合式计算 G_n 值,当 $n < 30$ 时,取

$$G_n = \frac{\ln(n - 2.65)}{2.31} + 1.305$$

当 $n > 30$ 时,取

$$G_n = \frac{\ln(n - 3)}{2.30} + 1.36 - \frac{n}{550}$$

例 1.5.1 测得一组长度值(单位:cm)如下:

98.28, 98.26, 98.24, 98.29, 98.21, 98.30, 98.97, 98.25, 98.23, 98.25.

计算出 $\bar{x} = 98.328 \text{cm}$, $S_x = 0.227 \text{cm}$,查表知 $n = 10$ 时, $G_n = 2.18$,则

$$\bar{x} - G_n \times S_x = 97.833 \text{cm}, \quad \bar{x} + G_n \times S_x = 98.823 \text{cm}$$

分析发现,数据 98.97 在此范围之外,应予舍去,舍去后再计算的结果为

$$\bar{x} = 98.257 \text{cm}, \quad S_x = 0.029 = 0.03 \text{cm}, \quad S_{\bar{x}} = 0.01 \text{cm}$$

1.5.2 测量结果的质量评价

评价测量结果一般用精密度、正确度和准确度三个概念,如图 1.5.1 所示.

(1) 精密度.它是测量结果的离散程度或相互接近的程度.精密度高,测量重复性好,说明偶然误差小,所以用精密度来反映随机误差的大小,但不能反映测量结果与真值的偏离程度.

(2) 正确度.它是测量结果与真值或理论值相符合的程度.正确度高,测量结果接近真值的程度好,说明系统误差小,故常用正确度来反映系统误差的大小,但不能反映随机误差的大小.

(3) 准确度.它是测量结果重复性与接近真值的程度,有时又称精确度.精密度高,正确度不一定高;同样正确度高,精密度不一定高.准确度高就是精密度和正确度都高.所以准确度反映系统误差与随机误差的综合效果.

实际应用中,精密度和正确度可以用来评定测量结果,也可以用来评定仪器.

按照计量名词的规范标准,通常所说的"精度"应该是精密度的简称,由于其含义笼统,容易引起歧义,建议尽量不要使用.

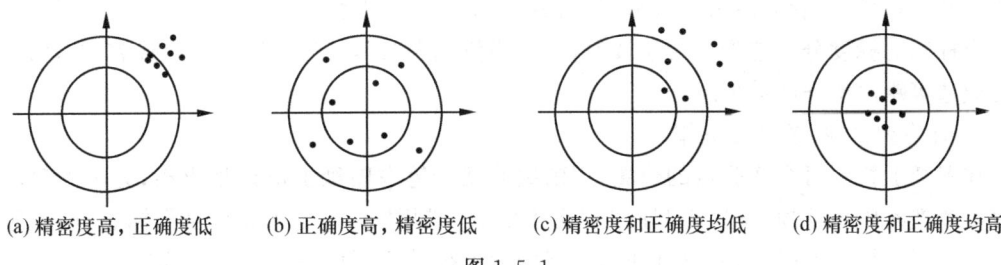

(a) 精密度高,正确度低　　(b) 正确度高,精密度低　　(c) 精密度和正确度均低　　(d) 精密度和正确度均高

图 1.5.1

1.6 数据处理的基本方法

在科技工作中常常需要探索两个或几个物理量间相互关系.这时可用实验的方法测出它们间的对应数据组,再应用适当的数学方法对这些数据进行处理,从而可求出物理量间的函数关系(经验公式).本节介绍数据处理的列表法、作图法和逐差法.

1.6.1 列表法

实验中需采集大量实验数据,为了研究方便,表达实验数据较好的方法是列表.通过列表,可使数据一目了然,便于检查、核对.对于简单的情形,从列表数据就可看出相关量间的关系,及时发现实验中存在的问题.

列表没有固定的格式,可根据实验的具体情况和实验者的爱好进行设计.设计数据表格一般应遵从下列原则:

(1) 简单明了,成列成行,便于核对.

(2) 各栏目要写出物理量的符号,并在符号后或者下方加括号注明单位.如果全表单位一样,可在表的右上角统一注明单位.

(3) 表序和表名写在表的上方.

(4) 栏目排列的顺序要与测量顺序和计算顺序相对应.数据应排列整齐并能正确反映有效数字的位数."0"表示实测为零,空格表示未测量,表内不允许出现"同上"、"同左"等字样.

(5) 测量条件加括号写在表名下,必要的说明写在表的下方.说明文字要简短.

1.6.2 作图法

作图法不仅是一种处理数据的方法,而且常常是实验方法不可分割的一部分.实验作图实用为目的,需按一定规则精心描绘.

1. 作图规则

1) 坐标纸的大小要选择合适

坐标纸的大小应根据实验数据的位数和数值范围确定.原则是图上的最小分格应和测量仪器的分度值相当,使数据中的可靠数字在图上读得时也是可靠的.

2) 合理确定坐标轴和坐标轴的标度

通常以横轴代表自变量,纵轴代表因变量.坐标轴的起点不一定从"0"开始,可选小于最小实验数据的某一整数作为起点.原则是使所绘图线尽可能占据整个图纸不至于偏在图纸的一角.

在两坐标轴的轴端或旁边应分别写上该轴所代表的物理量和单位.物理量的符号在前,单位的符号在后,两者间用斜杠区分,如写成 $U/V,I/mA$ 等.

坐标轴的标度分度选择应便于读数,应让格值代表"1","2","5"等,不应代表"3","7"等.标度应选等距离整齐的数值.

3) 标点要准确,连线要光滑

在图纸上找到每个实验点的位置,用削尖的硬铅笔在图纸上准确地点出,为了醒目和连线时不致把实验点盖掉,常用小圆圈"○"将点圈起,或用"×"、"+"等符号作标志.同一张图上属于不同图线的实验点,应分别使用不同的标志符号,以免连线时发生差错.

连线必须使用工具,图线应描绘得光滑匀整.图线应尽可能多地通过实验点.由于测量误差的存在,有些实验点很可能不在图线上,连线应尽量使它们分布在图线的两侧并且数目大体相等,同时两侧各点到图线的距离之和也大体相等.

为使绘出的图线能较精确地反映实际规律,曲线图线的转弯地方实验点应密集一些.

图线如果是直线,作图法是将实验数据拟合成直线的一种方法.由所作图线求出斜率和截距,物理量之间的函数关系即该直线的方程就可写出.

4) 写图名、加注解和作说明

图名要写在图纸的明显位置,如单摆实验的 T^2-L 图,电阻的 I-U 特性图.图名下还可写出必不可少的实验条件.图上的所有文字必须用仿宋体字认真书写.

2. 作图示范

研究通过一段导体的电流强度和加在其两端电压的关系,实验测得如表 1.6.1 所示数据.

表 1.6.1 通过一段导体的电流强度与加在其两端电压的关系

U/V	0.50	1.00	1.50	2.00	2.50	3.00	3.50	4.00	4.50	5.00
I/mA	0.82	1.62	2.45	3.20	4.01	4.80	5.60	6.41	7.20	7.93

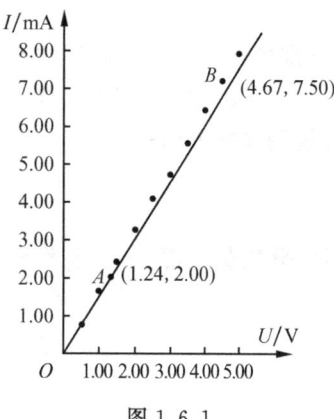

图 1.6.1

图 1.6.1 是按照上述方法和表 1.6.1 所列数据作出的实验图线:电阻的 I-U 特性图.由图线可知物理量 U 和 I 是线性关系.

3. 图解法求图线参数

1) 求直线的斜率和截距

如果图线为直线,可设此直线的方程为

$$I = a + bU$$

只要定出系数 a 和 b(截距与斜率),则 I 和 U 的关系就确定了.为此我们在图线上任找两点 $A(1.24,2.00)$ 和 $B(4.67,7.50)$,这两点的距离应尽可能地远些,然后将这两

点的坐标值代入方程得

$$2.00 = a + b \times 1.24$$
$$7.50 = a + b \times 4.67$$

联立解得

$$a = 0.03 \text{mA}$$
$$b = 1.60 (\text{mA/V}) = 1.60 \times 10^{-3} (\text{A/V})$$

于是 I 和 U 的关系为

$$I = 0.03 + 1.60U$$

这个由实验数据用作图法回归的方程就是量 I 和 U 的经验公式.

斜率 b 的物理意义是电阻的倒数,故得电阻

$$R = \frac{1}{b} = 625 (\Omega)$$

作图拟合直线的方法基于描点连线,但是由实验点连线有一定任意性.所以用作图法回归的经验公式精确性较差.同样,用作图法求得的电阻 R 精确度也较差,计算误差没多大意义,只用有效数字粗略地表示测量结果就可以了.

2) 外推法

直线的斜率知道了,就可以利用"外推法"求得测量范围外的数据点.所谓"外推法"就是把图线向外延伸,对应于某一自变量 x 值,去求得函数值 y 的方法.例如,测量电阻温度系数时,可把直线延长外推而求得0℃时的电阻 R_0.应注意的是使用"外推法"时,必须假定物理关系在外延范围内也是成立的.

4. 函数关系的线性化和曲线改直

实际测量时,许多物理量之间的关系都不是线性的,但经过适当的变换,可以使它们之间具有线性关系,这种方法称为函数关系的线性化.如果原来的函数关系是用曲线表示的,则函数关系线性化后,就可以用直线来表示,称为"曲线改直".现举例如下:

(1) $y = ax^b$,其中 a,b 均为常数.两边取对数得 $\lg y = \lg a + b \lg x$,若以 $\lg x$ 为自变量,$\lg y$ 为因变量,则得到斜率为 b,截距为 $\lg a$ 的直线.

(2) $y^2 = 2px$,其中 p 为常数.将上式改写为 $y = \sqrt{2px}$,则自变量 $\sqrt{x}$ 与函数 y 成线性关系,斜率为 $\pm \sqrt{2p}$.

(3) $PV = C$,其中 C 为常数.把上式改写为 $P = C/V$,则 P 为 $1/V$ 的线性函数.

1.6.3 逐差法

逐差法是物理实验中处理数据的一种常用方法,但是只有在具备下列两条件下才可能采用:①函数形式可写成自变量多项式的形式;②自变量等间距变化.

现在对前边"作图示范"所举的实例用逐差法处理,求电阻 R.为此作表 1.6.2.表中第 1 和第 2 行是实验数据,自变量 U 变化等间距.对因变量 I 依次逐差,得第 3 行数据,从此行数据大致相等知 I 与 U 间成线性关系,自变量可写成多项式的形式.即满足使用逐差法的条件.

表 1.6.2　用逐差法处理表 1.6.1 中的 U 与 I

i	1	2	3	4	5	6	7	8	9	10
U_i/V	0.50	1.00	1.50	2.00	2.50	3.00	3.50	4.00	4.50	5.00
I_i/mA	0.82	1.62	2.45	3.20	4.01	4.80	5.60	6.41	7.20	7.93
$(I_{i+1}-I_i)/\text{mA}$	0.80	0.83	0.75	0.81	0.79	0.80	0.81	0.79	0.73	
$(I_{i+5}-I_i)/\text{mA}$	3.98	3.98	3.96	4.00	3.92					

将变量 I 的测量数据分为两组：一组 i 从 1 到 5；一组 i 从 6 到 10。然后依次隔 5 项逐差，即求 $I_6-I_1, I_7-I_2, \cdots, I_{10}-I_5$。得表中的第 4 行数据，求它们的平均值得

$$\overline{\delta_5 I} = \frac{3.98+3.98+3.96+4.00+3.92}{5}\text{mA} = 3.968\text{mA}$$

跟这一电流间隔对应的电压间隔为

$$\delta_5 U = 5 \times 0.50 = 2.50(\text{V})$$

于是

$$R = \frac{\delta_5 U}{\delta_5 I} = \frac{2.50}{3.968}\text{V/mA} = 0.630\text{V/mA} = 630\Omega$$

1.6.4　最小二乘法和线性拟合

由一组实验数据找出一条最佳的拟合直线（或曲线），或总结出经验公式，最常用的方法是最小二乘法，所得的变量之间的相关函数关系称为回归方程。所以最小二乘法线性拟合又称为最小二乘法线性回归。

本书仅用最小二乘法拟合最佳直线来说明最小二乘法的原理及其应用。有些变量之间虽呈非线性关系，但经过一定的变量变换之后，新的变量之间呈线性关系，仍然可以用最小二乘法来进行线性拟合。对于一般的非线性关系，则必须用最小二乘法进行非线性拟合，求出函数关系。有关非线性拟合的问题，本书不作讨论，有兴趣的读者请另行查阅有关专业书籍。

1. 用最小二乘法进行线性拟合

最小二乘法原理是：若能找到一条最佳的拟合直线，那么该拟合直线上各相应点的值与测量值之差的平方和在所有拟合直线中是最小的。

假定所研究的两个变量 x 与 y 之间存在线性关系，即直线关系，回归方程形式为

$$y = a + bx \tag{1.6.1}$$

今测得一组数据 $x_i, y_i (i=1,2,\cdots,n)$，怎样根据这组数据来确定式(1.6.1)中的系数 a 和 b？

本书讨论最简单的情况，即每个数据点的测量都是等精度的而且假定 x_i, y_i 中只有 y_i 存在测量误差。实际处理问题时，若 x_i, y_i 均有误差，可将相对误差较小的变量作为 x，如果 x_i, y_i 的误差都要考虑，读者可另行查阅有关专业书籍。

由于测得的 x_i, y_i 不可能完全落在式(1.6.1)所表示的直线上，与某一个 x_i 相对应的 y_i 与直线在 y 方向的偏差为

$$\varepsilon_i = y_i - y = y_i - a - bx_i$$

如图 1.6.2 所示,相应有

$$u = \sum_{i=1}^{n} \varepsilon_i^2 = \sum_{i=1}^{n} (y_i - a - bx_i)^2$$

根据最小二乘法原理,要使 u 得到极小值解,必须把 a 和 b 当作变量,并根据极值条件要求

$$\frac{\partial u}{\partial a} = 0, \quad \frac{\partial u}{\partial b} = 0$$

即

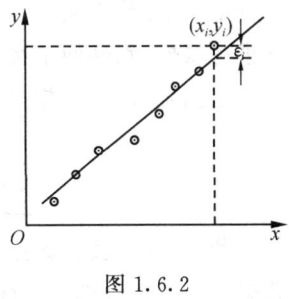

图 1.6.2

$$\begin{cases} \dfrac{\partial u}{\partial a} = -2\sum_{i=1}^{n}(y_i - a - bx_i) = 0 \\ \dfrac{\partial u}{\partial b} = -2\sum_{i=1}^{n}(y_i - a - bx_i)x_i = 0 \end{cases} \quad (1.6.2)$$

由上式可解出

$$a = \frac{\sum y_i}{n} - b\frac{\sum x_i}{n} = \bar{y} - b\bar{x} \quad (1.6.3)$$

$$b = \frac{\sum(x_i y_i) - \sum x_i \sum y_i}{n \sum x_i^2 - (\sum x_i)^2} = \frac{\overline{xy} - \bar{x}\bar{y}}{\overline{x^2} - \bar{x}^2}$$

式中,$\bar{x}, \bar{y}, \overline{xy}$ 以及 $\overline{x^2}$ 为 n 组数据对应的 $x_i, y_i, x_i y_i$ 及 x_i^2 的平均值.

由式(1.6.2)进一步对 a,b 求二阶微商,可知 $\dfrac{\partial^2 u}{\partial a^2} > 0$, $\dfrac{\partial^2 u}{\partial b^2} > 0$,可见式(1.6.3)给出的 a 和 b 对应于 $u = \sum_{i=1}^{n} \varepsilon_i^2$ 的极小值,即对应于用最小二乘法拟合直线所得的截距和斜率两个参量的估计值,于是就得到了直线的回归方程(1.6.1).

最小二乘法处理数据的优点在于理论上比较严格,在函数形式确定后,结果是唯一的,不会因人而异,这是作图法所不能做到的.根据统计理论,还可进一步计算出 a 和 b 的估计值的标准误差 S_a 和 S_b.

$$S_a = \sqrt{\frac{\sum_{i=1}^{n} x_i^2}{n\sum_{i=1}^{n} x_i^2 - \left(\sum_{i=1}^{n} x_i\right)^2}} \cdot S_y = \sqrt{\frac{\overline{x^2}}{n(\overline{x^2} - \bar{x}^2)}} \cdot S_y \quad (1.6.4)$$

$$S_b = \sqrt{\frac{n}{n\sum_{i=1}^{n} x_i^2 - \left(\sum_{i=1}^{n} x_i\right)^2}} \cdot S_y = \sqrt{\frac{1}{n(\overline{x^2} - \bar{x}^2)}} \cdot S_y$$

式中,S_y 为测量值 y 的标准误差

$$S_y = \sqrt{\frac{\sum_{i=1}^{n} \varepsilon_i^2}{n-2}} = \sqrt{\frac{\sum_{i=1}^{n}(y_i - a - bx_i)^2}{n-2}}$$

式中,$n-2$ 为自由度.

2. 相关系数及相关检验

用最小二乘法拟合直线,求得曲线方程的前提是函数形式是已知的,拟合只是确定相应

的待定系数.然而实际测量时,往往不十分了解变量之间具有什么函数关系,只是根据实验数据进行试探,判断两个量之间是否适合线性回归方程的依据是两个量之间的相关系数 r.

根据有关理论,相关系数 r 定义为

$$r = \frac{\sum(x_i-\bar{x})(y_i-\bar{y})}{\sqrt{\sum(x_i-\bar{x})^2 \cdot \sum(y_i-\bar{y})^2}} = \frac{\overline{xy}-\bar{x}\cdot\bar{y}}{\sqrt{(\overline{x^2}-\bar{x}^2)(\overline{y^2}-\bar{y}^2)}}$$

若 $r=\pm 1$ 表示变量 x,y 完全线性相关,实验数据全部落在拟合直线上;$|r|$ 越接近 1,各数据点就越接近拟合直线;$|r|$ 越小线性越差,$r=0$ 表示 x 与 y 完全不相关,不能用直线方程来拟合.

实际拟合时,$|r|$ 值为多少时,用线性方程来拟合才是合理的呢?线性相关有一个起码值 r_0,当 $|r|>r_0$ 时,两个变量之间的线性关系显著,作直线拟合才是合理的;否则应该用其他形式的曲线方程来尝试拟合.r_0 与测量次数 n 及显著性水平 α 有关.表 1.6.3 给出了 $\alpha=0.05$ 及 $\alpha=0.01$ 条件下不同 n 值时 r_0 的值.如 $n=10,\alpha=0.05$ 时,显著性标准为 0.632,若取 $\alpha=0.01$,则显著性标准为 0.765.α 越小,显著性标准就越高.

表 1.6.3 相关系数检验表

n α	3	4	5	6	7	8	9	10	11	12
0.05	0.997	0.950	0.878	0.811	0.754	0.707	0.666	0.632	0.602	0.576
0.01	1.000	0.990	0.959	0.917	0.874	0.834	0.798	0.765	0.735	0.708
n α	13	14	15	16	17	18	19	20	21	22
0.05	0.553	0.532	0.514	0.497	0.482	0.468	0.456	0.444	0.433	0.423
0.01	0.684	0.661	0.641	0.623	0.606	0.590	0.575	0.561	0.549	0.537

1.7 物理实验的基本测量方法

前面介绍了有关测量与误差、有效数字及数据处理等知识,除此之外,学习本课程还必须掌握物理实验有关的测量方法,培养这方面的素养,对后继课程及将来从事的工程技术、教学、科研等工作是很有帮助的.为此本节对这方面的知识作一个较为系统的总结.

1.7.1 基本测量方法

从事物理或有关的科学实验,总是要根据实验的原理和待测量的性质及其精度要求来确定实验方法,恰当选择仪器和实验条件,确定测量次数等.物理实验中常用到的基本方法有以下几种.

1. 放大法

在物理实验中,常涉及各种物理量的测量,然而有些量比较微小,用已给定的某种仪器进行测量往往带来很大误差,甚至无法直接测量.如果能将被测量按照一定的规律加以放大,就可以达到既能测量,又能减少测量误差的目的.把被测物理量按一定规律放大后再进行测量的方法,称为"放大法".

要测量直径小于 1mm 的铜丝,用米尺去测量行吗?不行.可是手头上又无千分尺,怎么办?可以把铜丝密绕于一细杆上 N 匝,用米尺测出 N 倍直径的宽度为 L,于是单根铜丝的直径为

$$D = \frac{L}{N}$$

又如用秒表测一单摆的振动周期 T(设 T 约为 2s),假如每次测量所带来的测量误差为 0.2s,则 $\Delta T/T = 10\%$,怎样减少误差呢?在只有秒表的条件下可以测量 N 次摆动的总时间,这样就可以大大减小误差.

以上两例是在被测物理量能够简单重叠的条件下实现的放大法测量.在微小被测量不能实现重叠测量的情况下,也可采用放大法,如在"杨氏模量"实验中,利用光杠杆原理把被测长度的变化加以放大,使得该量能够测量,而且达到一定精度要求,放大倍数通常可达到 25~100 倍(详见实验 3.1).

光杠杆原理已被广泛应用于其他测量仪器或测量技术中,许多高灵敏度的电表,如冲击电流计、光点检流计等,都应用了光杠杆的放大原理.

2. 比较法

所谓测量,一般是将待测物理量与选作标准单位的该物理量进行比较,标准单位一般可选用标准量具.例如,用米尺直接测量某一物体的长度时,米尺的最小分度毫米,就是作为比较用的标准单位.这种根据一定测量原理,将被测量通过与其性质相同的标准量的直接比较得出被测量值,称为直接比较法.如果是间接测量,那么通过含未知量的测量过程与一标准化过程相比较而得出中间量值的方法,也称为间接比较法.

实际测量时,常用以下方法.

1) 直读法

米尺测长、电流表测电流强度、电子秒表测时等,都是由标度尺示值或数字显示窗示值直接读出被测值,称为直读法.该法操作简便,但有时测量准确度偏低.

2) 零示法

天平称量物体的质量,要求天平指针指零;用电桥测量电阻,也要求桥路中检流计指针指零.这种以示零器示零为测量依据的方法就称为零示法.

图 1.7.1 中 R_1、R_2 称为"比率臂",是已知标准电阻,R_s 为"比较臂",为可变的标准电阻,R_x 为"测量臂",是被测电阻.当取 R_1/R_2 为定值,调整 R_s,使流过电流计 G 的电流为零,即使得电桥达到平衡时,有

$$R_x = \frac{R_1}{R_2} R_s$$

由此可见,用电桥测量电阻是在一定倍率下,调电桥到平衡时,被测电阻值可通过与比较臂上的标准电阻相比较而得到.

在用冲击电流计测量螺线管磁场的实验中,也用到比较法.

如图 1.7.2 将 K_3 倒向 1,使流过螺线管的电流为 I,再用 K_3 使 I 换向,测出电流计第一次最大偏转 d,得到

$$B = \frac{kR}{2N_2 S} d$$

式中,S 为线圈截面积,R 为次级回路中的总电阻,N_2 为线圈 L_2 的匝数,均为已知量,d 已读出,

k 为冲击常数. 把 S_2 倒向 2 测出 k，B 即可算出，k 的测定就是与标准互感器相比较来确定的.

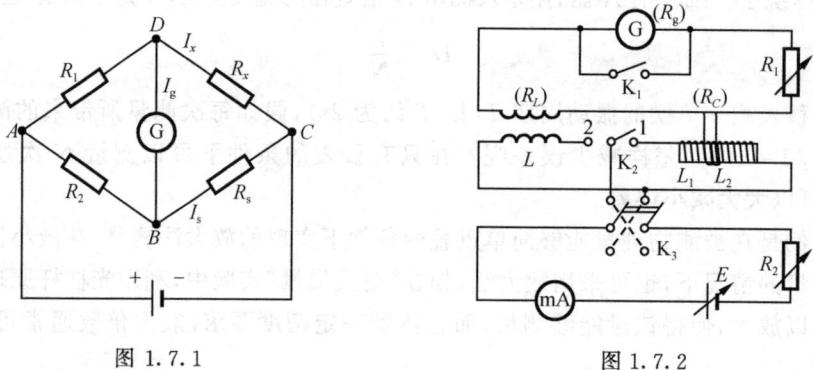

图 1.7.1   图 1.7.2

3) 交换法

在采用比较法测量时，为了减小测量的系统误差，将标准物和被测物互相交换位置进行测量的方法，称为"交换法".

如图 1.7.1 用电桥测量电阻时，有 $R_x = \dfrac{R_1}{R_2} R_s$，根据仪器的最大误差传递有

$$\frac{\Delta R_x}{R_x} = \frac{\Delta R_1}{R_1} + \frac{\Delta R_2}{R_2} + \frac{\Delta R_s}{R_s}$$

若将 R_x 与 R_s 的位置交换一下，则有 $R_x = \dfrac{R_1}{R_2} R'_s$，故有

$$R_x^2 = R_s R'_s, \quad R_x = \sqrt{R_s R'_s}$$

此时根据仪器误差传递有

$$\frac{\Delta R_x}{R_x} = \frac{1}{2}\left(\frac{\Delta R_s}{R_s} + \frac{\Delta R'_s}{R'_s}\right) \approx \frac{\Delta R_s}{R_s}$$

可见，在电桥测量中使用交换法可以消除比率臂 R_1/R_2 所引起的误差，而使测量精度仅决定于 R_s 的误差.

用天平称衡质量的"复称法"，也是交换法. 由于加工工艺等原因，天平两臂很难做到严格等长，结果使称衡时产生了系统误差. 为了消除这一系统误差，称衡第一次可将待称衡物 M 置于天平左盘中，第二次置于右盘中，两次称衡的砝码质量分别为 m_1 和 m_2，设天平两臂长分别为 L_1 和 L_2，则有 $ML_1 = m_1 L_2$ 和 $ML_2 = m_2 L_1$，故被称衡质量为 $M = \sqrt{m_1 m_2}$.

3. 模拟法

模拟法是指不直接研究某物理现象或物理过程本身，而是用与该物理现象或过程相似的模型来研究的一种方法. 根据相似的模型，设计与被测原型（被测物、被测现象等）有物理或数学相似的模型，然后通过对模型的测量来间接地测量所研究原型的性质及其规律. 这样使得一些难以测量或甚至无法测量的物理量，通过模拟法可以进行测量. 模拟法可以分为物理模拟与数学模拟. 物理模拟是保持同一物理本质的模拟，如用光测弹性法模拟工件内部的应力情况. 数学模拟是把两个不同本质的物理现象或过程，用同一数学形式来描述. 也就是说，如果有两个或两类不同的研究对象，不同的物理过程，只要反映两者运动规律的数学方程具有相似的形式，便可用数学模拟方法进行测量研究. 下面举两个例子来加以说明.

例如,用电流场模拟静电场进行测量研究.已经知道,直接对静电场进行测量是十分困难的.因为要对静电场进行测量,必须使用静电式仪表,而仪表本身是导体或电介质,一旦把仪器置入静电场中,原来的静电场就会改变.为了测定静电场,可利用反映稳恒电流场和静电场性质的场方程的相似性来进行模拟,通过测定稳流场的分布来确定静电场的分布.已经知道,反映这两种场性质的场方程是相似的,它们都满足 $\frac{\partial^2 U}{\partial^2 x}+\frac{\partial^2 U}{\partial^2 y}+\frac{\partial^2 U}{\partial^2 z}=0$,式中 U 为电势.

如果稳流场的空间电极形状与边界条件(由电极表面、导电纸和空气分界面组成)和产生静电场的相同,则电流场就可以代替静电场.这就是模拟法测静电场的理论根据.

再如,对地下水运动规律的研究也是比较困难的,但由于在流体力学中,水头 h(即流速头或流速高度)所服从的偏微分方程与电学中电势所服从的拉普拉斯方程在形式上完全相似,因此可用数学模拟的方法制作一个相应的电路装置,在实验中用电流场来模拟地下水流运动,从而进行模拟测量.

4. 补偿法

补偿法是根据某一测量原理,在提供一种可调的标准量来抵消被测量所显现的作用条件下,对被测物理量进行测量的方法.下面以电势差计测量电动势为例来加以说明.

用电压表跨于电源两极上进行测量,由于有电流 I 流过电压表,电压表的读数不是待测电源的电动势 ε,而是端电压 $U(U=E-Ir,r$ 是电源的内阻),要精确测定未知电动势 E_x,可按图 1.7.3 安排电路,其中 E_s 是标准电源.调节 E_s,使检流计 G 指零,则回路中两个电源的电动势必然大小相等,方向相反.此时称电路达到了补偿.在补偿的条件下如果 E_s 数值已知,则 E_x 可求出.

电势差计就是根据补偿原理制成的,图 1.7.4 是实际的电势差计原理图.它是由两个回路组成的,$ERR_{AB}E$ 构成辅助回路,$E_xR_{AC}GE_x$(或 $E_sR_{AC}GE_s$)组成补偿回路,辅助回路提供了一定电流 I_0 流过标准电阻 R_{AB},U_{AC} 就相当于图 1.7.3 中的 E_s,测量时将 U_{AC} 与未知电动势 E_x 进行比较,当检流计指零时,$E_x=U_{AC}$.此例中 E_s 是用来校准工作电流 I_0 用的.

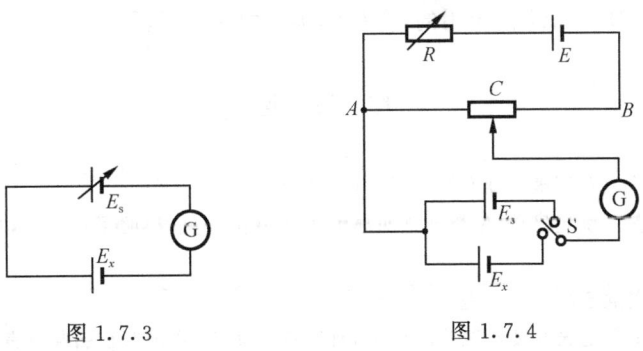

图 1.7.3　　　　　　图 1.7.4

5. 光学实验方法

(1) 干涉法.在精密测量中,以光的干涉原理为基础,利用对干涉条纹明暗交替间距的量度,实现对微小长度、微小角度、透镜曲率、光波波长等的测量.迈克耳孙干涉仪即为典型的干涉测量仪器.

(2) 衍射法. 在光场中置一线度与入射光波长相当的障碍物(如狭缝、细丝、小孔、光栅等),在其后方将出现衍射图样. 通过对衍射图样的测量与分析,可定出障碍物的大小. 利用射线在晶体中的衍射,还可进行物质结构的分析.

(3) 光谱法. 利用分光元件(棱镜或光栅),将发光体发出的光分解为分立的按波长排列的光谱. 光谱的波长、强度等参量给出了物质结构的信息.

(4) 光测法. 用单色性好、强度高、稳定性好的激光做光源,再利用声-光、电-光、磁-光等物理效应,可将某些需精确测量的物理量转换为光学量来测量,光测法已发展成为一种重要的测量手段.

6. 转换测量法

在测量中,对于某些不能直接与标准比较的被测量,需将其转换成能与标准量相比较的物理量之后再进行测量,这种方法称为"转换测量法",简称"换测法". 换测法大体上可分为参量换测法和能量换测法.

参量换测法是利用各种参量的变换及其变化关系来测量某一物理量的方法. 例如,在测量杨氏模量的实验中,是通过应力和应变的线性变化关系 $\left(\dfrac{F}{S}=E\dfrac{\Delta L}{L}\right)$ 来测量的;重力加速度是通过单摆的长度与周期的幂函数关系 $\left(L=\dfrac{gT^2}{4\pi^2}\right)$ 来测量的. 这方面的例子在物理实验中是很多的.

能量换测法是指将某种形式的物理量,通过能量变换器(也叫传感器)变成另一种形式的物理量的测量方法. 传感器可以将一种类型的物理量转换成另一种类型的物理量. 例如,把机械量转换为电学量的传感器(如压电换能器),把磁学量转换为电学量的传感器(如霍尔元件传感器),把光学量转换为电学量的传感器(如光电传感器,包括利用外光电效应、内光电效应的光电传感器),把热学量转换为电学量的传感器(如温差电偶)等. 利用换测法给物理量的测量开辟了广阔的天地,使物理实验方法渗透到了各个科学领域.

以上介绍了物理实验中常用的几种方法,此外还有"替代法"、"共轭法"等. 在物理实验中这些方法往往是互相联系,综合应用的,在科学实验中应当灵活运用.

练 习 题

1. 测量结果的标准差和不确定度有何区别?有何联系?

2. 某物理量的测量不确定度的 A 类分量明显大于其 B 类分量,说明了什么?如果相反,又说明了什么?

3. 下列几种情况各属于哪一类误差?
① 天平零点不准;② 电表的接入误差;③ 检流计零点漂移;④ 电压起伏引起电表读数不准.

4. 有甲、乙、丙、丁四人,用螺旋测微计测量一钢球的直径,各人所得的结果如下:
甲(1.2832 ± 0.0002)cm,乙(1.283 ± 0.0002)cm,丙(1.28 ± 0.0002)cm,丁(1.3 ± 0.0002)cm
问哪个人表示得正确?其他人的结果表达式错在哪里?

5. 用米尺测量一物体长度,测得的数值为 98.98cm,98.94cm,98.96cm,98.97cm,99.00cm,98.95cm 及 98.97cm,试求其平均值、合成不确定度及相对不确定度,并给出完整的测量结果.

6. 用米尺测量正方形的边长为 $a_1=2.01$cm,$a_2=2.00$cm,$a_3=2.04$cm,$a_4=1.98$cm,$a_5=1.97$cm,试分

别求正方形周长 C 和面积 S 的平均值、合成不确定度及相对不确定度,给出周长和面积的测量结果.

7. 当对 x 和 $y=ax$ 进行 k 次等精度测量时,根据最小二乘法原理,使各剩余误差平方和为最小值,则可求得未知参量 a 的最佳值的表达式是怎样的?

8. 一个铅质圆柱体,测得其直径为 $d=(2.040\pm0.002)$cm,高度为 $h=(4.120\pm0.002)$cm,质量为 $m=(149.10\pm0.05)$g(式中不确定度均为合成不确定度). 试求:① 铅的密度 ρ;② 铅密度的合成不确定度及相对不确定度;③ 表示出 ρ 的测量结果.

9. 按照误差理论和有效数字运算法则改正以下错误:

① $m=(25.355\pm0.02)$g;   ② $V=(8.931\pm0.107)$cm³;

③ $L=(20500\pm400)$m;   ④ $\bar{L}=28$cm$=280$mm;

⑤ 有人说,0.02070 有五位有效数字,有人说有四位有效数字,也有人说只有三位有效数字,请给出正确答案并说明原因;

⑥ $\bar{S}=0.0221\times0.0221=0.00048841$;

⑦ $\bar{N}=400\times1500/(12.60-11.6)=600000$.

10. 写出下列测量关系式的合成不确定度的传递公式:

① $N=2x-\dfrac{y}{4}+3z$,其中 $x=\bar{x}\pm u_{c,x}$,$y=\bar{y}\pm u_{c,y}$,$z=\bar{z}\pm u_{c,z}$;

② $g=4\pi^2 L/T^2$,其中 $L=\bar{L}\pm u_{c,L}$,$T=\bar{T}\pm u_{c,T}$;

③ $N=(x-y)/(x+y)$ 其中 $x=\bar{x}\pm u_{c,x}$,$y=\bar{y}\pm u_{c,y}$.

11. 试用有效数字运算法则计算下列各式,要求写出计算过程:

① $98.754+1.3$;   ② $107.50-2.5$;

③ 111×0.100;   ④ $76.000/(40.00-2.0)$;

⑤ $\dfrac{50.00\times(18.30-16.3)}{(103-3.0)\times(1.00+0.001)}$;   ⑥ $\dfrac{100.0\times(5.6+4.412)}{(78.00-77.00)\times110.0}+110.0$;

⑦ 已知 $y=\tan\theta$,$\theta=\bar{\theta}\pm u_{c,\theta}=44°47'\pm0°02'$,求 y.

12. 用一只 0.5 级电压表(满刻度为 150 格)去测一电阻两端的电压,量程选用 75mV,此时电表指针指在 137 格整刻度处,求:① 电表的仪器误差;② 该电压值的测量结果.

13. 测量一金属丝的线胀系数所得数据如下:

t/℃	30.0	40.0	50.0	60.0	70.0	80.0	90.0	100.0
L/cm	60.124	60.162	60.206	60.242	60.284	60.320	60.366	60.402

已知 $L=L_0(1+bt)$,其中 L_0 为 0℃ 时的长度,试用以下方法求该金属丝的线胀系数 b 及它在 0℃ 时的长度 L_0:① 作图法;② 逐差法.

14. 弹簧伸长 ΔL 和所受的拉力 F 的关系为 $F=k\Delta L$,式中 $F=mg$,测得其长度 L 和加载质量 m 的数据如下:

m/g	0.0	20.0	40.0	60.0	80.0	100.0	120.0	140.0
L/cm	20.40	28.25	36.30	44.20	52.15	60.25	68.10	76.15

试分别用作图法和逐差法求出弹簧的劲度系数 k.

15. 由实验结果(下表)推测物理量 y 与 x 成正比: $y=a+bx$,试用最小二乘法作直线拟合,求出 a 和 b.

x	0	1	2	3	4	5	6	7
y	0	0.780	1.576	2.332	3.083	3.898	4.683	5.458

16. 利用单摆测定重力加速度 g,已知单摆的周期 T 为 2s,摆长的相对不确定度为 0.05%,用秒表测量

时间的不确定度为 0.05s,如果要求测量结果 g 的相对不确定度小于 0.1%,试分别用算术合成法和方和根合成法,求出至少要测多少个周期的摆动?

17. 某物理量的计算公式为 $y=k(1+1.6d/H)$,其中 k 为常数,1.6 为准确数,H 大约为 16cm,$d=0.1500$cm,若使 y 的表示式中分母的值具有 4 位有效数字,正确的测量 H 的方法是( ).

(a) 用游标卡尺估读到 cm 千分位;   (b) 用米尺估读到 cm 百分位;

(c) 用米尺读到 mm 位;   (d) 用米尺读到 cm 位.

18. 某测量结果的不确定度中包含 A 类不确定度 S_i 及 B 类不确定度 u_j,如下表所示.如各不确定度分量互相独立,试计算总不确定度(取置信概率 $P=0.95$).

序 号	来 源	不确定度分量		自由度	
		符号	数值	符号	数值
1	基准尺	S_1	1.0	γ_1	5
2	读数	S_2	1.0	γ_2	10
3	电压表	S_3	1.4	γ_3	4
4	电阻表	S_4	2.0	γ_4	16
5	温度	u_1	2.0	γ_5	1

19. 某人测量单摆周期 8 次,测量值分别为 1.572s,1.574s,1.573s,1.590s,1.569s,1.580s,1.576s,1.544s,试用格罗布斯判据判断测量列中是否有坏值,并给出周期 T 的最后结果.

20. 要测量电阻 R 上实际消耗的功率 P,可以有三种方法,它们分别是 $P=IU$、$P=U^2/R$、$P=I^2R$. 假若限定仪器条件只能用 0.5 级电压表、1.0 级电流表和 0.2 级电桥分别测量电压、电流和电阻,试选择测量不确定度最小的测量方案(单次测量,不计电表内阻的影响).

第 2 章 物理实验操作基础

实验 2.1 长度的测量和密度的测定

【实验目的】

(1) 用米尺、游标卡尺、千分尺作长度测量.
(2) 用物理天平进行质量测量.
(3) 练习做好实验记录和计算不确定度.

【实验原理】

1. 游标卡尺、千分尺的测微原理

见本书 F2.1.1 节.

2. 固体的密度测量

1) 直接测定法(圆柱体)(适用规则物体)

$$\rho = \frac{m}{V} \tag{2.1.1}$$

式中,m 和 V 分别为圆柱体的质量和体积,ρ 为圆柱体的密度.

因为 $V = \frac{1}{4}\pi d^2 h$,式中 d 和 h 分别为实心圆柱体的直径和高度,此式代入式(2.1.1)得

$$\rho = \frac{4m}{\pi d^2 h} \tag{2.1.2}$$

2) 流体静力称衡法测固体的密度(适用规则和不规则物体)

(1) 设被测物不溶于水,其质量为 m_1(其密度大于水的密度),用细丝将其悬吊在水中的称衡值为 m_2(图 2.1.1). 又设水在当时温度下的密度为 ρ_w(有表可查),物体的体积为 V,则由阿基米德定律,可得

$$V\rho_w g = (m_1 - m_2)g$$

式中,g 为重力加速度,整理后可得

$$V = \frac{m_1 - m_2}{\rho_w} \tag{2.1.3}$$

则固体的密度

$$\rho = \frac{m_1}{m_1 - m_2}\rho_w \tag{2.1.4}$$

(2) 设被测物不溶于水,其质量为 m_1,但它的密度小于水的密度(如矿蜡等),又该怎样去测量呢? 此时应在待测物下方加一配重(如金属圆柱体),见图 2.1.2.

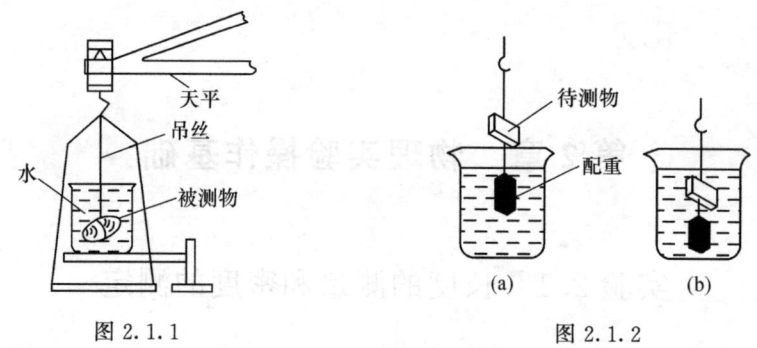

图 2.1.1   图 2.1.2

在图 2.1.2(a)中,待测物在空气中,配重在水中,此时称量值为 m_2,在图 2.1.2(b)中,待测物和配重均在水中,此时称量值为 m_3. 同理可得此时待测物的体积 V 为

$$V = \frac{m_2 - m_3}{\rho_w}$$

故

$$\rho = \frac{m_1}{m_2 - m_3}\rho_w \tag{2.1.5}$$

3) 流体静力称衡法测液体的密度

选取一个不溶于水且和被测液体不发生化学反应的物体(如玻璃块),其质量为 m_1,将其悬吊在被测液体中的称量值为 m_2,又将它悬吊在水中的称量值为 m_3. 同理可得液体密度 ρ 为

$$\rho = \frac{m_1 - m_2}{m_1 - m_3}\rho_w \tag{2.1.6}$$

4) 用比重瓶测液体的密度

图 2.1.3 为常用比重瓶,它在一定温度下有一定的容积,将被测液体(如酒精)注入瓶中,多余的液体可由塞中的毛细管溢出.

设空比重瓶的质量为 m_1,充满密度为 ρ 的被测液体时的质量为 m_2,充满同温度的蒸馏水时的质量为 m_3,则

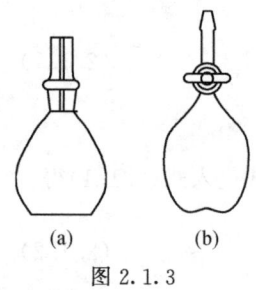

图 2.1.3

$$\rho = \frac{m_2 - m_1}{m_3 - m_1}\rho_w \tag{2.1.7}$$

【仪器和用具】

米尺,游标卡尺,千分尺,待测实、空心圆柱体和小钢球,物理天平,实心圆柱体,待测矿蜡和待测液体(酒精),比重瓶,配重物,烧杯,蒸馏水,细线,温度计,烘箱(烘干比重瓶用)等.

【实验内容】

1. 测空心圆柱体的体积 V

(1) 测它的高度 h(用米尺 $\sigma=1\mathrm{mm}$,$\Delta_仪=0.5\mathrm{mm}$,重复 6 次). 使用米尺时的要领和关键是正视、对准和紧贴.

(2) 测它的外径 d_1 和内径 d_2(用 $\frac{1}{50}$ 游标卡尺,$\Delta_仪=0.02\mathrm{mm}$,重复 6 次),并记下零点读数 d_0.

$$V = \frac{1}{4}\pi(d_1^2 - d_2^2)h, \quad u_{c,V} = \sqrt{\left(\frac{\partial V}{\partial h}\right)^2 u_{c,h}^2 + \left(\frac{\partial V}{\partial d_1}\right)^2 u_{c,d_1}^2 + \left(\frac{\partial V}{\partial d_2}\right)^2 u_{c,d_2}^2}$$

式中,$u_{c,h}, u_{c,d_1}, u_{c,d_2}$可用通式表示为

$$u_x = \sqrt{u_A^2 + u_B^2} = \left\{\left[\sqrt{\frac{\sum v_i^2}{(n-1)n}}\right]^2 + \left(\frac{\Delta_{\text{仪}}}{\sqrt{3}}\right)^2\right\}^{\frac{1}{2}}$$

式中,v_i 为偏差($v_i = x_i - \bar{x}$). 若 $u_A < \frac{1}{3}u_B$ 时,这时只计 u_B 值.

2. 用千分尺测小钢球的直径 d

一级千分尺 $\Delta_{\text{仪}} = 0.004\text{mm}$,计算时取 $\Delta_{\text{仪}} \approx 0.005\text{mm}$,重复 6 次,并记下零点读数 d_0. 结果的 $d = (\bar{d} - d_0) \pm u_{c,d}$ cm.

注意:数据中是否有可疑数值,可用格罗布斯判据去判断.

3. 用流体静力称衡法测金属实心圆柱体的密度 ρ

用感量为 0.05g(或 0.02g)的物理天平重复 6 次称量,取 $\Delta_{\text{仪}} = 0.05\text{mm}$(或 0.02g). 查表得室温下的 $\rho_w, \Delta \rho_w \approx 0$(视 ρ_w 不变).

$$\rho = \frac{m_1}{m_1 - m_2}\rho_w \text{g/cm}^3, \quad \frac{u_{c,\rho}}{\rho} = \left\{\left[\frac{m_2}{m_1(m_1 - m_2)}\right]^2 u_{c,m_1}^2 + \left(\frac{1}{m_1 - m_2}\right)^2 u_{c,m_2}^2\right\}^{\frac{1}{2}}$$

将结果写成 $\rho \pm u_{c,\rho} = \underline{\qquad} \pm \underline{\qquad}$ g/cm³ 形式.

一般用物理天平称量时,$u_{c,m_1} \approx u_{c,m_2} = \frac{\Delta_{\text{仪}}}{\sqrt{3}} = \frac{0.05}{\sqrt{3}}\text{g}\left(\text{或} \frac{0.02}{\sqrt{3}}\text{g}\right)$.

其他待测量量,如矿蜡密度的测量,待测液体密度的测量,可利用其相应的原理和方法自行列表和计算.

注意:使用物理天平时,应严格按照物理天平附带的仪器介绍中的操作规程办事.

【思考题】

(1) 游标卡尺的分度值 $\Delta x = \frac{y}{m}$,试证明.

(2) 某同学用物理天平称量某一待测物的质量,发现连续几次测量结果几乎相等,用贝塞尔公式 $S_x = \sqrt{\frac{\sum \delta_i^2}{n-1}}$ 计算值近似为 0,能否说明该待测物的不确定度为 0? 为什么? 此时应怎样计算它的不确定度?

(3) 推导圆柱体体积 $V = \frac{\pi d^2 h}{4}$ 的不确定度方和根合成公式 $\frac{u_{c,V}}{V}$.

(4) 用比重瓶法测待测液体密度的计算式(2.1.7)为 $\rho = \frac{m_2 - m_1}{m_3 - m_1}\rho_w$,不计 ρ_w 的误差,试推导 $\frac{u_{c,\rho}}{\rho}$ 的表达式.

实验 2.2　重力加速度的测定

实验 2.2.1　单摆法

【实验目的】

(1) 练习使用秒表和米尺,测单摆的周期与摆长.
(2) 求出当地重力加速度 g 的值.
(3) 考察单摆的系统误差对测重力加速度的影响.

【实验原理】

用一不可伸长的轻线悬挂一小球(图 2.2.1),做幅角 θ 很小的摆动,就是一个单摆.

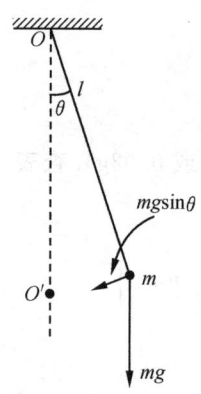

图 2.2.1

设小球的质量为 m,其质心到摆的支点 O 的距离为 l(摆长),作用在小球上的切向力的大小为 $mg\sin\theta$,它总指向平衡点 O',当 θ 角很小时,则 $\sin\theta \approx \theta$,切向力的大小为 $mg\theta$,按照牛顿第二定律,质心的运动方程为

$$ma_t = -mg\theta$$

$$ml\frac{d^2\theta}{dt^2} = -mg\theta$$

即

$$\frac{d^2\theta}{dt^2} = -\frac{g}{l}\theta \tag{2.2.1}$$

这是一个简谐运动方程,可知该简谐运动角频率 $\omega = \sqrt{\dfrac{g}{l}}$,由此得出

$$\omega = \frac{2\pi}{T} = \sqrt{\frac{g}{l}}$$

$$T = 2\pi\sqrt{\frac{l}{g}} \tag{2.2.2}$$

$$g = 4\pi^2\frac{l}{T^2} \tag{2.2.3}$$

实验时,测量一个周期的相对误差较大,一般是测量连续摆动的 n 个周期的时间 t,则 $T = t/n$.因此

$$g = 4\pi^2\frac{n^2}{t^2}l \tag{2.2.4}$$

式中,π 和 n 不考虑误差,因此 g 的不确定度传递公式为

$$\frac{u_{c,g}}{g} = \sqrt{\left(\frac{u_{c,l}}{l}\right)^2 + \left(2\frac{u_{c,t}}{t}\right)^2} \tag{2.2.5}$$

从上式中可以看出在 $u_{c,l}$,$u_{c,t}$ 大体一定的情况下,增大 l 和 t 对测量 g 有利.

此外原先假定的是 $\theta < 5°$,摆角与摆动周期 T 之间的关系,经理论推导可得

$$T = T_0\left[1 + \left(\frac{1}{2}\right)^2 \cdot \sin^2\frac{\theta}{2} + \left(\frac{1 \times 3}{2 \times 4}\right)^2 \cdot \sin^2\frac{\theta}{2} + \cdots\right] \tag{2.2.6}$$

式中,T_0 为 θ 接近于 $0°$ 时的周期,取上式的一次近似,得

$$T = T_0\left(1 + \frac{1}{4}\sin^2\frac{\theta}{2}\right) \tag{2.2.7}$$

【仪器和用具】

单摆,秒表,钢卷尺.

【实验内容】

(1) 取摆长为 1000mm 的单摆,用米尺单次测量摆长 l,用游标卡尺测量摆锤的高度 3 次.
(2) 用秒表测量单摆连续摆动 50 个周期的时间 t,测 3 次取平均值.注意摆角 $\theta < 5°$.
(3) 将摆长每次缩短约 10.00cm,测其摆长及周期,直到摆长为 40.00cm 为止.
(4) 就某一摆长在不同摆角用毫秒计测周期,在 $5° \sim 25°$ 至少测 5 组数据,每个摆角测 3 次取平均.
(5) 用步骤(1)、(2)的数据求 g 及其不确定度.
(6) 用步骤(1)、(2)、(3)的数据作 T^2-l 图线,并求出直线的斜率和 g 值.
(7) 用步骤(1)、(2)、(4)的数据作 T^2-$\sin^2\frac{\theta}{2}$ 图线,从图线的截距和斜率检验式(2.2.7)中 $\sin^2\frac{\theta}{2}$ 的系数是否等于 $1/4$.

【问题讨论】

1. 选择仪器

如果要使得用单摆测量某地的重力加速度 g 的相对误差 $\frac{\Delta g}{g} \leqslant 0.2\%$,若单摆摆长 $l \approx 100.00$cm,周期 $T \approx 2$s,则如何选用测量长度和时间的仪器呢?

(1) 根据算术合成法,$\frac{\Delta g}{g} = \frac{\Delta l}{l} + 2\frac{\Delta T}{T} \leqslant 0.002$,按等精密分配原则 $\frac{\Delta l}{l} \leqslant 0.001$ 和 $2\frac{\Delta T}{T} \leqslant 0.001$,因已知 $l \approx 100.00$cm,则 $\Delta l \leqslant 1$mm. 使用最小分度值为 1mm 的米尺去测量完全可以满足要求. 又知 $T \approx 2$s,所以 $\Delta T \leqslant 0.001$s. 这表示如果只测一个完整的周期,就必须用毫秒计去测量,才能满足要求,但是周期是可以连续测量的,若连续测 n 个周期的时间为 t,则 $t = nT$,即 $\Delta t = n\Delta T$,如果取 $\Delta t = 0.1$s,则 $n \geqslant \Delta t/\Delta T = 0.1/0.001 = 100$. 这时用最小分度为 0.1s 的秒表测 $n \geqslant 100$ 次就符合要求.

(2) 根据方和根合成法

$$\frac{u_{c,g}}{g} = \sqrt{\left(\frac{u_{c,l}}{\bar{l}}\right)^2 + \left(2\frac{u_{c,T}}{\bar{T}}\right)^2} \leqslant 0.002$$

同理,由等精密分配可得 $u_{c,l} \leqslant 1.41$mm,用米尺测量即可满足要求.

$n \geqslant \frac{100}{\sqrt{2}}$ 时,$u_{c,t} \leqslant 0.1$s,用秒表测量 $n \geqslant 80$ 次即可满足要求.

2. 渐进法测周期简介

先测 30 个周期(这一步骤需一个一个周期地数),计数时注意,当第一次过平衡点时数

"0". 设 $n'=30$ 次,记下时间 t',设 $t'=58.45s$,由此得到的周期值当然不够精确,可作为一个近似值,用 T_0' 表示,即 $30T_0'=58.45s$,$T_0'=1.948s$. 再估算约 100 个周期的时间应为 194.8s 约需 3min 以上. 让单摆重新平衡地摆动,设某次当它由左向右经过平衡位置时按下秒表按钮,经过 3min 以后再观察单摆,当某次它又由左向右经过平衡位置时,再按下秒表,停止计时,记下初终时刻,即可得 n 个全振动的时间 t,如果 $t=202.85s$,$n=t/T'=202.85/1.948=104.1$,取整数 $n=104$ 次,于是算得 $T_0=t/n=202.85/104=1.950(s)$,显然 T_0 数值比 T_0' 值正确. 而且避免了计读摆动次数过多所带来的眼睛疲劳和容易失误的缺点,只需在初终两次按秒表时力求准确即可.

【思考题】

(1) 用长为 1m 的单摆测重力加速度,要求测量结果的相对误差不大于 0.4%时,测量摆长和周期的绝对误差不应超过多大? 试分别用算术合成法和方和根合成法选用长度测量仪器.

若用最小分度为 0.1s 的秒表去测量,两种计算方法中 n 值各为多大?

(2) 你认为该实验中单摆的摆长 l 是长一些好还是短一些好? 为什么?

(3) 若在摆角 $\theta>5°$进行测量,将带来什么性质的误差? 取 $T=T_0\left(1+\frac{1}{4}\sin^2\frac{\theta}{2}\right)$,若 $\theta=10°$条件下测得 T 值,将给 g 值引入多大相对不确定度?

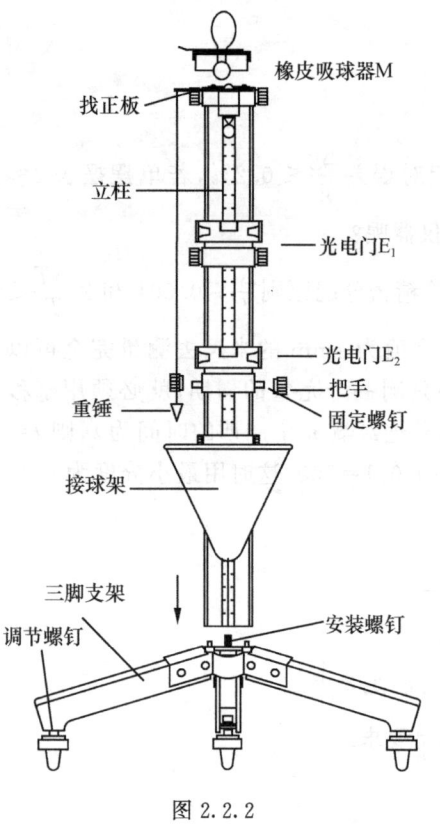

图 2.2.2

实验 2.2.2 落球法(光电计时)

【实验目的】

(1) 学会使用数字毫秒计.
(2) 用落球法测定重力加速度.

【实验原理】

根据自由落体公式

$$h=\frac{1}{2}gt^2 \qquad (2.2.8)$$

通过下落距离 h、时间 t 的测量,可以验证自由落体运动公式的正确性,还可以测定实验所在地方的重力加速度 g 的量值. 但这样做,h 和 t 的准确测定是有困难的,下面介绍另一方法. 自由落体仪如图 2.2.2 所示. 被测小球由实验仪顶部的橡皮吸球器 M(或电磁铁)吸住,随着小球连接处空隙中空气的徐徐进入橡皮球内,导致小球自由下落,经光电门 E_1、E_2 后掉入线网中. 小球经光电门 E_1 时数字毫秒计开始计时,经光电门 E_2 时,数字毫秒计停止计时,则数字毫秒计记录的时间为小球落经 E_1、E_2 高度 h 的时间间隔 t,E_1、E_2 间的距离 h 可由实验仪立柱上的标尺直接读出.

$$\left.\begin{array}{l} h_1 = v_0 t + \dfrac{1}{2} g t_1^2 \\ h_2 = v_0 t + \dfrac{1}{2} g t_2^2 \\ \cdots\cdots \\ h_i = v_0 t + \dfrac{1}{2} g t_i^2 \end{array}\right\} \quad (2.2.9)$$

将上式两端同除以 t_i，得

$$\left.\begin{array}{l} \bar{v}_1 = \dfrac{h_1}{t_1} = v_0 + \dfrac{1}{2} g t_1 \\ \bar{v}_2 = \dfrac{h_2}{t_2} = v_0 + \dfrac{1}{2} g t_2 \\ \cdots\cdots \\ \bar{v}_i = \dfrac{h_i}{t_i} = v_0 + \dfrac{1}{2} g t_i \end{array}\right\} \quad (2.2.10)$$

可见小球竖直下落运动的平均速度与时间成正比，即

$$\bar{v} = v_0 + at \quad (2.2.11)$$

式中，$a = 1/2 g$，即 $g = 2a$。

【仪器和用具】

自由落体装置，光电计时装置，数字毫秒计（MUJ-5C 型）等.

【实验内容】

(1) 首先调节实验装置的支架，使立柱为铅直，再使落球能通过光电门 E_1 和光电门 E_2 的中点而挡光.

(2) 将光电门 E_1 安置到立柱标尺 10.00 cm 处，E_1 固定不变. 光电门 E_2 安置于立柱 60.00 cm 处，则 $h_1 = 50.00$ cm.

(3) 以空气负压吸住小钢球，随着空气的不断渗入，空气负压不足以支持小钢球重力时，它就以初速度为 0 自由落下，毫秒计测出经过 E_1、E_2 距离的时间 t_i. 同一位置重复两次，以保证数据的正确性.

(4) 逐次移动光电门 E_2 使其与光电门 E_1 的距离增加 10.0 cm，重复上述测量步骤. 注意 h 的变化越大，测量点越多对实验越有利. 本次实验改变距离 10 次，每个位置重复测两次数据，并计算出 g.

(5) 作出 $\bar{v}$-t 图，并由图线求重力加速度 g、给出重力加速度的最终表达式. 与 $g_{苏州} = 979.4 \text{ cm/s}^2$ 作比较，求 g 的百分误差（取两位）.

【注意事项】

(1) 实验开始前首先要利用仪器底脚螺丝使仪器调到铅垂状态，即利用铅垂线使上、下两光电门的中心在一条铅垂线上.

(2) 注意实验过程中不要让支柱晃动.

(3) 测量时对每个时间值都要多次测量，至少两次.

【思考题】

(1) 为什么本实验不能直接由 $h=\frac{1}{2}gt^2$ 公式测量 h、t 来求重力加速度 g？这时测 h 和 t 有什么困难？

(2) 为什么本实验要多次测量不同状态时的 h_i、t_i，然后由差值法方能求得较准确的 g？

(3) 在作 $\bar{v}\text{-}t$ 图时若图线偏离最佳直线状态，试问这是由什么主要原因引起的？如何纠正？

(4) 在实验装置上 E_1 和 E_2 两个光电门之间的距离取大一些好还是取小一些好？为什么？

【附】

MUJ-5C 仪器面板图

1. 前面板（图 2.2.3）

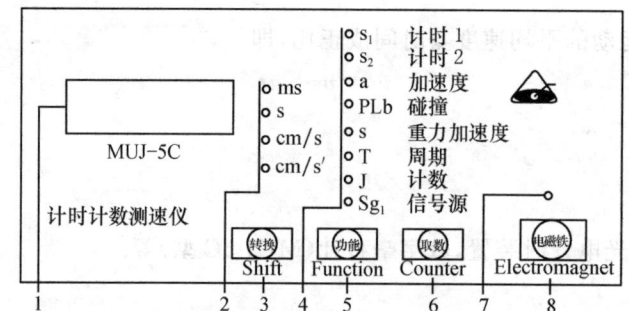

1. LED显示屏；2. 测量单位指示灯；3. 数值转换键；4. 功能转换指示灯；
5. 功能选择/复位键；6. 取数键；7. 电磁铁开关指示灯；8. 电磁铁开关键

图 2.2.3

2. 后面板（图 2.2.4）

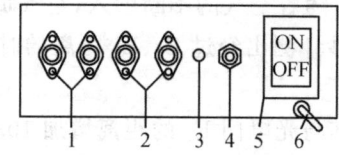

1. P_1光电门插口（兼电磁铁插口）；2. P_2光电门插口；3. 信号源输出插口；4. 电源保险管座；5. 电源开关；6. 电源线

图 2.2.4

实验 2.3 气 垫 实 验

实验 2.3.1 验证动量守恒定律

【实验目的】

(1) 验证动量守恒定律．

(2) 了解非完全弹性碰撞和完全非弹性碰撞的特点.

【实验原理】

当两滑块在水平的导轨上沿直线做对心碰撞时,若略去滑块运动过程中受到的黏滞性阻力和空气阻力,则两滑块在水平方向除受到碰撞时彼此相互作用的内力外,不受其他外力作用,根据动量守恒定律,两滑块的总动量前后保持不变. 即 $\sum F_x = 0$ 时,有 $\sum m_i v_{ix} = $ 恒量.

如图 2.3.1 所示,滑块 1 和 2 的质量分别为 m_1 和 m_2,碰前两滑块的速度分别为 $v_{1,0}$ 和 $v_{2,0}$,碰后的速度分别为 v_1 和 v_2,在 $\sum F_x = 0$ 时,有

$$m_1 v_{1,0} + m_2 v_{2,0} = m_1 v_1 + m_2 v_2 \quad (2.3.1)$$

式中,各速度值均为代数值,若取向右为 x 轴正方向,则所得与 x 正方向一致者为正,相反者为负.

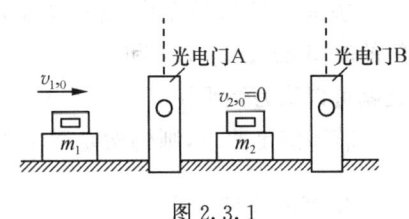

图 2.3.1

若用恢复系数 e 来表示,则

$$e = \frac{v_2 - v_1}{v_{1,0} - v_{2,0}} \quad (2.3.2)$$

当 $e=1$ 时为完全弹性碰撞;当 $e=0$ 时为完全非弹性碰撞;当 $0<e<1$ 时则为非完全弹性碰撞.

1. 非完全弹性碰撞

方法(1) 取 $m_1 = m_2$,将滑块 2 置于 A、B 两光电门之间且靠近 B 门处,使 $v_{2,0}=0$(用手轻轻挡住,碰撞前一刹那放手),推动滑块 1 以 $v_{1,0}$ 速度去撞滑块 2.

方法(2) 取 $m_1 \neq m_2$ 且 $m_1 > m_2$(这样做的好处是碰撞后两滑块向同一方向运动,便于测量),$v_{2,0}=0$.

方法(3) 取 $m_1 = m_2$,使两个滑块分别在 A、B 门之处分别以 $v_{1,0}$ 和 $v_{2,0}$ 向里做相向运动,碰撞后又分别以 v_1 和 v_2 各自向外运动.

2. 完全非弹性碰撞

此时 $e=0$,将滑块 2 置于光电门 A、B 间,且使 $v_{2,0}=0$,滑块 1 以速度 $v_{1,0}$ 撞向滑块 2,碰撞后二滑块黏在一起以同一速度 v 运动.

为了实现此类碰撞,要在两滑块的碰撞弹簧上加尼龙胶带或橡皮泥(使用尼龙胶带时里面要衬上一块软胶皮),或者换上有尼龙胶带的碰簧.

【仪器和用具】

气轨,滑块,光电门,数字毫秒计,游标卡尺,尼龙黏胶带(或橡皮泥).

【实验内容】

1. 检查项

供气时,用纱布沾少许酒精擦轨面及滑块内表面,检查气孔有否堵塞. 检查所有碰簧,以保证滑块运行平稳和对心碰撞.

2. 调平气轨

(1) 粗调. 供气后利用导轨上左边的单脚螺旋进行调节(从上往下看,顺时针旋转时使导轨左端升高,反之则降低),一直到滑块在 A、B 两光电门之间略微做往复运动或几乎静止不动.

(2) 细调. 对 CS-E 型测时器,用 4.00V 功能(可同时测两个速度),测出滑块分别通过光电门 A、B 的速度 v_1 和 v_2,若 $|\Delta v|$ 与任一 v 的比值在 2% 左右,即可认为导轨已调平;另一个方法是用 U 形挡光片(2pr)功能可测两个时间间隔,测量滑块往返一次经过 A、B 两光电门的时间 Δt_1、Δt_2、Δt_3 和 Δt_4;若 $\Delta t_2 - \Delta t_1 > 0$,$\Delta t_4 - \Delta t_3 > 0$,且 $\Delta t_2 - \Delta t_1 \approx \Delta t_4 - \Delta t_3$,此时,导轨就可以认为调平了.

若不满足要求,则仍然要调左边的单脚螺旋,直到满足要求为止.

3. 非完全弹性碰撞

方法(1) 适当安置两光电门 A、B 位置,测 $v_{1,0}$ 和 v_2,重复多次.

方法(2) 测通过滑块上 U 形挡光片的 $\Delta t_{1,A}$(滑块 1 通过 A 门时),$\Delta t_{1,B}$(滑块 2 通过 B 门时),和 $\Delta t_{1,B}$(滑块 1 通过 B 门时)三个时间,代入公式 $\frac{\Delta s}{\Delta t}$ 分别计算得 $v_{1,0}$、v_2 和 v_1 三个速度. 重复多次.

方法(3) 利用碰撞动能测量 $v_{2,0}$、v_2、v_1 和 $v_{1,0}$ 四个速度,重复多次.

4. 完全非弹性碰撞

在两滑块的相对碰撞面上换上装有尼龙胶带的碰簧(或橡皮泥)进行碰撞,仍然使 $v_{2,0} = 0$,重复多次.

请对 4 种情形下的实验结果作分析和评价.

【思考题】

(1) 在碰撞实验中,当光电门距离碰撞点的位置不同时,对实验有否影响? 试比较把光电门放在靠近或远离碰撞位置时的实验结果.

(2) 在碰撞中碰撞速度的大与小对实验有否影响? 试比较碰撞速度大与小时的实验结果.

实验 2.3.2 验证牛顿第二定律

【实验目的】

(1) 掌握气垫导轨的调整和操作方法.
(2) 在气轨上测定滑块的速度和加速度,验证牛顿第二定律.
(3) 学会使用毫秒计.

【实验原理】

1. 速度的测量

当物体做直线运动时,在很短的时间内可以把平均速度 $\bar{v}$ 值近似看作滑块在某一点的瞬

时值. 通常装在滑块上的挡光片为 U 形,挡光宽度为 Δs,利用测时器测得挡光时间,则

$$v = \frac{\Delta s}{\Delta t} \tag{2.3.3}$$

2. 加速度的测量

将已调水平的导轨的单脚螺钉支承端用垫块垫高,使气轨倾斜,则滑块将沿斜面运动. 由于滑块所受的摩擦阻力可以忽略,滑块所受的合外力为重力的分力,对一定倾角而言是个恒量,所以滑块做匀加速直线运动. 由计时器功能 5A 可直接测量到加速度 a;也可按下式计算:

$$a = \frac{v_B^2 - v_A^2}{2s} \tag{2.3.4}$$

式中,v_A、v_B 为滑块分别通过 A、B 光电门时的速度,s 为 A、B 门之间的距离.

3. 验证牛顿第二定律

气轨调平后,将质量为 m 的砝码通过飘带经气垫滑轮与质量为 M 的滑块相连(图 2.3.2).

不计气垫及气垫滑轮上滑块飘带所受的黏滞阻力和空气阻力. 设 $F = mg$,$M' = M + m$ 为系统的质量,a 为滑块的加速度.

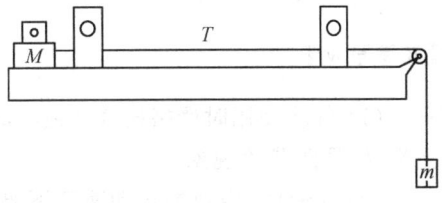

图 2.3.2

实验时先保证系统质量不变的情况下,改变 F (此时可利用改变砝码盘中的砝码质量数去实现,可在滑块左右加配重装置上进行对称配置,分别测出 $\frac{m_1 g}{a_1}$,$\frac{m_2 g}{a_2}$,…),验证系统质量不变时,加速度与外力成正比.

若保持合外力不变,通过不同质量的滑块改变系统的质量分别为 M_1',M_2',…测出相应的加速度 a_1',a_2',…若 $\frac{M_1'}{M_2'} = \frac{a_2'}{a_1'} = \cdots$ 可验证合外力不变时,加速度与质量成反比.

【实验内容】

1. 气轨的调节

同验证动量守恒定律.

2. 速度的测定

(1) 气轨调节后,轻推滑块,利用测时器 4.00V 功能,测量滑块通过光电门 A、B 时的速度 v_1 和 v_2(也可用 1pr 或 2pr 功能记录滑块通过光电门所花时间,由 $\frac{\Delta s}{\Delta t} = v$,求得速度 v).

(2) 改变滑块的速度,重复上一次实验.

3. 测定物体沿斜面下滑的加速度

(1) 将测时器功能调到点 A(2pr),"复位"键调至"手动".

(2) 将导轨单脚螺钉下放置一高为 $h = 2.00$cm 的垫块,将两光电门距离 s 分别放在 0.6000cm,0.7000cm,0.8000cm 处,使滑块从较高端自由下滑,分别测量滑块通过 s 的加速

度 a_1, a_2, a_3 等或测滑块通过光电门的时间 $\Delta t_1, \Delta t_2$，由式(2.3.4)求得加速度 a，给出 g 的完整表达式．

4. 验证牛顿第二定律

(1) 调平（同上）．

(2) 取 6 个质量为 $m_0 = 2g$ 左右的骑码，其中 4 个对称放在滑块 M 的两侧，另两个放在砝码盘中，实验时让滑块由静止开始做匀加速运动．记下滑块经过两光电门的时间 Δt_1、Δt_2 和两光电门间距 s，重复三次，计算加速度 a．

(3) 从滑块上对称地取下两个骑码，放入砝码盘中（这样做系统的总质量不变），同步骤(2)重复三遍，计算加速度．

(4) 再从滑块上对称取下 2 个骑码，同法实验．

(5) 保持 6 个骑码在砝码盘中不动（即合外力不变），分别换上质量为 M_1、M_2 的两滑块（改变滑块的质量，也即改变系统的质量），重复上述实验．

【注意事项】

(1) 气轨使用时严格按气轨使用时的几个注意点使用．在不通气时严禁将滑块放在轨面上滑动，严防跳落现象．

(2) 实验时，滑块的运动速度不要太大．

(3) 使用吸尘器作气源时，若实验中不需通气时要及时关闭气源，以免长时间地通电烧坏电机．

【思考题】

(1) 实验中若气轨未调节到水平状态，对所测值有何影响？你认为判断气轨是否水平的最好办法是什么？

(2) 请设计一个在气轨上测定重力加速度的实验，简要写出测量原理、计算公式及简要的测量步骤．

(3) 请设计一个在气轨上验证机械能守恒定律的原理、公式和方法．

实验 2.3.3 倾斜气轨上滑块运动的研究

【实验目的】

(1) 用倾斜气轨测定重力加速度．

(2) 分析和校正实验中的系统误差．

【实验原理】

1. 倾斜轨上的加速度 a 与重力加速度 g 的关系

设导轨倾斜角为 θ，滑块质量为 m，则

$$ma = mg\sin\theta \tag{2.3.5}$$

上式是指滑块运动时不存在阻力时才成立的，滑块在气轨上运动虽然没有接触摩擦，但是有空气层的内摩擦，其阻力 $f_阻$ 和平均速度成比例，即

$$f_{阻} = b\bar{v} \tag{2.3.6}$$

上式中的比例系数 b,称为阻尼系数,考虑此阻力后式(2.3.5)为

$$ma = mg\sin\theta - b\bar{v}$$

整理后,重力加速度 g 等于

$$g = \frac{a + \dfrac{b\bar{v}}{m}}{\sin\theta} \tag{2.3.7}$$

此实验将依据式(2.3.7)求重力加速度.

2. 导轨的调平

首先用纱布沾少许酒精擦导轨表面,使两光电门相距 60~70cm,距轨端大体相同,开始供气调节底脚螺旋,使滑块能停在两光电门的中间处(实验中总有点往复微动,这一步称为粗调). 其次将滑块从导轨的右端推一下(用力不要过猛),测量出它通过两光电门的时间 t_1 和 t_2,调节底脚螺旋(指单脚螺旋)使二者尽量接近,从左端推一下滑块,测出挡光时间 t_1' 和 t_2',同样调节使两者尽量接近,直至 t_1、t_2、t_1'、t_2' 之间的相对差异小于 2% 左右,则可认为导轨的水平已调好.

3. 阻尼系数 b 的测定

当导轨已水平,滑块以速度 v_A、v_B 通过 A、B 光电门,则阻尼力为 $f_{阻} = b\dfrac{v_A + v_B}{2}$,阻尼加速度 $a_{阻} = \dfrac{v_A^2 - v_B^2}{2s}$ 成立,即有

$$\frac{b(v_A + v_B)}{2} = m\frac{v_A^2 - v_B^2}{2s}$$

整理后可得速度损失

$$\Delta v = v_A - v_B = \frac{bs}{m}$$

由此可得

$$b = \frac{m\Delta v}{s} \tag{2.3.8}$$

实验测量时,一旦导轨调平后,测量两个方向的速度损失 Δv_{AB} 和 Δv_{BA}(两者很接近),则

$$b = \frac{m}{s} \cdot \frac{\Delta v_{BA} + \Delta v_{AB}}{2} \tag{2.3.9}$$

因为实际导轨有一定的弯曲,因此"调平"的意义是将光电门 A、B 所在两点调到同一水平线,可以提出如下检查调平的要求:

(1) 滑块从 A 向 B 运动时,$v_A > v_B$;相反时 $v_B > v_A$,由于挡光片宽相同,所以 A→B 时 $t_A < t_B$,相反时 $t_B < t_A$(速度均取正值).

(2) 由 A→B 运动时的速度损失 Δv_{AB} 应当和相反运动时的速度损失 Δv_{BA} 尽量接近.

4. 加速度 a 的测量

$$a = \frac{d^2}{2s}\left(\frac{1}{t_B^2} - \frac{1}{t_A^2}\right) \tag{2.3.10}$$

式中,d 为挡光片的宽度,s 为两光电门之间的距离,t_A、t_B 分别为挡光片通过 A 门和 B 门的

挡光时间.

为了减少系统误差,安置滑块时 $\dfrac{d}{s_0}$ 要小一些(s_0 为滑块初始位置到 A 门(左边)的距离).

【仪器和用具】

气垫导轨,滑块,光电门,数字毫秒计,游标卡尺,垫块.

【实验内容】

调平气轨后测出阻尼系数 b,其次将气轨一端垫高 H 使气轨与水平面成 θ 夹角,测出两支点间距离 L,则

$$\sin\theta = \frac{H}{L} \tag{2.3.11}$$

利用式(2.3.10)、式(2.3.11)组织测量加速度 a,用几个不同高度 H 的垫块(如四组)改变导轨倾斜角 θ,分别测量 a 值(数字毫秒计用"S_2"挡时,时标信号用 1ms 或 0.1ms).由式(2.3.7)计算 g 值.苏州地区 $g_{标} = 979.4 \text{cm/s}^2$.

将结果写成 $g = \bar{g} \pm u_{c,g}$. $E = \dfrac{|\bar{g} - g_{苏州}|}{g_{苏州}} \times 100\%$

【思考题】

(1) 气垫导轨使用时的注意事项是什么?

(2) 挡光片的宽度 d 的测量中,若"ms"计用"S_1"功能时是指什么宽度?用"S_2"功能时又是指什么宽度?

(3) 如何调平气垫导轨?

(4) 如何测量阻尼系数 b 和速度损失 Δv?

(5) 在实验装置上如何配置滑块的位置方能减少系统误差?

实验 2.4　电路连接和多用电表的使用

【实验目的】

(1) 初步培养学生根据要求设计简单实验的能力.

(2) 掌握多用电表的基本原理.

(3) 学会设计、安装和校准简易多用电表.

【仪器和用具】

(1) 量程为 100μA,内阻约为 2000Ω 的表头一只.

(2) 简易多用表实验板一块.

(3) 各种阻值的电阻及导线若干.

(4) 多用表校验仪.

(5) 电烙铁等焊接工具.

【实验原理】

1. 表头参数确定

(1) 灵敏度 I_g,表头满刻度的电流值,一般可用表头的示值. 若要更准确,则要进行测量.

(2) 内阻 R_g,表头线圈的直流电阻,其阻值随不同表头而异,由实验方法测定.

2. 直流电流挡的设计

本实验中直流电流挡各分流电阻采用闭路抽头式分流电路,如图 2.4.1 所示,把各挡分流电阻互相串联后,再与表头并联.

设计时为了兼顾直流电压挡和欧姆挡的灵敏度,需要设计一最小直流电流挡,此直流电流挡为电压挡、欧姆挡所共用,习惯上称此最小直流电流挡为多用电表的极限灵敏度,以 I_0 表示. 此时对应的总分流电阻值为 R_s,如图 2.4.2 所示. 由欧姆定律得

$$R_s = \frac{I_g R_g}{I_0 - I_g} \tag{2.4.1}$$

或

$$I_0 R_s = I_g (R_g + R_s) \tag{2.4.2}$$

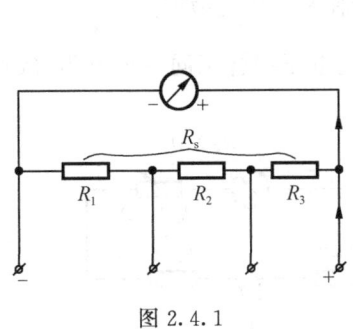

图 2.4.1

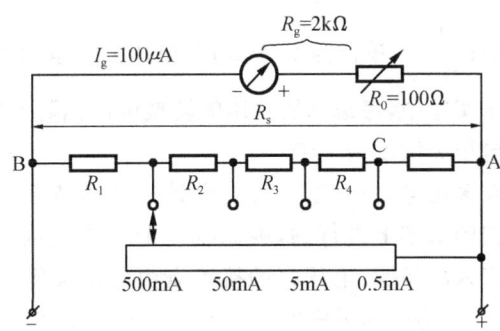

图 2.4.2

求出 R_s 后,将 R_s 分散抽头(图 2.4.1 所示,$R_s = R_1 + R_2 + R_3$),每一个抽头就是一个电流量程,即成为一只多量程的直流电流表. 如要设计一个量程由大到小分别为 $I_1, I_2, I_3, \cdots, I_n$ 的多量程电流表,则先根据量程 I_1 计算第一个抽头点分流电阻 R_1,由并联支路两端电压相等,即有

$$(I_1 - I_g) R_1 = I_g (R_g + R_s - R_1)$$

两边消去 $I_g R_1$,得

$$I_1 R_1 = I_g (R_g + R_s)$$

与式(2.4.2)相比较,有

$$I_1 R_1 = I_0 R_s = I_g (R_g + R_s) \tag{2.4.3}$$

上式表明:电流量程和它的分流电阻的乘积为一常数,数值等于 $I_g(R_g + R_s)$,有了这个常数,就可计算出各个电流挡的分流电阻.

在本实验中,表头的灵敏度 $I_g = 100.0 \mu A$,内阻 $R_g = 2000 \Omega$,设计极限灵敏度 $I_0 = 125.0 \mu A$,则总的分流电阻的阻值为

$$R_s = \frac{I_g R_g}{I_0 - I_g} = 8000\Omega$$

直流电流挡分体电路如图 2.4.2 所示,设计量程分别为 $I_1=500\text{mA}$;$I_2=50\text{mA}$;$I_3=5\text{mA}$;$I_4=0.5\text{mA}$,计算各挡分流电阻 R_1、R_2、R_3、R_4 的阻值.

3. 直流电压挡的设计

如图 2.4.3 所示,要将一只灵敏度为 $I_{g,V}$、内阻为 $R_{g,V}$ 的电流表头改成量程为 U 的电压表,只要在表头上串联一只电阻 R,称扩程电阻(分压电阻),其阻值为

$$R = \frac{U}{I_{g,V}} - R_{g,V} \tag{2.4.4}$$

这一电压表的内阻 R_V 等于 R 和 $R_{g,V}$ 串联的等效电阻,表示为

$$R_V = R + R_{g,V} = \frac{U}{I_{g,V}} \tag{2.4.5}$$

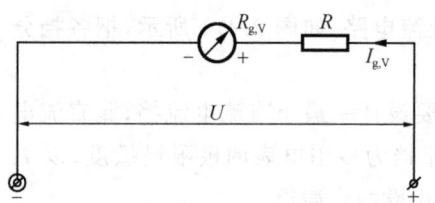

图 2.4.3

上式表明:电压表的量程 U 越大,所需串联的扩程电阻 R 也越大. 我们把电压表测量每伏直流电压所需的内阻 $\left(\dfrac{R_V}{U}\right)$ 称为电表的电压灵敏度(电压表的欧姆每伏数),它等于表头灵敏度的倒数 $\left(\dfrac{1}{I_{g,V}}\right)$,单位为 Ω/V. 由此电压表各量程的内阻=量程×电压灵敏度.

本实验中,考虑到所使用的转换电键挡数及交流和直流电压挡合用同一组电阻,故选取直流电压灵敏度为 $2\text{k}\Omega/V$.

在多用电表中,电压挡的设计是在已装好电流挡的基础上进行的,因此有一个电压挡从何处接入的问题. 电压挡的接入点由电压灵敏度决定,因为电压灵敏度为 $2\text{k}\Omega/V$,所以 $I_{g,V}=\dfrac{1V}{2\text{k}\Omega}=0.5\text{mA}$,这就是电压挡的接入点在 0.5mA 处,即图 2.4.2 中的 C 点. 图 2.4.4 是直流电压挡分体图,设计量程为 $U_1=2.5V$、$U_2=10V$、$U_3=50V$、$U_4=250V$,接入点确定后,就可计算各电压挡的等效内阻和扩程电阻 R_8、R_9、R_{10}、R_{11}.

电压表设计时,要求有较高的内阻,这样当电压表并联在被测电路上时,不会明显影响被测电路的工作状态.

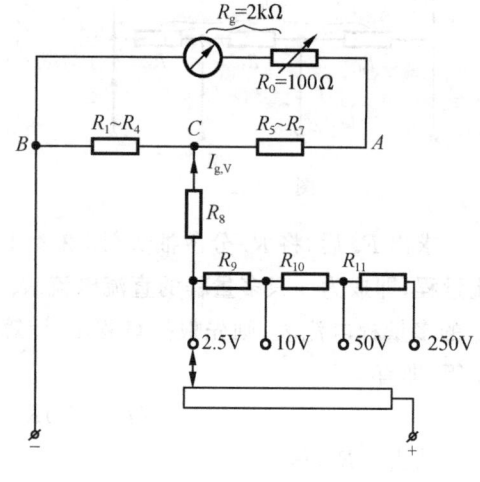

图 2.4.4

4. 交流电压挡的设计

测量交流电压挡的电路如图 2.4.5 所示,其中二极管 D_1 构成的半波整流电路将交流整流成直流,D_2 是为保护 D_1 在电压反向时不被击穿而设置的.

设计及计算时,要将输入端的交流电流值 $I_\sim$ 按总效率换算成输出端的直流电流 I_-,即

$$I_- = I_\sim \times \eta$$

式中，η 为整流总效率，η 的组成为

$$\eta = p \times k \times \eta_0$$

式中，p 为整流因数(全波为 1，半波为 0.5)，k 为波纹系数，是交流有效值与平均值的转换系数，其值为交流平均值与有效值之比，等于 0.9003，η_0 为整流元件的整流效率，因元件而异，可取 99%，则半波整流效率为

$$\eta_\text{半} = 0.5 \times 0.9003 \times 0.99 = 0.446$$

前面已述，在本实验中，考虑到转换电键的挡数，所以取交流电压灵敏度与直流电压灵敏度相同($2\text{k}\Omega/\text{V}$)，同时交、直流电压挡的量程也取得一样. 如再用另一电键承担交、直流的转换，这样直流和交流电压挡就可合用一组电阻，转换电键的挡数也就够用了.

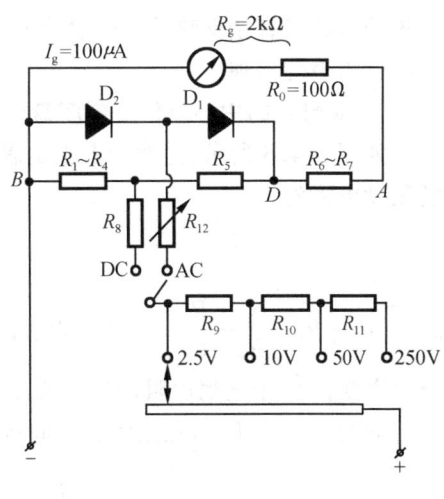

图 2.4.5

以下介绍如何选取交流电压挡的接入点. 有了交流电压灵敏度，就可得交流电流 $I_\sim = \dfrac{1}{2\text{k}\Omega/\text{V}} = 0.5\text{mA}$，经整流后得到直流电流 $I = 0.5 \times 0.446 = 0.223\text{mA}$，所以接入点在 0.223mA(图 2.4.5 中的 D 点).

用式(2.4.3)可算出接入点 D(0.223mA)处的分流电阻 R'_s(图 2.4.5 中 D 点向左至 B 点的等效电阻)为

$$R'_s = R_{BD} = \frac{I_g(R_g + R_s)}{I} = \frac{100.0 \times 10^{-6} \times (2.00 \times 10^3 + 8.00 \times 10^3)}{0.223 \times 10^{-3}} = 4.48(\text{k}\Omega)$$

$$R_{6\sim7} = R_s - R'_s = 8.00 - 4.48 = 3.52(\text{k}\Omega)$$

而 D 点处表头的等效内阻 R_D 为

$$R_D(\text{等效}) = \frac{R'_s(R_{6\sim7} + R_g)}{R'_s + (R_{6\sim7} + R_g)} = \frac{4.48 \cdot (3.52 + 2.00)}{4.48 + (3.52 + 2.00)} = 2.47(\text{k}\Omega) \approx 2.5(\text{k}\Omega)$$

又二极管 D_1 的正向电阻为

$$R_\text{内}(2AP9) \approx 0.5\text{k}\Omega$$

由此就可算出交流电压各挡的等效内阻.

图 2.4.5 是交流电压挡分体图，设计量程为 $U_1 = 2.5\text{V}$、$U_2 = 10\text{V}$、$U_3 = 50\text{V}$、$U_4 = 250\text{V}$. 计算 2.5V 挡的等效内阻.

$$R_{2.5\text{V}} = 2.5\text{V} \times \text{交流电压灵敏度} = 2.5 \times 2\text{k}\Omega = 5\text{k}\Omega$$

所以

$$R_{12} = R_{2.5\text{V}} - R_D(\text{等效}) - R_\text{内}(2AP9) = 2\text{k}\Omega$$

算出 R_{12} 的数值后，我们选用一个略大于该数值的电位器，这是考虑到各个二极管的整流效率和内阻不一定完全相同，而用了电位器后就有调整的余地.

其余各挡与对应的直流电压挡合用电阻 R_9、R_{10}、R_{11}.

5. 欧姆挡的设计

多用电表欧姆挡的原理实质上是用伏安法测电阻，它是将测量时所用的电压固定，用电

流表的读数值直接反映被测电阻值的大小.根据这个原理,就可制作一只欧姆表.下面将简单介绍欧姆表的原理.

1) 欧姆表的中心阻值及刻度盘中心标度阻值

如图 2.4.6 所示,把欧姆表正负表笔短路,调节限流电阻 R_d,使表头指针指到满刻度,则满刻度电流为

$$I_g = \frac{E}{R_z} \tag{2.4.6}$$

式中,$R_z = R_d + \frac{R_g \cdot R_s}{R_g + R_s} + r$,称欧姆表的综合内阻.其中 R_d 为限流电阻,R_g 为表头内阻,R_s 为分流电阻,r 为干电池内阻(取 0.6Ω).

如图 2.4.7 所示,在正负表笔间接上被测电阻 R_x,则电流下降为 I',即

$$I' = \frac{E}{R_z + R_x} = \frac{R_z}{R_z + R_x} I_g \tag{2.4.7}$$

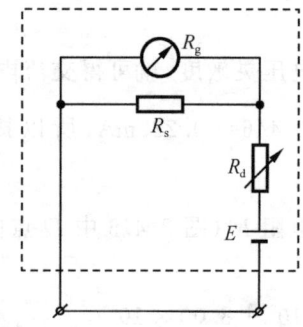
图 2.4.6 欧姆挡调零电路原理

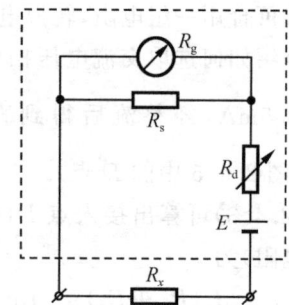
图 2.4.7 欧姆挡测量电阻原理

由此可知,欧姆表度盘的分度将是非常不均匀的.当 $R_x = R_z$ 时,$I' = \frac{I_g}{2}$,指针刚好位于刻度盘中心,因此,将此阻值称为欧姆表的中心阻值(或中值电阻),即中心阻值等于欧姆表的综合内阻.显然中心阻值 R_z 越小,欧姆表度盘右半的分度值就越小.由于使用欧姆表测量电阻时主要用刻度盘的右半和中心附近,因而中心阻值对于欧姆表就类似于电流的量限.

当 R_x 比 R_z 大得多时,其阻值无法精细读出,为了得到精细的读数,就需要按十进制分挡,分挡后各挡都有各自的中心阻值(即综合内阻).

为了各挡能够通用一条欧姆刻度尺,这条刻度尺的中心标度值是以 $R \times 1$ 挡的中心阻值标定出来,因此刻度盘中心标度值称为欧姆表的中心阻值.这样欧姆表某挡的中心阻值(即综合内阻)为

某挡的中心阻值=度盘中心标度阻值×该挡的倍率

中心阻值的大小不仅与电流表的灵敏度有关,还与欧姆表中的电源(一节干电池)的电动势有关,新的干电池可达 1.65V,旧的要低一些.用 1.2V 作为更换电池的界限.

在本实验中,表头的极限灵敏度为 $125.0\mu A$,使用一节干电池,为计算方便取 $E = 1.25V$,此时中心阻值为

$$R_z = \frac{E}{I} = \frac{1.25}{125 \times 10^{-6}} = 10.0(\Omega) \times 1k$$

由此得中心阻值为 $10.0k\Omega$,度盘中心标度阻值为 10.0Ω.

2) 零欧姆调节电位器(R_T)的作用和选择

欧姆表为了适应电池电压的变化时,均能在$R_x=0$(正、负表笔短路)时表头指针指向满刻度,设置了一只零欧姆调节电位器R_T(图2.4.8),它是分流电阻R_s的一部分.显然电池电动势低时,R_T的滑动端应向R_T的右侧移动,如图2.4.8(a)所示,电池电动势高时则向左侧移动,如图2.4.8(b)所示.

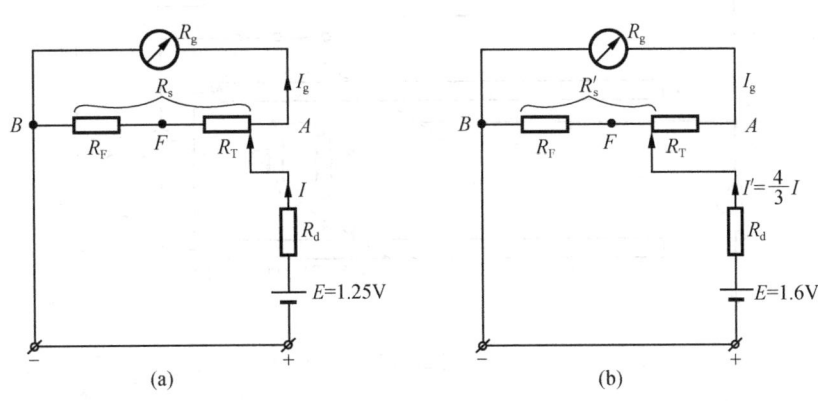

图 2.4.8

调零电位器阻值R_T的计算.

由图2.4.8(a)得
$$I_g R_g = (I - I_g) R_s$$

由图2.4.8(b)得
$$I_g(R_g + R_T) = (I' - I_g) R'_s, \quad R_T + R'_s = R_s$$

从以上两式可得
$$I R_s = I' R'_s$$

即
$$R'_s = \frac{I}{I'} R_s \tag{2.4.8}$$

式中,I、R_s为电源电动势为1.25V时的电流和分流电阻,I'、R'_s为电源电动势为1.6V时的电流和分流电阻.

当电源电压从1.25V升到1.65V时,近似升高至$\frac{4}{3}$倍,所以电流也升高至$\frac{4}{3}$倍,即$I' = \frac{4}{3}I$,将它代入式(2.4.8),得
$$R'_s = \frac{I}{I'} R_s = \frac{3}{4} R_s$$

所以
$$R_T = R_s - R'_s = \frac{1}{4} R_s = \frac{1}{4} \times 8.00\text{k}\Omega = 2.00\text{k}\Omega$$

图2.4.9是电阻挡分体电路图.设计量程为$R\times10$,$R\times100$,$R\times1$k.计算欧姆挡各量程的中值电阻和分流电阻R_{15}、R_{16}.计算时应注意:

(1) 由计算得$R_T = R_7$的阻值为2.00kΩ,本实验设计中选用2.20kΩ的电位器.

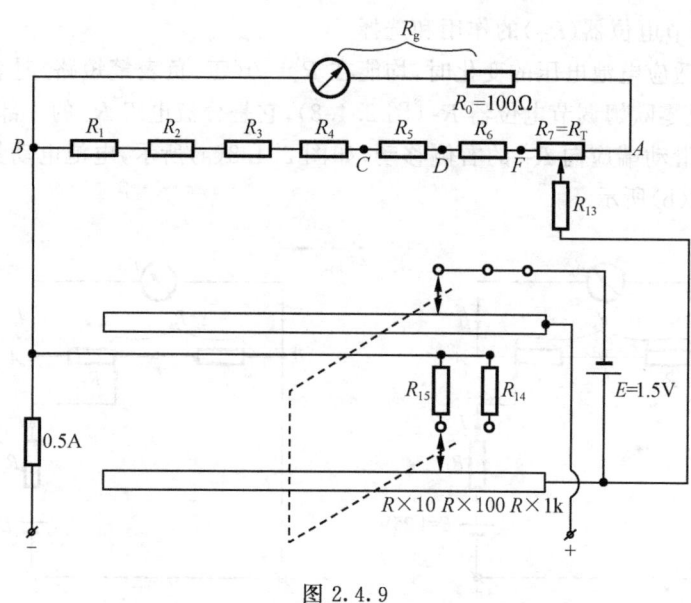

图 2.4.9

(2) 由交流电压挡中计算可知 $R_6+R_7=3.52\text{k}\Omega$，现 $R_7=R_T=2.20\text{k}\Omega$，为易于调整 R_6，设计时选用 $1.5\text{k}\Omega$ 的微调电位器，保证 R_6+R_7 恒为 $3.52\text{k}\Omega$.

(3) 在计算 $R\times10$ 挡时，电池内阻(0.60Ω)和保险丝电阻(0.50Ω)均不能忽略.

【实验内容】

(1) 测定待改装表头的灵敏度 I_g.

(2) 设计两种以上测量表头内阻 R_g 的电路，选用其中一种，测出 R_g，若阻值小于 2000Ω，则配成 2000Ω.

(3) 本实验所有表头灵敏度 $I_g=100.0\mu\text{A}$，内阻 $R_g=2000\Omega$，极限灵敏度取 $125\mu\text{A}$，交、直流电压灵敏度为 $2\text{k}\Omega/\text{V}$，交流采用半波整流，欧姆挡刻度盘中心阻值为 10Ω.

(4) 设计要求：

直流电流挡 $0.5\text{mA},5\text{mA},50\text{mA},500\text{mA}$.

直流电压挡 $2.5\text{V},10\text{V},50\text{V},250\text{V}$.

交流电压挡 $2.5\text{V},10\text{V},50\text{V},250\text{V}$.

要求交、直流电压挡合用一组电阻，计算各电压挡的内阻和扩程电阻.

欧姆挡 $R\times1\text{k}\Omega,R\times100\Omega,R\times10\Omega$，计算它们的中值电阻和分流电阻.

(5) 在简易多用电表实验板上自行设计线路图并进行焊接，要求布线合理、焊接牢固、美观.

(6) 检验电流、电压各挡. 用直流电流表、直流电压表及交流电压表为准去检验，每挡检验 $2\sim3$ 个点，检验电路自行设计，对直流电流 5mA 挡和直流电压 10V 挡作出校正曲线，定出该两挡的准确度等级. 以电阻箱为标准电阻，测出欧姆挡的定标线，即测出表头指针偏转格数 n 与外电阻 R_x(已知)的关系值，作 n-R_x 图线，检查中心阻值是否符合设计要求；检查零欧姆调节电位器的效果.

(7) 写出实验报告，要求简述设计、计算过程，画出多用电表整体电路原理图，各挡校准记录并对实验结果作出评估.

【思考题】

(1) 能否用多用电表的电流挡去测量电池的短路电流？为什么？
(2) 能否用多用电表的欧姆挡去测电池内阻和微安表头的内阻？为什么？
(3) 多用电表里电池的极性与表盘插头的极性是否一致？为什么？

实验 2.5 模拟法测绘静电场

【实验目的】

(1) 学习模拟法测绘静电场的原理和方法.
(2) 研究几种形状电极的电场分布情况.
(3) 加深对电场强度和电势概念的理解.

【实验原理】

除少数几种规则带电体的电场分布可用数学解析式表达外，大多数情况必须借助实验的方法进行测定. 先测出电场等势面的分布，再根据电场线与等势面处处正交的关系画出电场线的分布，从而获得完整的电场分布图像. 但是，直接测量静电场的电场分布会遇到很大困难，这不仅因为要使用较复杂的测试仪器，而且当仪器的探针置入电场后会发生感应或极化，从而严重改变了待测电场的分布情况. 为了克服这一困难，采用模拟法进行测量.

采用模拟法测量静电场和基本方法是设法仿造一个易于测量，并与待测电场分布完全一致的场——模拟场，通过对模拟场的测量可间接获得原静电场的分布.

1. 模拟法测量静电场的理论依据

如果两种物理本质不同的场所遵守的规律在形式上相似，又有相似的边界条件，那么它们的解的形式以及对应的图像就都是完全相似的，于是就可以用其中容易测量的场代替另一不易测量的场. 例如，本实验采用均匀导电介质(如导电纸或导电液等不良导体)中的稳恒电流场 E' 来模拟，代替真空或导电介质中的静电场 E. 显然，这两种场的本质是不同的：前者是由直流电源在导电介质内维持的电场，而后者则是静止带电体在真空和电介质中激发的电场. 由电磁学理论知道，这两种场遵守完全相似的物理规律. 例如，它们都满足高斯定理 $\oint_s E \cdot dS = 0$(在无源区域)和环流定理 $\oint_l E \cdot dl = 0$，都可以引入电势函数 U；并且电场强度与电势函数间都存在 $E = -\nabla U$ 的关系. 因此，只要能保证两种场具有相似的边界条件，就完全可以用稳恒电流场代替所要测量的静电场，而前者的测量要比后者容易实现得多.

为了保证两种场具有相似的边界条件，从原则上说，必须使稳恒电流场中电极的大小、形状、相对位置及所加直流电压分别与静电场中带电导体组的大小、形状、相对位置及电势值保持相似. 另外，还必须使稳恒电流场电极的电阻率远小于导电介质的电阻率. 这是因为静电场中的带电导体为一等势体，为了能与之相似，则稳恒电流场中的电极也应基本上是等势的，这只有当电极比周围导电质的电导率大得多从而电流通过电极本身产生的电势降落可以忽略不计时才能实现.

2. 同轴电缆的电场和电势分布

设在真空中有两个无限长的同轴金属圆柱面,各带等量异号电荷,则两柱面间将存在静电场,如内柱面外半径为 a,外柱面内半径为 b,其电势值分别为 $U_a = U_0$ 和 $U_b = 0$ (图 2.5.1). 由于电场分布的轴对称性,可以只考虑垂直于中心轴线的任一截面.

根据静电场的高斯定理和电势的定义式可求出两柱面间的电势分布为

$$U_r = U_0 \frac{\ln \frac{b}{r}}{\ln \frac{b}{a}} \qquad (2.5.1)$$

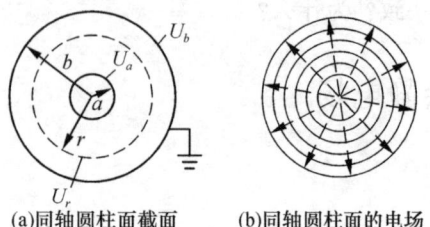

(a)同轴圆柱面截面　(b)同轴圆柱面的电场

图 2.5.1

式中,r 为场点到中心轴线的距离.

根据模拟原理,可仿造一个与上述静电场分布完全一样的场——稳恒电流场,形成该模拟场的原理性装置称模拟模型. 在说明这个模型之前,还必须注意到:一般带电体激发的静电场是分布在全空间的,所以模拟的稳恒电流场也必须是三维空间场才行. 但对于上述的轴对称分布电场来说,因为其电场线都在垂直于柱面的一系列平面内,并且每个平面内电场线的分布都相同,所以用来模拟的电流线也只分布在一系列类似的平面内,并且每个平面内电流线的分布也都相同. 这样,只需取其中任何一个薄层来测量电势的平面分布;相应地,圆柱面电极就可以用圆环状平面电极代替. 于是,可以设计如下的模拟模型:在导体纸上装上同轴圆环电极 A、B,使内、外环的半径分别等于内、外圆柱面的外半径 a 和内半径 b;两电极分别与直流电源的正、负极相连,并使 $U_A = U_a = U_0$,$U_B = U_b = 0$,则在两电极间的导电纸中将有稳恒电流通过,并形成稳恒电流场.

对模型形成的稳恒电流场分布讨论:设导电纸厚度为 t、电阻率 ρ,则半径为 r 的圆周到半径为 $r + dr$ 的圆周之间导电纸的电阻为 $dR = \rho \frac{dr}{s} = \frac{\rho dr}{2\pi r t}$,由此得半径为 r 圆周到外环 B 间的电阻为

$$R_{rB} = \int_r^b dR = \frac{\rho}{2\pi t} \ln \frac{b}{r}$$

类似的计算可得内、外环 A、B 间总电阻

$$R_{AB} = \frac{\rho}{2\pi t} \ln \frac{b}{a}$$

于是从内环 A 呈辐射状流向外环 B 的总电流

$$I_{AB} = \frac{U_0}{R_{AB}} = U_0 \frac{2\pi t}{\rho \ln \frac{b}{a}}$$

据此可求出半径为 r 的圆周与外径 B 间的电势差,也即稳恒电流场的电势分布函数. 计算表明,模拟场的分布的确与原静电场的分布完全相同. 也就是说,按照上述模拟仿造的稳恒电流场就是原静电场的模拟场,这样,只需要测出稳恒电流场的分布就可间接获得原静电场

的分布了,而稳恒电流场的电势分布容易用一般方法测出.

由于电场的轴对称分布,它的等势线(两电极的同心圆)的法线方向和同轴圆环的半径 r 方向相同,电场强度方向也可知道,并且电场强度 E 与 r 成反比,越靠近电极 A,电场越强,电场线越密.

同理,用平行输电线模拟电极产生的稳恒电流场与等值异号电荷产生的静电场形式完全一致. 图 2.5.2 分别为平行输电线的模拟电极和横向剖面上的电场分布.

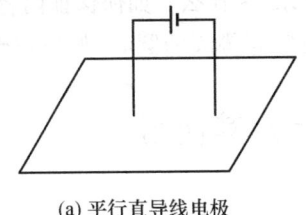 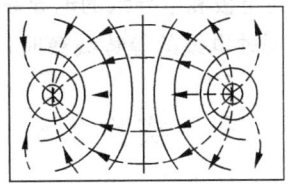

(a) 平行直导线电极　　　(b) 等值异号电荷电场

图 2.5.2

考虑到 E 是矢量,U 是标量,从实验测量来讲,测定电势比测定场强容易实现,所以先测绘等势线,然后根据电场线与等势线正交原理,画出电场线. 这样就可由等势线的间距,电场线的疏密和指向,将抽象的电场形象地反映出来.

如图 2.5.3 所示,以平行输电线的电极 A、B 模拟等值异号电荷,测绘电场分布情况. 将 A、B 电极与导电纸紧密接触,接通电源,则在导电纸上形成平面电流场,电流由 A 向 B 辐射传导,导电纸上任一点 C 具有确定的电势 U_C,可由电压表指示,将具有相同 U_C 值的点相连即为等势线.

【仪器与用具】

静电场描绘仪(包括电极架,同步探针,插件式电极板和专用电源等);电压表、导电纸等.

【实验内容】

(1) 测绘平行输电线(模拟等值异号电荷)的等势线簇. 电极电压为 10V,共测绘 9 条等势线.

(2) 测绘同轴电缆(模拟同轴带电圆柱体)的等势线簇,电路如图 2.5.4 所示. 取 $U_{AB}=5V$,$U_r=1V,2V,3V,4V$. 共 4 条等势线,每条等势线上取 8 点,均匀分布在 8 个方位上.

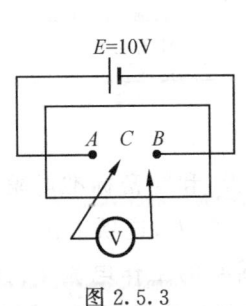 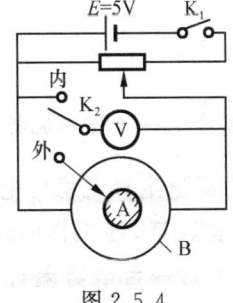

图 2.5.3　　　　　　　　图 2.5.4

(3) 描绘等值异号点电荷的等势线簇,再根据正交原理描绘电场线(至少 7 条).

(4) 描绘同轴带电圆柱体的等势圆,并绘出其电场线.测量各等位圆的直径 D_ρ,并由式 (2.5.1) 计算各等势圆直径的理论值 D_r,求百分误差 E(表格自拟).

【思考题】

(1) 本实验采用什么场来模拟静电场,理论依据是什么?
(2) 等势线和电场线之间有何关系?
(3) 本实验对电极和电导纸的电导率各有什么要求,为什么?如何保证两者的紧密接触?
(4) 在描绘同轴电缆的等势线簇时,如何正确确定等势圆的圆心,如何正确描绘等势图?

实验 2.6　电势差计及其使用

【实验目的】

(1) 了解直流电势差计的工作原理和特点.
(2) 学习用学生型电势差计测量电池电动势及内阻的方法.

【实验原理】

电势差计是用来测量电势差的一种精密测量仪器.测量原理如图 2.6.1 所示,图中 E_0 是电势差值已知且可调的电源,E_x 为待测电势差,G 为检流计.调节 E_0 使检流计指零,此时有 $E_x=E_0$.由此看出测量时被测电路没有电流通过,因此它不像磁电式电压表测量时会带来接入误差,我们把这种测量方法称为补偿法,E_0 称为补偿电势.用这种测量方法可以直接测量电池的电动势.

具有实际应用价值的电势差计电路如图 2.6.2 所示,使用时分两个步骤进行.

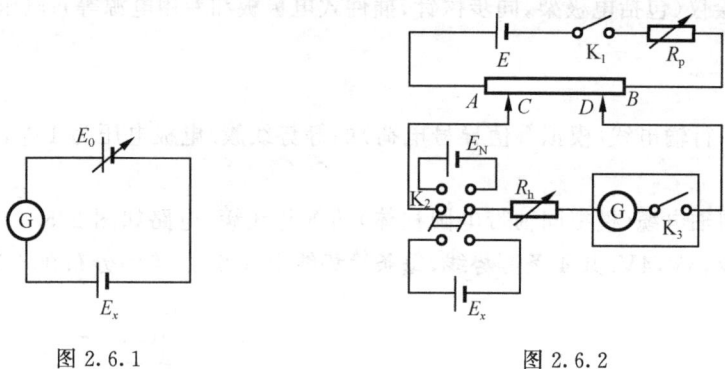

图 2.6.1　　　　　图 2.6.2

1. 电势差计校准——工作电流标准化

图 2.6.2 中由高稳定直流稳压电源 E、限流电阻 R_p 和精密标准电阻 R_{AB} 构成辅助工作回路.调节限流电阻 R_p,使工作回路的电流为一标准值 I_0,这项工作称为电势差计的工作电流标准化,对于每一台电势差计来说都有自己固有的工作电流 I_0.工作电流标准化后,标准电阻 R_{AB} 上 C、D 两点间的电势差即补偿电势与对应的标准电阻值成正比,$U_{CD}=I_0 R_{CD}$,因此标准电阻上的刻度可用电势差值来标定.

工作电流标准化的方法是将 K_2 合向 E_N 一侧,在标准电阻 R_{AB} 上取两个滑动点 C、D,从 C、D 引出后经检流计 G、K_3 等连接到标准电池 E_N. 调节 C、D 两点的位置,使 CD 在 R_{AB} 上的电势差指示值与标准电池电动势值相等. 调节可变电阻 R_p,即改变通过标准电阻 R_{AB} 的电流,使检流计 G 偏转为零,电路达到平衡. 此时有 $U_{CD}=E_N$,流过标准电阻 R_{AB} 的电流即为标准化电流 I_0.

2. 电势差计的应用

测量待测电池的电动势. 将图 2.6.2 中的开关 K_2 合向待测电池 E_x 一侧,只要 $E_x \leqslant I_0 \cdot R_{AB}$,调节 C、D 总能使检流计 G 指零,电路达到平衡. 由于此时待测电池 E_x 没有电流通过,因此它的端电压即为电动势,也就是 $E_x = U_{CD}$.

与电桥相似,由于受检流计灵敏度的限制,电势差计也有一个灵敏度问题. 当电路达到平衡时,调节补偿电势 U_{CD},使其有一个改变量 ΔU_{CD},此时检流计 G 相应有一个偏转 Δn. 将

$$S = \frac{\Delta n}{\Delta U_{CD}} \tag{2.6.1}$$

定义为电势差计的灵敏度.

用电势差计测量待测电池内阻的附加电路如图 2.6.3 所示,其中 R_x 为待测电池的内阻. 在测出了电池电动势后,合上 K_4. 再一次调节 C、D,使检流计指零,读取此时的 U_{CD} 值,记为 U_x. 而此时电池经电阻 R_0 流过的电流 I' 为

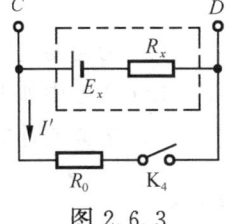

图 2.6.3

$$I' = \frac{E_x - U_x}{R_x} = \frac{U_x}{R_0}$$

则电池的内阻 R_x 为

$$R_x = \frac{E_x}{U_x} \cdot R_0 - R_0 \tag{2.6.2}$$

【仪器和用具】

学生型电势差计,高稳定直流稳压电源,标准电池,检流计,直流电阻箱,待测电池,双刀双掷开关,单刀开关,导线.

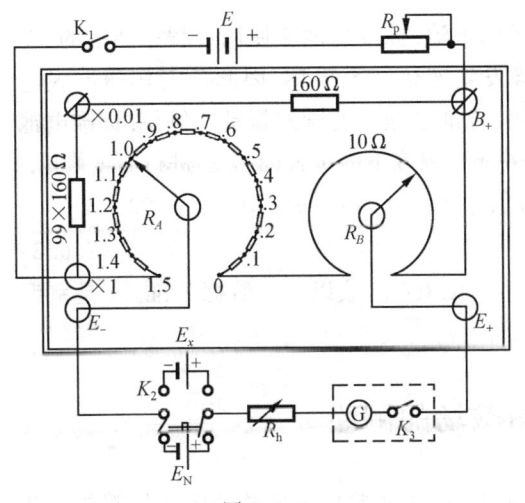

图 2.6.4

【实验内容】

1. 测量干电池的电动势

(1) 按图 2.6.4 接好线路,调节 R_A、R_B 使其读数为标准电池电动势,根据电源电压(取 4~6V)及电势差计的标准电流估算 R_p 初值,将 R_h 调至最大阻值,合上 K_1,K_2 合向 E_N 一侧,断续接通检流计上的 K_3,调节 R_p 使检流计偏转减小,逐渐减小 R_h 并调节 R_p,直到 R_h 为零时检流计无偏转. 此时辅助工作回路电流即为标准化电流 I_0,即完成了电势差计工作电流的标准化,在测量过程中应保持 I_0 不变.

(2) 将 K_2 合向 E_x 一侧,将 R_A、R_B 调到 E_x 的近似值,R_h 调至最大阻值,调节 R_A、R_B 使检流计偏转减小,逐渐减小 R_h 并调节 R_A、R_B,直到 R_h 为零时检流计无偏转.记录 R_A、R_B 的指示值即为待测电池的电动势.

(3) 重复三次实验步骤(1)和(2),取三次电动势值的平均值.

2. 测电势差计的灵敏度

在测出电动势的基础上,改变 R_B 即 ΔE_x,也就是 ΔU_{CD},使检流计的偏转 $\Delta n = 5$ 小格,代入式(2.6.1)计算出电势差计的灵敏度 S.

3. 测待测电池的内阻

选取适当的 R_0 阻值(可取 100Ω),合上 K_4,测出此时待测电池两端的电势差 U_x,根据式(2.6.2)计算出待测电池的内阻.

【思考题】

(1) 为何要进行工作电流标准化调节?

(2) 实验中如发现检流计总往一边偏转,无法调到平衡,试分析可能有哪几种原因造成?

(3) 电势差计的灵敏度受哪些因素的影响?

【附】

学生型电势差计的内部电路如图 2.6.4 双线框内所示.标准电阻 R_{AB} 由 R_A、R_B 两个调节盘组成.其中 R_A 由 15 个阻值均为 10Ω 的电阻串联而成,把调节盘 R_A 分成 15 挡,每改变一挡即改变 0.1V(学生型电势差计的标准工作电流 I_0 为 0.01A).调节盘 R_B 是用电阻丝均匀绕制、阻值为 10Ω 的线绕电阻,有一个滑动接点在 R_B 上滑动,全程电压 0.1V,读数指示 100 分度,每一小格为 0.001V,估读一位为 0.0001V.虚线框外为外接电路:R_p 是调节标准工作电流 I_0 的限流电阻;R_h 是检流计 G 的保护电阻;K_3 是检流计上的按键开关,按下时检流计接通,放开时检流计断开;K_2 是双刀双掷(或单刀双掷)开关,用于电势差计电流标准化与测量间的转换.

标准电池.标准电池是一种作为电动势标准源的电池.标准电池在使用过程中通过的(充电或放电)电流不得超过 $1\mu A$,否则会造成电动势发生变化甚至损坏.因此不能用磁电式电压表测量其电动势,更不能将其当作普通电池使用.标准电池不能剧烈振动或倾倒.标准电池分饱和标准电池和不饱和标准电池,饱和标准电池在不同温度下需按式(2.6.3)进行温度修正.

$$E_N = E_{20} - 3.99 \times 10^{-5}(t-20) - 0.94 \times 10^{-6}(t-20)^2 + 9 \times 10^{-9}(t-20)^3$$

(2.6.3)

式中,E_{20} 为标准电池在室温 20℃时的电动势,$E_{20} = 1.01860V$(或以出厂数据为准).t 是室温温度.

实验2.7 圆线圈磁场的测绘

了解载流圆线圈的磁场是研究一般载流回路的基础.本实验用感应法测定圆线圈的交变

磁场,从而掌握低频交流磁场的测定方法,以及了解如何用探测线圈确定磁场方向.

【实验目的】

(1) 掌握感应法测磁场的原理和方法.
(2) 研究载流圆线圈和亥姆霍兹线圈轴线上与轴线周围的磁场分布.

【实验原理】

法拉第电磁感应定律指出,处于磁场中的导体回路,其感应电动势的大小与穿过它的磁通量的变化率成正比.因此可以通过测定探测线圈中的感应电动势来确定磁场量.

1. 均匀磁场的测定

设被测磁场为均匀分布的交变磁场 $B=B_m\sin\omega t$,如图 2.7.1 所示. 穿过探测线圈的磁通量为

$$\Phi = NBS = NB_m S\cos\theta\sin\omega t \quad (2.7.1)$$

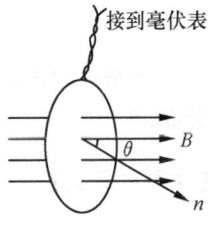

图 2.7.1

式中,N、S 分别为探测线圈的匝数和面积,ω 为交变磁场的角频率,θ 为探测线圈法线 n 与磁场 B 之间的夹角.则探测线圈中的感应电动势为

$$E = -\frac{d\Phi}{dt} = -NSB_m\omega\cos\theta\cos\omega t = -E_m\cos\omega t \quad (2.7.2)$$

式中,$E_m = NB_m S\omega\cos\theta$ 为感应电动势的峰值.

由于探测线圈的内阻远小于毫伏表的内阻,线圈的压降可忽略不计.故毫伏表的读数(有效值)与感应电动势的峰值之间有如下关系:

$$U = \frac{E_m}{\sqrt{2}} = \frac{1}{\sqrt{2}} NB_m S\omega |\cos\theta| \quad (2.7.3)$$

由上式可知,当 $\theta=0$ 或 π 时,毫伏表读数有极大值

$$U_m = \frac{1}{\sqrt{2}} NB_m S\omega$$

显然由毫伏表测出的最大值,可确定磁感应强度的峰值

$$B_m = \frac{\sqrt{2}U_m}{NS\omega} \quad (2.7.4)$$

磁感强度 $\boldsymbol{B}$ 的方向,可通过毫伏表读数的极小值来确定.式(2.7.3)对 θ 求导得

$$\left|\frac{dU}{d\theta}\right| = \frac{1}{\sqrt{2}} NB_m S\omega |\sin\theta|$$

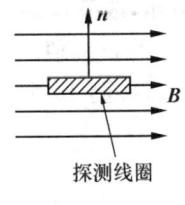

图 2.7.2

容易看出,当 $\theta=\pi/2$ 或 $3\pi/2$ 时,毫伏表读数对夹角的变化率最大,此时探测线圈只要稍有转动,便可引起毫伏表读数的明显变化,利用这一特征,可准确地确定探测线圈的方位,如图 2.7.2 所示,此时探测线圈的法向与磁感强度的方向垂直.

2. 非均匀磁场的测定

为测定非均匀磁场,探测线圈的面积 S 必须很小.但由式(2.7.3)看出,此时毫伏表读数

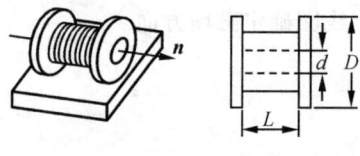

图 2.7.3

也将变得很小,即探测线圈的灵敏度降低,不利于测量. 为了克服这一矛盾,设计了如图 2.7.3 所示的探测线圈,用增加匝数的方法来提高它的灵敏度. 可以证明在线圈体积适当小的前提下,当 $L=2/3D$,$d=1/3D$ 时,探测线圈几何中心处的磁感强度仍可用式(2.7.4)表示. 将各匝线圈的平均面积 $S=13\pi D^2/108$ 代入式(2.7.4)有

$$B_m = \frac{108\sqrt{2}U_m}{13N\pi D^2\omega} \tag{2.7.5}$$

即 B_m 与 U_m 保持线性关系. 故仍可通过测定 U_m 来确定 B_m 的大小与方向.

如果仅仅要求测定磁场分布,可选定磁场中某一点的磁感强度 $B_{m,0}$ 作为标准,利用式(2.7.5)可写出磁场中另一位置的相对值的关系式:

$$\frac{B_m}{B_{m,0}} = \frac{U_m}{U_{m,0}} \tag{2.7.6}$$

于是可利用探测线圈置于不同场点时,毫伏表的不同读数 U_m 来描绘非均匀磁场的强度分布.

【仪器和用具】

亥姆霍兹线圈,低频信号发生器,MF-20 型多用电表(或数字电压表),探测线圈,导线,毫米方格纸.

亥姆霍兹线圈如图 2.7.4 所示,是一对全同的同轴载流线圈Ⅰ、Ⅱ. 当它们之间的间距等于线圈半径时,理论和实验均证明,在两线圈间轴线附近的磁场是近似均匀的.

使用时将Ⅰ、Ⅱ两线圈串联,从而产生同方向的磁场.

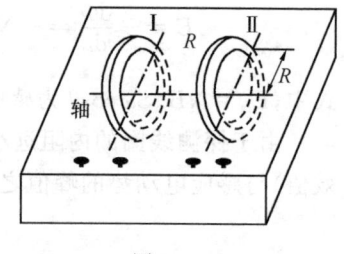

图 2.7.4

【实验内容】

1. 测量载流圆线圈的交变磁场沿轴线的强度分布

(1) 把载流圆线圈(亥姆霍兹线圈Ⅰ)两端接入低频信号发生器的功率输出端,频率取 1kHz.

(2) 将探测线圈的引线(两端)接入 MF-20 晶体管多用电表的交流接线柱上. 将多用电表的左端钮拨至"15mV"挡,右端旋钮拨至"mV-V"挡.

(3) 置探测线圈中心与线圈Ⅰ中心同心共轴. 打开信号发生器,调节输出电压,改变探测线圈方向使多用电表指针偏转最大(不超过量程 15mV). 记下此时线圈中心 O 处的 $U_{m,0}$ 值.

(4) 沿线圈Ⅰ轴线方向,每隔 1cm 用探测线圈测出此点最大感应电动势 U_m,共测 10 个点,分别记下对应 U_m 和轴线位置 L.

(5) 绘制 $B_m/B_{m,0}$-L 图线,进行分析.

2. 测量亥姆霍兹线圈的交变磁场沿轴线的强度分布

将线圈Ⅰ、Ⅱ串联(注意 4 个接线柱如何连接才能使Ⅰ、Ⅱ线圈产生同向磁场),同上法绘制亥姆霍兹线圈的 $B_m/B_{m,0}$-L 图线,并进行分析.

3. 磁场描绘

(1) 描绘单只线圈的磁感线,以线圈 I 的中心 O 为原点沿线圈径向等距地取 5 点,以这些点为起点描绘 5 条磁感线.其方法如下:将探测线圈放于如图 2.7.5 中位置 1,改变探测线圈方向使感应电动势为零值时,与探测线圈法向 n 垂直的方位即为此范围内磁场方向,沿探测线圈底边画一直线,然后以首尾相接法,再找出下一小区域内磁感线,将这些折线连成光滑曲线即成.

其余各磁感线起点均于 2、3、4、5 点开始向两边画,方法同上.

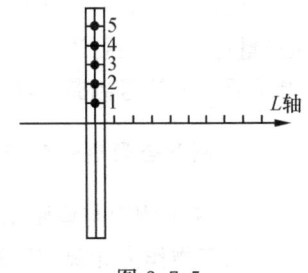

图 2.7.5

(2) 描绘亥姆霍兹线圈的磁感线.同上法从亥姆霍兹线圈中部向两边画线,共画 5 条磁感线.

【注意事项】

实验结束后,将仪器整理好,同时将 MF-20 型晶体管多用电表左旋钮拨至"V"挡,右旋钮旋至"mV-V"挡,以切断其内部的直流电源.

【问题讨论】

从测出的载流圆线圈和亥姆霍兹线圈的磁感强度分布曲线及磁感线形状,说明两种磁场的状况.

【思考题】

(1) 感应法测磁感强度的原理是什么?
(2) 测磁感强度分布曲线时,有无必要测磁感强度的方向?
(3) 测磁感线时,是测定磁感强度的方向,还是测其大小?
(4) 如何判断亥姆霍兹线圈 I、II 产生的是同方向磁场?

实验 2.8　薄透镜焦距的测定

【实验目的】

(1) 学会调节光学系统共轴,并了解视差原理的实际应用.
(2) 掌握薄透镜焦距的常用测定方法.

【实验原理】

透镜分为会聚透镜和发散透镜两类,当透镜厚度与焦距相比甚小时,这种透镜称为薄透镜.如图 2.8.1 所示,设薄透镜的像方焦距为 f',物距为 p,对应的像距为 p',在近轴光线的条件下,透镜成像的高斯公式为

$$\frac{1}{p'} - \frac{1}{p} = \frac{1}{f'} \tag{2.8.1}$$

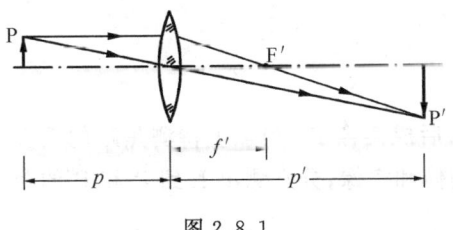

图 2.8.1

故

$$f' = \frac{pp'}{p - p'} \tag{2.8.2}$$

应用上式时必须注意各物理量所适用的符号法则.本书规定:距离自参考点(薄透镜光心)量起,与光线行进方向一致时为正,反之为负.运算时已知量须添加符号,未知量则根据求得结果中的符号判断其物理意义.

1. 测量会聚透镜焦距的方法

1) 测量物距与像距求焦距

用实物作为光源,其发出的光线经会聚透镜后,在一定条件下成实像,可用白屏接取实像加以观察,通过测定物距和像距,利用式(2.8.2)即可算出 f'.

2) 由透镜两次成像求焦距

当物体与白屏的距离 l 大于 $4f'$ 时,保持其相对位置不变,则会聚透镜置于物体与白屏之间,可以找到两个位置,在白屏上都能看到清晰的像.如图2.8.2所示,透镜两位置之间的距离的绝对值为 d,运用物像的共扼对称性质,容易证明

$$f' = \frac{l^2 - d^2}{4l} \tag{2.8.3}$$

上式表明,只要测出 d 和 l,就可以算出 f'.由于是通过透镜两次成像而求得 f' 的,这种方法称为二次成像法或贝塞尔法,这种方法中不需考虑透镜本身的厚度,因此用这种方法测出的焦距一般较为准确.

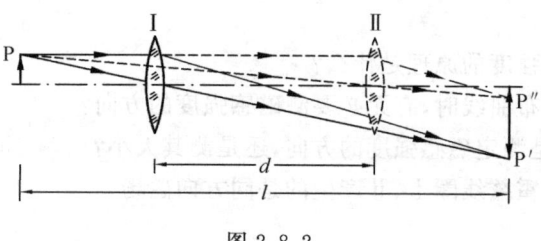

图 2.8.2

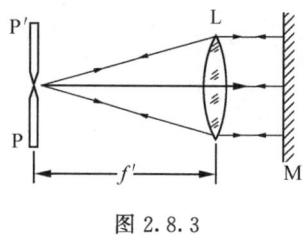

图 2.8.3

3) 由自准直法确定

如图2.8.3所示,当物屏P放在透镜L的物方焦面上时,由P发出的光经过透镜后成为平行光,如果在透镜后放一与透镜光轴垂直的平面反射镜M,则平行光经M反射后仍为平行光,沿原来的路线反方向进行,并成像P′于物平面上,P与L之间的距离就是透镜的像方焦距,这个方法是利用调节实验装置本身使之产生平行光以达到调焦的,所以又称为自准直法.

2. 测定发散透镜焦距的方法

1) 虚物成像求焦距

如图2.8.4所示,设物P发出的光经辅助透镜 L_1 后成实像P′,当加上待测焦距的发散透镜L后使成实像P″,则P′和P″相对于L来说是虚物体和实像,分别测出L到P′和P″的距离,根据式(2.8.2)即可算出L的像方焦距 f'.

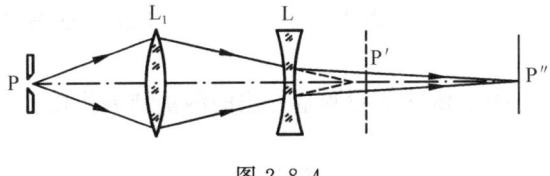

图 2.8.4

2) 由平面镜辅助确定虚像位置求焦距

如图 2.8.5 所示,物 P(尖头棒)经待测发散透镜 L 成正立的虚像 P',若在 L 前放置指针 Q 和平面镜 M,则观察者在 B 处可同时看到 P'与在镜中的反射像 Q',移动 Q 调节 Q',用视差法使 P'与 Q'重合,从而根据平面镜成像的对称性求出虚像的像距,再由式(2.8.2)算出 L 的像方焦距 f'.

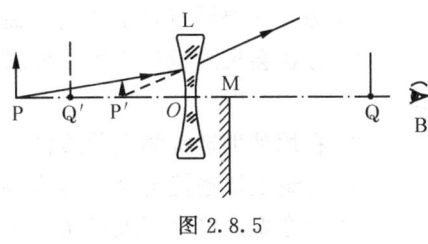

图 2.8.5

【仪器和用具】

光具座,会聚透镜,发散透镜,物屏,白屏,平面反射镜,尖头棒,指针,光源.

【实验内容】

(1) 粗调. 粗测待测凸透镜的焦距.

(2) 共轴、等高调节. 将照明光源、物屏、待测透镜和白屏依次放在光具座导轨上,调节各光学元件的光轴.

(3) 物距像距法测会聚透镜焦距. 用具有箭形开孔的物屏为物,用准单色光源照明,如图 2.8.1 所示. 使物屏与白屏之间相隔一定的距离(一般大于 $2f'$,为什么?),移动待测透镜,直至白屏呈现出箭形物体的清晰像,记录物、像及透镜的位置,依式(2.8.2)算出 f'. 改变屏的位置,重复几次,求其平均值.

(4) 两次成像法测会聚透镜焦距. 将物屏与白屏固定在相距大于 $4f'$ 的位置,测出它们之间的距离 l,如图 2.8.2 所示,移动透镜,使屏上得到清晰的像,记录透镜的位置,移动透镜至另一位置,使屏上又得到清晰的像,再记录透镜的位置,由式(2.8.3)求出 f'. 改变屏的位置,重复几次,求其平均值.

(5) 自准直法测会聚透镜焦距. 按图 2.8.3 所示,以有空孔的物屏为物,移动透镜 L 并适当调节平面镜的方位,沿光轴方向可看到物屏上出现一倒立的物屏的像,调整透镜位置,使成清晰的像. 测出物屏及透镜的位置,二者之差即为透镜的焦距. 重复几次,取其平均值.

(6) 虚物成像法测发散透镜焦距. 按图 2.8.4 所示,先用辅助会聚透镜 L_1,把物屏 P 成像于 P'记录 P'的位置,然后将待测发散透镜置于 L_1 与 P'之间的适当位置,并将发散透镜向外移,使屏上重新得到清晰的像 P",分别测出 P'、P"及发散透镜 L 的位置,求出物距 p 和像距 p' (注意 p 应取的符号),代入式(2.8.2),算出 f'. 改变发散透镜的位置,重复几次,求其平均值.

(7) 视差法测发散透镜焦距. 按图 2.8.5 所示,物体(尖头棒)P 经发散透镜 L 后成正立虚像 P',在 L 前另置指针 Q 和平面反射镜 M(M 略低于透镜 L),观察者在 L 前可以同时看到 L 中的虚像 P'和 M 中针 Q 的虚像 Q',移动指针,直至 P'与 Q'之间无视差,即当观察者眼睛左右移动时,P'与 Q'无相对运动,这时 P'与 Q'共面. 若测出 Q、M 和 M、O 距离,则像距

$|p'|=\overline{QM}-\overline{MO}$，代入式(2.8.2)，求出 L 的焦距 f'．改变发散透镜的位置，重复测量几次，求其平均值．

(8) 比较和评价．对每类透镜的不同测量方法的测量结果作比较和评价．

【思考题】

(1) 为什么要调节光学系统共轴，如何调节光学系统共轴？
(2) 分析会聚透镜焦距的几种测量方法中哪种方法更为准确，如何减小实验中的系统误差？
(3) 在用辅助透镜测发散透镜焦距时，成像位置判断较难，实验中如何提高测量精度？
(4) 讨论发散透镜与会聚透镜对虚物成像的各种情况．
(5) 如会聚透镜焦距大于光具座长度，设计一个实验，能在光具座上测定它的焦距．

实验2.9 显微镜与望远镜

【实验目的】

(1) 熟悉显微镜和望远镜的构造及其放大原理．
(2) 学会一种测定显微镜和望远镜放大率的方法．
(3) 掌握显微镜的使用方法，并学会利用显微镜测量微小长度．

【实验原理】

显微镜和望远镜都是用途极为广泛的助视光学仪器，显微镜主要是用来帮助人眼观察近处的微小物体，而望远镜主要是帮助人眼观察远处的目标．它们都是增大被观察物体对人眼的张角，起着视角放大的作用．

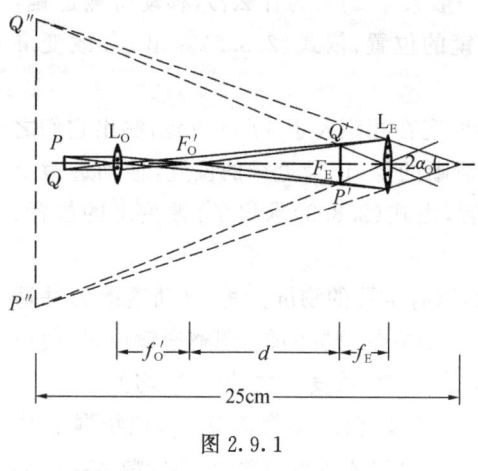

图 2.9.1

显微镜和望远镜的视角放大率 M 定义为

$$M = \frac{\text{用仪器时虚像所张的视角 } \alpha_O}{\text{不用仪器时物体所张的视角 } \alpha_E} \quad (2.9.1)$$

显微镜和望远镜的光学系统十分相似，都是由物镜和目镜两部分组成．显微镜的构造一般认为是由两个会聚透镜共轴组成的，如图 2.9.1 所示，实物 PQ 经物镜 L_O 成倒立实像 $P'Q'$，于目镜 L_E 的物方焦点 F_E 的内侧，再经目镜 L_E 成放大的虚像 $P''Q''$ 于人眼的明视距离处．理论计算可得显微镜的放大率为

$$M = M_O M_E = -\frac{\Delta \cdot s_O}{f'_O \cdot f'_E} \quad (2.9.2)$$

式中 M_O 为物镜的放大率，M_E 为目镜的放大率，f'_O、f'_E 为物镜和目镜的像方焦距，Δ 是显微镜的光学间隔（$=\overline{F'_O F_E}$，现代显微镜均有定值，通常是 17cm 或 19cm），$s_O=-25\text{cm}$ 为正常人眼的明视距离．由上式可知，显微镜的镜筒越长，物镜和目镜的焦距越短，放大率就越大，通常

物镜和目镜的放大率是标在镜头上的.

对于望远镜,两透镜的光学间隔近乎为零,即物镜的像方焦点与目镜的物方焦点近乎重合.望远镜分为两类:若物镜和目镜都是会聚透镜的,为开普勒望远镜;若物镜为会聚透镜,目镜为发散透镜,则为伽利略望远镜.如图 2.9.2 所示为开普勒望远镜的光路图,远处物体 PQ 经物镜 L_O 后在物镜的像方焦面 F'_O 上成一倒立

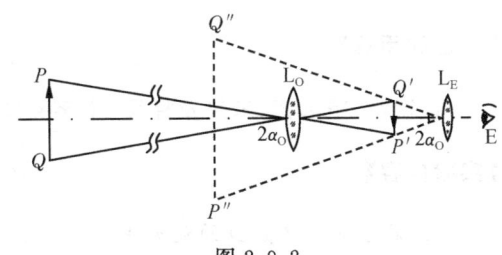

图 2.9.2

实像 $P'Q'$,像的大小取决于物镜焦距及物体与物镜间的距离. 像 $P'Q'$ 一般是缩小的,近乎位于目镜的物方焦平面上,经目镜 L_E 放大后成虚像 $P''Q''$ 于观察者眼睛的明视距离与无穷远之间.

由理论计算可得望远镜($\Delta=0$)的放大率为

$$M = -\frac{f'_O}{f'_E} \tag{2.9.3}$$

上式表明,物镜的焦距越长、目镜的焦距越短,望远镜的放大率则越大.对于开普勒望远镜($f'_O>0, f'_E>0$),放大率 M 为负值,系统成倒立的像,而对伽利略望远镜,放大率 M 为正值,系统成正立的像,因实际观察时,物体并不真正位于无穷远,像也不在无穷远,但式(2.9.3)仍近似适用.

用显微镜或望远镜观察物体时,一般视角均甚小,因此视角之比可用其正切之比代替,于是光学仪器的放大率 M 可近似地写成

$$M = \frac{\tan\alpha_O}{\tan\alpha_E} \tag{2.9.4}$$

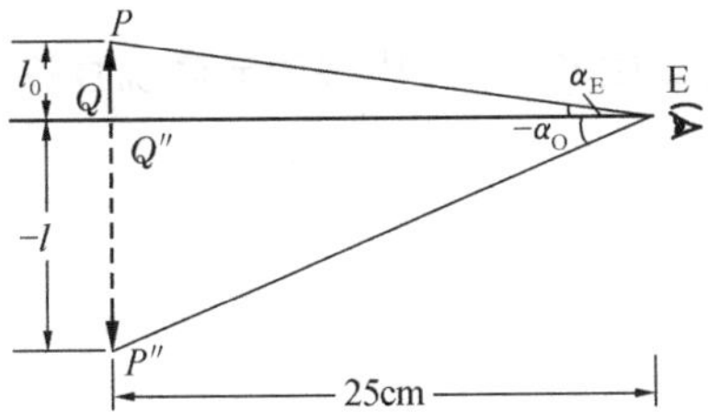

测定显微镜和望远镜放大率最简便的方法如图 2.9.3 所示.以显微镜为例,设长为 l_0 的目的物 PQ 直接置于观察者的明视距离处,其视角为 α_E,从显微镜中最后看到的虚像 $P''Q''$ 也在明视距离处,设其长度为 $-l$,视角为 $-\alpha_O$,于是

$$M = \frac{\tan\alpha_O}{\tan\alpha_E} = \frac{l}{l_0} \tag{2.9.5}$$

图 2.9.3

因此,如用一刻度尺作目的物,取其一段分度长为 l_0,把观察到的尺的像投影到尺面上,设被投影后像在刻度尺上的长度是 l,则由式(2.9.5)就可求得显微镜的放大率.

当望远镜对无穷远调焦时,望远镜筒的长度(即物镜与目镜之间的距离)就可认为是 $f'_O+f'_E$,这时如将望远镜的物镜卸下,在其原来位置放一长度为 l_1 的目的物,于是,在离目镜 d 处,得到该物经目镜所成的实像,设其像长为 $-l_2$,则根据透镜成像公式,得

$$M = -\frac{f'_O}{f'_E} = \frac{l_1}{l_2} \tag{2.9.6}$$

因此只要测出 l_1 及其像长 l_2,就可算出望远镜的放大率.

实验 2.9.1 测定显微镜和望远镜的放大率

【仪器和用具】

显微镜,望远镜,米尺及标尺,十字叉丝光阑.

【实验内容】

1. 测定移测显微镜的放大率

(1) 如图 2.9.4 所示将显微镜夹好,在垂直显微镜光轴方向距离目镜 25cm 处放置一毫米分度的米尺 B,在物镜前放置另一毫米分度的短尺 A,调节显微镜,使从显微镜中能看到短尺的像,用一只眼睛通过显微镜观察短尺的像,另一只眼睛直接看米尺,经过多次观察,调节眼睛使得显微镜看到的像投影到靠近米尺 B 时,选定 A 尺的像上某一分度 l_0,记录其相当于 B 尺上的分度 l_1,即得放大率 $M=\dfrac{l_1}{l_0}$,重复几次,取其平均值.

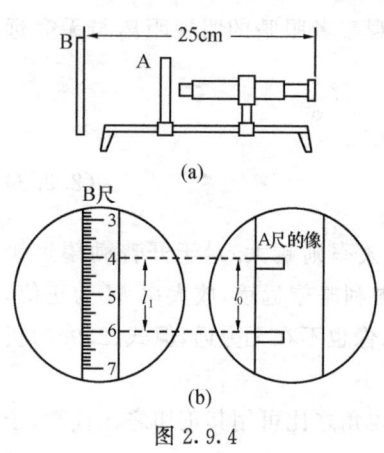

图 2.9.4

(2) 显微镜镜筒改变后,光学间隔随之改变,因而放大率也随之变化.将显微镜镜筒稍作改变,再测一次放大率,重复几次,取其平均值.

2. 望远镜放大率的测定

(1) 把望远镜调焦到无穷远处,即使望远镜能清楚地看到远处的物体.

(2) 卸下望远镜物镜,并在原物镜位置装十字叉丝光阑.

(3) 利用移测显微镜测出望远镜目镜所成十字叉丝像的长度 l_1'、l_2',并用移测显微镜直接测出光阑十字叉丝的长度 l_1、l_2.

(4) 算出放大率 $M=\dfrac{1}{2}\left(\dfrac{l_1'}{l_1}+\dfrac{l_2'}{l_2}\right)$,并与标称值比较.

实验 2.9.2 用显微镜测量微小长度

【仪器和用具】

生物显微镜,标准石英尺,测微目镜,待测样品.

常用的生物显微镜的构造和外形如图 2.9.5 所示,由光学系统和机械两大部分组成,光学部分的成像系统由目镜和物镜组成,目镜镜筒上标有放大率,物镜装置在物镜转换器上转动转换器可调换使用,由物镜和目镜相互组合可得不同的放大率.

光学部分的照明系统由聚光镜、可变光阑和反光镜组成.反光镜将外来光线导入聚光镜,并由聚光镜聚焦,以照明被观察物,可变光阑可改变孔径调节照明亮度,以使物镜获得清晰的像.

机械部分由镜筒、镜架、镜座等组成.物镜转换器装有三个物镜,可借助转动而调换.调节器分粗调和微调两种,转动粗调手轮使镜筒明显升降,为粗调对光用;转动微调手轮可以精确对物调焦.载物台在物镜下方,为搁置载玻片和标本用,载物台移动手轮装在载物台上,用以前后左右移动载物玻片和标本,移动距离可由游标尺读出.

显微镜系精密光学仪器,使用时应严格遵守操作规程和使用方法.特别是使用高倍物镜时由于物镜视场小而暗,工作距离短,调节较为困难,必须细心操作,调焦稍不小心,物镜就可能与被观察物接触受到挤压,造成损坏.为此规定调焦的操作规程如下:需要使用高倍物镜时,先用低倍物镜进行观察调节,粗调手轮把镜筒往下调,使物镜镜头慢慢靠近被观察物而又不接触,然后从目镜中观察,并慢慢转动粗调手轮使镜筒上升(不许下降),直至观察到物的像;转动转换器,换用高倍物镜观察,稍加调节微调手轮,即可获得最清晰的像.

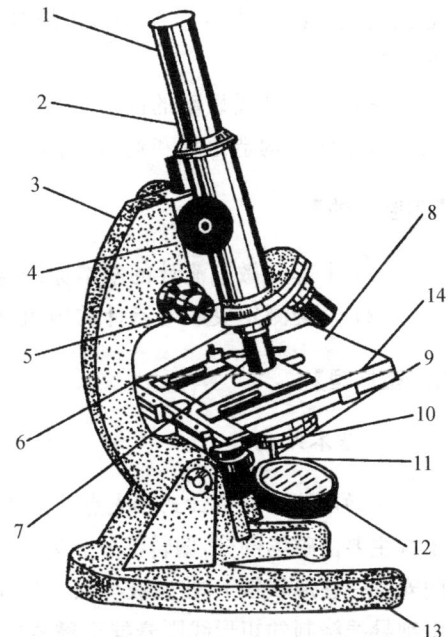

1.目镜;2.镜筒;3.镜架;4.粗调手轮;5.微调手轮;6.物镜转换器;7.物镜;8.载物台;9.载物台移动手轮;10.聚光器;11.可变光阑旋柄;12.反光镜;13.镜座;14.游标尺

图 2.9.5

【实验内容】

(1) 标准石英尺放在显微镜载物台上夹住.

(2) 选择适当倍率的目镜,根据需要调节聚光镜、反光镜及光阑,使目镜中观察到强弱适当而均匀的视场.

(3) 熟悉显微镜的机械结构,学会调节使用,特别先用低倍物镜对石英尺进行调焦,遵照操作规程先粗调、后微调,直至目镜视场中观察到最清晰的像,如果观察物的像不在视场中间,则可调节载物台移动手轮,将其移至视场中心进行观察.

(4) 将目镜卸下,换上测微目镜,调节微动手轮,调焦至物的像最清晰.

(5) 转动测微目镜使分划板上叉丝的趋向与标准石英尺(常用的石英尺刻度部分全长 1mm,共分 100 小格,每格宽 0.01mm)平行,然后将叉丝移至和显微镜视场中标准石英尺某一刻度重合,记下测微目镜的读数 m,如图 2.9.6 所示.转动测微目镜鼓轮,使叉丝在标准石英尺上移动 N 格,这时叉丝与标准石英尺上另一刻度线重合,记下测微目镜的读数 n.

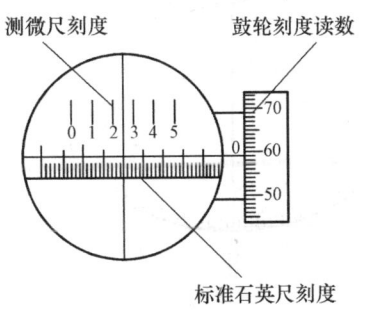

图 2.9.6

(6) 重复测量几次,求出 $|m-n|$ 的平均值,计算出物镜的放大率.

(7) 取下标准石英尺,换上所需测量的标本玻片,对每一长度重复测量几次,取其平均值,计算测得物的大小.

【思考题】

(1) 显微镜和望远镜有哪些相同之处和不同之处?

(2) 测量标准石英尺时所获得的放大率为什么不等于物镜的标称放大率?

实验 2.10 灵敏电流计的研究

灵敏电流计变革了指针式电流计的机械结构,消除了接触摩擦,因而具有很高的灵敏度.

电流测量常数可达 10^{-9} A/div，电压测量常数可达 10^{-8} V/div. 常用于光电流、温差电动势等的测量.

它在获得高灵敏度的同时，突出了怎样使电流计指示迅速稳定和回零的问题. 因此，了解灵敏电流计的构造原理和运转特性，对于电流计的使用和调整具有实际意义.

【实验目的】

(1) 了解灵敏电流计的基本原理与运转特性.

(2) 学会测定灵敏电流计的内阻、外临界电阻.

【实验原理】

1. 基本结构

灵敏电流计有指针式和光点反射式两种，这里主要介绍光点反射式灵敏电流计，它的基本结构主要由磁场部分，偏转部分和读数部分组成，如图 2.10.1(a)所示. 在永久磁铁的 N、S 极之间安置一柱形软铁 F，使磁极与软铁柱间的磁场分布大致呈均匀辐射状，见图 2.10.1(b). 一个由细导线绕制的矩形线圈悬挂于磁隙之间，并能以悬丝为轴转动. 悬丝有良好的扭转弹性，且与线圈的导线两端接通. 一极轻的小反射镜 P 紧固在悬丝前. 以一束平行光线投射至 P 上，当线圈通有电流时，磁场作用于导线的力使线圈转动，小镜的反射光束随之改变方向.

设有电流通过线圈时，反射光的光标位于弧形标尺的"0"点上. 当线圈通电流 I_g 后受到的磁力矩与悬丝的反向扭力矩相等时，线圈将不再移动，则反射光标将固定在一定的位置上，如图 2.10.2 所示在标尺的刻度 d 上. 电流 I_g 的大小与光标的位移 d 成正比

$$I_g = kd \tag{2.10.1}$$

比例常数 k 称为电流计常量(由电流计结构决定，以 A/div 为单位)，k 值越小，表示电流计的灵敏度越高(k 的倒数通常称为电流计的灵敏度，用 S 表示).

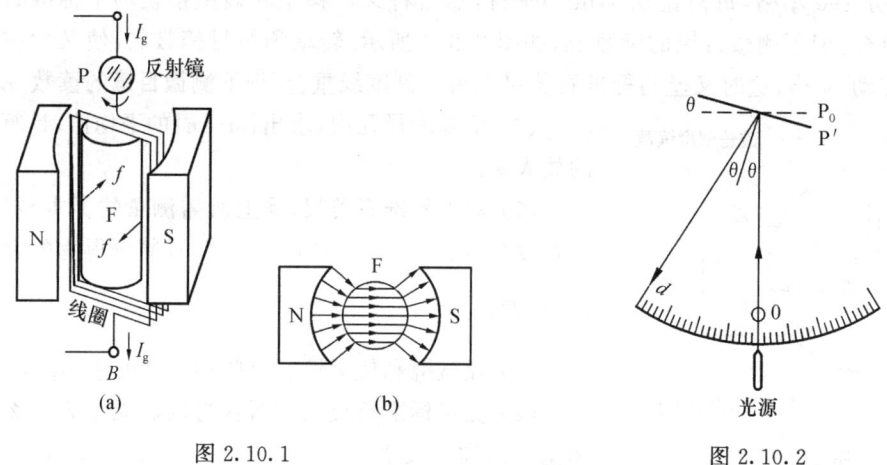

图 2.10.1　　　　　　　　　　　图 2.10.2

2. 线圈运转的阻尼特性

灵敏电流计的线圈在运动过程中机械阻尼很小，其平衡是通过控制电磁阻尼加以解决

的.所谓的平衡,指的是在通电流或改变电流后如何迅速达到稳定的偏转以及在切断电流后如何迅速返回到零点.

电流计工作时,是由其内阻 R_g 与外电路上的总电阻 $R_{外}$ 构成一个回路.由电磁感应定律,线圈在磁场中运动将产生感应电动势,并在线圈回路中形成感应电流.这电流与磁场相互作用,即产生了阻止线圈运动的电磁阻尼力矩 M,其大小与回路总电阻成反比,即

$$M \propto \frac{1}{(R_g + R_{外})}$$

可见,控制 $R_{外}$ 的大小,可以控制电磁阻尼力矩 M 的大小,从而控制线圈的运动状态.

(1) 当 $R_{外}$ 较大时,M 较小,线圈做振幅逐渐衰减的振动,要经较长时间才能停止在新的平衡位置.$R_{外}$ 越大,M 越小,振动时间越长.这种状态称为欠阻尼状态,见图 2.10.3 中曲线 I.

(2) 当 $R_{外}$ 较小时,M 较大,线圈缓慢趋向新的平衡位置,但不会超过平衡位置.$R_{外}$ 越小,M 越大,达到平衡位置的时间就越长.这种运动状态称为过阻尼状态,见图 2.10.3 中的曲线Ⅱ.利用这一特性,常在电流计两端并联一个开关 K(图 2.10.4),当 K 合上时,$R_{外}=0$,电磁阻尼很大,线圈运动立即变得缓慢.若在电流计使用中断开外电路,在光点返回零点的瞬间按下 K,线圈会立即停在零点附近,这样就大大方便了调节,K 称为阻尼开关.另外,电流计使用完毕,应该将面板上的分流旋钮置"短路"处,使电流计处于过阻尼状态,保护它免受震动.

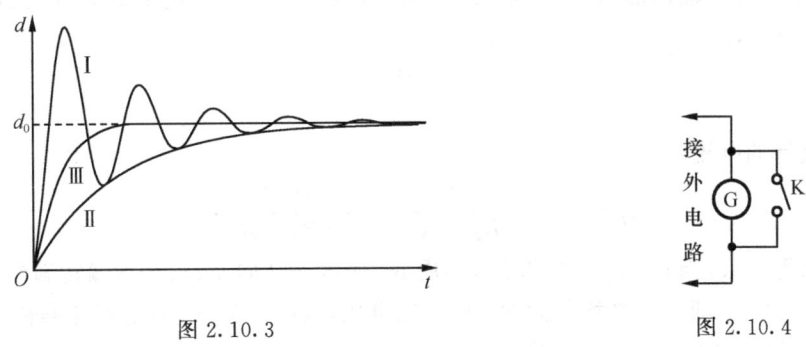

图 2.10.3   图 2.10.4

(3) 适当选择 $R_{外}$ 使线圈能很快达到平衡位置又不发生振动,是前两种状态的中介状态,称临界状态,如图 2.10.3 中所示曲线Ⅲ.此时对应的 $R_{外}$ 叫外临界电阻.电流计工作于临界状态最有利于测量.因此在实际使用中,应使电流计工作在临界状态或接近临界状态.

【仪器和用具】

复射式光点电流计,电压表,直流稳压电源,滑线变阻器,电阻箱(3 只),单刀开关,双刀换向开关,阻尼开关.

【实验内容】

1. 观察阻尼运动

(1) 按图 2.10.5 连接电路,开关 K_1、K_2 预先断开.经检查电路无误后再接通电源.R_0 在 10Ω 以下,R_2 的值先取为外临界电阻 $R_{外}$(由仪器铭牌上读取)的 4~5 倍.R_1 及 R_0 由实验室给出参考值.

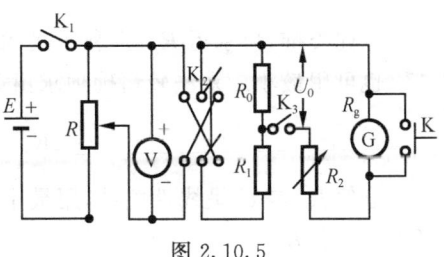

图 2.10.5

(2) 接通开关 K_1,调节 R 使电压表读数为零,再接通开关 K_2.缓慢增大电压表读数,同时观察光标的移动,直至大约偏到满刻度的一半.断开 K_2,观察光标的振动.当光标经过零刻度时,立即按一下开关 K.一按再按,直至光标停止不动.如零点不对正,应微调标尺.反向接通 K_2,重复前述观察.

2. 测定外临界电阻 $R_{外}$

多次调小 R_2,同时每次都调小电压表的读数(必要时稍调 R_1)使光标约位于满刻度的一半;再按前述过程观察振动情况(限于标尺的一边).直至 R_2 减小到刚能使光标不发生振动,即光标很快地回到零点又恰好不超过零点时的临界阻尼状态.记录此时的 R_2,得外临界阻尼电阻

$$R_{外} \approx R_2 + R_0 \approx R_2$$

3. 等偏法测定电流计的内阻 R_g 和电流计常数 k

因通常的直流低压电源的电动势远超过灵敏电流计能承受的电压,因此需二次分压才能获得适当又可调的电压.第 2 次分压后,R_0 两端的电压为

$$U_0 = \frac{R_0'}{R_0' + R_1} U$$

式中,U 是第 1 次分压输出的值,可由电压表读出.R_0' 是 R_0、R_g、R_2 的混联等效电阻,通常 $R_g + R_2 \gg R_0$;$R_1 \gg R_0$,故

$$U_0 = \frac{R_0}{R_1} U$$

通过电流计的电流

$$I_g = kd = \frac{U_0}{R_g + R_2} = \frac{R_0 U}{R_1(R_g + R_2)} \tag{2.10.2}$$

测量时用等偏法,当 $U=U_1$ 时,调 R_2,利用 K_2 使电流计向左、右分别偏转满刻度的 2/3,相应测得 R_2' 和 R_2'',取两者的平均值为 R_2.再改变电压,同时调节 R_2 使电流计偏转保持不变,记录相应的 U 和 R_2 的一系列数据,即

$$U = U_1, U_2, \cdots, U_i, \cdots$$
$$R_2 = R_{2,1}, R_{2,2}, \cdots, R_{2,i}, \cdots$$

然后将数据对应分成若干组,如 U_1 和 U_6 一组,U_2 和 U_7 一组……对第 1 组数据由式(2.10.2)得

$$\frac{U_1}{R_{2,1} + R_g} = \frac{U_6}{R_{2,6} + R_g}$$

有

$$R_g = \frac{U_1 R_{2,6} - U_6 R_{2,1}}{U_6 - U_1}$$

以此类推,可求得 $\overline{R_g}$;再利用式(2.10.2)即可求出 k.
也可用最小二乘法较精确地求出 R_g 和 k.由式(2.10.2),当 $R_0 \ll R_1$ 时,可得

$$R_2 = \frac{R_0 U}{k d R_1} - (R_g + R_0) \tag{2.10.3}$$

显然 R_2 与 U 呈线性关系,用最小二乘法可拟合出最佳直线,求出直线的截距和斜率即可求出 k 和 R_g.

【注意事项】

(1) 电流计的线圈及悬丝非常精细,应注意保护,不允许剧烈的振动和过分的扭转.发现光标不动或偏离正常零点过大时,应及时请老师指导解决;

(2) 实验过程中,电路调节应仔细进行,不要使光标偏转超过标尺;

(3) 电流计搁置不用或需搬动时,务必将电流计分挡开关置"短路"挡.

【问题讨论】

(1) 说明电流计常数 k 和灵敏度 S 的含义.

(2) 测量线路为什么要用两级分压?

(3) 已知灵敏电流计的内阻为 R_g,外临界电阻为 $R_{外}$,现欲测定内阻可视为零的某温差电动势 E,为使电流计处于临界阻尼状态,应采取什么措施?

(4) 若用灵敏电流计来测量内阻可视为无限大的光电管所产生的光电流,应采取什么措施方可使电流计处于临界阻尼状态?

【附】

AC-15 型直流复射式电流计简介

AC-15 型直流复射式检流计是一种常见的光点电流计,图 2.10.6 为其面板,使用方法及注意事项如下:

(1) 在接通交流电源(220V)前,应先检查电源插头是否插入"220V"插座(在机箱后面),电源开关是否置于"220V"一侧.特别注意不要将 220V 电源插入"6V"插座内.

(2) 接通电源后,标尺上应有光标出现,这时可将电流计的"分流器"置于"直接"处,调节"零点调节"旋钮,将光标调至标尺中央.

(3) 电流计标尺作小范围调节时,可抓住标尺上金属小柱体将标尺左右移动.

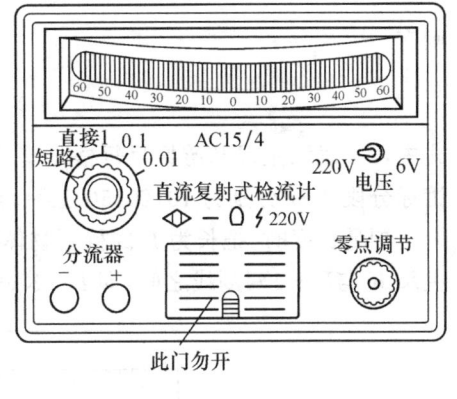

图 2.10.6

(4) 测量时,电流计的"分流器"应从最低灵敏度挡(×0.01)开始,如灵敏度不够,再逐步调到高灵敏度挡(做灵敏电流计实验应使用"直接"挡,以免内部分流电阻影响运动状态的观察).

(5) 在测量中若光标摇晃不停,可利用"分流器"的短路挡,它相当于外接的阻尼开关.在改变电路、使用结束和移动电流计时,均应将"分流器"旋到"短路"挡,使电流计线圈处于过阻尼状态,以免损坏.

(6) 照明灯泡损坏,应请指导教师更换.

附 2.1 常用物理量的测量

F2.1.1 长度的测量

长度测量不仅其本身在生产和科学实验中被广泛地使用着,而且除数字显示仪表外,所有仪表的测量值最终将转化成长度而进行读数,所以长度测量在测量中最为重要.

1. 米的定义

在 SI 制中,长度的基本单位是米.历史上米的定义随人类测量水平的提高而屡被变更.1983 年国际计量大会通过米的定义为:光在真空中 $\dfrac{1}{299\ 792\ 458}$ s 内所经过的距离,同时定义真空中的光速为 $c=299\ 792\ 458$m/s,现已被广泛采用.

日常的长度测量是用精度为 1mm 的米尺进行测量的.

较准确的测量则需采用游标卡尺、千分尺等.

2. 游标法测量长度

1) 游标原理

米尺的最小刻度为 1mm,为了提高对于标准米尺(主尺)估读最小刻度的精度,通常在主尺上附带一个可以沿尺身移动的木尺(称副尺或游标),组成游标尺,如图 F2.1.1 所示.主尺上每一小分段长度为 y,副尺上每一小段长度为 x.在制作游标时,令副尺上 m 个分段数的长度恰等于主尺上 $(m-1)$ 个分段数的长度,即

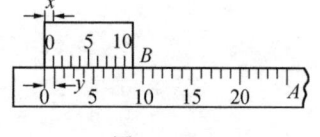

图 F2.1.1

$$mx = (m-1)y \quad (F2.1.1)$$

则有

$$y - x = \Delta x = \dfrac{1}{m} y \quad (F2.1.2)$$

式中,Δx 表示主尺和游标尺每格之差,称为游标的精度,也就是该游标的最小读数值.常用的游标分段数 m 分别为 $10,20,50$ 三种,它们的精度分别为 0.1mm,0.05mm 和 0.02mm.

测量长度时,把长为 L 的待测物体的一端对准主尺的零点,如图 F2.1.2 所示.另一端在主尺 K 与 $K+1$ 两刻线之间,即 $L = Ky + \Delta L$.

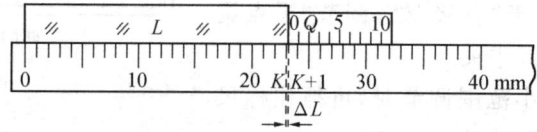

图 F2.1.2

若由尺上判断出游标上第 Q 个刻线与主尺上某一刻线重合,则有

$$\Delta L = Q \Delta x$$

于是有

$$L = Ky + Q\Delta x \quad (F2.1.3)$$

图 F2.1.2 中,$K = 23$mm,$\Delta x = \dfrac{y}{m} = \dfrac{1}{10}$mm,$Q = 2$,所以 $L = 23$mm $+ 2 \times 0.1$mm $= 23.2$mm.

游标原理还可用于角度的精确测量中,在测角仪和经纬仪中称为弯游标.例如,$m = 30$,$y = 30'$ 的分光计测角仪,它的精度 $\Delta x = \dfrac{y}{m} = 1'$.

2) 游标尺的构造和使用方法

游标尺主要由主尺和游标两部分构成,如图 F2.1.3 所示.

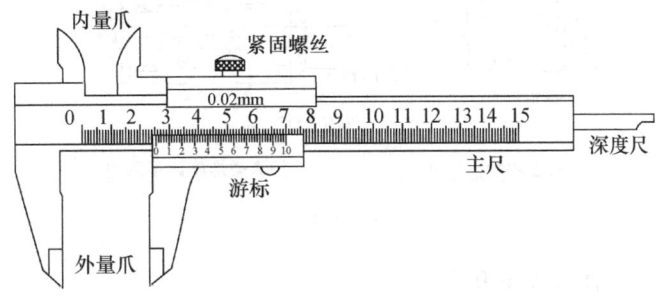

图 F2.1.3

游标紧贴着主尺滑动,外量爪用来测量厚度和外径,内量爪用来测量内径,深度尺用来测量槽的深度,紧固螺钉用来固定量值读数.使用游标尺时,一手拿物体,另一手持尺,轻轻把物体卡住,应特别注意保护量爪不被磨损,不允许用游标尺测量粗糙的物体,更不允许被夹紧的物体在卡口内挪动.

3. 螺旋法测量长度

1) 螺旋测微原理

在一根带有毫米刻度的测杆上,加工出高精度的螺纹(又称丝杠),并配上与之相应的精制螺母套筒,在套筒周界上准确地刻以等分的刻度,就构成了一副测微螺旋.根据螺旋推进的原理,套筒每转过一周(360°),测杆就前进一个螺距,如图 F2.1.4 所示.

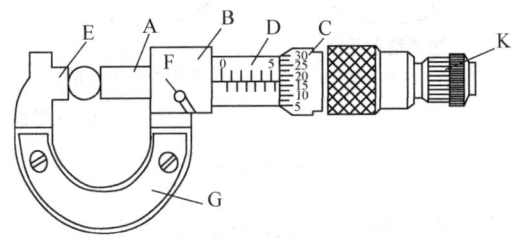

图 F2.1.4

只要螺距准确相等,则按照套筒转过的角度,就可以比游标尺更准确地估计出测杆端部前进的位移尺寸.例如,当螺距是 0.5mm,而套筒周界上分成 50 分格时,即 $y=0.5$mm,$m=50$,根据游标原理

$$\Delta x = \frac{y}{m} = \frac{0.5}{50} = \frac{1}{100}(\text{mm})$$

这种测微螺旋所能达到的测量长度的精度是 $\frac{1}{100}$mm,而且可估读到 $\frac{1}{1000}$mm,所以这种螺旋测微计又叫千分尺.这就是所谓的机械放大原理.

2) 千分尺的构造和使用方法

千分尺是比游标尺更精确的测量仪器,它的主要结构是一个微动螺丝杆(固定套筒)和一个活动套筒相连的测量轴,如图 F2.1.5 所示.

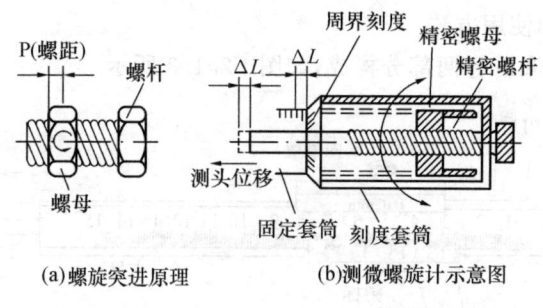

(a) 螺旋突进原理　　　　(b) 测微螺旋计示意图

图 F2.1.5

使用千分尺时必须注意以下几点：

（1）使用前应按操作要求了解各部件间的相互关系,特别是棘轮、活动套筒、测量轴与锁紧手柄间相互联动和制约的关系.

（2）使用前必须先搞清楚固定套筒的刻度值、螺距和活动套筒的分度值以及它们之间的相互关系.

（3）测量前必须读取初读数.转动棘轮,使测量轴与砧台刚好接触,并听"咯、咯、咯"三次响声,即停止转动棘轮,读取固定套筒上的横线在活动套筒上的示值,即为初读数,如图 F2.1.6(a)所示,注意初读数的正、负值.

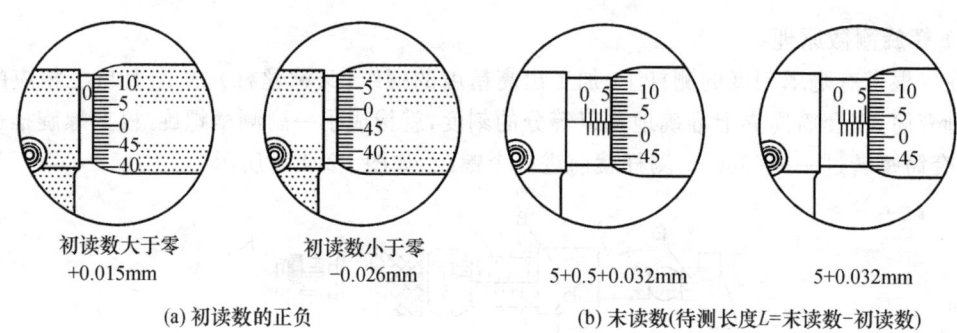

初读数大于零　　　　初读数小于零
+0.015mm　　　　　　-0.026mm　　　　　　5+0.5+0.032mm　　　　5+0.032mm

(a) 初读数的正负　　　　　　　(b) 末读数(待测长度L=末读数-初读数)

图 F2.1.6

（4）读取末读数时应注意螺杆标尺上的读数是否超过 0.5mm.如图 F2.1.6(b)右图所示,螺杆标尺读数为 5mm,未超过 0.5mm,活动套筒读数为 0.032mm,故末读数为 5.032mm；图 F2.1.6(b)左图所示螺杆标尺读数为 5mm,已超过 0.5mm,活动套筒读数仍为 0.032mm,其末读数应为 5.532mm.测量结果(a)左(b)右两图应为 5.032－0.015＝5.017mm,(a)右(b)左两图应为 5.532－(－0.026)＝5.558mm.

4.移测显微镜

移测显微镜是将测微螺旋和显微镜组合起来作精确测量长度用的仪器[①](图 F2.1.7).它的测微螺旋的螺距为 1mm,和螺旋测微计的活动套管对应的部分是转鼓 A,它的周边等份为 100 个分格,每转一分格显微镜将移动 0.01mm,所以移测显微镜的测量精密度也是 0.01mm,它的量程一般是 50mm.此仪器所附的显微镜 B 是低倍的(20 倍左右),它由三部分

---

① 移测显微镜也有将游标装置和显微镜组合起来的.

组成:目镜、叉丝(靠近目镜)和物镜.用此仪器进行测量的步骤是:
①伸缩目镜 C,看清叉丝;②转动旋钮 D,由下向上移动显微镜筒,改变物镜到目的物间的距离,看清目的物;③转动转鼓 A,移动显微镜,使叉丝的交点和测量的目标对准;④读数,从指标 E_1 和标尺 F 读出毫米的整数部分,从指标 E_2 和转鼓 A 读出毫米以下的小数部分;⑤转动转鼓,移动显微镜,使叉丝和目的物上的第二个目标对准并读数,两读数之差即为所测两点间的距离.

使用移测显微镜时要注意:显微镜的移动方向和被测两点间连线平行;防止回程误差.移动显微镜使其从相反方向对准同一目标的两次读数,似乎应当相同,实际上由于螺丝和螺套不可能完全密接,螺旋转动方向改变时,它们的接触状态也将改变,两次读数将不同,由此产生的测量误差称为回程误差.为了防止回程误差,在测量时应向同一方向转动转鼓使叉丝和各目标对准,当移动叉丝超过了目标时,就要多退回一些,重新再向同一方向转动转鼓去对准目标.

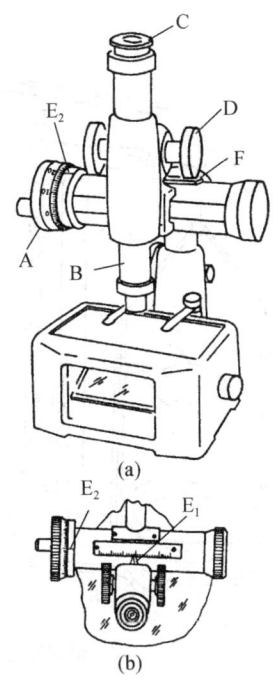

图 F2.1.7

5. 放大法测量微小长度

光杠杆是一种利用放大法测量微小长度变化的常用仪器.它有很高的灵敏度,具体原理实验 3.1.

此外还有利用光学干涉法(如激光散斑全息干涉法、莫尔条纹技术等)来测量微小长度.

F2.1.2 质量的测量

1. 质量的测量和单位

物体的重量 $P=mg$,g 为当地的重力加速度,在同一地点进行测量时,若两个物体(一个是标准物体,另一个是待测物),它们的重量相等,即有 $P_1=P_2$,则 $m_1=m_2$,可见测物体的质量是通过测量该物体的重量而得到的.

物体重量的测量和比较几乎都是以杠杆定律为基础而设计的,即利用一种带横梁的天平;也有的以固体形变为基础来设计,如弹簧秤(包括焦利氏秤、扭力天平等).近来又发展出采用应变测量技术的电子秤,其坚固耐用,使用十分方便.实验室中常用称量物体质量的仪器有物理天平、分析天平和电子天平.

应该指出的是杠杆天平的示数与观测地点无关,而弹簧秤的刻度将随观察地点的改变而变化.因此在进行质量测量时,任何仪器都必须进行调整和定标工作.

SI 制中量度质量的单位是千克(kg).千克就是"保存在法国巴黎衡度局的铂铱合金制成的国际千克原器所体现的质量".

2. 物理天平的构造、调整和使用

1) 物理天平的构造

图 F2.1.8 为物理天平的结构简图,它的主要部分是它的横梁 A,在横梁中央垂直于它的平面固定一个三角钢质棱柱 F,F 的刀口置于由坚硬材料(如玛瑙、石英等)制成并被研磨抛光的小平板上.小平板水平地固定在天平主柱的顶端.另外两个刀口 F_1、F_2 是朝上的钢质三棱柱,且平行于中间的棱柱,而被等距地固定安置在横梁的两端.它们被用来悬挂天平的砝码盘 C_1 和 C_2,

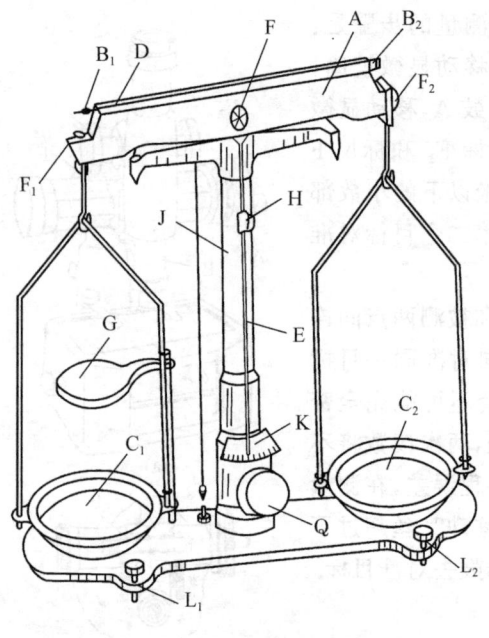

图 F2.1.8

为此在砝码盘的弓形架上装有由同样坚硬材料制成的磨光小平板.整个横梁和砝码盘的重心低于中央棱柱刀口 F 所在的水平面,使横梁始终处于稳定平衡状态.一根轻而细长的指针 E 和在它下端的标尺刻度 K,是用来观察和确定横梁的水平位置的.当横梁水平时,指针 E 应在刻度尺 K 的中央.G 是一个托盘架,可上下升降.止动旋钮 Q 可以使横梁升降.平衡螺母 B_1、B_2 是天平空载时调平衡用的.每架物理天平都配有一套砝码.实验室中常用的一种物理天平,最大称量为 500g,1g 以下的砝码太小,用起来很不方便,所以在横梁上附有可以移动的游码 D,若横梁上有 50 个刻度,游码向右移动一个刻度时(要读游码左边刻线处的读数),就相当于在右盘上加 0.02g 的砝码.

天平是一种等臂杠杆,按其称衡的准确度分等级,物理天平是准确度低的一种天平,准确度高的是分析天平.不同准确度的天平配置不同等级的砝码.各种等级的天平和砝码其允许误差都有规定.天平的规格除了等级外主要还有最大称量及感量(或灵敏度).感量是天平的摆针从中央平衡位置处偏转一个最小分格时,天平两秤盘上的质量差,一般来说它的大小与天平游码读数的最小分度值相适应.感量的倒数称为天平的灵敏度 C,即天平平衡时在一个盘中加单位质量 Δm 后摆针偏转的格子数 α,即 $C=\dfrac{\alpha}{\Delta m}$.利用指针 E 上的配重 H,改变其在指针上的位置可以变更横梁的重心位置而影响天平的灵敏度,一般在出厂前已调整好,不应随便更动.

天平灵敏度一般与负载有关,随负载的增加而减小.当两个砝码盘的悬点与横梁的负载支点位于同一直线上时,理论计算表示,这时的灵敏度 $C=\dfrac{L}{P_k d}$,式中 L 为横梁左右臂的长度,即 $L_左=L_右=L$,d 为横梁重心到它的支点的距离,P_k 为横梁重量,可见减轻 P_k,减小 d 值,可使 C 值增大(有的天平在横梁上打许多小圆洞,目的是减小 P_k,以便提高 C 值).

2) 物理天平的调整和使用

(1) 水平调整.转动底座螺丝 L_1 和 L_2 使天平柱后的水准仪内水泡居中(或铅垂线对准底座后的尖端).

(2) 零点调整.将横梁上的游码 D 移至零位处,旋转旋钮 Q,将横梁抬起,使之能自由摆动,此时指针 E 应能在标尺的中央附近摆动,当摆动幅度左右相等时,天平平衡,零点停在标尺的中点,若不平衡时,则必须使 Q 旋到顶,使横梁放下,调节左右平衡螺母 B_1 和 B_2,直到抬起时横梁左右摆动相等为止.

(3) 称衡.左盘 C_1 放置待测物(或将物体用细线挂在盘面上方的钩子中),右盘加砝码,各砝码的挪用位置应利用专用的镊子,不得用手拿.选用砝码的次序是由大到小、逐次逼近的原则,直至加 1g 太重,拿掉 1g 砝码又太轻为止,这时,可利用横梁上的游码 D 由左向右逐渐试探加载,一直到横梁能左右摆动最后指针停止在中央零点处.特别要注意的是当在取放砝码和物体时,或调节游码时,一定要旋动止动螺母 Q,使横梁在放下的前提下,方可操作.所以一般熟练的操作者左手把紧 Q 旋钮不放,轻轻上抬一点即可判别轻重(不必将横梁升到顶),然后让指针 E 过中间平衡位置时慢慢放下,再进行操作.一旦横梁处在动态中是绝对不允许在 C_1 盘中加物体和 C_2 盘中加、减砝码的,也不允许调游码,这一点往往是初学者最易忽视的.这样做的目的是为了保护仪器.

天平一旦调平衡后,此时待测物体的质量就等于右边盘中的砝码数和加上游码 D 所在处(指游码左边)的刻度值.

天平使用完毕必须将止动旋钮 Q 放下,砝码放回盒中,将天平恢复原状,操作者方可离开.

3. 物理天平的精密称衡法

(1) 复称法(高斯法).将待测物体在同一台天平上称衡两次,一次放在左盘中,另一次放在右盘中,则该物体的质量 $m=\sqrt{m_1 m_2}$,亦可近似地认为 $m=\dfrac{m_1+m_2}{2}$,这样的做法可消去因横梁左右不等臂而带来的系统误差.

以上计算公式的理论依据是:设 L_1、L_2 分别为横梁左右两臂的长度,先将待测物(质量为 M)放在左盘,砝码 M_1 放在右盘,使天平平衡,有 $ML_1=M_1 L_2$ 待测物与砝码交换后,这时砝码质量为 M_2,又达到平衡时,有 $M_2 L_1=M_1 L_2$.由此可得 $M=\sqrt{M_1 M_2}$.利用二项式展开,并考虑 $M_1-M_2 \ll M_2$,故 $M=\sqrt{M_1 M_2}=M_2\left(1+\dfrac{M_1-M_2}{M_2}\right)^{\frac{1}{2}}=M_2\left(1+\dfrac{M_1-M_2}{2M_2}\right)=\dfrac{1}{2}(M_1+M_2)$.

(2) 配称法(替代法)(略).

(3) 定载法(略).

此外,还有分析天平(空气密度的测量实验)和电子秤(略).

F2.1.3　时间的测量

国际单位制中的时间单位是秒(s).1967 年第 13 届国际计量大会决定了秒的新定义,秒(s)是铯-133 原子基态的两个超精细能级之间跃迁对应的辐射 9 192 631 770 个周期所持续的时间.

机械式钟表由于机械零件的惯性,一般只能测到 $10^{-1} \sim 1$s 的时间间隔.电子计时器利用石英振荡器的振荡频率作为时间标准,大大提高了计时的准确性和稳定性.电子秒表计时精度为 0.01s,电子计时器的最高计时精度可达 1ns.我国的长波授时台采用氢原子钟作为时间基准,向全国及全世界发布标准时间和标准频率信号,它的频率稳定度可达每天 1×10^{-14} 数量级,相当于 300 万年才差 1s.

图示 F2.1.9 为常见的电子秒表.其使用方法可见相关使用说明书.

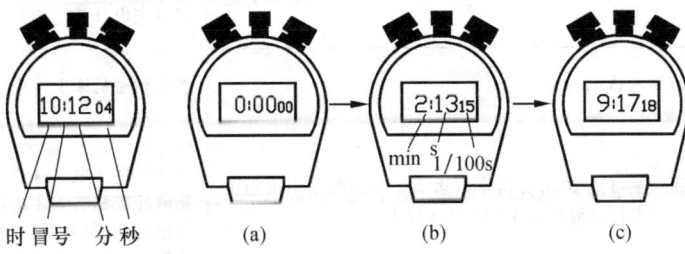

图 F2.1.9

此外,还有电子计时器等计时仪,可参阅有关说明书.

长度、质量和时间测量可详见表 F2.1.1、表 F2.1.2 和表 F2.1.3.

表 F2.1.1 长度测量

名 称	主要性能指标	特点和简要说明
钢直尺	规格　　　　　　全长允差 300mm　　　　　　±0.1mm 300～500mm　　　±0.15mm 500～100mm　　　±0.2mm	测量范围若再大,可用钢卷尺,其规格有 1m,2m,5m,10m,20m,30m,50m.1m,2m,全长允差分别为±0.5mm,±1mm
游标卡尺	测量范围:有 125mm,200mm,300mm,500mm. 主、副尺分度差值:0.1mm,0.05mm,0.02mm. 示值误差:0~300mm 的等于分度值.大于 300~500mm 的相应有 0.1mm,0.05mm,0.04mm	游标卡尺可用来测量内、外直径及长度.另外还有专门测量深度和高度的游标卡尺
螺旋测微计 (千分尺)	量限:10mm,25mm,50mm,75mm,100mm 示值误差(≤100mm 的):1 级为±0.04mm;0 级为±0.02mm	千分尺的刻度值通常为±0.01mm,另外还有刻度为 0.002mm 和 0.005mm 的杠杆千分尺
测量显微镜	JLC 型:测微鼓轮的刻度值为 0.01mm 测量误差:被测长度 Lmm 和温度为(20±3)℃时为 $\pm\left(5\pm\dfrac{L}{15}\right)\mu m$	显微镜目镜、物镜放大倍数可以改变.可用于观察、瞄准或直角坐标测量,有圆工作台的还可测量角度
阿贝比长仪	测量范围:0~200mm 示值误差:$\left(0.9+\dfrac{L}{300-4H}\right)\mu m$ $L(mm)$:被测长度;$H(mm)$:离工作台面高度	与精密石英刻尺比较长度
电感式测微仪	哈量型 示值范围:±125μm,±50μm,±25μm,±12.5μm,±5μm 分度值:5μm,2μm,1μm,0.5μm,0.2μm 示值误差:各挡均不大于±0.5 格 TESA,GH 型 示值范围:±10μm,±3μm,±1μm 分度值:0.5μm,0.1μm,0.05μm 示值误差:1μm	一对电感线圈组成电桥的两臂,位移使线圈中铁芯移动,因而线圈电感一个增大,一个减小,并且电桥失去平衡.相应地有电压输出,其大小在一定范围内与位移成正比
电容式测微仪	70 年代产品 示值范围:-2～+8μm,-20～+80μm 分度值:0.2μm,2μm	将被测尺寸变化转换成电容的变化,将电容接入电路,便可转换成电压信号
线位移光栅 (长度光栅)	测量范围:可达 1m,还可更长 分辨率:1μm 或 0.1μm,甚至更高 精度:可达 0.5μm/1m,甚至更高	光栅实际是一种刻线很密的尺.用一小块光栅作指示光栅覆盖在主光栅上,中间留一小间隙,两光栅的刻度相交成一小角度,在近于光栅刻线的垂直方向上出现条纹,称莫尔条纹.指示光栅移动一小距离,莫尔条纹在垂直方向上移动一较大距离,通过光电计数可测出位移量
感应同步器,磁尺,电栅(容栅)	分辨率可达 1μm 或 10μm	多在精密机床上应用
单频激光干涉仪	量程一般可达 20m.分辨率可达 0.01μm,测量不确定度在环境条件好时可达 1×10^{-7}m 以上	激光作光源,借助于一光学干涉系统可将位移量转变成移过的干涉条纹数目.通过光电计数和电子计算自接给出位移量.测量精度高,需要恒温、防震等较好的环境条件

续表

名 称	主要性能指标	特点和简要说明
双频激光干涉仪	量程可达 60m. 分辨率一般可达 $0.01\mu m$，最高可达 $0.001\mu m$ 量级，测量不确定度优于 $5\times10^{-7}m$	与单频激光干涉仪相比，抗干扰能力强，环境条件要求低，成本高
线纹尺	标准线纹尺有线纹米尺和 200mm 短尺两种. 一般线纹尺的长度有 0.1m，0.5m，2m，5m，10m，20m，50m 等. $1\sim1000mm$ 线纹尺精度 L 的单位为 m: 1 等：$\pm(0.1+0.4L)\mu m$ 2 等：$\pm(0.2+0.8L)\mu m$ 3 等：$\pm(3+7L)\mu m$	作为长度标准用或作为检定低一级量具的标准量具
量块	按其制造误差分成：00，0，1，2，3，标准（k）六级，00 级，小于 10mm 的量块，工作面上任意点的长度偏差不得超过 $\pm0.06\mu m$	是长度计量中使用最广和准确度最高的实物标准，常为六面体，有两个平行的工作面，以两工作面中心点的距离来复现量值

表 F2.1.2　质量测量

名 称	主要性能指标	特点和简要说明
国际千克原器	直径和高均为 39mm 的铂铱合金圆柱体，含铂 90%、铱 10%，在温度为 293.15K 时，其体积为 $46.396cm^3$	1889 年第 1 届国际计量大会决定该原器作为质量单位，保存在巴黎国际计量局原器库里
中国国家千克基准	No.6 0:0℃ 时的体积为 $16.3867cm^3$，质量值为 $1kg+0.271mg$	该原器由伦敦的 Stanton 仪器公司进行加工调整. 1985 年由国际计量局检定
天平	按仪器分度值 d 与最大载荷 m_{max} 之比分 10 个精度级别 $1\sim10$，相应比值 d/m_{max} 为 1×10^{-7}，2×10^{-7}，5×10^{-7}，1×10^{-6}，2×10^{-6}，5×10^{-6}，1×10^{-5}，2×10^{-5}，5×10^{-5}，1×10^{-4}	按结构形式分：有杠杆天平、无杠杆天平，等臂、不等臂天平，单盘、双盘天平，还有扭力天平、电磁天平、电子天平等 按用途分：有标准天平、分析天平、工业天平、专用天平 按分度值分：有超微量、微量、半微量、普通天平等
砝码	按精度高低分五等的允差（mg）等级 标称质量　1　　2　　3　　4　　5 10kg　　±30　±80　±200　±500　±2500 1kg　　　±4　　±5　　±20　　±50　　±250 100g　　　±0.4　±1.0　±2　　±5　　±25 10g　　　±0.10　±0.2　±0.8　±1　　±5 1g　　　 ±0.05　±0.10　±0.4　±1　　±5 100mg　　±0.03　±0.05　±0.2　±2　　±5 10mg　　 ±0.02　±0.05　±0.2　±1 1mg　　　±0.01　±0.05　±0.2	用物理化学性能稳定的非磁性金属制成. 一、二等砝码用于检定低一等砝码及与 $1\sim3$ 级天平配套使用. 三等砝码与 $3\sim7$ 级天平配套使用. 四等砝码与 $8\sim10$ 级天平配套使用. 五等砝码用于检定低精度工商业用秤和低精度天平
工业天平（TG75）	分度值 50mg，称量 5000g，准确度 1×10^{-5}，7 级	物理实验用
普通天平（TG805）	分度值 100mg，称量 500g，准确度 2×10^{-5}，8 级	物理实验用
精密天平（LGZ6-50）	分度值 25mg，称量 5000g，准确度 5×10^{-6}，6 级	用于质量标准传递和物理实验
高精度天平	分度值 0.02mg，称量 200g，准确度 1×10^{-7}，1 级	检定一等砝码、高精度衡量，计量部门用

表 F2.1.3 时间和频率测量

名　称	主要性能指标	特点和简要说明
铯束原子频率标准	频率 $f=9\,192\,631\,770\,\text{Hz}$ 准确度优于 1×10^{-13} 稳定度 7×10^{-15}	用作时间标准．在国际单位制中规定，与铯-133原子基态的两个超精细能级间跃迁相对应的辐射的 9 192 631 770 个周期的持续时间作为时间单位；秒
石英晶体振荡器	频率范围很宽，频率稳定度在 $10^{-4}\sim 10^{-12}$ 范围内，经校准一年内可保持 10^{-9} 的准确度．高质量的石英晶体振荡器，经常校准时，频率准确度可达 10^{-11}．	在时间频率精确测量中获得广泛应用．频率稳定度与选用的石英材料及恒温条件关系密切
电子计数器时间间隔和频率	测量准确度主要决定于作为时基信号的频率准确度及电键门时的触发误差．不难得到 10^{-9} 的准确度．若采用多周期同步和内插技术，测量精度可优于 10^{-10}．	以频率稳定的脉冲信号作为时基信号，经过控制门送入电子计数器，由起始时间信号去开门，终止时间信号去关门，计数器得时基信号脉冲数乘以脉冲周期即为被测时间间隔．用时间间隔为 1s 的信号去开门、关门，计数器所计的被测信号脉冲数即为被测信号频率
示波器	测频率最高准确度约 0.5%	可测频率、时间间隔、相位差等．使用方便，准确度不特别高
秒表	机械式秒表，分辨率一般为 1/10s，电子秒表分辨率一般为 0.01s	

F2.1.4 温度、气压和湿度的测量

一些物理量的大小与温度、湿度或大气压等实验环境因素有关．例如，蓖麻油的黏度是温度的函数，所以给出蓖麻油黏度的测量值时，应指出测量时的温度．所以要养成一个进入实验室时及时记录当天的温度、湿度和大气压的好习惯．

1. 温度的测量

温度是物体冷热的程度．是大量分子热运动平均动能的统计平均值的量度．温度越高，表示物体内部分子无规则热运动越剧烈，SI 制中热力学温度的单位是开尔文(K)．1967 年第 13 届国际计量大会对热力学温度单位作了如下定义：热力学温度单位开尔文是水三相点热力学温度的 $\dfrac{1}{273.16}$．此外还用下式定义摄氏温度

$$t = T - T_0 \qquad\qquad (\text{F2.1.4})$$

式中，T 为用开尔文表示的热力学温度，T_0 为水的冰点的热力学温度，$T_0=273.15\text{K}$，它与水的三相点的热力学温度相差 0.01K．摄氏温度单位用摄氏度(℃)表示．

温度测量的方法和仪表种类繁多．温度测量通常是利用被测对象温度的变化促使测温仪表敏感元件的物理量(如体积、压力、电阻和辐射强度等)发生改变来进行的．测温仪表大致可分为接触式和非接触式两大类．前者是指测温仪表的敏感元件必须与待测温度对象直接接触，进行热交换，直到热平衡；后者则无需接触．详见表 F2.1.4 所示．

表 F2.1.4 几种温度计及其常用测温范围

类别	温度计名称	常用测温范围/℃	类别	温度计名称	常用测温范围/℃
接触式	1.热膨胀式温度计 　水银 　酒精 　双金属	 −35～500 −80～80 −80～300	接触式	4.热电偶温度计 　铂铑$_{10}$-铂 　镍铬-康铜 　铜-康铜	 0～1 600 −200～880 0～350
	2.压力式温度计	−80～400	非接触式	5.辐射温度计	100～2000
	3.电阻温度计 　铂电阻 　铜电阻 　半导体热敏电阻	 −200～850 −50～150 −40～150		6.光测高温计	700～3200

1) 液体温度计

液体温度计的构造如图 F2.1.10 所示. 一玻璃管下端连接一球泡,球泡中盛液体(工作物质,如水银、染色乙醇、甲苯和煤油等). 玻璃管中央连接球泡的是一内径均匀的毛细管. 液体受热后,在毛细管中升高. 其升降与它所受的冷热程度成正比,由管壁的刻度就可读出相应的温度值. 实验中常用的是水银温度计,它的优点是水银不黏着玻璃,水银的膨胀系数变化很小,测温范围广等. 常用的水银温度计有 0～100℃或 0～50℃两种量程,它们的分度值有 1.0℃,0.5℃,0.2℃和 0.1℃不等.

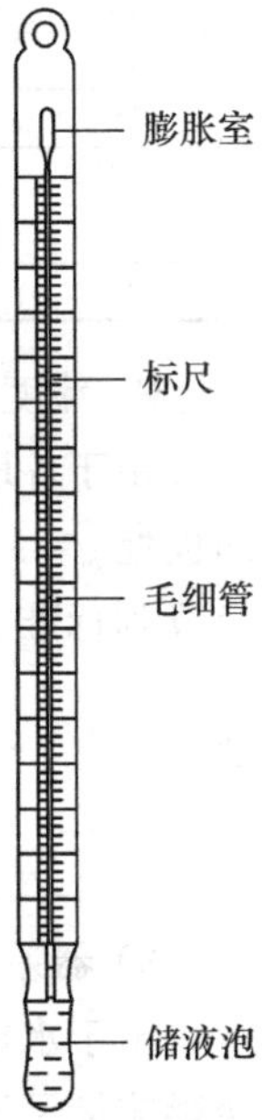

2) 半导体温度计

详见实验 3.25.

3) 热电偶温度计

热电偶温度计又称温差电偶温度计. 常用的是由两种不同材料的金属丝所组成,详见实验 3.25.

2. 气压的测量

在 SI 制中,压强的单位是帕(Pa 即 N/m²). 地球海平面的气压为 1.01325×10^5 Pa,约为 760mmHg(1mmHg=133.322Pa).

图 F2.1.10

理论计算表明,大气压随高度的增加而减小,且与气温有关. 离海平面越高,气压越低. 在海拔高度 1000～5000m,每增高 100m,气压降 $0.8 \sim 1.17 \times 10^3$ Pa,反之在海平面以下,如矿井中海拔每下降 100m,气压约增加 1.3×10^3 Pa.

福廷式气压计是常用的水银气压计,如图 F2.1.11 所示. 其主体是一个长约 80cm 的玻璃管,上端封口,下端开口. 开口的下端垂直地插入水银杯中. 玻璃管内水银柱上方抽成真空. 因此,当环境大气压作用在玻璃管外杯内的水银面时,玻璃管内的水银将上升,上升的高度与环境大气压成正比. 读数时调玻璃管底部螺钉,使水银槽上的象牙针尖正好落在水银杯的底部水平面上(俗称调零),然后由顶部的 10 分游标尺上的 0 刻度线与水银柱的凸月面相切,读此时玻璃管外的高度值即为当天的环境气压值. 中间有温度计,底部水银杯的侧面有三对可调的固定管子用的螺丝钉. 精确的气压值尚需用当时的温

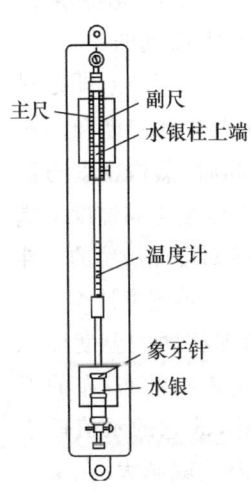

图 F2.1.11

度和当地的重力加速度 g 进行修正.

水银气压计修正方法如下.

1) 温度的修正

换算到 0℃时的数值,可由测定值 h 减去表 F2.1.5 中的 Δ 值求出.

表 F2.1.5 水银气压计的温度修正

t/℃ \ h/mm \ Δ/mm	720	740	760	t/℃ \ h/mm \ Δ/mm	720	740	760
6	0.7	0.7	0.7	22	2.6	2.6	2.7
8	0.9	0.9	1.0	24	2.8	2.9	3.0
10	1.2	1.2	1.2	26	3.0	3.1	3.2
12	1.4	1.4	1.5	28	3.3	3.4	3.5
14	1.7	1.7	1.7	30	3.5	3.6	3.7
16	1.9	1.9	2.0	32	3.7	3.8	4.0
18	2.1	2.2	2.2	34	4.0	4.1	4.2
20	2.3	2.4	2.5				

2) 纬度的修正

由于各地 g 值不同(海平面处 $g=9.80665\text{m/s}^2$.作为标准参考值,赤道处 $g=9.7804\text{m/s}^2$,两极处 $g=9.8322\text{m/s}^2$),因此同样高度水银柱的压强不等.设当地重力加速气压计读数为 h,换算到标准重力加速度 g_0 时的高度为 h_0,则有

$$hg = h_0 g_0$$

即

$$h_0 = \frac{hg}{g_0}$$

3) 器差

由于水银表面张力的影响,玻璃中水银柱的高度要降低些;由于象牙尖安装得不正确也会影响标尺读数的准确性.这些综合起来作为仪器的系统误差(器差),标在仪器的鉴定书上.

3. 湿度的测量

湿蒸汽中液态水的质量占蒸汽总质量的百分数,叫做蒸汽的湿度.表示大气干湿程度的物理量有绝对湿度、相对湿度和露点等.绝对湿度为单位体积空气中所含水蒸气的质量.例如,在 20℃时,当空气中的水蒸气达到饱和时,每立方米的空气中含有水蒸气 17.3g,即绝对湿度为 17.3g/m.相对湿度是空气中实际所含水蒸气密度和同温度下饱和水蒸气密度的百分比值.由于温度相同时,蒸汽密度与蒸汽压强成正比,所以相对湿度也等于实际水蒸气压强与同温度下饱和水蒸气压强的百分比值.利用电容、动物毛发等对湿度敏感的特性可制成湿敏传感器、毛发湿度计、露点湿度计和干湿球湿度计等.

实验室常用的有干湿球湿度计,它是由两支相同的湿度计 A 和 B 组成,如图 F2.1.12 所示.B 的测温球上裹着细纱布,布的下端浸在水槽内.A 指示室温,B 由于水蒸发吸热,故它的示值低于 A.环境中空气的湿度越小,蒸发越快,它们的温差就越大.在某一室温下,由其温差可由表 F2.1.6 查得相应的湿度值(%).

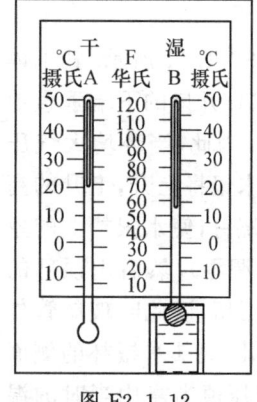

图 F2.1.12

表 F2.1.6 相对湿度值表

干温度计 计数/℃	干湿温度计读数差/℃										
	0	1	2	3	4	5	6	7	8	9	10
0	100	81	63	45	28	11					
2	100	84	68	51	35	20					
4	100	85	70	58	42	28	14				
6	100	86	73	60	47	35	23				
8	100	87	75	63	51	40	28	7			
10	100	88	76	65	54	44	24	14	14	4	
12	100	89	78	68	57	48	28	20	20	11	
14	100	90	79	70	60	51	32	25	25	17	9
16	100	90	81	71	62	54	35	30	30	22	15
18	100	91	82	73	64	56	48	34	34	26	20
20	100	91	83	74	66	59	51	37	37	30	24
22	100	92	93	76	68	61	54	40	40	34	28
24	100	92	84	77	69	62	56	43	43	37	31
26	100	92	85	78	71	64	58	45	45	40	34
28	100	93	85	78	72	65	59	48	48	42	37
30	100	93	86	79	73	67	61	50	50	44	39

摘自:陆廷济等.2000.物理实验教程.上海:同济大学出版社.

F2.1.5 实验室常用电源

电源有交流和直流两种.

(1) 交流电源.用符号"AC"或"∼"表示交流电,电路中"—⊙—"表示交流电源,常用的有 220V、380V 或经变压器降压后低于 36V,频率为 50Hz 的工频交流电源;由低频信号发生器输出的是电压和频率均可调的正弦波电压;而函数发生器输出的不仅电压、频率可调,其波形也可选择正弦波、方波及三角波等.

(2) 直流电源.用符号"DC"或"—"表示直流电.直流电源用符号"⊣⊢"表示,长线代表电源的正极,短线代表电源的负极,正负极不能搞错.常用的直流电源有干电池(电动势为 1.5V,输出电压瞬时稳定性好,长期稳定性较差,长期使用电压降低,内阻增大)、蓄电池(每单瓶铅蓄电池和镍镉蓄电池的电动势分别为 2V 和 1.25V,其输出电压稳定,内阻小),直流稳压电源和直流稳流电源.

直流稳压电源是将 220V 交流电源转换成直流并稳压控制后输出,其特性是内阻小,输出电压稳定性好,输出电压连续可调,功率也比较大,使用时要注意它能输出的最大电压和电流.直流稳流电源内阻很大,可在一定负载范围内输出稳定的电流,电流大小可调.使用电源时,要严防短路,使用电流不得超过仪器上标明的额定电流.36V 以下的是安全电源,使用 36V 以上电源时,要注意安全,防止触电.

F2.1.6 实验室常用电表

电表的种类很多,有磁电式、电磁式、电动式、静电式、数字式等.其中磁电式仪表准确度高、稳定性好、刻度的线性好以及受外磁场和温度的影响小,应用比较广泛.本节主要介绍磁电式电表.

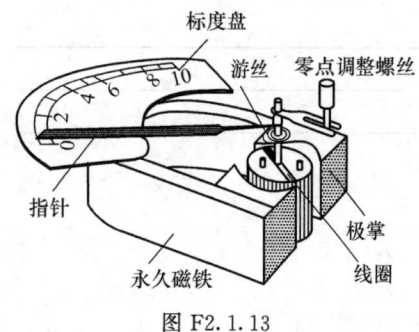

图 F2.1.13

磁电式电表由表头和电阻元件组装而成. 表头的基本结构如图 F2.1.13 所示, 与游丝(或张丝)连接的可动线圈置于磁场之中, 线圈通电后, 受到电磁力矩作用便带动指针一起偏转, 直到电磁力矩与游丝(或张丝)的扭转力矩平衡时停止转动. 这时指针偏转角度与通电电流成正比, 所以可以在刻度盘上将指针偏转的角度显示为电流的大小, 表头实际上是一个小量程的电流表, 它可以测量微小电流.

1. 直流电流表(安培表、毫安表、微安表)

直流电流表使用时串联在电路中, 用以测量直流电路中电流的大小. 表头并联不同的分流电阻便成为不同量程的直流电流表, 并联的分流电阻越小, 电流表的量程越大.

主要规格:

量程 指针指向满刻度的电流值. 除单量程电流表外, 物理实验常用多量程电流表.

内阻 为电流表两接线端之间的电阻值, 该值越小对被测电路的影响越小. 内阻越小量程越大, 一般安培表内阻在 0.1Ω 以下, 毫安表一般为几欧姆至一两百欧姆, 微安表一般为几百欧姆至几千欧姆.

2. 直流电压表(伏特表、毫伏表)

直流电压表使用时与电路两端并联, 用以测量电路两端电压的大小. 直流电压表由小量程电流表串联一电阻构成, 串联电阻越大, 电压表的量程越大.

主要规格:

量程 指针指向满刻度的电压值. 电压表有单量程的, 也有多量程的.

内阻 为电压表两接线端之间的电阻值, 该值越大对被测电路的影响越小. 一个多量程电压表量程不同其内阻也不同, 但电压表各量程的内阻与相应的电压量程之比为一常量, 称为每伏欧姆数或电压表灵敏度, 它的单位为 Ω/V, 电压表标度盘上一般都标明. 它是电压表的重要参量. 电压表某一量程内阻可用下式计算:

$$内阻 = 每伏欧姆数(\Omega/V) \times 量程$$

例如, 一个量程为 $0\sim1.5\sim3\sim7.5\mathrm{V}$ 的电压表, 每伏欧姆数为 $1000\Omega/\mathrm{V}$, 它的 3 个量程的内阻分别为 $1500\Omega, 3000\Omega, 7500\Omega$.

3. 电表的误差和不确定度

1) 电表的误差来源

基本误差(又称固有误差) 电表在规定条件下进行测量时所具有的误差. 它是由于电表本身缺陷带来的. 例如, 磁场不均匀、转轴的摩擦、刻度不准等原因引起的误差.

附加误差 由于偏离电表正常工作条件或在某一因素作用下, 对电表指示值的影响而引起的误差. 如温度的变化, 外界电磁场的作用等的影响.

电表的附加误差在大学物理实验中考虑起来比较困难, 故本书约定, 在实验教学中一般是取基本误差.

2) 电表误差的表示形式

电表的绝对误差即电表的指示值与被测量的真值之差,以及电表的相对误差即绝对误差与被测量的真值之比均随选用不同的量程挡而有所改变,都不能准确反映电表的精确度,因此引入最大引用误差.

最大引用误差 电表某量程上的最大绝对误差 $\Delta_{\max}$ 与该量程 N_m 之比,用百分数表示

$$E_{\max} = \frac{\Delta_{\max}}{N_m} \times 100\% \tag{F2.1.5}$$

国家标准规定,对单向标尺电表以最大引用误差来表示电表的基本误差.电表标尺工作部分所有分度值的误差不允许超过最大绝对误差 $\Delta_{\max}$,因此 $\Delta_{\max}$ 又称电表的最大允许误差(仪器误差限).

3) 电表的准确度等级

国家标准规定,电表的准确度等级分为 0.1,0.2,0.5,1.0,1.5,2.5,5.0 七级.电表出厂时一般已将它标在标度盘上.设电表的等级为 a_n,它与最大引用误差的关系是

$$a_n \geq \frac{\Delta_{\max}}{N_m} \times 100\% \tag{F2.1.6}$$

4) 电表测量值的不确定度

电表按国家标准根据准确度大小划分为等级,其仪器误差限可通过准确度等级给出:

$$\Delta_{仪} = \pm N_m \times a_n \% \tag{F2.1.7}$$

式中,N_m 为电表的量程,a_n 为电表的准确度等级.

在基础物理实验中,把仪器误差限引入的不确定分量简化地看成标准不确定度的 B 类分量,它不是高斯分布,也不是均匀分布,但比较接近均匀分布.因此我们规定:单次测量时,电表测量值的不确定度为

$$u_j = \frac{\Delta_{仪}}{\sqrt{3}} ① \tag{F2.1.8}$$

此时,电表测量值的相对不确定度可表示为

$$E = \frac{u_j}{x_i} \times 100\% \tag{F2.1.9}$$

式中 x_i 为测量值.由此可见,测量值越接近满量程时,E 越小.因此,在使用电表时,应选择合适的量程,使测量值接近满量程,一般应在满量程的 2/3 以上.

5) 电表读数的有效数字

根据不确定度确定有效数字是正确决定有效数字的基本依据.

例如,量程为 100mA、0.5 级的电流表共分 100 格,电表的示值为 74.8mA. 因为由电流表的基本误差引入的电流的标准不确定度是 B 类评定,因此可先由电表的准确度等级与量程求出电表的仪器误差限

$$\Delta_{仪} = 100\text{mA} \times 0.5\% = 0.5\text{mA}$$

则

$$u_j = \frac{\Delta_{仪}}{\sqrt{3}} = 0.3\text{mA}$$

---

① 有时进一步简化为 $u_j = \Delta_{仪}$.

故单次测量结果为
$$I = (74.8 \pm 0.3)\text{mA}$$
测量的相对不确定度为
$$E = \frac{u_j}{x_i} \times 100\% = \frac{0.3}{74.8} \times 100\% = 0.4\%$$

对于需要作进一步运算的读数,可在最小分度间再估读一位,一般可根据电表的分辨率和实验者的判别能力估读到最小分度的 $1/10 \sim 1/2$.

4. 检流计(又称灵敏电流计)

检流计是用于检查电路中有无电流通过的电流计,通常分为指针式和光点反射式两类.
主要规格如下:

电流计常数 为指针偏转一小格所对应的电流值. AC5 系列指针式检流计一般为 $10^{-6} \sim 10^{-7}$ A/div;

内阻 为检流计两接线端钮间的电阻,从几十欧姆到几千欧姆不等.

外形如图 F2.1.14(a)所示是 AC5 系列磁电式指针检流计,图 F2.1.14(b)是它的内部电路图. 检流计指针零点在刻度的中央,便于检测不同方向的电流,因此它常作电桥和电势差计的指零仪. 在电路中它总是与一大电阻串联以保护检流计(参阅实验 2.6、2.10、3.16).

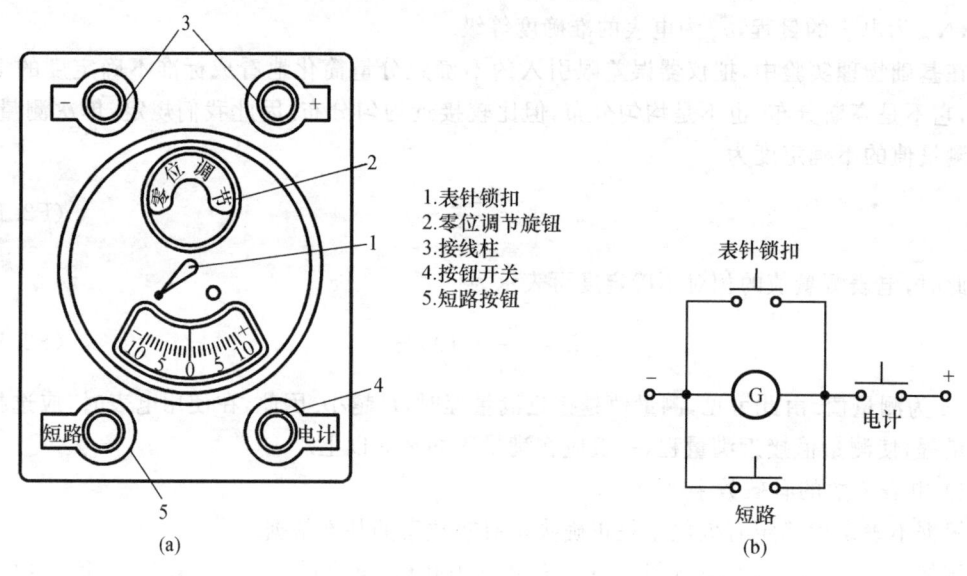

图 F2.1.14

AC5 系列检流计使用方法:
(1) 使用时首先将检流计的接线柱按其"+"、"−"标记接入电路内;
(2) 将面板中间的表针锁扣移向白色圆点位置;
(3) 按下"电计"按钮(常用跃接法),检流计即被接入电路;
(4) 若使用中指针不停摆动,按一下"短路"按钮,指针在电磁阻尼作用下迅速停止;
(5) 检流计使用完毕必须将面板中间表针锁扣拨向红色小圆点位置.

检流计应在周围空气温度 10~35℃、相对湿度 80% 以下、通风良好的环境中使用和保管,且空气中不应有可致腐蚀性的有害物质.

关于反射式检流计的结构、原理及特性详见本书实验 2.10.

5. 电表面板上常见符号及其意义(表 F2.1.7)

表 F2.1.7　电表面板常见符号及其意义

符　号	符号意义	符　号	符号意义
∩	磁电式仪表	⊓	电表水平放置
(电磁式符号)	电磁式仪表	⊥	电表垂直放置
(电动式符号)	电动式仪表	∠45°	与水平成 45°放置
⊥	静电式仪表	1.5	电表等级
—	直流电	☆	绝缘试验电压为 2kV
∼	交流电	Ⅱ [Ⅱ]	Ⅱ级防外磁场及电场
≂	交直流两用表		

6. 电表使用的注意事项

(1) 电表的接入方法. 电流表应串联在被测电路中,电压表应并联在被测量电路的两端. 直流电表的正、负接线柱不能接反,"+"端接线柱表示电流流入的方向,"−"端接线柱表示电流流出的方向,否则电表指针反向偏转,损坏指针.

(2) 调节机械零点. 使用电表前应先检查指针是否指零. 若未指零,应调节零点调节螺丝,使指针指在零刻度线上.

(3) 视差问题. 为了减小视差,读数时应让视线垂直于刻度盘表面. 1.0 级以上的电表在标度盘上装有平面镜. 观察时,当看到指针的像与指针重合时,所对准的刻度才是电表的读数,这时因视差而造成的读数误差可忽略.

(4) 量程的选择. 电表量程选择要合适. 量程太小,测量值超过量程,有可能损坏电表;量程太大,指针偏转太小,测量误差大. 应事先估计待测量的大小,选择稍大的量程试测一下,若不合适再换接合适的量程,一般情况,被测量读数在电表量程的 $\frac{2}{3}$ 以上测量比较准确.

(5) 选择电表的准确度等级. 选择电表时,要根据被测量的大小及对测量结果的不确定度的要求,兼顾电表的准确度等级和量程,进行合理选择,而不应片面追求电表的级别越高越好. 例如,被测电压接近 1V,如用 0.5 级,0～3V 量程的电表,则测量的相对不确定度 $E=\frac{u_j}{U}\times 100\%=0.87\%$;而用 1.0 级,0～1V 量程的相对不确定度 $E=\frac{u_j}{U}\times 100\%=0.6\%$. 由此例看出,如果量程选择得合适,用 1.0 级表比用 0.5 级表测量还准确.

7. 数字电表

数字电表具有准确度高、灵敏度高、测量速度快的优点,并可以和计算机配合给出一定形式的编码输出等特点.随着科学技术的发展,电压、电流、电阻、电容和电感的数字式仪表得到广泛应用.

数字电压表的种类繁多,但其基本原理都是利用模拟/数字转换原理,将被测量电压转换成数字量,并将测量结果以数字形式显示出来.

数字电压表和电流表的主要规格是:量程、内阻和准确度等级.数字电压表的内阻很高,一般在 $10^6\Omega$ 以上.要注意的是其内阻不能用统一的每伏欧姆数表示,说明书上会标明各量程的内阻,数字电流表具有低内阻的特点.数字电表的仪器误差参阅 1.1.5 节中式(1.1.16)、式(1.1.17)来计算.

F2.1.7 实验室常用电阻

实验室常用的电阻(也称电阻器)有电阻值可变的电阻箱、滑线变阻器及电阻值固定的标准电阻.

1. 电阻箱

实验室使用较多的是旋转式电阻箱,它是由许多用高稳定的锰铜丝绕成电阻按十进位分别通过波段电键连接而成的.

现以实验室常用的 ZX21A 型电阻箱为例加以说明.

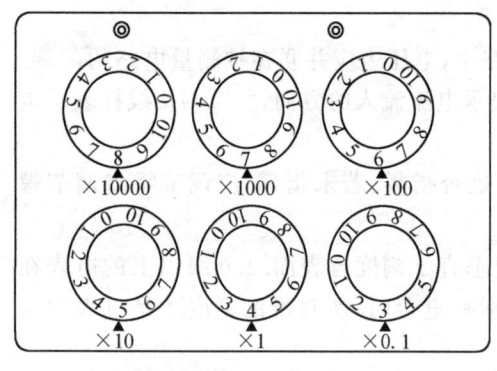

图 F2.1.15

如图 F2.1.15 所示,ZX21A 型电阻箱的面板工有 6 个度盘,每个度盘的边缘上标有 0~9(或 0~10)的数字,其下对应刻有 ×0.1,×1,…,×10000 等不同的数字,称为倍率.电阻箱读数为各挡示值(各个度盘上对准倍率箭头处的数字)与倍率乘积之和.如图 F2.1.15 所示,其电阻值为 87654.3Ω.

主要规格如下.

(1) 电阻值可变范围.ZX21A 型电阻箱为 $0 \sim 10 \times (0.1+1+10+100+1000+10000)\Omega$

(2) 额定电流为电阻箱中每个电阻允许通过的最大电流.它可用公式 $I=\left(\dfrac{P}{R}\right)^{\frac{1}{2}}$ 计算,式中 P 为额定功率(ZX21A 型电阻箱的标称功率为 0.3W),R 为某挡中最小电阻.在同一挡中,额定电流相同.

ZX21A 型电阻箱各挡的额定电流如表 F2.1.8 所示.

表 F2.1.8 ZX21A 型电阻箱各挡的额定电流

旋转倍率	×0.1	×1	×10	×100	×1000	×10000
额定电流/A	1.5	0.5	0.15	0.05	0.015	0.005

(3) 准确度等级和仪器误差限.直流电阻箱的准确度分为十个等级.电阻箱的准确度等级各度盘不同,一般都标在铭牌上.例如,ZX21A 型电阻箱在室温 20℃下的准确度等级 a_i 见表 F2.1.9.

表 F2.1.9　ZX21A型电阻箱准确度等级

$10\times(\ )\Omega$	10000	1000	100	10	1	0.1
α_i	0.1	0.1	0.1	0.1	0.5	2
残余电阻 $R_0=(20\pm10)m\Omega$						

电阻箱的仪器误差限可按不同度盘允许误差限之和再加上残余电阻(残余电阻值包括电阻箱本身的接线、焊接、接触等产生的电阻值)来估算,即

$$\Delta R_{仪} = \sum \alpha_i \% \cdot R_i + R_0 \tag{F2.1.10}$$

式中,R_0 为残余电阻,R_i 为第 i 个度盘的示值,α_i 为相应度盘的准确度等级.

在实验中,只要最高位或次高位度盘的示值不为零,$\Delta R_{仪}$ 可简化为

$$\Delta R_{仪} = \alpha_0 \% \cdot R \tag{F2.1.11}$$

式中,α_0 为上述两度盘的准确度等级,R 为电阻箱读数.

上述电阻箱如果在交流电路中只有在低频(不超过 1kHz)下,才能当作"纯电阻",所以也称直流电阻箱.实验室用的交流电阻箱,它们除了具有直流电阻箱的一般要求外,还要求时间常数小,箱体具有屏蔽层,可防护外界电磁干扰的能力.

2. 滑线变阻器

电磁学实验中滑线变阻器常用来控制电路中的电压和电流.它的结构如图 2.1.16(a)所示.电阻丝密绕在绝缘瓷管上,两端分别与固定在瓷管上的接线柱 A、B 相连.电阻丝上涂有绝缘层,使线间相互绝缘.瓷管上方装有一根与瓷管平行的金属杆,一端联有接线柱 C.金属杆上套有滑动触头 D,它与电阻丝紧密接触,且接触处电阻丝的绝缘层均已除去.因此沿金属杆移动滑动触头,就可改变 A 与 C 或 B 与 C 之间的电阻值.图 F2.1.16(b)为滑线变阻器的电路符号.

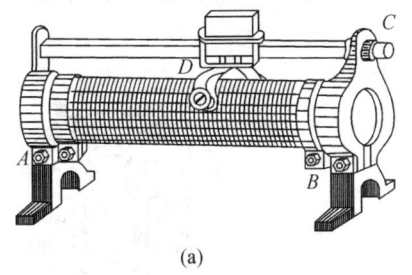
(a)
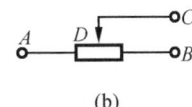
(b)

图 F2.1.16

主要规格如下:

全电阻　为 A 与 B 间电阻丝的电阻值.

额定电流　为变阻器允许通过的最大电流,以上数据均在铭牌上标明.

滑动变阻器有两种接线方法,即限流(制流)电路和分压电路.

(1) 限流电路.如图 F2.1.17 所示,A 端和 C 端连接在电路中,移动滑动端 C,将改变整个回路的电阻,电路中的电流也随之改变,因此称为限流电路.为保证安全,在接通电源前,一般应将 C 滑动至 B 端,这样通电后电路中电流最小,以后逐步减小电阻,使电流增至所需值.

(2) 分压电路.如图 F2.1.18 所示,滑线变阻器两固定端 A、B 通

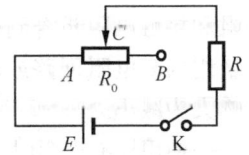

图 F2.1.17　限流电路

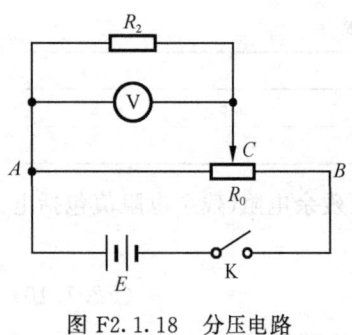

图 F2.1.18 分压电路

过电键分别与电源的两极相连,滑动端 C 和一个固定端 A(或 B)连接到负载上.当接通电源后,电流在滑动变阻器全电阻 R_{AB} 上的电压降为 U_{AB},A、C 两端的电压 U_{AC} 仅是 U_{AB} 的一部分,因此称为分压电路.输出电压 U_{AC} 随着滑动端的位置变化而改变,它可以从零到电源电压之间的范围内调节.为了保证安全,在接通电源前,一般应将 C 调至使输出电压为零的位置(如图中 A 端),通电后逐步调节 C,使电压增至所需值.

3. 标准电阻

标准电阻用锰铜线或锰铜条制成,锰铜是铜(84%)、镍(4%)和锰(12%)的合金,电阻温度系数($\alpha \approx 0.00001/℃$)很小.通常由多个标准电阻构成一套,如 BZ-3 型有 9 个,每个电阻分别为 $0.001, 0.01, 0.1, 1, 10, \cdots, 10^5\ \Omega$(表 F2.1.10).

表 F2.1.10 标准电阻的技术特性

准确度等级	0.005	0.01	0.02	0.05
电阻标称值/Ω	$10^{-3} \sim 10^5$	$10^{-3} \sim 10^6$	$10^{-4} \sim 10^7$	$10^{-4} \sim 10^8$
保证准确度的温度/℃	19~21	18~22	17~23	17~23
使用温度/℃	15~25	10~30	5~35	5~35
额定功率/W	0.1	0.1(或 0.3)	0.1(或 1)	1(或 3)
最大允许功率/W	0.3	1(或 3)	0.3(或 3)	10(或 30)

标准电阻为了减小接线电阻和接触电阻采用四端接法,如图 F2.1.19(a)所示,其结构如图 2.1.19(b)所示,在骨架 1 的绝缘层上绕着锰铜电阻 2,其线端 5 引向接线端 P、P 和 C、C,它们被固定在绝缘盖 3 上.

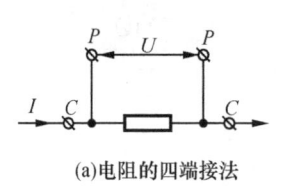
(a) 电阻的四端接法

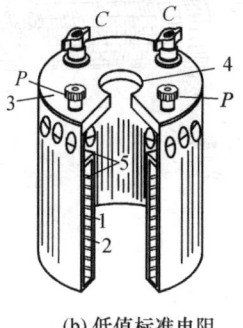
(b) 低值标准电阻

图 F2.1.19

四端接法中,C、C 为电流端,通常接电源回路,接线柱较粗大些,从而将这两端的接线电阻和接触电阻折合到电源回路的其他串联电阻中;P、P 是电压端,接线柱细小些,通常接测量用的高电阻回路或电流为零的补偿回路,从而使这两端的接线电阻和接触电阻对测量的影响大为减小.

使用标准电阻时应注意:使用温度;在小于额定功率下使用;应放置在温度变化小的环境中.

电磁学实验中用的标准器,除标准电阻外,还有标准电容器、标准电感器和标准互感器

(其技术特性可参阅仪器说明书)以及标准电池(参阅本书实验 2.6).

F2.1.8 实验室常用电键

电键在电路中的功能是用来接通和切断电源,或者变换电路.实验中经常使用的有单刀单掷电键、单刀双掷电键、双刀双掷电键和双刀换向电键等.它们的符号如图 F2.1.20 所示.

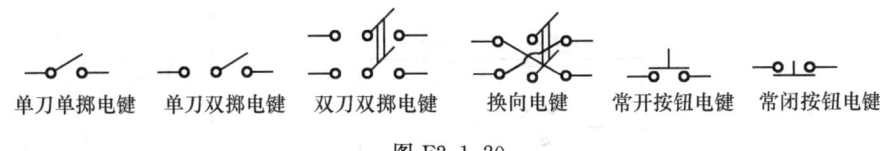

图 F2.1.20

F2.1.9 实验室常用电光源简介

光源种类很多,下面简要介绍实验室常用电光源的构造、原理及使用注意事项.

1. 热辐射光源

照明用白炽灯在通电时,其灯丝受热而辐射出可见光与红外光波段的连续光谱,灯丝温度越高,其亮度就越高,且可见光的比例提高,因此要用高熔点材料钨作灯丝.但高温下钨会升华,为了抑制钨丝的消耗,可在灯泡内充入氩气.更有效的办法是在灯泡内加入少量的碘或溴制成碘钨灯或溴钨灯(统称卤钨灯).当灯泡点亮后,从灯丝蒸发出的钨在泡壳内与卤素结合成卤化钨,卤化钨扩散到灯丝附近时又会因受更高的热而分解,钨又重新回到灯丝上.这样就延长了灯丝寿命,且可工作于更高的温度而提高发光效率,使光色更接近于日光;可用于放映、摄影.

白炽灯工作于较低温度时,灯丝偏红,此时近红外光占的成分较多,因而也用作近红外光源.实验室常用的碘钨灯与溴钨灯,如图 F2.1.21 所示.

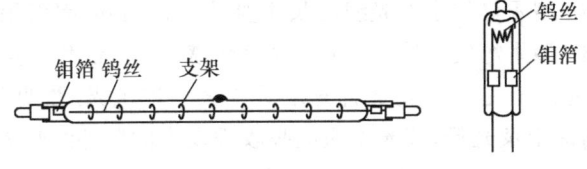

图 F2.1.21

光学实验在暗室环境中进行,白炽灯工作电压有 220V,12V,6V 等,因此要注意灯泡额定电压是否与电源电压一致,更要注意人身安全.另外,作强光源的白炽灯温度非常高,点亮时可能烤坏附近的塑料,引燃纸张.刚关灯时灯具还非常烫,不要去触摸.

2. 气体放电光源

气体放电灯的基本构造及原理如图 F2.1.22(a)、(b)所示.A、C 分别代表阳极、阴极,泡壳内充气.其伏安特性(图 F2.1.22(c))呈现三个阶段:OC 段为暗放电区,当电压 U 增大时气体内少量已电离粒子受电场作用加速.当到达点火电压 U_z 时,这些粒子速度已足以碰撞中性原子,激发并产生连锁碰撞,管内带电粒子大量增加,使之电离电流上升,进入辉光放电阶段(FG).在电流很大时,电极温度升高转入热电子发射,电流再次迅速增大形成弧光放电.

在弧光放电段(GH),微分电阻$\frac{dU}{dI}<0$,称为负的伏安特征,这会造成放电不稳定,如电路中有某种扰动,结果会使灯管熄灭或者烧毁.为了让灯管能稳定工作,须在电路中串联电阻(小功率)或电感(大功率)起限流稳压作用,俗称镇流器(中学阶段只讲了镇流器配合启动器帮助触发日光灯一项作用).电感镇流有损耗大等缺点,电子镇流器重量轻、功耗小,总体效率可提高25%.

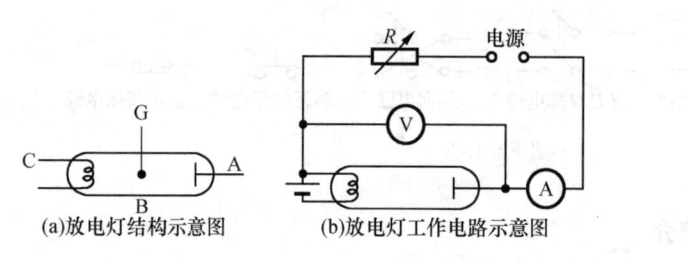

(a)放电灯结构示意图　　(b)放电灯工作电路示意图　　(c)气体放电灯伏安特性

图 F2.1.22

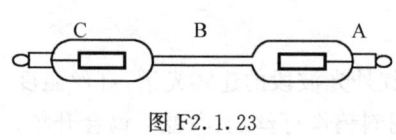

图 F2.1.23

1) 辉光放电管

辉光放电管结构见图 F2.1.23,管内可充 He 或 Ne 等气体,相应的谱线波长见书后附表 C-24,可用作光谱波长标准.验电笔中的氖管、做广告的霓虹灯也都是辉光放电管.

辉光放电管内气压小于 10^3 Pa,所通电流也仅几毫安,但需几千伏的高电压,实验室中常用霓虹灯变压器或感应圈作其电源.

2) 汞灯

在弧光放电管内装入某种金属,金属受热后成为金属蒸气,金属原子中电子在放电时被激发,返回基态时放出光子.汞灯、钠灯均基于此工作原理.工作时汞蒸气压小于 1×10^5 Pa 的称低压汞灯,如 GP2Hg 型汞灯发出的光线波长主要是 253.7nm,因而用作紫外光源.汞蒸气压稍高一些的 GP20Hg 型汞灯发出紫、蓝、绿、黄四种谱线,是常用的复式单色光源,可通过光栅或棱镜把四种颜色分开,也可用滤光片选取其中某一单色光.照明用的日光灯是一种低压汞灯,只是在管壁内涂上荧光粉,荧光物质能吸收汞发出的紫外线转为波长较长的可见光,不同的荧光粉可发出不同的光,也可复合使用.例如,市售的"节能灯"即是三基色荧光灯,显色性稍好一些.

汞蒸气压大于 1×10^6 Pa 的汞灯属高压汞灯,汞压高,被激发谱线更多,因此发光效率高,亮度也提高.GGQ50 型汞灯的构造见图 F2.1.24.

汞灯接通电源后,辅助电极与相邻主电极之间距离很近(2mm 左右),电极之间形成强电场,产生辉光放电,由此产生大量带电粒子在两个主电极的电场作用下发生弧光放电.管内汞全部蒸发为气体后,灯管进入正常发光.从启动预热到正常工作用 5~10min.断电后冷却

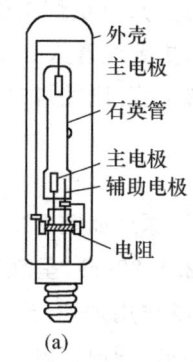

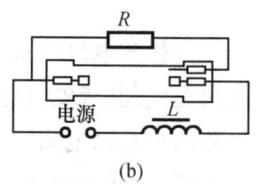

图 F2.1.24

也需 5~10min,然后再可重新点燃,因此不要随意开关汞灯.汞蒸气压超过 $2.5×10^6$Pa 的汞灯称为超高压汞灯,其灯管结构、特性又有所不同,可作为高亮度光源.汞灯中紫外线很强,肉眼长久注视会受损伤,应加以避免.

3) 钠灯

钠灯也有高、低压之分,其结构、原理及电路与汞灯都相似(图 F2.1.25).低压钠灯发出两条极强的黄色谱线,平均波长为 589.3nm.高压钠灯还会发射其他颜色的谱线,因发光效率高而广泛用于路灯.钠灯单色性强,作为单色光源可用于干涉实验,但作为照明光其显色性不佳.与汞灯一样,钠灯也不应轻易开关.

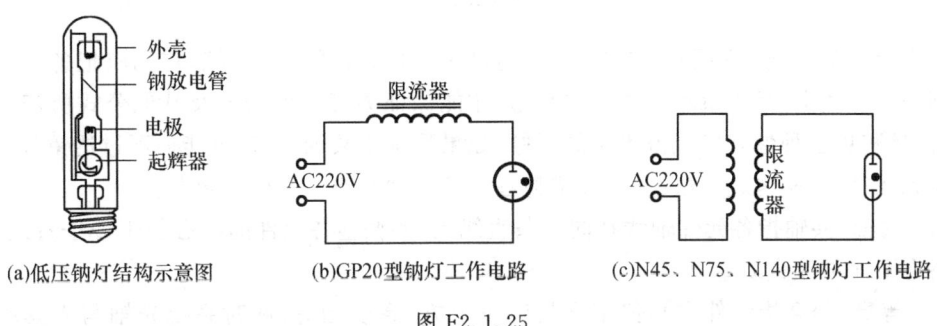

图 F2.1.25

气体放电光源还有氙灯、镉灯等.

3. 激光器

激光器发光机理是受激辐射,又具有谐振腔结构,因此所发的光单色性极好(相干性好),光束发散角小(因此方向性强),实验室用激光器的功率虽然不高,但功率密度高,因此极亮.它用于定向光源及相干光源.普通物理实验中常用的是氦氖激光器,其结构同图 F2.1.26.小型激光管的谐振腔反射镜就封固在装有氦、氖混合气体的放电管两端,称为内腔式.250mm 长的 He-Ne 激光器的功率约为 2mW.管长 1000mm 的氦氖激光器可输出 30mW,反射镜装在放电管之外,称为外腔式.例如,放电管窗口与管轴成布儒斯特角,发出的是线偏振光.

图 F2.1.26

激光器点燃后要过半小时后才能达到输出稳定,因此在实验中激光器也不可轻易开关.由于激光会聚后特别亮,严禁用肉眼直接迎面观看激光,这将导致眼睛视网膜损伤.也绝不准把激光射入别人的眼中.

F2.1.10 实验室常用光学仪器

普通物理实验中常用光学仪器有望远镜,移测显微镜,分光计,测微镜与光具座等.

1. 光具座

图 F2.1.27 所示是较为通用的 GP-78 型光具座示意图,导轨长 1.5m,有多个滑块支架,其中有几个可作横向调整.安放滑块时应注意读数窗口放在导轨上有刻度尺的一面.

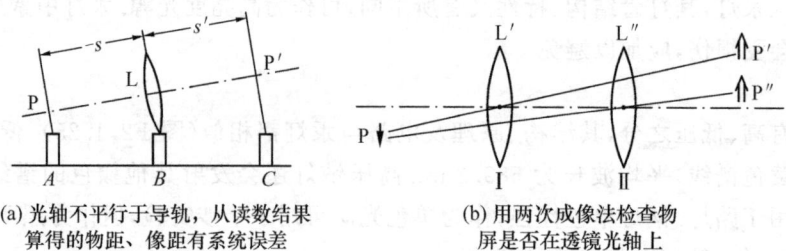

(a) 光轴不平行于导轨,从读数结果算得的物距、像距有系统误差

(b) 用两次成像法检查物屏是否在透镜光轴上

图 F2.1.27

在实验中常要把各种元件(包括物屏、透镜……)组合成光学系统,首先应把各元件主轴调整到一条直线上,且光束均处在旁轴状态,才能保证透镜成像公式及其他公式所需的旁轴近似,而且避免各种像差以获得优质的图像.如果严重不共轴,光速可能通不过透镜等元件的有限通光孔径,实验也就无法进行了.调整各元件主轴时要注意如下两点:

(1) 共轴.共轴指各元件轴线在同一条直线上,要调整各元件的中心位于一条直线,且各元件所在平面与该直线垂直.

(2) 等高.等高指元件中心位于光具座正上方,高度相等,此时系统光轴与光具座平行(要从侧面与上面两种方向加以检查),这样,在光具座上读取的位置、距离才是正确的,并且在移动光学元件时,其中心不会偏离系统的主轴.以图 F2.1.27 的相应实验为例,系统主轴如与光具座不平行,物距、像距与读数 AB、BC 就不相等了.不平行情况严重时,甚至会超过各滑块上插杆的高低调整范围和可调整滑块的横向调整范围.

调整好各元件的共轴等高,是所有光学实验中调整光路时的首要任务,必须很好掌握,并且每次实验开始时都要认真调整,一般可分粗调与细调两步进行.

粗调　先把物屏、像屏、透镜等元件安装在滑块上并在光具座上尽量靠拢,用眼睛观察,调整插杆高度,使各元件中心在导轨正上方并与之平行的同一条直线上.是否平行要从两个方向检查,并使各元件所在平面均与导轨垂直.

细调　细调须依靠成像规律.以图 F2.1.27 光路为例,使物屏像距离大于四倍焦距,移动透镜时可成两次像.如果已达到共轴等高要求,两次成像的中心部位会重合在像屏中央.如果两次成像不重合,就说明物屏的中心偏离光轴或者光轴与导轨不平行.透镜靠近物屏时成大像 P',其偏离像屏中心更远,此时调整物屏位置或透镜位置,效果较明显,调节 P 或 L 的高低、左右使 P' 位于像屏中心.再把 L 推到 Ⅱ 位,检查小像 P'' 是否在像屏中心,如不是,可改变像屏高低去凑 P''.如此反复调整,即可达到共轴等高.

在使用激光作光源时,调光路共轴时比较方便,具体可见实验 5.4.除了调光路共轴,在实验中还经常调聚焦或调平行光,均应与理论知识相结合来进行操作.

2. 测微目镜

测微目镜可装在各种显微镜、望远镜上测量中间(实)像的大小,也可单独使用.实验室常用的 MCU-15 型测微目镜由目镜组、分划板、读数鼓轮等部件组合而成.固定分划板上刻有毫米尺,格值 1mm,共 8mm,但有效测量范围为 6mm.鼓轮周边刻 100 格,每转一圈可动分划板移动 1mm,可动分划板上刻有准线(用于读毫米数)及叉丝(用于对准待测目标),因此鼓轮上每一分格相应于横向移动 0.01mm,应再估读到下一位,见图 F2.1.28.

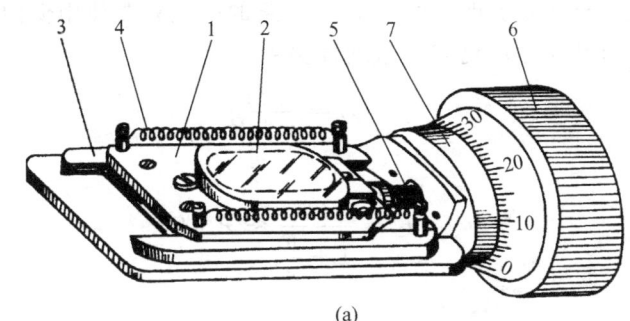

1.分划板框架；2.分划板；3.导轨；4.弹簧；5.丝杆；6.读数鼓轮；7.不动轮

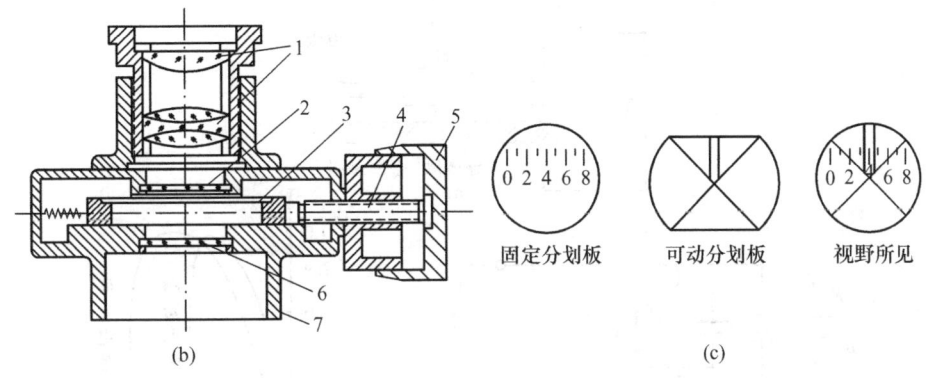

图 F2.1.28

测量前应先调节目镜,使叉丝与毫米尺(已由目镜放大)清晰可见;再调节待测像,使其既清晰又与叉丝无视差.让整个测微目镜绕自身光轴作转动,使待测长度方向与分划板标尺平行.为防止螺旋间隙造成的回程误差,每次测量应先退却稍许,再让鼓轮沿同一方向旋转,不得中途反向.万一旋过了头,必须退回几圈再依原方向旋转推进重新对准读数.但这很费时,应尽量避免.因此快到待测标志时宁可转得慢些,也别过头.其他凡是有螺旋读数装置的仪器.例如,移测显微镜都应遵循以上的调整步骤及读数规则.

关于分光计的构造及使用要点参见本书实验 3.28.

F2.1.11 光电探测器

光学实验中观察现象往往由肉眼担任,人眼非常灵敏,但光强的定量测定及图像的如实记录就要靠光电探测器及照相技术了.根据测量对象的特点,选用合适的光电探测器,须考虑探测器的光谱灵敏度、响应时间及线性响应的动态范围等特点.使用各种光电探测器前应对其进行测试,看是否稳定,上述指标是否合用.使用时可加用罩筒防止环境杂散光干扰,用减光板防止强光直接照射造成"疲劳".

1. 光电池

硒光电池的光谱响应与人眼特性很接近,直径 25mm 的硅光电池,积分灵敏度约为 $250\mu A/lm$,内阻 $10\sim50k\Omega$,适用于可见光.硅光电池可用于可见光到近红外光(波长 $400\sim1100nm$).响应时间一般在 $10^{-3}\sim10^{-5}s$.其结构见图 F2.1.29(a),等效电源见图 F2.1.29

(b). 光电池产生的光电流与入射光通量成线性关系(图 F2.1.29(c)),可视为恒流源,$i=F\cdot S$,F 为入射光通量,S 为积分灵敏度,进入外电路的电流只要使用低内阻电流计,尽管 F 在增强时有所降低,测得电流 i_2 仍与 F 成线性关系:

$$i_2 = \frac{FSr}{r+R}$$

当 $r \gg R$ 时,有

$$i_2 = \frac{FS}{1+\dfrac{R}{r}} \approx F \cdot S$$

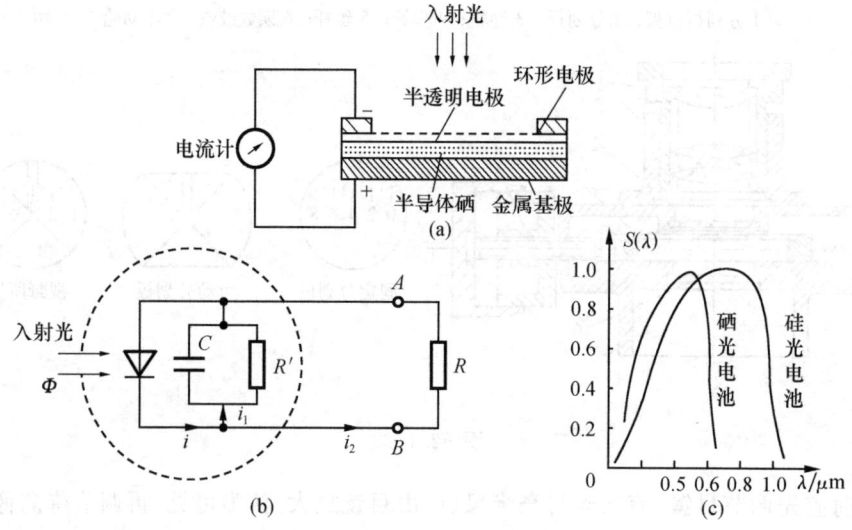

图 F2.1.29

表 F2.1.11 为光电池基本参数.

表 F2.1.11 为光电池基本参数

名 称	硒光电池	硅光电池
光谱响应范围/nm	可见光区(400~760)	500~1000
灵敏波长/nm	560	800
积分灵敏度	250~500μA/lm	0.2~0.5A/W
内阻/Ω	$10^3 \sim 5 \times 10^4$	$500 \sim 4 \times 10^3$

2. 光电管

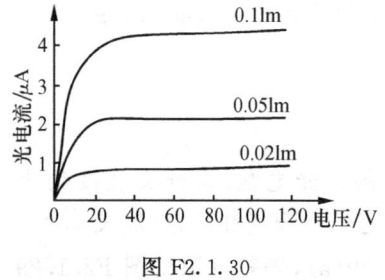

图 F2.1.30

频率大于一定值的光照射在光电管阴极后阴极表面产生光电子,光电流随阳极电压升高而增大,但会趋于饱和,特性曲线见图 F2.1.30,响应时间为 10^{-8} s. 如阴极材料逸出功为 W,则射入光子的能量 $h\nu > W$,红限波长 $\lambda_C = \dfrac{hc}{W}$,在 1eV 以下,相应 $\lambda_C < 1200$nm.

光电管内充入一定量惰性气体后能提高灵敏度,但响应时间会增加,线性范围也下降.另外,光电管内增加电极可看成光电倍增管,具有类似特性曲线,灵敏度更高.国产光电管特性见表 F2.1.12.

表 F2.1.12 国产真空光电管特性

型 号	GD-2A	GD-5	GD-6	GD-7
光阴极材料	Cs_3Sb	Cs_3Sb	AgOCs	$KNa_2Sb(Cs)$
光谱灵敏度范围/nm	400~600	185~600	600~1200	350~850
灵敏度峰值波长/nm	450±50	400±20	800±100	450±20
额定工作电压/V	150	30	30	100
最高工作电压/V	300	100	100	≤200
额定工作电压下灵敏度/$(\mu A \cdot lm^{-1})$	≥4.5	≥30	≥10	≥45
暗电流/A	1×10^{-8}	$\leq3\times10^{-11}$	$\leq8\times10^{-11}$	$\leq8\times10^{-10}$

3. 光导管(光敏电阻)

硫化镉、硒化镉等光导管受到光照后,电阻会变小,其伏安特性曲线及接入线路见图 F2.1.31(a)、(b).因此可以利用光导管来测量入射光强,也可用于光电控制电路.傻瓜照相机就用硫化镉作测光元件.光导管光谱响应在可见光范围,响应时间在 $10^{-1}\sim10^{-8}$ s.硫化镉光导管规格见表 F2.1.13.

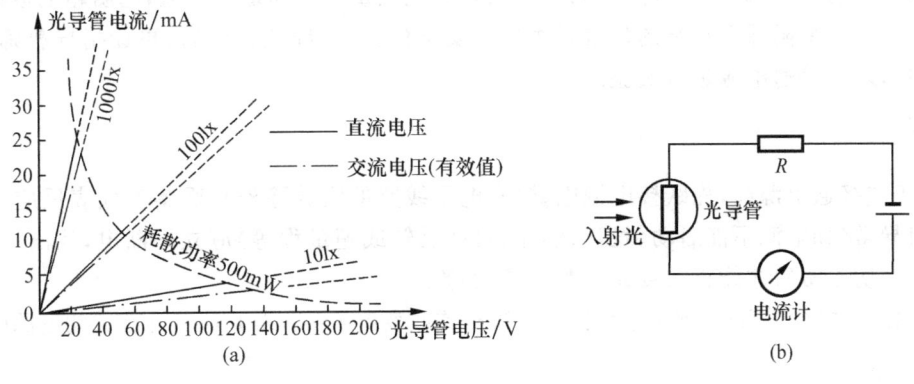

图 F2.1.31

表 F2.1.13 RG-GdS 型硫化镉光导管规格

型号	光电阻/Ω	暗电阻/Ω	光谱峰值波长/nm	时间常数/ms	耗散功率/mW	极限电压/V	光敏面/nm²
RG CdSA	$\leq5\times10^4$	$\geq1\times10^8$				≤100	
RG-CdSB	$\leq5\times10^4$	$\geq1\times10^8$	520	<50	<100	≤150	1~2
RG-CdSC	$\leq5\times10^4$	$\geq1\times10^9$				≤100	

附 2.2 实验基本操作规程

进行任何科学实验都必须遵循一定的原则,遵守相应的操作规程.一个训练有素的科学工作者进行实验一般遵循"先定性,后定量"的原则.实验过程中切不可盲目操作,急于求成,否则容易导致中途返工的结果.

在条件许可的情况下,定量测量之前,应先定性地观察实验变化的全过程,初步了解变化的规律,然后再着手定量测定.这样可使整个测量过程心中有数,合理分配测量间隔,避免盲目测量,使测量结果更加合理.为顺利、圆满地完成实验,必须遵守有关的操作规程.

F2.2.1 电磁学实验操作规程

1. 准备

进实验室前,要根据教材内容进行预习,包括熟悉实验原理、方法和电路图,准备好测量数据记录表格.进实验室后,首先要对照教材将实验仪器的规格、型号及数量核对清楚,如有疑问,应及时向指导教师提出.然后根据实验安全、便于操作和读数的原则,按照电路图布置好装置.

2. 按回路接线法连线

将线路图分解为若干回路,从电源正极开始,经过一个回路,回到电源负极.再从已接好的回路中某段分压的高电位点出发接下一回路,然后回到低电位点.这样一个回路、一个回路地接线称为回路接线法.还要注意,接线时不要接通电源.

3. 检查

电路接好以后,应对照电路图按回路逐一认真检查,电源电键是否断开,直流电表和电源的正负极接线是否正确无误,电表指针是否指零,电表量程选择是否合适,电阻箱的数值是否符合实验要求,变阻器滑动端的位置是否处于安全位置等.确认无误后,再让指导教师检查,经同意后,才能接通电源进行实验.

4. 通电

在正式接通电源前,先跃接电源电键(有电子线路的实验除外),观察各仪表反应是否正常,如有异常(如电源不能启动、发热、焦味、表针反转或超量程等)应立即断电,找出原因,排除故障,一切正常后才能正式接通电源,进行实验.

实验过程中如需暂停(如更改线路某一部分或改变电表量程等),应断开有关的电源电键.

5. 安全

无论电路中有无高压,要养成避免用手或身体接触电路中带电导体的习惯,以保证人身安全.在实验中要集中思想,注意电路中各仪器仪表的工作状态是否正常.一旦发现问题要及时处理,以免损坏仪器和设备.

6. 拆线、归整

实验完毕,先把电路中各仪器调到安全位置,然后断开电源电键.经指导教师检查实验数据后再拆线,拆线时应首先拆除电源接线,以免电源短路,再拆除其他线路.最后整理好仪器,并做好清洁工作.

F2.2.2 光学实验操作与仪器使用规程

1. 光学实验规程

(1) 准备.在实验前先要预习实验教材,理解实验原理,看懂仪器构造与调整要点,在预习报告上划好数据记录表格及光路图,认清光路图的组成.

(2) 布置光路与调整.小心揭去防尘罩布并叠好放在一边.把各光学元件按光路图布置好,然后根据要求进行调整.在进行调整的同时,必须把实验中看到现象与理论相参照,经过认真思考,作出正确的分析与对策.有一部分实验是在仪器上进行的,光路已固定其中,但进入仪器及从仪器出来的光路仍然需布置调整,或者仪器本身也往往必须调节好后才能正常工作,必须在详细了解仪器的基础上,以清晰的物理思想才能判断仪器处于什么状态并采用有效的方法去调好.每一步调整都可能分粗调、细调两步进行,并且常要反复调节,才能使光路达最佳状态.切忌不加思考地盲目调整、野蛮调整,那样不仅可能越调越乱,还会损坏仪器.

(3) 测量.在正式读数前应进行测试,如做偏振光实验时,就应考虑最大光强、最小光强对应的读数是否超过量程或者只占范围很小的一部分.又如,在迈克耳孙干涉仪上数条纹之前应预计到是否会遇到模糊区,然后再认真地读数、计数.有一部分实验不作定量测量,如全息、空间滤波,仍应对现象作认真观察并作记录.

(4) 归整.实验完毕后请指导教师检查数据或实验图像,然后再拆除光路,把所有元件、仪器归整好后盖上防尘罩.

总之,这些要求不仅能保证实验的顺利与成功,而且通过实验能增长才干、扩大收获,并有助于提高素质、培养正确的习惯与科学的作风.

2. 光学元件与仪器的使用维护

光学仪器的核心是其中的光学元件,多数是经过精细抛光的玻璃制品,有些还镀有光学薄膜起增透作用,这些元件的各种性能如平行度、折射率、反射率等都是符合严格标准的.如果使用、保护不当就会降低性能,更不能摔坏、污损、发霉以至于造成报废.因此对光学仪器与元件的使用与维护必须遵守下列规则:

(1) 必须在详细了解仪器的使用方法、注意事项与操作要求后才能使用仪器.

(2) 使用与移动元件或仪器时,应轻拿轻放,避免受震动,绝不能让其跌落.暂时不使用的应装入专用盒内并放在桌子里侧.

(3) 不准用手触摸任何元件的光学表面,尤其是镀膜面,在需要时只能触及其非光学面即磨砂面,如透镜、光栅的侧边,棱镜的上下底面等.镀膜面一旦染上指纹,很难处理,会造成发霉.

(4) 光学表面如有灰尘或轻微污痕,应向指导教师报告,并在教师指导下用橡皮吹气球吹去灰尘,用专门的擦镜纸轻轻擦去污痕,绝不可用手帕、衣服、普通纸去擦.如污痕较重,交给实验室用专备的脱脂棉沾乙醚、酒精擦洗.防止唾液或其他液体溅落在光学元件与仪器上.

(5) 光学实验在暗室中进行,应先熟悉各种仪器用具的位置及周围环境.在黑暗中摸索仪器时,手要贴着桌面移动,动作应轻缓,以免碰倒或带落仪器或元件.各种光源,如激光、白炽灯、照明用手电必须照在自己的范围内,不可照射其他同学的眼睛与仪器.

(6) 仪器与元件用毕后应放回专用箱、盒内或加防尘罩.长期不用的元件与胶卷要放在干燥器内,以防受潮发霉.未感光的胶卷、光谱干板、相纸应放在暗盒内,不得任意开启;原封的照相材料最好放在冰箱内,胶卷应存放在冷冻格内.

第 3 章　基本物理实验和提高性实验

实验 3.1　杨氏模量的测定(拉伸法)

【实验目的】

(1) 用拉伸法测金属丝的杨氏模量.
(2) 掌握光杠杆原理及其使用方法.
(3) 学会用逐差法处理数据.

【实验原理】

胡克定律指出,在弹性限度内弹性体的应变与其应力成正比,对线材拉伸而言,即为

$$\frac{F}{S} = E \cdot \frac{\delta}{l} \tag{3.1.1}$$

式中,比例系数 E 就是该线材的杨氏模量. 单位为 N/m^2,即帕.

为了测量杨氏模量,外力 F,金属丝原长 l,截面积 $S = \pi d^2/4$ 均容易测量,而一般线材的拉伸形变伸长量 δ 是个小量,不易直接测准,为此采用光杠杆法. 图 3.1.1 为杨氏模量测定仪及其示意图. 待测金属的上端 A 被固定于悬架,下端 B 固连一平台放置光杠杆的后脚. 当金属丝受拉力伸长少许 δ 时,光杠杆镜面便仰起小角 θ,从而望远镜中对准的标尺 θ 读数就会发生明显改变. δ 与 θ 及望远镜读数 A_i 的关系如图 3.1.2 所示,因为 θ 很小,有 $\tan\theta \approx \theta$,故而

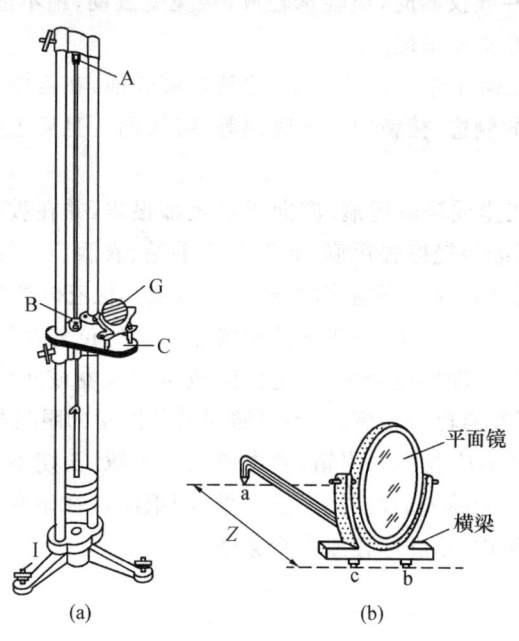

图 3.1.1

$$\frac{A_m - A_0}{D} = 2\theta \qquad (3.1.2)$$

$$\frac{\delta}{Z} = \theta \qquad (3.1.3)$$

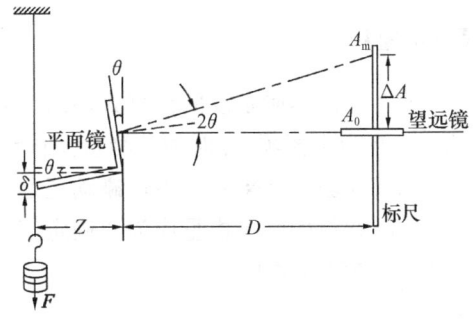

图 3.1.2

由以上两式得 $\delta = \frac{A_m - A_0}{2D} Z$. 式中 Z 为光杠杆顶点到镜的距离,D 为标尺到镜面的距离,因此 δ 便可精确测得,从而可得杨氏模量

$$E = \frac{8mglD}{\pi d^2 (A_m - A_0) Z} \qquad (3.1.4)$$

对其不确定度粗略估计,如果 l、D、Z 测量精度能优于 1%,d、ΔA 的测量精度约为 1%,则 E 的精度可控制在 5% 以内.

关于 D 的测量,传统的方法用米尺去直接测量,但这样做误差较大. 现用长春第一光学仪器厂生产的尺读望远镜,D 的测量可用公式

$$2D = |x_下 - x_上| \times 100 (\text{cm})$$

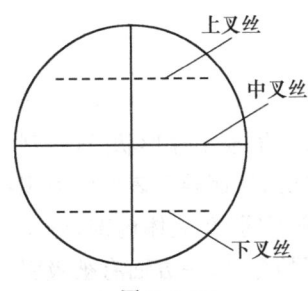

图 3.1.3

式中,$x_下$、$x_上$ 分别为望远镜筒中分划板的上叉丝和下叉丝相应的读数值,如图 3.1.3 所示,且以 cm 作单位,100 是尺常数,由厂家设计所为. 也可用

$$D = |x_下 - x_中| \times 100 (\text{cm})$$

或

$$D = |x_上 - x_中| \times 100 (\text{cm})$$

表示,$x_中$ 为中叉丝相应的读数值.

【仪器和用具】

杨氏模量测定仪,光杠杆与尺读望远镜,游标卡尺,螺旋测微计,米尺.

【实验内容】

(1) 长度测量. 单次测量 l(用米尺)、Z(用游标卡尺),多次测量 d(螺旋测微器,10 次).

(2) 系统调整,使仪器架垂直地面. 加初始砝码将线材拉直. 调节望远镜、光杠杆小镜、标尺三者成物-镜-像入射与反射关系(此时沿望远镜轴线向光杠杆小镜望去,应能看见标尺像). 稍调望远镜目镜,使其出现清晰的十字叉. 调物镜聚焦以出现标尺像(有时尚需适当配合微调望远镜方向).

(3) 分别测出望远镜筒中分划板的上叉丝和下叉丝的读数,求出 D.

(4) 读出 A_i 数据组. 逐个加砝码读出相应读数 $A_i'(i=0,1,\cdots,9)$,再逐个减砝码读出 A_i'',取其平均 A_i. 注意相应的 A_i' 与 A_i'' 是否相差过大.

(5) 逐差法计算 ΔA 以及相应的 E.

例如,$\Delta A = \frac{1}{5}[(A_5 - A_0) + (A_6 - A_1) + (A_7 - A_2) + (A_8 - A_3) + (A_9 - A_4)]$

(6) E 的不确定度的计算,并表示成 $E \pm u_{c,E}$.

可按下式计算 E 的标准不确定度 $u_{c,E}$:

$$u_{c,E} = E \left[\left(\frac{u_{c,l}}{l}\right)^2 + \left(\frac{u_{c,D}}{D}\right)^2 + \left(\frac{u_{c,Z}}{Z}\right)^2 + \left(\frac{2u_{c,d}}{d}\right)^2 + \left(\frac{u_{c,\Delta A}}{\Delta A}\right)^2 \right]^{\frac{1}{2}} \qquad (3.1.5)$$

【思考题】

(1) 导出不确定度的计算式(3.1.5).试区分其中 A 类及 B 类情况;试分析在实验中哪几项表现为主要项,并对你的测量操作情况进行自评.

(2) 实验中如果发生不慎碰动望远镜、光杠杆的情况,应如何处理?

(3) 线材的杨氏模量应为一确定值(如钢 $E \approx 2.0 \times 10^{11} \text{N/m}^2$).如果你的结果与其相差太大,则如何解释?

实验 3.2　液体表面张力系数的测定

【实验目的】

(1) 掌握用焦利秤测量微小力的原理和方法.

(2) 了解液体的表面性质,测定液体的表面张力系数.

【实验原理】

钢针、硬币等物能漂在洁净的水表面,清晨小草叶上的露水通常收缩成小球形状.这些现象显示,液体表面(液气交界面)好比一层紧绷的薄膜,有自然收缩趋势,从而导致表面张力现象.用分子论观点看,液体表面层分子所处的环境跟液体内部的分子不同.在液体内部,分子比较密集,且受周围分子的作用力的矢量和为零.而处于液体表面层的分子,一方面有被吸引入液体内部的趋势,另一方面因为处于一边是液态(水)一边是气态(空气)的环境,表面层内分子比较稀疏而微观相互吸引,宏观上就呈现出表面张力现象.

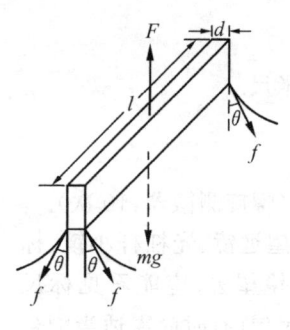

图 3.2.1

本实验用焦利秤测出金属线框上拉脱出水面时表面张力的贡献,从而测定水的表面张力系数.

在液体与固体接触处,若固体和液体分子间的吸引力大于液体分子间的吸引力,液体就会沿固体表面扩张,形成薄膜附着在固体上,这就是浸润;反之,若固体和液体分子间的吸引力小于液体分子间的吸引力,液体就不会沿固体表面扩张,不附着在固体上,这种现象称为不浸润.

将一表面洁净的金属薄片竖直地浸入液体,然后轻轻提起.由于水对金属片是浸润的,金属片将带起部分液体,液面呈弯曲状,如图 3.2.1 所示.由于液面收缩而产生的沿切线方向的力 f 为表面张力,角 θ 为接触角,金属片脱离液体前各力的平衡条件为

$$F = mg + f\cos\theta \tag{3.2.1}$$

式中,F 为向上的拉力,mg 为金属片的重量(严格来讲,还应包含金属片上黏附水的重量,只不过该重量远小于金属片的重量而被忽略),f 为表面张力. f 的值与接触面的周界长 $2(l+d)$ 成正比,即

$$f = 2\alpha(l+d) \tag{3.2.2}$$

式中,α 为液体的表面张力系数,为一与液体的种类、温度和它上方的气体种类成分有关的常数.温度增高,α 值减小;液体表面如混有杂质分子会明显影响 α 值,使之减小.

如果渐渐提起金属片,$\theta \to 0$,当 $\theta = 0$ 时,金属片受力平衡条件则为 $F = mg + f$,测出此刻

的上拉力 F,结合式(3.2.2)就有

$$\alpha = \frac{F - mg}{2(l+d)}$$

实验中用图 3.2.2 所示的金属线框架"⊓"代替薄金属片,使用焦耳称弹簧上拉金属线框并测量上述 $\theta=0$ 且受力平衡时的 F. 此时金属线框即将脱出水面而未脱出水面. 而如果所施加的上拉力稍大而使 $F \geqslant mg + f$ 则表面层液膜即刻破裂,线框所受力立即失去平衡.

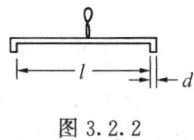

图 3.2.2

【仪器和用具】

焦利秤,砝码,金属线框,玻璃皿,待测液体,温度计,游标卡尺,千分尺等.

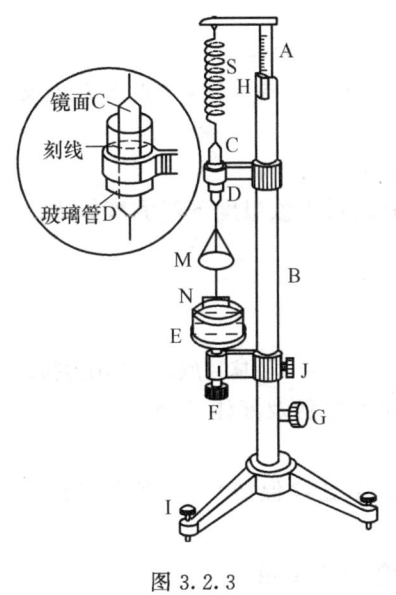

图 3.2.3

实验用的焦利秤装置如图 3.2.3 所示. 在三脚底座上直立着一根空心金属管 B,B 上附有游标 H. 管 B 内部装有一根可以上下移动的带毫米刻度的金属杆 A,杆 A 与 H 构成了游标尺. 杆 A 顶端的横梁上悬挂着一精细的塔形弹簧 S. S 下端挂一指标镜 C,镜面上刻有水平线. 指标镜 C 穿过半面涂黑的玻璃管(指标管)D,可在 D 中自由地上下移动. C 下方悬挂一铝质砝码盘 M,盘下再挂上用来测量表面张力系数的金属线框 N. 转动立杆升降旋钮 G,可使金属杆 A 上下移动,移动的距离可由游标尺上直接读出. 盛着待测液体的玻璃皿放在平台 E 上,调节螺杆 F 可使平台上下移动.

焦利秤实际上是一台精细的弹簧秤,常用于测量微小的力. 与普通弹簧秤不同之处在于后者是上端固定,加载后向下计伸长量,而焦利秤则是使下端固定,加载后向上计伸长量. 它使用时需始终保持指标管的横线及其在指标镜中的像与指标镜上的横线三者对齐(简称"三线对齐"),作为参考始端,以确保焦利秤下端固定.

实验时,先测出弹簧的劲度系数 k,再测挂上金属框架后弹簧伸长量读数(三线对齐)S_0,以及框架将脱未脱出液面瞬间(且又三线对齐)弹簧伸长量读数 S,α 即可算出.

$$f = F - mg = k(S - S_0) = k\Delta S$$

$$\alpha = \frac{F - mg}{2(l+d)} = \frac{k\Delta S}{2(l+d)} \tag{3.2.3}$$

【实验内容】

1. 测量弹簧的劲度系数

(1) 按图 3.2.3 挂好弹簧、指标镜和砝码盘,调节底脚螺丝使金属管 B 竖直,转动旋钮 G 使镜面刻线、指标管的水平线和指标管水平线在镜面中的像三者重合(即"三线对齐"),记下游标卡尺上的读数以下 L.

(2) 在砝码盘中逐次加入 1g 砝码,并每次调节到"三线对齐",分别记下相应的游标尺读数 L_i,直至合适重量(如 5 克). 然后再逐次取下 1g 砝码. 每次仍要调至"三线对齐",记下相

应的游标尺读数 L_i'.将各项数据填入自己设计的数据记录表格中,求出平均值 $\overline{L_0},\overline{L_i},\cdots$,用逐差法求出 k.

2. 测定液体的表面张力系数

(1) 将待测液体倒入洗净、干燥的玻璃皿中置于平台 E 上,用镊子夹住金属线框架在酒精灯火焰上烧至暗红色(或用棉球蘸酒精擦洗)以除去油污,然后挂于砝码盘下,转动升降螺旋 G,使"三线对齐",记下游标读数 S_0.

(2) 调节 F 将平台 E 缓缓升起,使"⊓"形金属线框浸入液体中然后一手调节 F 使平台 E 缓缓下降(因表面张力的作用弹簧伸长,小镜上刻线也随之下降);另一只手调节 G 使"三线对齐".再使平台下降一点,重复上述调节,直到"⊓"形线框脱出液面前始终保持"三线对齐",记下"⊓"形线框将脱未脱出液面瞬间游标尺上的读数 S.

(3) 重复上述步骤,共做 5 次.计算出 5 次弹簧的平均伸长 $\overline{\Delta S}=\overline{S}-\overline{S_0}$.

(4) 用游标卡尺和千分尺分别测量"⊓"形框架的边长 l 和直径 d 各 5 次,计算出 $\bar{l},\bar{d}$ 及 $\overline{l+d}$.

(5) 由式(3.2.3)求液体的表面张力系数 α,并求其不确定度 U_α.

(6) 记录实验前、后的室温,以其平均值作为液体温度,查表得出该温度下待测液体表面张力系数的公认值,与实测值相比较,求出百分误差.

【注意事项】

(1) 焦利秤中使用的塔形弹簧为精密零件,安装与使用应特别小心,轻拿轻放,切忌用力拉.

(2) 被测液体及所用器具要保持十分清洁,因此不可用手直接触及液体、砝码、"⊓"形框架、玻璃皿内壁等.

(3) 测定表面张力系数时一定要两手同时缓慢调节 F 和 G,始终保持"三线对齐"状态.可先练习几次,再进行正式测量.

(4) 测量过程中,指标镜应悬空在指标管中,不能与指标管发生接触.

【思考题】

(1) "三线对齐"指哪三条线?为什么要"三线对齐"才能读数?

(2) 如何测弹簧的劲度系数 k?

(3) 如何测量弹簧的伸长量 $S-S_0$?$F-mg$ 为何等于 $k(S-S_0)$?

【讨论题】

(1) 在用式(3.2.3)计算 α 时,未计拉脱框架时被框架提起的液体的重量,所算出的 α 是偏大还是偏小?能对此做出修正吗?

(2) 从液体中向上拉"⊓"形框架过程中,液体薄膜将要破裂时,弹簧的拉力与表面张力的关系是什么?若提升框架过快或过早读数,对实验结果有何影响?

实验 3.3　金属线胀系数的测定(光杠杆法)

【实验目的】

(1) 学习利用光杠杆装置,通过电加热方式来测量金属棒的线胀系数.

(2) 学习望远镜的调节和正确使用方法.

【实验原理】

1. 金属线胀系数的测量原理

固体的长度一般是温度的函数,在温度不太高的情况下,固体的长度 L 与温度 t 有如下关系:

$$L = L_0(1 + \alpha t + \beta t^2 + \cdots) \tag{3.3.1}$$

式中,L_0 为固体在 0℃时的长度,$\alpha, \beta, \cdots$ 是和被测材料有关的常数,都是很小的数值. β 以下各系数和 α 相比,在温度不太高时可忽略,则式(3.3.1)可写成

$$L = L_0(1 + \alpha t) \tag{3.3.2}$$

此处 α 就是通常所称的线胀系数,单位是℃$^{-1}$.

设物体在 t_1℃时的长度 L_1,温度升到 t_2℃时,其长度增加了 ΔL. 根据式(3.3.2)可得

$$L = L_0(1 + \alpha t_1)$$
$$L + \Delta L = L_0(1 + \alpha t_2)$$

从上两式消去 L_0,整理后可得

$$\alpha = \frac{\Delta L}{L(t_2 - t_1) - \Delta L \cdot t_1} \tag{3.3.3}$$

由于 $\Delta L \ll L$,故式(3.3.3)可近似为

$$\alpha = \frac{\Delta L}{L(t_2 - t_1)} \tag{3.3.4}$$

式中 L、t_1、t_2 都比较容易测量,但 ΔL 很小,一般长度测量仪器不易测准,本实验采用光杠杆的光放大法来对其进行测量.

2. 光杠杆的光放大原理

光杠杆测金属棒微小伸长的原理见本书实验3.1,当棒长 L(L 为温度 t_1 时的原长),伸长 Δl 时在小形变条件下有

$$\tan\theta \approx \theta = \frac{\Delta l}{Z} \tag{3.3.5}$$

式中,Z 为光杠杆的长度,它等于前足到后面两足连线的垂直距离,利用印在白纸上的三个足痕,通过几何作图法用米尺或游标卡尺量得.

$$\tan 2\theta \approx 2\theta = \frac{|x_{2,中} - x_{1,中}|}{D} = 2\frac{\Delta l}{Z} \tag{3.3.6}$$

式中,$x_{2,中}$、$x_{1,中}$ 分别为温度 t_1 和 t_2 时在望远镜中中央水平叉丝对应的读数,D 为光杠杆镜面到望远镜标尺之间的水平距离,可用米尺量,也可利用

$$|x_上 - x_下| \times 100 = 2D \tag{3.3.7}$$

求得. 式中,$x_上$,$x_下$ 为望远镜上、下叉丝对应的读数值(式3.1.3),且以 cm 为单位,100 为厂家设计好的尺常数.

将式(3.3.6)代入式(3.3.4),得

$$\alpha = \frac{K|x_2 - x_1|}{2DL(t_2 - t_1)} \tag{3.3.8}$$

只要测得 t_1 温度下(室温)对应中叉丝的读数 x_1 和 t_2 温度下(100℃左右)对应中叉丝的读数 x_2,又测得了 Z 和 L 及任一时刻对应的 $x_上$ 和 $x_下$[由式(3.3.7)可得 $2D$ 值],代入式(3.3.8),即得 α 值.

光杠杆的光放大倍数 A 为

$$A = \frac{|x_2 - x_1|}{\Delta l} = \frac{2D}{Z} \tag{3.3.9}$$

这就是光杠杆的光放大原理.

【仪器和用具】

金属线胀系数测定仪:包括电加热装置,加热电压为 95~200V,可用调节旋钮调节,顺时针旋为加大电压,反之为减小电压;尺读望远镜;光杠杆装置;温度计(量程 0~200℃).

望远镜的调节简介:

(1) 将望远镜的光轴尽可能与光杠杆平面镜的法线在同一水平面上,镜面尽可能处在垂直位置上.

(2) 将带有标尺的望远镜装置安置在离镜面 1.50~2.00m 处,先在镜筒外附近往镜面观看标尺像,若看不到像则可左右移动望远镜装置,或调节标尺的高低以及平面镜的方位,直到在镜筒外看到标尺像为止.

(3) 仔细调整望远镜的位置,使它对准镜中的标尺像.

(4) 使眼睛贴近目镜,调节目镜至能看清望远镜中的叉丝像为止.

(5) 调节调焦手轮,使标尺的像最清晰并且与十字横线间无视差(要求眼睛上、下观察时物像与叉丝无相对移动为止).

【实验内容】

(1) 用米尺测量棒的原长 L,用温度计记录初温 t_1(安装温度计时要小心).

(2) 调节好光杠杆,将三足痕 a、b、c 印在白纸上,用几何作图法得几何尺寸 Z;用米尺或游标卡尺量得 Z.

(3) 将光杠杆装置正确安置在仪器平台上,单脚 a 必须落在待测金属棒顶端.

(4) 将尺读望远镜装置置于加热装置前 1.50~2.00m 处,调节好望远镜,读 t_1 温度下的 $x_上$、$x_下$、$x_{1,中}$ 的读数,用 $x_{1,中} = x_1$ 表示,三叉丝读数 $x_上$、$x_下$、$x_{1,中}$ 分别为望远镜中分划板的上、下及中叉丝的读数.

(5) 通电加热,待 t_2 约为 100℃时读 $x_{2,中}$ 中叉丝的读数($h_{2,中}$ 用 $x_{2,中} = x_2$ 表示).

(6) 停止加热,将光杠杆和温度计取下,放在桌子中央.

(7) 将所得数据列表并计算 $\alpha \pm u_{c,\alpha}$. 式中 $u_{c,\alpha}$ 为线胀系数的标准不确定度.

$$\frac{u_{c,\alpha}}{\alpha} = \sqrt{\left(\frac{u_{c,L}}{L}\right)^2 + \left(\frac{u_{c,D}}{D}\right)^2 + \left(\frac{u_{c,z}}{z}\right)^2 + 4\left(\frac{u_{c,x}}{x_2 - x_1}\right)^2 + 4\left(\frac{u_{c,t}}{t_2 - t_1}\right)^2}$$

$$\approx 2\sqrt{\left(\frac{u_{c,x}}{x_2 - x_1}\right)^2 + \left(\frac{u_{c,t}}{t_2 - t_1}\right)^2}$$

式中，$u_{c,x}=\dfrac{0.05}{\sqrt{3}}\text{cm}$，$u_{c,t}=\dfrac{0.5}{\sqrt{3}}℃$.

【注意事项】

(1) 使用温度计时要轻拿轻放，以免打碎温度计.

(2) 光杠杆使用时，不要用手指与镜面相碰，拿放时要小心，防止它掉在地上，以免打碎镜子.

(3) 实验结束时，务必要切断电源，以防长时间通电损坏仪器.

(4) 望远镜一旦调节好后，望远镜装置、光杠杆装置和桌面保持不动，否则测试数据无效.

【思考题】

(1) 式(3.3.8)中 α 是如何获得的？它的适用条件是什么？

(2) 何谓光杠杆的光放大原理？本仪器的光放大倍数 A 为多少？

(3) 分析本实验产生误差的主要原因是什么？应采取什么措施方可减少实验误差？

(4) 在数据的测定中，有人采集了不同温度下 t_2 的各个对应中叉丝的读数 $x_{2,\text{中}}$（记 x_2）值（$\Delta t=t_{i+4}-t_i$ 相同）. 例如，有 8 组 (t_i, x_i) 的数据，并用逐差法计算该组数据对应式(3.3.8)中 $|x_2-x_1|/(t_2-t_1)$ 的平均值. 你认为这样做好，还是只测 (t_1, x_1) 和 (t_2, x_2) 两组数据好？为什么？

实验 3.4 用落球法测液体的黏度系数

在稳定流动的液体中，由于各层液体的流速不同，在互相接触的两层液体之间就有力的作用. 流速较快的一层使流速较慢的一层加速，流速较慢的一层使流速较快的一层减速. 两相邻液层间的这一作用力称为内摩擦力或黏滞力. 液体的这一性质称为黏滞性.

实验证明，黏滞力 f 的大小与所取液层的面积 s 和液层的速度空间变化率 $\dfrac{\mathrm{d}v}{\mathrm{d}x}$（常称为速度梯度）的乘积成正比，即

$$f=\eta s\dfrac{\mathrm{d}v}{\mathrm{d}x} \tag{3.4.1}$$

式中，比例系数 η 称为液体的内摩擦系数或黏度系数，单位是 Pa·s. 它由液体的性质和温度所决定，并且随着温度的升高而减小.

液体的黏度系数的测定在实际工作中有重大的意义，水利、热力工程中涉及水、石油、蒸汽、大气等流体在管道中长距离输送时的能量损耗；在机械工业中，各种润滑油的选择；化学上测定高分子物质的分子量；医学上分析血液的黏度等，都需要测定相应液体的黏度.

测定液体的黏度系数的常用方法有：落球法（又称斯托克斯法）、毛细管法、转筒法、干板法和振动法等，本书只介绍落球法.

【实验目的】

(1) 观察液体的黏滞现象.

(2) 学习用落球法测定液体的黏度系数.

【实验原理】

落球法是将小球放入液体中让其落下,以测定液体的黏度,此法适用于对黏度较大的液体的测量.

直径为 d、密度为 ρ_0 的小钢球,在密度 ρ、黏度为 η 的液体中以速率 v 落下,下落时小钢球将受到向上的阻力,这种阻力为黏滞力,它是由于黏附在小球表面的液层与邻近液层的摩擦而产生的,它不是小球与液体之间的摩擦阻力,当液体是无限广延的,小球的半径很小时,根据斯托克斯定律,小球受到的黏滞力为

$$f = 6\pi\eta\gamma v = 3\pi\eta dv$$

式中,η 为液体的黏度系数,d 为小球的直径,v 为小球的运动速度.

小球在液体中下落时,受到三个力的作用,即重力 $\rho_0 V g$、浮力 $\rho V g$ 及黏滞力 f 的作用,开始时,小球的速度较小,相应的黏滞力也较小,小球做加速运动,随着速度的增加,黏滞力也增加,最后三个力达到平衡,小球做匀速运动(此时的速度可称为收尾速度),即

$$\rho_0 V g - \rho V g - 3\pi\eta v d = 0$$

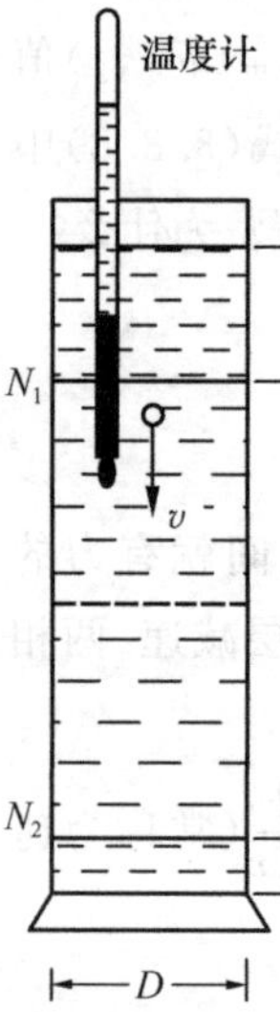

将小球体积 $V = \frac{1}{6}\pi d^3$ 代入上式,得

$$\eta = \frac{\rho_0 - \rho}{18 v} g d^2 \tag{3.4.2}$$

实际上,无限广延的条件在实验室里是无法实现的,实际测量时总是观测小球在内径为 D 的圆筒中匀速下落一段距离 $\overline{N_1 N_2}$ 所用的时间 t,算出收尾速度 $v = \frac{\overline{N_1 N_2}}{t}$ 再作有关修正,如图 3.4.1 所示,常用的方法有两种.

一是单管法,即当 $D \gg d$ 时,大量的实验表明,考虑管壁对小球运动的影响等因素,可采用下列修正公式来计算黏度系数:

$$\eta = \frac{(\rho_0 - \rho)g d^2}{18 v \left(1 + 2.4 \dfrac{d}{D}\right)} = \frac{(\rho_0 - \rho)g d^2 t}{18 \overline{N_1 N_2}\left(1 + 2.4 \dfrac{d}{D}\right)} \tag{3.4.3}$$

图 3.4.1

二是多管法,依次测出同一小球经过一组不同内径的圆筒中同样距离 $\overline{N_1 N_2}$ 所用的时间 t,再作 (d/D)-t 曲线,对大量的实验数据进行线性拟合可发现,该曲线为一直线,延长该直线与纵轴(t 轴)相交,其截距 t_0 就是 $D \to \infty$ 时,在无限广延的液体中小球匀速下落通过 $\overline{N_1 N_2}$ 所用的时间,测出 d、D、$\overline{N_1 N_2}$、ρ(ρ_0 和 g 由实验室给出),算出 $v = \frac{\overline{N_1 N_2}}{t_0}$ 代入式(3.4.2)就可算出黏度系数 η.

实际测量小球在待测液体中匀速下落一段距离所用的时间 t,可选用 ND-1 型液体黏度系数测定仪直接用秒表记录,如图 3.4.1 所示;或选用 VM-1 型黏度系数测定仪,采用激光光电计时器测定,其工作原理如图 3.4.2 所示.在玻璃量筒外 A 和 B 处放置半导体激光发射器,它们发射的激光束沿着量筒的直径方向透过液体,到达 A' 和 B' 处的激光接收器,若接收器接收到了激光束,其上的发光二极管熄灭,否则处于发光状态,需要调整接收装置.小球下落经过 AA' 时,将阻断激光束,这时计时器开始计时;小球下落经过 BB' 时又将阻断激光束,这时计时器计时停止.计时器显示的时间即为下落 AB 路程的时间.

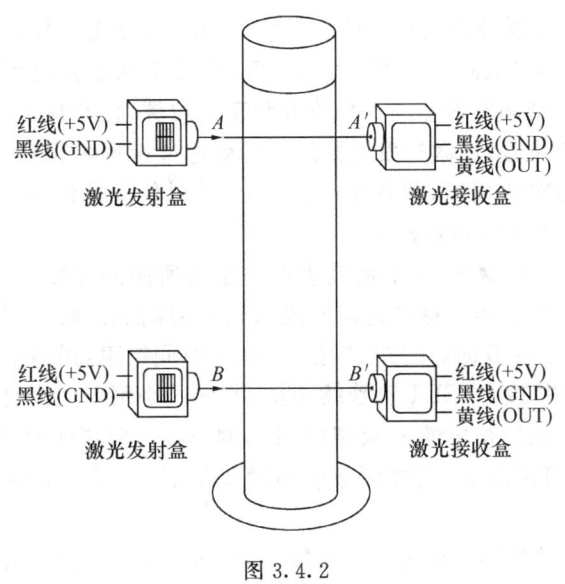

图 3.4.2

【仪器和用具】

ND-1 型液体黏度系数仪(或 VM-1 型黏度系数测定仪)(盛待测甘油、润滑油或蓖麻油),读数显微镜,小钢球,秒表,钢卷尺,游标卡尺,螺旋测微计,镊子,密度计,水银温度计.

【实验内容】

(1) 调节黏度系数仪的底板至水平,以保证玻璃圆筒中心轴线处于铅直状态.

(2) 用螺旋测微计或读数显微镜测出 6 个小钢球的直径 d_i 各 5 次(从不同方向测量),求出 $\overline{d_i}$,并将 6 个小钢球编号待用.

(3) 用游标卡尺从不同位置分别测量 6 只玻璃圆筒的内径 D_i 各 5 次.

(4) 用钢卷尺量出圆筒上 N_1、N_2 两刻度线间的距离 $\overline{N_1N_2}$.用密度计测出被测液体的密度 ρ.

1. 多管法

(5) 用镊子夹起 $1^\#$ 小钢球,细心地放入第 1 只玻璃圆筒上口的中心处,用秒表记录小球通过 $\overline{N_1N_2}$ 所用的时间 t_1;用磁铁将小球从管中沿筒壁吸出,再依次测出该小球通过各筒中 $\overline{N_1N_2}$ 所用的时间 t_2、t_3、t_4、t_5 和 t_6,记下油温 T.

(6) 作 (d/D)-t 曲线,在图上求出 t 轴截距 t_0,算出 $v = \dfrac{\overline{N_1N_2}}{t}$,将有关数据代入式(3.4.2),即可求出采用多管法测得的黏度系数.

2. 单管法

ND-1 型液体黏度系数仪:

(7) 再将 $2^\# \sim 6^\#$ 小钢球先后在内径最大的 $1^\#$ 玻璃圆筒中心处落下,分别测出各小球经过 $\overline{N_1N_2}$ 所用的时间 t_i,记录油温 T.

VM-1 型黏度系数测定仪:

(8) 把两个激光发射器分别放在量筒标号线 A、B 处,激光接收器放在 A' 和 B' 处,使一小球(先用没量直径的小球试测)沿量筒轴线下落.观察小球能否阻断 AA' 和 BB' 处的激光束,若没有阻断激光束,则调发射器的水平位置和垂直位置,使小球能阻断激光束.再调节接收器的水平位置和垂直位置,使激光发射器的激光束透过量筒内的液体后到达激光接收器.

(9) 调节计时器的次数预置,预置在一次.一旦计时仪开始计时,次数预置改变无效,需按 RESET 键复位后才能改变预置次数.

(10) 用镊子夹起 $1^\#$ 小钢球,为了使其表面完全被所测的油浸润,先将小球在油中浸一下,然后放在玻璃圆筒中央,当小球经过标号线 A 时,小球挡光,使半导体激光器自动开始记录时间,当小球经过标号线 B 时,小球再次挡光,记录时间结束,得测量结果 t_1.

(11) 重复(10)步骤,按 RESET 键连续测量 $2^\# \sim 6^\#$ 小钢球下落时间 $t_2 \sim t_6$.

(12) 将 $1^\# \sim 6^\#$ 小钢球相应的 t_i 及圆筒($1^\#$,对 ND-1 型液体黏度系数仪而言)内径 $\overline{D_1}$ 分别代入式(3.4.3)中可求出 η_i.若被测液体温度变化不大,可求出该温度下的 $\overline{\eta}$,并计算其不确定度.

(13) 将多管法、单管法测出的 η 作一比较,并与同温度下 η 的标准值相对照,分析、讨论误差.表 3.4.1 为一定温度时,蓖麻油黏度系数的标准值.

表 3.4.1 蓖麻油黏度系数与温度的关系

$T/℃$	$\eta/(Pa \cdot s)$	$T/℃$	$\eta/(Pa \cdot s)$	$T/℃$	$\eta/(Pa \cdot s)$	$T/℃$	$\eta/(Pa \cdot s)$	$T/℃$	$\eta/(Pa \cdot s)$
4.50	4.00	13.00	1.87	18.00	1.17	23.00	0.75	30.00	0.45
6.00	3.46	13.50	1.79	18.50	1.13	23.50	0.71	31.00	0.42
7.50	3.03	14.00	1.71	19.00	1.08	24.00	0.69	32.00	0.40
9.50	2.53	14.50	1.63	19.50	1.04	24.50	0.64	33.50	0.35
10.00	2.41	15.00	1.56	20.00	0.99	25.00	0.60	35.50	0.30
10.50	2.32	15.50	1.49	20.50	0.94	25.50	0.58	39.00	0.25
11.00	2.23	16.00	1.40	21.00	0.90	26.00	0.57	42.00	0.20
11.50	2.14	16.50	1.34	21.50	0.86	27.00	0.53	45.00	0.15
12.00	2.05	17.00	1.27	22.00	0.83	28.00	0.49	48.00	0.10
12.50	1.97	17.50	1.23	22.50	0.79	29.00	0.47	50.00	0.06

(14) 分别写出各测量结果不确定度表示式.即

$$d_i = \overline{d_i} \pm u_{c,d_i} \text{(mm)} \qquad D_i = \overline{D_i} \pm u_{c,D_i} \text{(mm)}$$

$$t = t_{测} \pm u_{j,t_{测}} \text{(s)} \qquad \overline{N_1 N_2} = \overline{N_1 N_{2测}} \pm u_{j,\overline{N_1 N_{2测}}} \text{(mm)}$$

$$\rho = \rho_{测} \pm u_{c,\rho} \text{(g/cm}^3\text{)}$$

【注意事项】

(1) 油必须无气泡并且静止;

(2) 小球放入圆筒之前,必须先用干净的纱布或软纸揉搓其表面,使其洁净,并将夹小球的镊子擦拭干净,注意使小球沿玻璃圆筒的中心轴线垂直下落;

(3) 小球下落时应轻而稳,不要使小球上附着气泡;

(4) 观察小球通过 N_1、N_2 位置时,眼睛应与小球处于水平位置;

(5) 使用激光光电计时器时,务必避免激光束直射眼睛.

【思考题】

(1) 在一定的液体中,若减小小球直径,它下落的收尾速度怎样变化?减小小球密度呢?

(2) 若实验中未给出 N_1、N_2 两标号线的位置,怎样确定小球在圆筒中央匀速下落的范围及标出 N_1、N_2 两标号线的位置?

实验 3.5　空气密度的测定

【实验目的】

(1) 测定实验室空气的密度.
(2) 掌握分析天平的使用方法.
(3) 学会使用机械真空泵、气压计、干湿球湿度计.

【实验原理】

1. 测实验室空气密度

设定容瓶抽成近似真空后的质量为 m_1,装入实验室空气后的质量为 m_2,则 m_2-m_1 就是定容瓶中空气的质量. 若将定容瓶装满水后称得的质量为 m_3,则定容瓶的容积 $V=(m_3-m_1)/\rho_水$ ($\rho_水$ 为水的密度). 根据密度的定义,于是实验室空气密度为

$$\rho = \rho_水 \frac{m_2-m_1}{m_3-m_1}$$

当定容瓶的容积 V 已给出时,实验室的空气密度为

$$\rho = \frac{m_2-m_1}{V} \tag{3.5.1}$$

一定质量的气体其体积与压强、温度有关,在不同的实验条件下,一定质量的气体的密度各不相同. 空气中含有水蒸气,实验室里的空气是干燥空气与水蒸气的混合气体. 用式(3.5.1)所测得的空气密度是在实验室当时的压强、温度、湿度条件下的空气密度.

2. 测标准状况下干燥空气的密度

设空气样品中干燥空气和水蒸气的密度、分压强及摩尔质量分别为 ρ_a、ρ_w、p_a、p_w、M_a、M_w. 视空气及水蒸气为理想气体,在开氏(绝对)温度为 T 时,由理想气体的状态方程式有

$$\rho_a = \frac{p_a M_a}{RT}, \quad \rho_w = \frac{p_w M_w}{RT} \tag{3.5.2}$$

式中,R 为普适气体恒量. 用式(3.5.1)测得的空气密度应为

$$\rho = \rho_a + \rho_w = \rho_a \left(1 + \frac{M_w p_w}{M_a p_a}\right)$$

于是可以得到干燥空气的密度为

$$\rho_a = \rho \left(1 + \frac{M_w p_w}{M_a p_a}\right)^{-1}$$

在室温下,水蒸气的分压强通常只相当于几个毫米水银柱产生的压强,故 $p_w \ll p_a$,取一级近似,而 $M_w = 18.2 \text{g/mol}$,$M_a = 28.98 \text{g/mol}$,$\frac{M_w}{M_a} = \frac{5}{8}$,有

$$\rho_a = \rho \left(1 - \frac{5 p_w}{8 p_a}\right) \tag{3.5.3}$$

从气压计测得的空气压强应是

$$p = p_a + p_w = p_a\left(1 + \frac{p_w}{p_a}\right)$$

干燥空气的压强

$$p_a = p\left(1 + \frac{p_w}{p_a}\right)^{-1}$$

由此可得

$$p_a = p\left(1 - \frac{p_w}{p_a}\right) \tag{3.5.4}$$

在标准状态下,设干燥空气的密度为 ρ_0,则

$$\rho_0 = \frac{p_0 M_a}{R T_0}$$

与式(3.5.2)相比可得到

$$\rho_0 = \frac{p_0 T}{p_a T_0}\rho_a$$

将式(3.5.3)、式(3.5.4)和 $T = T_0(1+at)$ 代入上式,有

$$\rho_0 = \rho\left(1 - \frac{5p_w}{8p_a}\right)\left(1 - \frac{p_w}{p_a}\right)^{-1}\frac{p_0}{p}(1+at)$$

由于 $\frac{p_w}{p_a} \ll 1$,取一级近似后,得

$$\rho_0 = \rho\left[1 + \frac{3p_w}{8(p - p_w)}\right]\frac{p_0}{p}(1+at) \tag{3.5.5}$$

式中,$a = (1/273.151)/℃$,t 为摄氏温度,p_0 为标准大气压,p_w 为实验室空气中所含水蒸气的分压强,它等于该温度下的饱和蒸汽压乘以当时空气的相对湿度(可查表计算得到).

【仪器和用具】

真空系统,定容瓶,火花检漏器,物理天平,分析天平,福廷式气压计,干湿球湿度计等.

1. 真空系统

真空系统示意图如图 3.5.1 所示,A 为机械真空泵,B 为定容瓶,C 为真空计,1、2、3、4 为真空阀门.抽气时,关闭阀门 4,开通阀门 1、2、3 开动机械泵,就可以对定容瓶抽气,系统真空度可由真空计测出.抽至极限真空时,关闭阀门 1,由检漏器检验定容瓶是否漏气.然后关闭机械泵,打开阀门 4.

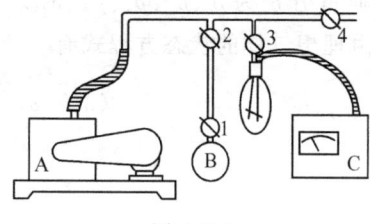

图 3.5.1

2. 定容瓶

本实验所用的定容瓶是一个装有真空阀门的玻璃泡,可接在真空系统上抽气.定容瓶的容积 V 由实验室给出.

【实验内容】

(1) 取一定容瓶,在真空阀门上涂上一些真空油脂后接在真空系统上,将定容瓶抽至极限真空.

(2) 在天平上称出被抽成真空的定容瓶的质量 m_1,然后缓慢打开定容瓶上的真空阀门,放入空气,称出质量 m_2.

(3) 记下定容瓶的容积 V,读出大气压强 p 和实验室温度 t 与干湿球湿度计的温度差.

(4) 由式(3.5.1)计算出空气密度 ρ,由表查出室温下饱和蒸气压及相对湿度,计算出蒸气压 p_w. 由式(3.5.5)算出在标准状态下干燥空气的密度 ρ_0.

(5) 计算测量的准确度.标准状态下空气密度的公认值为 $1.293 \times 10^{-3}\text{g/cm}^3$.

【注意事项】

(1) 要遵守真空系统的操作步骤,防止泵油倒灌.

(2) 注意不要用手握定容瓶体.

(3) 在称衡质量时,先在物理天平上称得粗略值,然后再在分析天平上称衡.

【思考题】

(1) 真空系统在使用中要注意哪些问题？为什么？

(2) 如果实验室不给出定容瓶的容积,应如何测量？

(3) 如何测定式(3.5.5)中的 p_w?

【附】

分析天平简介

分析天平一般可称准到 $\dfrac{1}{10\,000}$g 或 $\dfrac{2}{10\,000}$g,有摆动式、空气阻尼式和电光式三种. 这里仅介绍 TG-328B 型电光分析天平.

1. 构造

TG-328B 型电光分析天平结构如图 3.5.2 所示,其构造原理与物理天平基本相似,结构更精细复杂. 与物理天平的区别是分析天平有空气阻尼器、机械加码器和光学投影装置.

1) 空气阻尼器

在天平两秤盘上方各装一固定于支柱上的金属外筒,悬挂在天平吊环上的金属内筒,筒口向下套于外筒中,两筒壁间保留一定空隙,当横梁摆动时二者不会产生摩擦. 当秤盘下降时,相应的内筒也随之下降,压缩两筒间的空气,被排出的空气必须通过两筒壁间的狭小缝隙及外筒底部的小孔,流泻较慢,从而使横梁的摆动受到阻尼,很快停止不动,便于迅速读数.

2) 机械加码器

在天平柜外右上侧装有读数范围在 10~990mg 兼作加码操作旋钮的读数装置.它可带动柜

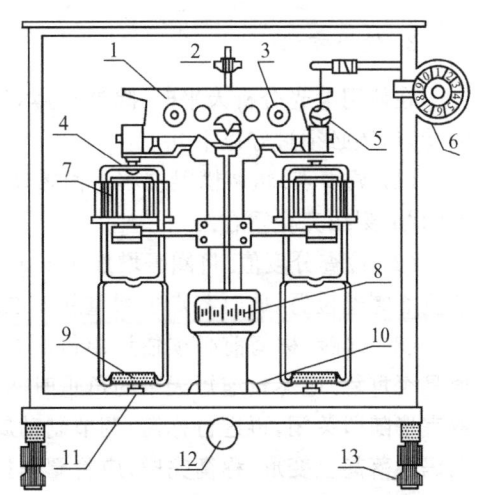

1.横梁;2.重心螺丝;3.平衡螺丝;4.挂钩;
5.游码组;6.机械加码装置;7.阻尼筒上盖;
8.读数投影屏;9.秤盘;10.照明器;11.秤盘托架;
12.起动执手;13.避震垫

图 3.5.2

内右上侧1g以下的圈码8个,如图3.5.3所示,转动机械加码操作旋钮时,相应的圈码组自动加在横梁上.圈码分前后两组,当转动旋钮的外盘时,加前组圈码,转动内盘时,加后组圈码.

3) 光学读数装置

读数范围为10mg以下,光路如图3.5.4所示.在指针下部有透明微量标尺,光源发出的光经聚光镜、微量标尺、放大镜等可把微量标尺刻线投影到观察屏上.观察屏中央有一条读数准线,用以指示读数.微量标尺中央刻线为零点,两边各有100个分格,每1格代表0.1mg,所以天平感量为0.1mg/div.

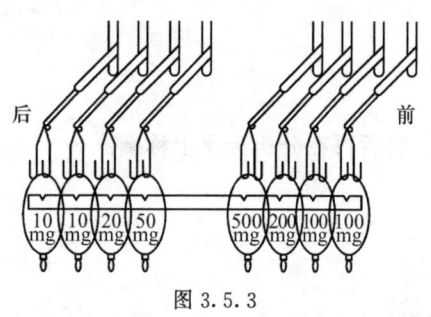

图 3.5.3

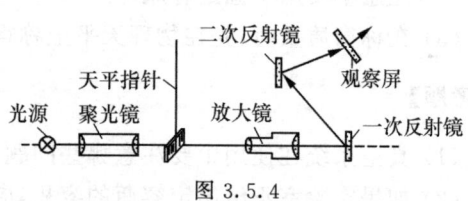

图 3.5.4

2. 读数方法

用电光分析天平称衡物体时,1g以上的整数由盘内砝码值读出,1g以下的小数部分则由加码旋钮盘的示值(mg横线上方小扇形域内的数字)和观察屏上的示值读出.例如,称衡某物体时,得如图3.5.5所示的示值(砝码为6g,加码旋钮盘示值为0.810g,观察屏示值为0.03mg),则该物体的质量为:砝码示值+加码旋钮盘示值+观察屏示值=6.810 03g.值得注意的是观察屏上的示值有正负值之分.

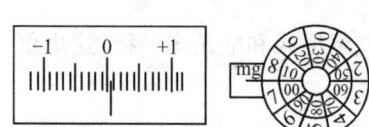

图 3.5.5

3. 使用方法

在使用电光分析天平时,除严格遵守物理天平的操作规则和注意事项外,根据分析天平的特点,还必须遵守以下几点:

(1) 调零点.粗调横梁左右平衡螺丝;细调底盘下方的拨杆,直到观察屏上准线与微量标尺的"0"刻线完全重合.

(2) 检查分度值.将圈码增加10mg,以核对是否与观察屏上示值相符,若相差较多,应调节重心螺丝位置,此时零点也须重新校准.

(3) 称衡.称衡前必须估计出待测物体的近似质量.称衡时,至少两次启动天平,观察示值是否重复.应尽量缩短天平的负重时间.加取砝码和待测物体时,只允许打开柜子侧门,加取完毕随即关闭,再进行称衡.调节制动旋动器旋钮、机械加码器等,动作均须轻缓,否则易使圈码跳落甚至变形.称衡完毕,应将圈码指示旋钮拔至零位.

实验3.6 耦合摆的研究

【实验目的】

(1) 观察弹簧传递能量的过程和拍的现象.

(2) 测定耦合系统的支频率、耦合摆的角正频率.

【实验原理】

实验装置如图 3.6.1.

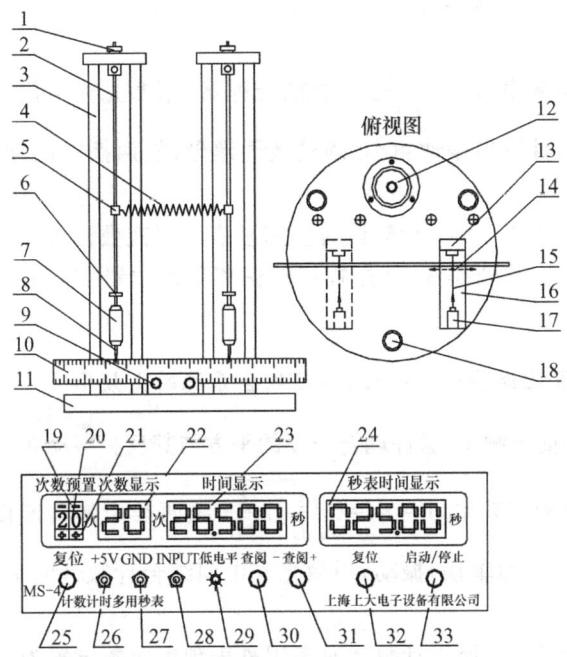

1. 摆杆固定和调整螺母；2. 摆杆；3. 立柱；4. 耦合弹簧；5. 耦合位置调节环；6. 振动频率微调螺母；7. 摆锤；8. 振幅指针兼计数计时挡杆；9. 水平尺固定架；10. 振幅测量直尺；11. 底盘；12. 气泡式水准仪；13. 激光光电门接收部件；14. 振幅指针振动轨迹线；15. 可见红色激光束；16. 激光光电门支架；17. 激光发射部件；18. 仪器水平调整旋钮；19. 次数预置－1按钮；20. 预置次数显示；21. 次数预置+1按钮；22. 计数次数显示窗；23. 相应次数的计时显示窗；24. 秒表显示窗；25. 计数计时复位按钮；26. +5V接线柱；27. GND(公共地)接线柱；28. 计数计时信号输入接线柱；29. 输入信号低电平指示；30. 次数－1相应时间查阅按钮；31. 次数+1相应时间查阅按钮；32. 秒表时间复位按钮；33. 秒表计时开始/停止按钮

图 3.6.1

(1) 设一单摆，摆长为 L，则固有圆频率 $\omega_0 = \sqrt{\dfrac{g}{L}}$，式中 g 为重力加速度.

(2) 将两个完全相同的单摆通过一根弹簧耦合组成耦合摆，如果一个摆固定，另一个摆振动的频率叫做支频率，支频率 $\omega = \sqrt{\dfrac{g}{L} + \dfrac{k}{m}}$，式中 k 为弹簧的偏强系数，m 为单摆有效质量. 通过调整使固有圆频率相等后组成的耦合摆，其两个支频率相等，$\omega_1 = \omega_2$.

(3) 实际上耦合系统的振动方式比较复杂，取决于初始条件. 然后存在两种特有的振动方式，一种是两摆往同方向从平衡位置移开相等的距离引起的振动，即同相振动.

(4) 另一种是两摆从平衡位置往相反方向移开相等距离引起的振动，即反相振动.

(5) 反相振动和同相振动称作简正振动，其频率称为简正频率. 反相振动时，其简正频率为 $\omega_1 = \sqrt{\dfrac{g}{L} + \dfrac{2k}{m}}$；同相振动时，其简正频率为 $\omega_2 = \sqrt{\dfrac{g}{L}}$（同固有频率）.

(6) 在一般情况下，耦合系统的振动是这两个简正振动的组合，振动表现出拍振的性质，

拍振频率 $\omega = \omega_1 - \omega_2$ 两个摆相继地发生振幅周期性增大和减小,能量在两个摆之间来回交替传递.

【实验内容】

1. 测定单个摆的固有振动频率、调整使两摆的振动频率(或周期)相同

测单个摆的固有圆频率,$\omega_0 = \sqrt{\dfrac{g}{L}}$.不加耦合弹簧,用激光光电门结合计数计时毫秒仪,测出10个周期的时间,计算出振动频率.调整微调螺母,使两摆在同样起始振幅下的振动周期相同.其误差<1%.

实验时计时周期数为10,所以计数计时多用秒表预置次数设置为20,振幅指针经过平衡位置20次,用手水平方向移开摆锤,使振幅指针偏离平衡位置25mm后放开.实验测量周期记作 T_0、振动频率记作 f_0.

2. 在不同摆杆位置用弹簧耦合连接,测定耦合系统的支频率

测定耦合摆的两个简正频率;验证耦合长度的平方与其反相振动频率的平方成线性关系.

(1)测定耦合系统的支频率 $\omega_1 = \omega_2 = \sqrt{\dfrac{g}{L} + \dfrac{k}{m}}$.将两摆用弹簧连接起来,用手固定单摆1(左面单摆),使单摆2(右面单摆)振动,用激光光电门结合计数计时毫秒仪,测出10个周期的时间,计算出振动频率.

实验时计时周期数为10,所以计数计时多用秒表预置次数设置为20,振幅指针经过平衡位置20次,用手水平方向移开摆锤,使振幅指针偏离平衡位置25mm后放开.在耦合长度分别为20cm,25cm,30cm,35cm,40cm时,实验测量支频率记作 f_1 和 f_2.耦合长度是指耦合点到摆杆转动轴心的距离,记作 L.

(2)测定耦合摆的简正频率 $\omega_2 = \sqrt{\dfrac{g}{L}}$(与自由振动的单摆固有频率相同).把两个摆往相同的方向,从平衡位置移开相等距离,使振幅指针偏离平衡位置25mm后放开,用激光光电门结合计数计时多用秒表,测出10个周期振动时间,计算振动频率.实验时计时周期数为10,计数计时预置次数设置为20,振幅指针经过平衡位置20次,在耦合长度分别为20cm、25cm、30cm、35cm、40cm时,实验测量简正频率,记作 f_2.

(3)测定耦合摆的简正频率 $\omega_1 = \sqrt{\dfrac{g}{L} + \dfrac{2k}{m}}$,把两个摆从平衡位置对称地往相反方向拉开,即作反相振动,在两摆振幅指针偏离平衡位置25mm后放开,用激光光电门结合计数计时多用秒表,测出10个周期的时间,计算出振动频率.实验时计时周期数为10,计数计时多用秒表预置次数设置为20,振幅指针经过平衡位置20次,在耦合长度分别为20cm、25cm、30cm、35cm、40cm时,实验测量简正频率,记作 f_1.

由上述数据作 f_1^2-L^2 图,说明反相振动频率的平方与耦合长度的平方其成线性关系.

3. 用弹簧耦合,测定在不同耦合长度时,耦合长度的平方与拍频成线性关系

(1)观察拍振,测出拍振频率,握住左摆不动,拉开右摆20mm,然后同时释放两摆,观察

两摆的振动情况,可以看到左摆相位总是落于右摆.振动的能量从右边的摆逐渐转移到左边的摆,然后又从左边的摆逐渐返还到右边的摆,此时相位也产生变换,右摆的位相又落后于左边的摆.如此周期性的进行,可以明显地看到每个摆的振动都具有拍的特征.

(2) 用计数计时多用秒表测出拍振周期,即测出一个摆相邻两次摆动中止的时间间隔,从而算出拍振频率. 实验证明 $f = f_1 - f_2$, 实验时,用左手固定单摆1摆锤(即左摆),右手沿水平方向移开单摆2摆锤(即右摆),使振幅指针偏离平衡位置25mm后两手松开. 在耦合长度分别为20cm、25cm、30cm、35cm、40cm时,实验测量拍振周期 $T_拍$.

由上述数据作 $f_拍$-L^2 图,说明拍频与耦合长度的平方成线性关系.

实验3.7 扭摆法测定物体的转动惯量

【实验目的】

(1) 学会用扭摆法测定物体的转动惯量.
(2) 验证平行轴定理.

【实验原理】

转动惯量是描述物体转动惯性的量度. 它不仅与物体的质量有关,还与转轴位置和质量分布有关.

扭摆仪装置见图3.7.1. 基底转盘能绕垂直轴在水平面内转动,且转轴与固位弹簧相联,使转盘自平衡位置转过一角度 θ,便受到弹簧的恢复力矩作用:

$$M = -k\theta \tag{3.7.1}$$

式中,k 为比例常数,取决于弹簧本身性质. 负号表示指向恢复方向. 同时物体转动的角加速度又与所受力矩成正比

$$M_合 = I\frac{d^2\theta}{dt^2} \tag{3.7.2}$$

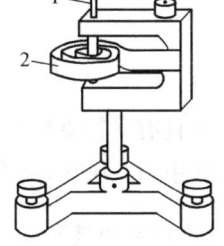

1. 垂直轴; 2. 螺旋弹簧

图 3.7.1

式中,比例系数 I 即为物体绕轴转动的转动惯量,如果转轴垂直转动,保持在水平面内,且阻尼很小至可以忽略,$M_合 = M$ 条件成立,则由式(3.7.1)、式(3.7.2)可得

$$\frac{d^2\theta}{dt^2} + \frac{k}{I}\theta = 0 \tag{3.7.3}$$

$$\left(\text{上述情况可与简谐振子类比}: F = -kx, F = m\frac{d^2x}{dt^2}, \frac{d^2x}{dt^2} + \frac{k}{m}x = 0\right)$$

该方程有周期解

$$\theta = A_\theta \cos(\omega t + \varphi)$$

其中

$$\frac{k}{I} = \omega^2 \tag{3.7.4}$$

而振动周期

$$T = \frac{2\pi}{\omega} \tag{3.7.5}$$

由式(3.7.4)、式(3.7.5)得

$$I = \frac{kT^2}{4\pi^2} \tag{3.7.6}$$

上式给出了一个用实验来测定转动惯量的途径. 如果弹簧劲度系数 k 已知,则只需精确测定扭摆的振动周期 T 即可解决转动惯量的测量. 而弹簧劲度系数 k 本身及 I_0(底盘转动惯量)的确定仍是通过测振动周期,即空盘的振动周期 T_0 以及加载一已知转动惯量物体时的 T_1 获得

$$I_0 = \frac{kT_0^2}{4\pi^2} \tag{3.7.7}$$

$$I_0 + I_1 = \frac{kT_1^2}{4\pi^2} \tag{3.7.8}$$

实验中所选加载物为塑料圆柱,转动惯量取其理论值 I_1' 即

$$I_1 = I_1' \tag{3.7.9}$$

从而由式(3.7.7)~式(3.7.9)可得

$$I_0 = I_1' \frac{T_0^2}{T_1^2 - T_0^2}$$

$$k = 4\pi^2 \frac{I_1'}{T_1^2 - T_0^2}$$

I_0、k 得知后即可用此装置测量物体的转动惯量.

根据转动惯量的定义,对质量均匀分布、形状规则物体可计算其理论值,圆柱及圆环绕其中心轴的转动惯量分别为

$$I_C = \frac{1}{8}MD^2 \quad (M \text{ 为圆柱质量})$$

$$I_C = \frac{M}{8}(D^2 + d^2) \quad (M \text{ 为圆环质量},D,d \text{ 分别为环的外径、内径})$$

并且有平行轴定理: $\quad I = I_C + mx^2.$

式中,I_C 为绕质心轴的转动惯量,m 为该物体质量,x 为转轴到质心轴的间距.

【仪器和用具】

扭摆仪及附件圆柱、筒等,游标卡尺,电子秤(0.1g 级).

【实验内容】

(1) 调整扭摆仪. 要求:①扭摆水平而转轴垂直(看气泡).②盘轴紧固不松动,振动时无明显阻尼,振幅基本无衰减.③安置好光电探头的位置,使扭摆振动在经过平衡位置时挡光计时.

(2) 测弹簧的 k 及底盘的 I_0(测 T_0、T_1).

(3) 测待测物(如筒)的转动惯量 I_2(测 T_2),并对比其理论值 I_2'.

(4) 验证转动惯量的平行轴定理:分别测出杆架上砝码距中心为 $x=5$cm 及 $x=10$cm 时的转动惯量. 将此差值与用平行轴定理计算值对比.

【思考题】

(1) 实验中为什么扭摆仪必须调节成水平? 为什么转轴必须紧固? 如何判断"阻尼很小"条件是否满足?

(2) 试根据所用测量仪器及测量精度估算所得结果(I' 及 I)的不确定度.

【实验拓展】

扭摆法通过测振动周期来测量物体的转动惯量. 也可用较老的仪器, 如三线摆[参阅附（Ⅰ）].

较新的仪器可用气垫摆. 它以气垫取代滚珠轴承, 可使阻尼更小[参阅附（Ⅱ）]. 此时弹簧劲度系数 k 及底盘 I_0 随仪器给出.

【附】

（Ⅰ）用三线摆测定物体的转动惯量

【实验目的】

(1) 研究物体的转动惯量与其质量、形状（密度均匀时）及转轴位置的关系.

(2) 学习用三线扭摆法测量物体的转动惯量.

【实验器材】

三线扭摆, 圆柱体样品 A（两只）, 圆环样品 B, 水平仪, 秒表（0.1s）, 米尺（1mm）, 游标卡尺（0.02mm）.

【实验原理】

(1) 当三线扭摆调平后, 扭动上圆盘时（$\alpha \leqslant 5°$）, 图 3.7.2 使三线扭摆发生扭转运动, 由理论推得圆盘的转动惯量为

$$I_0 = \frac{m_0 gRr}{4\pi^2 H} T_0^2 \quad (3.7.10)$$

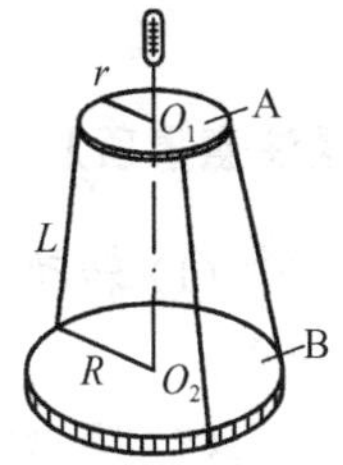

式中, m_0 为下圆盘质量, g 为当地的重力加速度, R、r 分别为下盘和上盘三线摆的三个悬挂点的重心至悬点的距离（由图 3.7.2 中测得等边三角形三边长取平均后求出相对应三角形的高的 2/3 即得, 用卡尺量）, H 为上、下盘之间的高度, 用米尺直接量, T_0 为扭摆的摆动周期, 用秒表测 $50T_0$, 求得 T_0.

图 3.7.2

(2) 若将质量为 m 的待测物体对称地放在圆盘 m_0 上, 则有

$$I = \frac{(m+m_0)gRr}{4\pi^2 H} T^2 \quad (3.7.11)$$

式中, T 为它们的摆动周期. 令 $k = \frac{gRr}{4\pi^2 H}$ 则

$$I_0 = km_0 T_0^2, \quad I = k(m_0 + m)T^2$$

$$I_{物} = I - I_0 = k[m_0(T^2 - T_0^2) + mT^2] \quad (3.7.12)$$

【实验内容】

(1) 记录圆盘的质量 m_0 及待测样品 A、B 的质量 m_A、m_B.

(2) 用游标卡尺测圆盘内、外直径（开洞圆盘）$D_{0内}$、$D_{0外}$. 用游标卡尺测圆柱体 A 直径 D_A. 用游标卡尺测圆环内、外直径 $D_{B内}$、$D_{B外}$. 测量并计算上、下圆盘悬挂点到圆心的距离 r 及 R.

(3) 调节立柱铅直,用水平仪调平下盘,先使水平仪与两个调节螺丝连线平行,这时用双手同时操作这两个调节螺丝调整悬线长,调平后将水平仪调转 90°,再用另一个未用过的调节螺丝调平,反复调 2 遍左右即可调平,用米尺量 H.

(4) 扭动上圆盘($\alpha<5°$),通过悬线的扭力使下圆盘做扭转摆动.

(5) 待下圆盘做稳定摆动后,在圆盘经过平衡位置时(自己认定一个中间位置),按下秒表并自"0"开始数摆动的次数(当圆盘第二次以同方向经过平衡位置时为一个完全摆动),记下完全摆动 50 次的总时间,并算出它的周期 T(注意应写到小数点后第 3 位,如 2.004s). 以上实验重复做三次,最后算出 T_0.

(6) 将样品 A 放在下圆盘上,并使其中心对准圆盘中心,重复 4、5 两步求出 T_1.

(7) 将两个相同的样品 A(可能两个样品质量略有差异,这时取它们质量的平均值为 m_A,尺寸略有差异时,任选一个量为它的尺寸即可),以圆盘中心为轴对称放置,并使其边缘与圆盘中心相切,重复 4、5 两步求出 T_2.

(8) 换上样品 B,并使其中心对准圆盘的中心,重复 4、5 两步求出 T_3.

【数据处理】

将实验测得数据填入自行设计的表格中,并计算圆盘和样品 A、B 的转动惯量的实验值,及它们的理论值,计算百分误差($|I_理-I_实|/I_理\times100\%$).

$$R=\frac{S}{\sqrt{3}} \quad (S\text{ 为下盘上三个悬挂点做成等边三角形边长的平均值})$$

$$r=\frac{S'}{\sqrt{3}} \quad (S'\text{ 为上盘上三个悬挂点做成等边三角形边长的平均值})$$

【注意事项】

(1) 转动三线扭摆悬盘的上圆盘时,不可使圆盘左右晃动,如有晃动,把上圆盘退回到原位置.

(2) 圆盘的扭角不要过大($\alpha<5°$为宜).

(3) 测量 50 次摆动的总时间时,连续三次读数应相差在 1s 以内,否则重测.

(4) r 及 R 为上、下盘悬点至圆心的距离,并非上盘和下盘的半径,二者不要混淆.

【问题讨论】

(1) 式(3.7.10)是根据什么条件导出的?在实验时应如何保证这些条件?

(2) 若圆柱 A 和圆柱 B 质量相等,但测量得到的转动惯量不同,这说明了什么?为什么单个圆柱体测它的转动惯量误差较大?

(3) 当圆柱体 A 的边缘与转轴相切时,为什么要用两个相同的圆柱体对称安置,这样做有什么好处?

(4) 本实验产生误差的主要原因是什么?试从误差分析说明之. 哪些物理量的测量显得特别重要?

(Ⅱ) 气 垫 摆

气垫摆的结构如图 3.7.3 所示. 在开启气源后,由开有许多小孔的气室做成的气垫装置射出气流,托起摆轮,使摆轮在摆动过程中所经受到的阻力矩降到最低.若将摆轮适当地转过一个角度后释放,则它就在阿基米德螺旋线平卷簧(图 3.7.4)提供的恢复力矩的作用下作周期性摆动.系统的振动周期与摆轮的转动惯量有确定的关系,利用这一关系可测量摆轮或物体的转动惯量,有关气垫摆的原理及应用读者可自行查阅说明书.

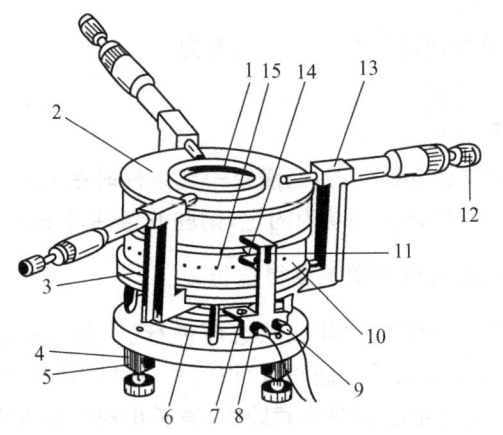

1. 被测物体;2. 摆轮;3. 进气管;4. 固定螺钉;5. 调节螺钉;6. 平卷簧;7. 水准仪;8、9. 传感器插头;10. 气室;11. 传感器支架;12. 测微器;13. 测微器支架;14. 挡光片;15. 出气孔

图 3.7.3 气垫摆示意图

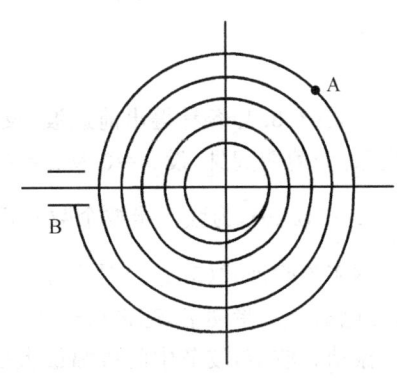

图 3.7.4 平卷簧

实验 3.8 弦振动的研究

【实验目的】

(1) 观察驻波的形成,归纳驻波性质.
(2) 弦振动的研究,弦振动的波长与弦张力之间的关系.

【实验原理】

振幅相同、频率相同、振动方向相同、相位差恒定的两列波在同一直线上相向传播叠加而形成的一种看起来停驻不前的波形,称为驻波.波的叠加引起的驻波是一种重要的振动现象,它广泛存在于自然现象之中,管、弦、板、膜的振动都可形成驻波.驻波在声学、无线电学和光学等领域都有重要的应用.利用驻波可以测定波长,也可确定振动系统的固有频率.

弦振动可视作一维的波动,绷紧的弦线上一点做横向受迫振动,会导致横波沿弦线传播并在其端点发生反射,前进波与反射波干涉便产生驻波.

实验装置如图 3.8.1 所示,细而轻的弦线一端以小螺钉固定于电振音叉,另一端经支撑点 D、由砝码绕过定滑轮挂住,弦线张力 T 即是砝码重力.音叉可在电磁线圈 B 与吸合振子 K′ 关联驱动下以固有频率 f 振动并带动弦线一端做受迫振动.

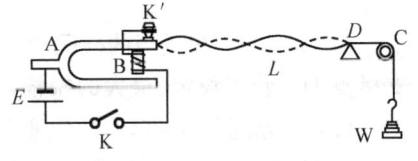

图 3.8.1

分析可知弦振动满足波动方程

$$\frac{\partial^2 y}{\partial t^2} = \frac{T}{\rho} \cdot \frac{\partial^2 y}{\partial x^2} \tag{3.8.1}$$

式中，x 为波动传播方向，y 为振动位移方向，ρ 为弦线的线密度，T 为弦线张力，弦上波速为

$$u = \sqrt{\frac{T}{\rho}} \tag{3.8.2}$$

按波动公式 $u=f\lambda$，结合式(3.8.2)，可得弦振动波长与张力的关系为

$$\lambda = \frac{1}{f}\sqrt{\frac{T}{\rho}} \tag{3.8.3}$$

从式(3.8.1)容易得出前进波、反射波都是波动方程的解，当满足一定条件时弦上出现驻波现象。为简明起见，设 $x=0$ 及 $x=L$ 处 $y\equiv 0$，即视弦的两端为固定，则驻波条件可记为 $L=n\frac{\lambda}{2}(n=1,2,\cdots,$ 为弦上半波个数)，可见形成驻波时可方便地测得波长 λ。

本实验验证式(3.8.3)时测定 λ，就是把弦振动调整到驻波状态而进行的，弦线取适当长，在电动音叉带动下，起振后适当调节张力（可先试以手按砝码盘）即可看见驻波现象。某些点不振动为波节，波节中间振幅最大处为波腹，应再细心调节注意观察，直至出现波腹极大而且稳定，且仅限于 y 方向振动（没有 z 方向的振动），这可在初选固定张力下慢慢移动支撑点 D 的位置，细调弦长来获得。

验证式(3.8.3)还可采用直观的图解法，对式(3.8.3)取对数：

$$\lg\lambda = \frac{1}{2}\lg T - \frac{1}{2}\lg\rho - \lg f$$

因 ρ、f 均为确定值，故以 $\lg\lambda$ 对 $\lg T$ 作图应为直线，且其斜率为 $\frac{1}{2}$。如果 ρ 事先测得，则由直线的截距还可求得弦振动频率值，并与音叉的频率比较是否一致。

【仪器和用具】

电振音叉，定滑轮，米尺，弦线，砝码盘，砝码。

【实验内容】

1. 观察弦振动驻波的形成

如图 3.8.1 所示，挂好弦线并通电，调节振子螺钉（注意不可过紧）使音叉振动起来，固定弦长约 70cm 左右，手按弦线以改变张力，观察弦上形成不同半波个数时的驻波。取 $n=1,2,3,4,5$，可从手感觉张力 T 的不同，并估计其大概数值。

2. λ-T 关系研究

(1) 取 $n=1$ 和适当的砝码值 T，并使 T 一定，微调弦长 L（通过沿着弦线方向慢慢移动支撑点 D），获得稳定、最大的振幅，并且振动仅沿 y 方向（无 z 方向运动），记下 L、T 及 λ。

(2) 再分别取 $n=2,3,4,5$，重复上述细调过程，记下相应的 L、T、λ（T 的取值应注意 T 对应于 $\frac{1}{n^2}$）。

(3) 取对数 $\lg\lambda$、$\lg T$，并作 $\lg\lambda$-$\lg T$ 图，以验证其线性关系及振动频率。

（4）对本实验进行误差分析.
（5）写出各测量结果不确定度表示方式. 即
$$\lambda_i = \bar{\lambda}_i \pm u_{c,\bar{\lambda}_i} (\text{cm})$$

【注意事项】

（1）电振音叉不起振时，应将触点断开后重新起振；不使用时，应将触点断开.
（2）测量时应使驻波波形稳定，且波节清晰，砝码不要晃动，应保持静态.
（3）实验完毕，应立即将所有砝码取下放好.

【思考题】

（1）本实验是振动频率固定情况下的 λ-T 关系，如果频率改变而波长不变则实验如何进行？
（2）弦在频率为 f 的音叉策动下振动，当 T 为某值时，若弦上出现 m 个半波区，则弦的基频应为 $\dfrac{f}{m}$，为什么？若频率不变，则应如何改变张力，才会使弦上出现一个半波区？

实验 3.9 弹簧振子振动周期的研究

【实验目的】

（1）研究弹簧质量对振子振动的影响.
（2）学会用图解方法处理数据.

【实验原理】

弹簧上端固定，下端挂一负载，便可成为一个作上下振动的一维振子，如果负载质量为 m，弹簧的弹性系数为 k，弹簧本身质量忽略不计，阻尼通常小到可忽略，则此理想振子振动的周期 T 容易求得为

$$T = 2\pi\sqrt{\dfrac{m}{k}} \tag{3.9.1}$$

对于实际弹簧振子振动周期的测量发现，T 与 m 的关系，当 m 较大时与式(3.9.1)符合较好，而当 m 较小时偏离式(3.9.1).

作 T-$\sqrt{m}$ 曲线，发现 m 较小时偏离直线，如图 3.9.1(a)所示；

作 T^2-m 曲线，发现 m 较小时它仍保持直线关系但该直线不通过原点，即 $m=0$ 时 $T^2 \neq 0$，如图 3.9.1(b)所示.

分析其实际振动情况，注意到实际上振子弹簧本身具有一定的质量，它也参与了振动，对振子振动惯性有一定贡献. 为此，把振子振动周期公式尝试修正为

$$T = 2\pi\sqrt{\dfrac{m + cm_0}{k}} \tag{3.9.2}$$

式中，c 为一常数且 $0<c<1$，cm_0 项即体现弹簧

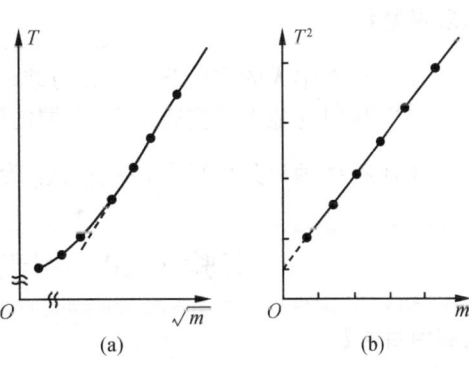

图 3.9.1

质量影响. c 与弹簧的具体结构因素有关,并可由实验曲线来待定.

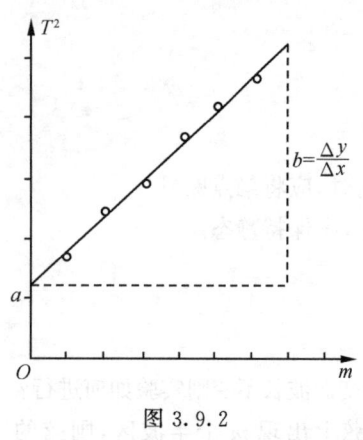

图 3.9.2

由式(3.9.2)得

$$T^2 = \frac{4\pi^2}{k}cm_0 + \frac{4\pi^2}{k}m \quad (3.9.3)$$

它在 T^2-m 图上为一直线,如图 3.9.2. 对比直线方程

$$y = a + bx$$

可知,对于此直线来说有 $\frac{截距}{斜率} = \frac{a(秒^2)}{b(秒^2/克)}$,而 $\frac{a}{b} = \frac{\frac{4\pi^2}{k}cm_0}{\frac{4\pi^2}{k}} = cm_0$

故而可得 $c = \frac{a}{b} \cdot \frac{1}{m_0}$

我们可以用实验(m_i, T_i)数据组作 T^2-m 图,由点集(m_i, T_i^2)拟合直线,此实验直线与纵轴交点即为截距 a,其斜率即为 b. m_0 为弹簧自身质量可由天平直接测出,从而可得 c.

【仪器和用具】

焦耳称,物理天平,电子秒表(0.01s),弹簧(也可用较软钢丝自行弯制,选质量为 10～20g),小砝码组(可选 1～2g/个,共 8～10 个,也可用小螺母组替代).

【实验内容】

1. 测量振子质量不同情况下的振动周期(m_i, T_i),得到 T^2-m 直线

对应于振子质量为 $m_1, m_2, \cdots, m_i$ 的振动周期分别为 $T_1, T_2, \cdots, T_i$. m_i 可用 i 个砝码组成的砝码组,i 由 $1, 2, \cdots$,一直到 8 或 10,逐个增加,并且应把小砝码盘、钩等附属物的质量计入 m_i.

弹簧可选其自身质量稍大而 k 不太大的. 为测准振动周期 T(这是本实验关键所在),可测量 $50T$ 的时间,计数由 $0, 1, 2, \cdots, 50$,并在平衡位置时计时;特别要注意使振子保持一维的上、下振动状态而避免做类似单摆的摆动或转圆圈等运动.

2. 作图与数据处理

计算 T^2. 以 m 为横轴 T^2 为纵轴标出实验结果(m_i, T_i^2)点,依 T_i^2-m_i 数据点集拟合直线,并用此直线作图得出截距 a,斜率 b. 由于 $T^2 = \frac{4\pi^2}{k}cm_0 + \frac{4\pi^2}{k}m$,故而 $\frac{a}{b} = cm_0$,从而得出 $c = \frac{1}{m_0} \cdot \frac{a}{b}$.

【思考题】

(1) 试对本人的实验测量过程与结果,作讨论分析.

(2) 试对比他人的实验结果(不同的弹簧形状及实验过程)作讨论.

(3) 有些理论分析得出 $c = \frac{1}{3}$,试问他的弹簧有何假设条件?

实验 3.10 用玻尔共振仪研究受迫振动

【实验目的】

(1) 研究受迫振动中强迫力频率对其振幅和相位的影响;

(2) 研究阻尼对受迫振动的影响,阻尼系数的测定.

【实验原理】

物体做自由振动,实际上总存在一定的阻尼,它的振幅因此逐渐衰减,故称为阻尼振动.如果阻尼减小到零(或小到可以忽略),则其振幅保持不变,这种振动便是固有振动.它的频率由振动系统本身决定,称为固有频率.本实验所用玻尔共振仪外形结构如图 3.10.1 所示.摆轮在弹性力矩作用下振动,存在阻尼(电磁阻尼和机械阻尼),因而它做阻尼振动,振幅逐渐衰减.当受到周期性强迫力(也称策动力)作用时的振动就是受迫振动.实验中以电机转动来给出周期性强迫力.受迫振动达到稳定时的频率取决于强迫力的频率.

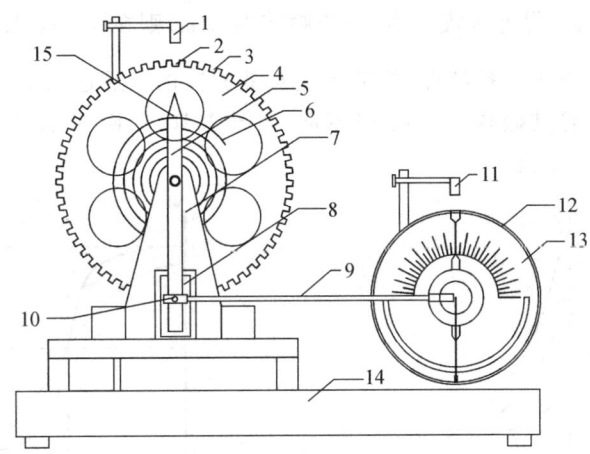

1. 光电门;2. 长凹槽;3. 短凹槽;4. 铜质摆轮;5. 摇杆;6. 蜗卷弹簧;7. 支承架;8. 阻尼线;9. 连杆;
10. 摇杆调节螺丝;11. 光电门;12. 角度盘;13. 有机玻璃转盘;14. 底座;15. 外端夹持螺钉

图 3.10.1

设摆轮受周期性外力矩 $M = M_0 \cos\omega t$ 作用,则有

$$I\frac{d^2\theta}{dt^2} = -k\theta - b\frac{d\theta}{dt} + M_0\cos\omega t \tag{3.10.1}$$

式中,I 为摆轮转动惯量,$-k\theta$ 为弹性恢复力矩,$-b\dfrac{d\theta}{dt}$ 为阻尼力矩,ω 为强迫力圆频率.令

$$\omega_0 = \frac{k}{I}, \quad 2\beta = \frac{b}{I}, \quad m = \frac{M_0}{I}$$

则式(3.10.1)变为

$$\frac{d^2\theta}{dt^2} + 2\beta\frac{d\theta}{dt} + \omega_0^2\theta = m\cos\omega t \tag{3.10.2}$$

其解为

$$\theta = \theta_1 e^{-\beta t}\cos(\omega_f t + \alpha) + \theta_2\cos(\omega t + \varphi) \tag{3.10.3}$$

可见受迫振动可分为两项:第一项为阻尼振动,第二项即强迫振动.

第一项中因子 $\theta_1 e^{-\beta t}$ 描述振幅随时间的衰减.如果测得初振幅与 n 个周期后的振幅即可求得阻尼系数 β.

$$\frac{\theta_0}{\theta_n} = \frac{\theta_1}{\theta_1}\frac{e^0}{e^{-\beta nT}}$$

有

$$\beta = \frac{1}{nT}\ln\frac{\theta_0}{\theta_n}$$

当阻尼很小，$\beta \to 0$，将有 $\omega_f \to \omega_0$. 实验中如不加电磁阻尼，仅有的机械阻尼（包括空气影响）小到可以忽略，便可测其固有频率 ω_0.

第二项为由周期性强迫力决定的简谐振动，ω 就是强迫力的圆频率. 该项描述受迫振动趋于稳定后的运动状态. 其振幅 θ_2 取决于 ω 靠近 ω_0 的程度，并与 β, m 有关. 其相位相对于强迫力落后 φ.

$$\theta_2 = \frac{m}{\sqrt{(\omega_0^2 - \omega^2)^2 + 4\beta^2 \omega^2}} \tag{3.10.4}$$

$$\varphi = \arctan \frac{2\beta\omega}{\omega_0^2 - \omega^2} \tag{3.10.5}$$

幅频特性 $\theta(\omega)$ 在 ω_0 附近有极大值，而相频特性 $\varphi(\omega)$ 则在 $\omega = \omega_0$ 处为 $\frac{\pi}{2}$. 这也就是共振时发生的现象. 实验中测出幅频特性、相频特性及其相应的 β 后还可看出，阻尼系数 β 越小，则共振时的振幅越大，且共振频率离 ω_0 也越近. 如图 3.10.2、图 3.10.3 所示. 这也不难从式 (3.10.4) 和式 (3.10.5) 得出.

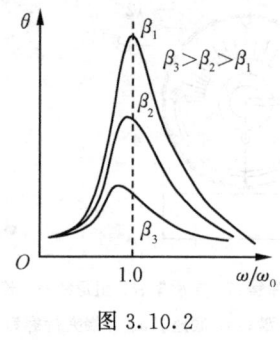

图 3.10.2

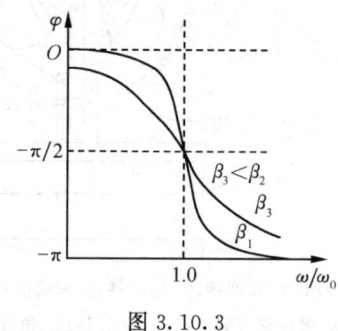

图 3.10.3

【仪器和用具】

BG-2 型玻尔共振仪.

闪光灯开关用来控制闪光与否，当扳向接通位置时，将产生频闪现象. 为使闪光灯管不易损坏，平时将此开关扳向"关"处，仅在测量相位差时才扳向接通.

电机开关用来控制电机是否转动，在测定阻尼系数和摆轮固有频率 ω_0 时必须将电机关断.

【实验内容】

(1) 熟悉玻尔共振仪面板、旋钮，观察阻尼振动、固有振动（阻尼挡为"0"）、和受迫振动及其趋于稳定的现象. 注意相应的振幅显示与周期显示. 禁止在受迫振动（电机运转）时将阻尼挡选为"0".

(2) 幅频特性与相频特性的测定. 接通电源，选定阻尼挡位（如"3"）启动强迫力电机，摆轮将做受迫振动. 必须待达到稳定状态后方可记录此强迫振动的（角）振幅和周期（频率）. 改变电机转速（即强迫力频率）重复以上操作（每次均需达到稳态）便可得不同周期下强迫振动振幅 $\theta(T)$. 与此同时可记录达到稳态时各强迫力周期下的强迫振动的相位 $\varphi(T)$——只需按动闪光灯键即可在相位玻盘处观察到闪烁光标指示的角度.

为使所作幅频曲线和相频曲线较为完整，上述实验过程应注意在共振点附近取点密集些，并分别在电机转速尽快（$\omega_{大}$）及尽慢（$\omega_{小}$）处取得 $\theta、\varphi$ 的数据，并且分别在从 $\omega_0 \to \omega_{大}$，$\omega_0 \to$

$\omega_{小}$ 的过程中取得数据. 每条曲线需 8~9 个数据点. 利用关系式 $\frac{\omega}{\omega_0}=\frac{T_0}{T}$,可以 $\frac{T_0}{T}$ 作为横轴,作 $\theta\left(\frac{T_0}{T}\right)$、$\varphi\left(\frac{T_0}{T}\right)$ 曲线,无须作 $T\to\omega$ 的换算.

(3) 阻尼系数 β 的测定. 保持上述阻尼挡位不变,关断电机撤去强迫力,测量阻尼振动振幅 θ_0,θ_n 以及相应周期 T,从而求得 β. T 可从连续测量的周期值取平均,并可对振幅逐渐衰减连续测得 $\theta_1,\theta_2,\theta_3,\theta_4,\theta_5,\theta_6,\theta_7,\theta_8,\cdots$ 然后用逐差法处理.

(4) 改变 β,重测 $\theta(\omega)$、$\varphi(\omega)$ 及其相应的阻尼系数 β. 更换阻尼挡位(如"2")启动强迫力矩电机,类似'2'的做法,可得另一系列 $\theta(T)$、$\varphi(T)$ 数据. 然后关断电机撤去强迫力,保持阻尼挡位("2")不变,按类似'3'的做法,测其相应的阻尼系数 β.

(5) 固有频率 $\omega_0\text{-}T_0$ 的测定. 关断电机,变阻尼挡为"0"(即没有电磁阻尼,此时仅有的机械阻尼忽略不计,则可近似视其为固有振动),选择合适的振幅,测其周期,即 T_0.

【思考题】

(1) 受迫振动可分为哪两项? 如何分别观察这两项?
(2) 什么叫共振? 共振时有什么特征?
(3) 试从实验幅频特性曲线和相频特性曲线讨论强迫力频率及阻尼系数对于受迫振动的影响.

实验 3.11 电热法测定热功当量

【实验目的】

(1) 用电热法测定热功当量.
(2) 学习用牛顿冷却定律进行散热修正.

【实验原理】

1. 用电热法测定热功当量

加在电阻两端的电压为 U,通过电阻的电流为 I,通过时间为 t,则电场力做功为

$$W=UIt \qquad (3.11.1)$$

式中,U 的单位为 V,I 的单位为 A,t 的单位为 s,W 的单位为 J.

如果这些功全部转化为热量,使一个盛水的量热器系统的温度从 T_0 升高到 T_f,则系统所吸收的热量为

$$Q=(m_0c_0+m_1c_1+m_2c_2+m_3c_3+m_4c_4+0.450\delta V)\times(T_f-T_0) \qquad (3.11.2)$$

式中,m_0 和 c_0 为水的质量和比热容,m_1、c_1、m_2、c_2、m_3、c_3、m_4、c_4 分别为量热器内筒、搅拌器、加热电阻、接线柱等的质量和比热容,单位分别为 g 和 cal/(g·K);$0.450\approx\rho_{水银}\times c_{水银}\approx \rho_{玻璃}\times c_{玻璃}$ 为单位体积水银温度计的热容量,δV 为水银温度计浸入水中部分的体积,单位表示 cm³;Q 的单位是卡[①]. 如果在过程中没有热量散失,则

$$W=JQ$$

---

① 1cal=4.1868J. 下同.

热功当量

$$J = \frac{W}{Q} \tag{3.11.3}$$

2. 牛顿冷却定律及散热修正

实际上，在用电流加热使系统升温的过程中系统不可避免地会同外界环境进行热交换，也就是说，系统所获得的热量有一部分散失掉，致使系统的实际温度 T_f' 低于理想的温度 T_f 而引入系统误差。如果实验中量热筒内外温差以及量热筒的始末温差不过大（也不要过小，以至于降低测量准确程度），则在这种情况下，系统散热服从牛顿冷却定律，可用牛顿冷却定律进行散热修正。

牛顿冷却定律指出，当一个系统的温度与环境温度相差不大时，系统温度变化的速率 $\dfrac{dT}{dt}$ 与系统的温度 T 和环境温度 T_s 之差成正比，即

$$\frac{dT}{dt} = -k(T - T_s) \tag{3.11.4}$$

式中，k 为散热系数，它取决于系统的表面状况及其与环境间的关系。在保持环境温度 T_s 不变，且 $|T - T_s|$ 不大（如小于 5℃）的情况下，对某一定质量的系统来说 k 为一常数，式（3.11.4）变换为

$$\int \frac{dT}{T - T_s} = \int \frac{d(T - T_s)}{T - T_s} = \int -k\,dt$$

两边积分，得

$$\ln|T - T_s| = -kt + b \tag{3.11.5}$$

可见，$\ln|T - T_s|$-t 图应为一直线，其斜率即为 k。利用此 k 值，就可对曲线逐点进行散热修正。将式（3.11.4）改写为

$$\Delta T_i = -k(T_i' - T_s)\Delta t, \quad i = 1, 2, \cdots$$

式中，ΔT_i 为第 i 个时间间隔 Δt 内因散热而降低的温度。T_i' 为时间间隔 Δt 内量热器的平均温度，可按 $T_i' = \dfrac{T_i + T_{i+1}}{2}$ 来计算。

可以证明，第 i 点温度修正值为

$$\delta T_i = -\sum \Delta T_i = \sum k(T_i' - T_s)\Delta t$$

因此，修正后的第 i 点的温度为

$$T_i^* = T_i + \delta T_i$$

【仪器和用具】

量热器，温度计（0～50.0℃两支，0～100.0℃一支），加热电阻丝，稳压电源，电流表，电压表，物理天平，停表等。

实验装置如图 3.11.1 所示。

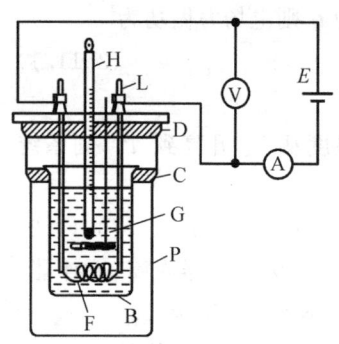

P. 量热器外筒；B. 量热器内筒；
C. 绝缘垫圈；E. 稳压电源；
F. 电阻加热器；G. 搅拌器；
H. 温度计；L. 接线柱
图 3.11.1

【实验内容】

1. 求体系的热容量

用物理天平称出量热器内筒、搅拌器、电阻加热器、接线

柱的质量;用 20mL 的量筒测出温度计浸入水中部分的体积.

在量热器中装入 $\frac{4}{5}$ 的水,并称出水的质量,查各量的比热容并计算总热容量 c.

2. 通电加热

按图 3.11.1 接好线路,经老师检查后接通电源.读下开始计时时的环境温度 T_s 及系统的温度 T_0,以后每隔 20s 记录一次水温,直至水温比室温高 15℃ 左右.同时,每隔 1min 记录一次电压(U)、电流(I)和室温(T_s),求平均值 $\overline{U}$、$\overline{I}$、$\overline{T_s}$. 在此过程中必须保持均匀地、不停地、轻轻地对系统进行搅拌.注意搅拌时不要让搅拌器与电极相接触.

3. 降温求 k

断电让系统自然冷却,注意记下切断电源停止加热的时间,隔一段时间后,记下系统达到的最高温度.当系统开始自然冷却时,再每隔 1min 记一次体系的温度 T.绘 $\ln|T-T_s|$-t 直线,求斜率 k.

4. 计算热功当量 J

【注意事项】

(1) 在测量系统温度过程中要不断搅拌,使温度计的示数能代表系统表面的温度;

(2) 温度计不得靠近加热炉丝,注意搅拌器、加热器、量热器内筒之间不要短路.

【思考题】

(1) T_0 是否一定要是系统在加热前的温度?可否任意选定?是否一开始加热就必须计时?

(2) 试分析若接线柱有一部分露在外部,环境温度测量偏低,电表的级别误差,实验中水溅出等因素对实验结果会产生什么影响?

(3) 从实验数据说明散热修正的必要.如不修正结果将有多大误差?

实验 3.12 不良导体导热系数的测定

【实验目的】

用稳态法测定不良导体的导热系数.

【实验原理】

热传导是仅由温度差别而引起的热量传递现象.热量由高温传到低温,仅由分子热运动的传递而致,并不伴随物质的宏观迁移.描述热传导现象的傅里叶导热方程为

$$\frac{dQ}{dt} = \lambda S \frac{T_1 - T_2}{h} \tag{3.12.1}$$

它的含义为,在物体内部取两个垂直于热传导方向的平面,彼此相距 h,温度分别为 T_1 和 T_2(设 $T_1 > T_2$),截面积为 S,在 dt 时间内通过截面的热量为 dQ,则当热传导达到稳定状

态时,热流量 $\frac{dQ}{dt}$ 与该两面的温差 $T_1 - T_2$,及截面积 S 成正比,并与面距 h 成反比,比例系数 λ 即称为该物质的导热系数(又叫导热率).它数值上等于相距单位长度,两平面温差为一个单位时在单位时间内通过截面单位面积的热量,单位为 $W/(m \cdot K)$.不同材料的导热系数可以相差很大;材料结构的变化,以及是否混有杂质,也会明显影响其导热系数,此外它还与温度有关.

根据热传导方程,当导热达到稳态时,只要测出物体内两个面的温度 T_1、T_2,测出稳态时的热流量 $\frac{dQ}{dt}$,以及 h、S,即可得出其导热系数 λ.

【仪器和用具】

实验装置见图 3.12.1.加热铜盘 A 与样品 B 上表面接触,散热铜盘 P 与样品 B 下表面相密接.通电加热时热量经 A 由上表面传入待测样品,并从下表面传出到盘 P 散热.其下方安置小电扇能使散热有效而稳定地进行.

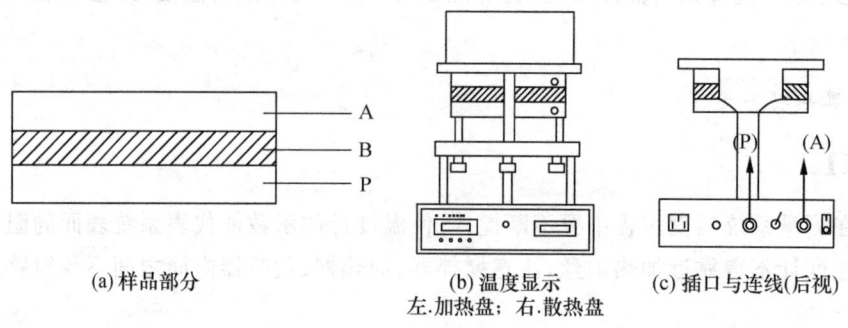

(a) 样品部分　　(b) 温度显示　　(c) 插口与连线(后视)
　　　　　　左.加热盘;右.散热盘

图 3.12.1

当传入样品的热量等于传出的热量时,样品处于稳定的导热状态,此时上盘温度与下盘温度都为一稳定数值.

本实验中测量上表面温度 $T_上$,下表面温度 $T_下$($T_上 > T_下$),则分别通过测量与其紧密接触的铜盘 A、和 P 的温度并由感温头——数字温度显示表装置直接读出.

而热流量 $\frac{dQ}{dt}$ 是通过 $\frac{dT}{dt}$ 的测量来实现的.在相同散热条件(保持小电扇恒稳旋转)下,下表面处散热盘的散热有 $\Delta Q = mc\Delta T$,并且有 $\frac{dQ}{dt} = mc\frac{dT}{dt}$,测量它的降温散热曲线 $T(t)$,得到 $\frac{dT}{dt}\Big|_{T=T_2}$,便可得到所需的稳态热流量 $\frac{dQ}{dt}\Big|_{T=T_2} = mc\frac{dT}{dt}\Big|_{T=T_2}$.

【实验内容】

(1) 构建样品装置.把样品 B(橡皮盘)放在加热盘(上盘 A)与散热盘(下盘 P)之间,固定好,保持接触良好(可稍微调节底部三点式微调螺丝).

(2) 连接馈线,通电加热.细心地把两个感温头分别插入上、下铜盘周边上的小坑内,连线的另一端插键插入机壳.核对其对应关系:上盘——加热盘温度显示(左),下盘——散热盘温度显示(右).开启电源,设定上盘加热目标温度,加热.(散热电扇应正常旋转).

(3) 测量 T_1 与 T_2.上盘温度升至设定温度附近便可开始记录上、下盘温度 $T_上$、$T_下$.每分钟记录一次,待 10min 内 ($T_上 - T_下$) 不变(允许差±0.1℃)(或者开机加热已经过足够长时间),即可认为导热已达到稳定状态,此刻上、下盘之温差即所需 $T_1 - T_2$.

(4) 测量 P 盘的散热曲线 $T(t)$. 停止加热,移去样品盘 B,让上、下盘直接接触加热下盘,使之升高 10℃. 然后撤去加热盘,仍在下盘上放上样品盘 B,保持下方电扇旋转状态条件下测量下盘 P 的散热降温过程 $T(t)$. 每 30s 记录一次温度,直至下盘达到 T_2(前述稳态导热温度)再继续记 4 个数据,即得所需 $T(t)$.

(5) 由 $\lambda = mc \dfrac{dT_P}{dt}\bigg|_{T=T_2} \cdot \dfrac{h}{T_1-T_2} \cdot \dfrac{1}{\pi R_B^2}$ 计算 λ. 其中,$\dfrac{dT_P}{dt}\bigg|_{T=T_2}$ 为下盘降温曲线 $T(t)$ 在 $T=T_2$ 处切线的斜率. 此曲线为缓变曲线,为简便起见也可取 T_2 附近 $\dfrac{\Delta T}{\Delta t}$ 的值,Δt 取 30s,ΔT 即为对应的温度改变量.

【注意事项】

(1) 感温头处请勿弯折,以免折断.
(2) 实验全过程中,小风扇必须保持恒定旋转状态.
(3) 移动上、下盘及样品前请先切断电源,小心以防烫痛.
(4) 如发现温度示数变化异常,则提示感温头接触不良或插错位置,应检查其对应关系并纠正,以及必要时可在感温头上涂擦硅油少许以改善接触导热.

【思考题】

(1) 何谓稳态法?实验中如何去实现它?
(2) 定性分析实验误差产生的原因,通过怎样的手段方可减少实验误差?
(3) λ 的不确定度 U_λ 中哪一项可能是主要的?

实验 3.13 空气比热容比的测定

【实验目的】

(1) 用绝热膨胀法测定空气的比热容比.
(2) 观察热力学过程中状态变化及基本物理规律.
(3) 学习气体压力传感器和电流型集成温度传感器的原理和使用方法.

【实验原理】

对理想气体的定压比热容 c_p 和定容比热容 c_V 之间的关系由下式表示:

$$c_p - c_V = R \tag{3.13.1}$$

式中,R 为气体普适常数. 气体的比热容比 γ 为

$$\gamma = \frac{c_p}{c_V} \tag{3.13.2}$$

气体的比热容比现称为气体的绝热系数,它是一个重要的物理量,γ 经常出现在热力学方程中.

实验中是怎样来测定 γ 的呢？如图 3.13.1 所示，实验时先关闭大活塞 C_2，将原处于环境大气压 p_0、室温 θ_0 的空气从小活塞 C_1 处送到储气瓶 B 内，这时瓶内空气压强增大，温度升高，关闭小活塞 C_1 待稳定后瓶内空气达到状态 I (p_1, V_1, θ_0)，见图 3.13.2，其中 V_2 为储气瓶容积。然后突然打开大活塞 C_2 达到状态 II (p_0, V_2, θ_1)，及时关闭大活塞 C_2，由于放气过程很短，可认为是一个绝热膨胀过程，瓶内气体压强减小，温度降低。I→II 绝热膨胀过程为

$$p_1 V_1^{\gamma} = p_0 V_2^{\gamma} \tag{3.13.3}$$

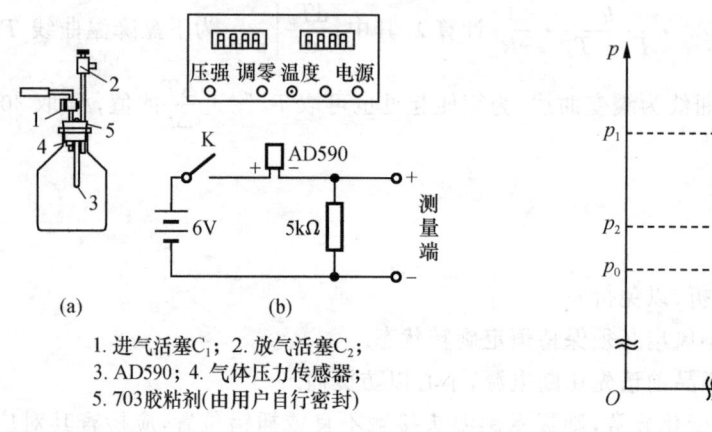

1. 进气活塞 C_1；2. 放气活塞 C_2；
3. AD590；4. 气体压力传感器；
5. 703胶粘剂(由用户自行密封)

图 3.13.1　　　　　　　　　图 3.13.2

在关闭大活塞 C_2 后，储气瓶内气体温度将升高，当升高到室温 T_0 时，达到状态 III (p_2, V_2, T_0) 时，则状态 I 和 III 应满足

$$p_1 V_1 = p_2 V_2 \tag{3.13.4}$$

由式(3.13.3)和式(3.13.4)得

$$\gamma = \frac{\ln \dfrac{p_1}{p_0}}{\ln \dfrac{p_1}{p_2}} \tag{3.13.5}$$

通过测量 p_0、p_1 和 p_2，由式(3.13.5)即可求得空气的比热容比 γ。

状态 I 变化到状态 II 的绝热过程方程的另一种表述形式为

$$\left(\frac{p_1}{p_0}\right)^{\gamma-1} = \left(\frac{T_0}{T_1}\right)^{\gamma} \tag{3.13.3'}$$

状态 II 变化到状态 III 是一个等容过程，其方程为

$$\left(\frac{p_2}{p_1}\right) = \frac{T_0}{T_1} \tag{3.13.4'}$$

由式(3.13.3′)和式(3.13.4′)同样可得式(3.13.5)。

【仪器和用具】

FD-NCD 型空气比热容比测定仪(复旦大学科教仪器厂出品)，图 3.13.3 为它的装配示意图，它由三部分组成：

(1) 储气瓶，包括玻璃瓶、进气活塞、橡皮塞等。

(2) 三位半、四位半直流数字电压表各 1 只，量程 0～1.9999V。

(3) 传感器. ①AD590 电流型集成温度传感器,测温范围为 $-50\sim150\,^\circ\text{C}$,接 6V 直流电源后组成一个稳流源(图 3.13.1),测温灵敏度为 $1\mu\text{A}/^\circ\text{C}$,若串联 $5\text{k}\Omega$ 电阻后可产生 $5\text{mV}/^\circ\text{C}$ 的信号电压,接 $0\sim2\text{V}$ 量程四位半数字电压表,可检测到最小 $0.02\,^\circ\text{C}$ 的变化. ②PT14 为扩散硅气体压力传感器,它的探头通过同轴电缆线输出信号,与仪器内的放大器及三位半数字电压表相接. 当待测气体的压强为环境大气压 p_0 时,数字电压表显示为 0;当待测气体压强为 $p_0+10.00\text{kPa}$,数字电压表显示为 200mV;气体压强灵敏度为 20mV/kPa,测量精度为 5Pa,测压范围为 $p_0\sim(p_0+10\text{kPa})$.

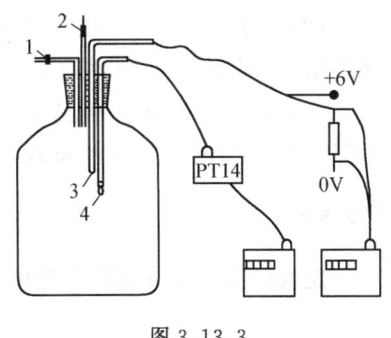

图 3.13.3

【实验内容】

(1) 按图 3.13.1(b)接好电路,将测量端连接到右边的电压表上(图 3.13.3),将压力传感器探头连接到左边的电压表上(注意 AD590 的正负极切勿接错).

(2) 开启电源,预热 20min 左右,打开活塞 C_2,用调零电位器调节零点,使左端电压表读数为零. 读右边电压表读数,记为 T_0(室温)(用 mV 表示).

(3) 关闭大活塞 C_2,打开小活塞 C_1,用打气球把空气徐徐打入储气瓶内(注意打气时不要打得太急太快),当左边电压表读数在 $130\sim150\text{mV}$ 时,即可停止打气,同时关闭小活塞 C_1.

(4) 待右边电压表读数为 $T_1'\approx T_0$ 时,读此时左边电压表的读数 p_1'(mV)(此时 p_1' 应为相对稳定值,T_1' 与 T_0 可能略有差异).

突然打开大活塞 C_2,当储气瓶的空气压强降低到环境大气压 p_0 时(放气声消失),应迅速关闭大活塞 C_2(这一步很关键).

关闭大活塞 C_2 后,瓶内气体将作等容变化,待气体升温到 $T_2'\approx T_0$ 时,读此时左边电压表的读数 p_2'(mV). (此时 p_2' 应为相对稳定值,T_2' 与 T_0 可能略有差异).

用福廷式气压计测量当天室温下的大气压 p_0 值(Pa). 由 $p_1'+p_0=p_1$,$p_2'+p_0=p_2$ 计算 p_1、p_2、p_1'、p_2' 计算时用 2000mV 相当于 10^5Pa 的数值转化为 Pa 单位.

代入式(3.13.5)即可求得 γ.

室温时干燥空气中,氧气(O_2)约占 21%,氮气(N_2)约占 78%,氩气(Ar)约占 1%. 所以空气比热容比的理论值为

$$\gamma_{理}=\frac{c_p}{c_V}=\frac{\left(\frac{99}{100}\times\frac{5}{2}R+\frac{1}{100}\times\frac{3}{2}R\right)+R}{\frac{99}{100}\times\frac{5}{2}R+\frac{1}{100}\times\frac{3}{2}R}=1.4016$$

将计算结果 $\bar{\gamma}$ 与 $\gamma_{理}$ 作比较,按

$$E=\frac{|\bar{\gamma}-\gamma_{理}|}{\gamma_{理}}\times100\%$$

计算百分误差.

【注意事项】

(1) 实验时要求环境温度 T_0 基本保持不变.

(2) 打开大活塞 C_2 放气时,当听到放气声结束时,应迅速关闭大活塞 C_2. 提早或推迟关闭大活塞,都将影响实验结果.

(3) 图 3.13.1(b) 6V 直流电源最好用四节"甲型电池"串联获得,在它的一端正极与 AD590 的正极间要安装开关 K,实验结束时务必将此开关 K 关断.

【思考题】

定性分析产生本实验误差的主要原因是什么. 应采用怎样的措施减少实验误差?

实验 3.14 电子元件伏安特性的测量和修正

【实验目的】

(1) 掌握用伏安法测电阻时系统误差的修正方法.
(2) 了解合成不确定度的计算方法.
(3) 学会测量二极管的伏安特性.

【实验原理】

电子元件的伏安特性是指加在电子元件两端的电压变化时,相应流过该元件的电流变化关系. 如果二者呈线性关系,则称该元件为线性元件,如常用的电阻、电阻箱、滑线电阻等;如果二者的变化不是线性关系,则称该元件为非线性元件,如二极管、热敏电阻等. 因此根据一个电子元件的伏安特性,就可知其导电特性,以确定它在电路中所起的作用.

1. 电阻的伏安法测量

图 3.14.1 为伏安法测电阻的线路图. 根据欧姆定律:

$$U = IR_x \tag{3.14.1}$$

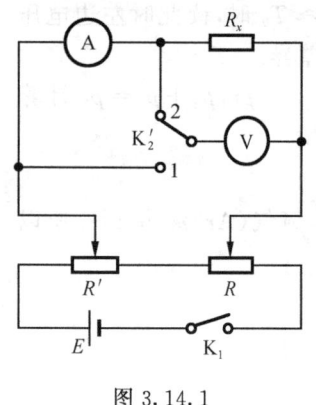

图 3.14.1

在同时测得电阻两端电压和流过电阻的电流后,即可求出电阻值 R_x. 若将电键与"1"接通,则称为电流表内接法;若电键与"2"接通,则称为电流表外接法. 由于电流表、电压表均有内阻(分别为 R_A 和 R_V),所以不论用线路图中的何种接法,都不能严格满足式(3.14.1). 如用内接法,则电压表所测电压为 $(R_x + R_A)$ 两端的电压;若用外接法,则电流表所测电流是流过电阻 R_x 和流过电压表(R_V)的电流之和. 这样将给测量带来系统误差,称为"接入误差"或"方法误差". 但这种系统误差是有规律可循的,当将误差修正后,就得到了测量的准确结果.

1) 内接法系统误差的修正

在测出了电压 U 和电流 I 后,有

$$R'_x = \frac{U}{I} = \frac{U_V + U_A}{I} = R_x + R_A$$

则

$$R_x = \frac{U}{I} - R_A = R'_x - R_A \tag{3.14.2}$$

所以对于内接法,电阻的测量值 R'_x 经过修正后就得到了被测电阻的准确值 R_x. 电流表内阻 R_A 就是系统误差的修正值. 由此可以看出,当 $R_A \ll R_x$ 时,$R'_x \approx R_x$. 此时,可用内接法.

2) 外接法系统误差的修正

根据外接法的线路图,由测出的电压 U 和电流 I,有

$$R'_x = \frac{U}{I} = \frac{U}{I_x + I_V} = \frac{R_x R_V}{R_x + R_V}$$

则

$$R_x = \frac{U}{I} \cdot \frac{R_V}{R_V - \frac{U}{I}} = R'_x \cdot \frac{R_V}{R_V - R'_x} \tag{3.14.3}$$

这就是对 R_x 的修正式. 和上面一样,R'_x 是测量值,R_x 是准确值. 我们也可以求得外接法的系统误差修正值. 以 $R_x = R'_x -$ 修正值,则修正值 $= R'_x - R_x$ 这一形式,再由式(3.13.3)得

$$修正值 = R'_x - R_x = R'_x - \frac{R'_x R_V}{R_V - R'_x} = -\frac{R'^2_x}{R_V - R'_x}$$

"−"号表示测量值小于准确值. 由式(3.14.3)可看出当 $R_V \gg R'_x$ 时,$R'_x \approx R_x$. 也即当 $R'_x \ll R_V$ 时,应当使用外接法.

讨论:对于电流表和电压表引入的合成不确定度如下:

根据 $\Delta_{仪} = \pm N_m \times a_n\%$, $u_{\Delta_{仪}} = \frac{\Delta_{仪}}{\sqrt{3}}$

(1) 如果不考虑方法误差,则仪器误差引起的不确定度由 $R = U/I$ 公式传递;
(2) 如果考虑仪器内阻,就由内接或外接修正计算式传递;
(3) 如果不考虑仪器误差,则由实验过程中多次测量的随机误差来评估.

所以测量结果 $R = (R_X \pm u_{c,R_x}) \Omega$

2. 二极管伏安特性的测定

二极管是非线性元件,其符号为"+ ▶▎ −",二极管的特性是单向导电性. 测二极管正向特性曲线时,对二极管加正向电压. 起始时二极管没有电流流过,而是在正向电压加到某一值时(U_0 死区电压)二极管才有正向电流流过,这时电流随电压的变化很慢,当正向电压升到导通电压(也称开启电压)后,电压上升变化缓慢,电流却上升很快,这时二极管正向电阻变得很小. 所以使用二极管正向工作时,应注意流过二极管的电流不能大于它的正向最大电流 I_{max},否则要损坏二极管.

当测量二极管反向特征曲线时,电压变化的上限要小于二极管的反向击穿电压 U_B,否则二极管将被击穿而损坏报废.

【仪器和用具】

电流表,电压表,直流稳压电源,滑线变阻器,待测电阻,待测二极管,导线若干.

【实验内容】

(1) 用伏安法测两只不同阻值的电阻,分别求出其准确值,系统误差修正值和合成不确定度,并写出完整表达式.

(2) 用伏安法测二极管正、反向伏安特性,并画出特性曲线.

【思考题】

方法误差是系统误差的内容之一,在本实验中是什么因素产生的?为何要进行修正?如何修正?

实验 3.15 电介质介电常数的测量

【实验目的】

(1) 掌握固体、液体电介质相对介电常数的测量原理及方法.
(2) 学习减小系统误差的实验方法.

【实验原理】

1. 用电桥法测量固体电介质相对介电常数 ε_r

通常我们用一组平行板电极组成的电容器,分别测出当平行板电极间以空气为介质(相对介电常数近似为1)时的电容量 C_1 及充满固体介质时的电容量 C_2,则固体介质的相对介电常数即为

$$\varepsilon_r = \frac{C_2}{C_1} \tag{3.15.1}$$

然而 C_1、C_2 的值很小,此时电极的边界效应、测量用的引线等引起的分布电容已不可忽略,将会引起很大的系统误差.

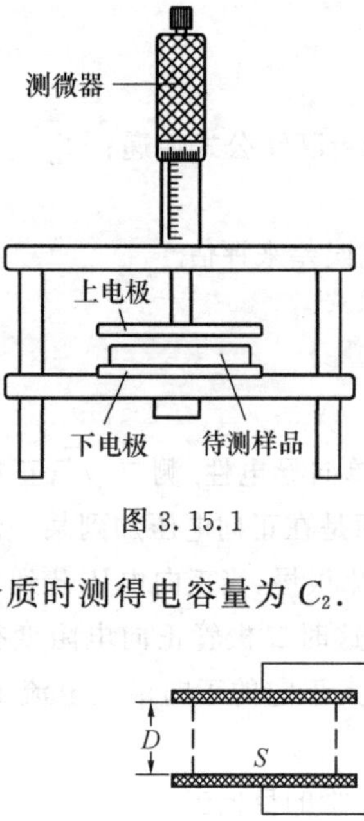

现在我们用图 3.15.1 的测微装置来进行测量,原理如图 3.15.2 所示. 设电极的间距为 D,固体介质样品的厚度和面积分别为 t 和 S. 如图 3.15.2(a)所示,当电极间为空气介质时测得电容量为 C_1;如图 3.15.2(b)放入介质时测得电容量为 C_2.

图 3.15.1

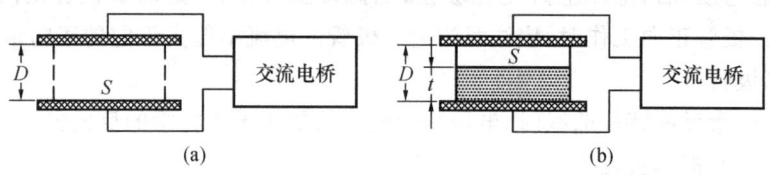

(a)   (b)

图 3.15.2

$$C_1 = C_0 + C_{\text{边}1} + C_{\text{分}1} \tag{3.15.2}$$

$$C_2 = C_{\text{串}} + C_{\text{边}2} + C_{\text{分}2} \tag{3.15.3}$$

式中,C_0 为电极间以空气为介质、样品的面积为 S 而计算出的电容量

$$C_0 = \frac{\varepsilon_0 S}{D}$$

式中,$C_{\text{边}}$ 为样品面积以外电极间的电容量和边界电容之和,$C_{\text{分}}$ 为测量引线及测量系统等引起的

分布电容之和，$C_串$ 由样品面积内介质层电容和空气层电容串联而成．根据电容串联公式有

$$C_串 = \frac{\frac{\varepsilon_0 S}{D-t} \cdot \frac{\varepsilon_r \varepsilon_0 S}{t}}{\frac{\varepsilon_0 S}{D-t} + \frac{\varepsilon_r \varepsilon_0 S}{t}} = \frac{\varepsilon_r \varepsilon_0 S}{t + \varepsilon_r (D-t)} \tag{3.15.4}$$

当两次测量中电极间距 D 为一定值，系统状态保持不变，则有 $C_{边1}=C_{边2}$，$C_{分1}=C_{分2}$．由式（3.15.2）、式（3.15.3）得

$$C_串 = C_2 - C_1 + C_0 \tag{3.15.5}$$

由式（3.15.4）、式（3.15.5）得固体介质相对介电常数 ε_r

$$\varepsilon_r = \frac{C_串 \cdot t}{\varepsilon_0 S - C_串 (D-t)} \tag{3.15.6}$$

利用上述测量装置可测定空气的介电常数（$\varepsilon \approx \varepsilon_0$）和系统的分布电容．方法是旋转测微器，改变电容器的极板间距 D，不同的 D，对应测出两极板间充满空气时的电容量 C．此时近似有

$$C = \frac{\varepsilon_0 S_0}{D} + C_分 \tag{3.15.7}$$

与线性函数的标准式 $y=A+Bx$ 对比可得

$$y = C, \quad A = C_分, \quad B = \varepsilon_0 S_0, \quad x = \frac{1}{D}$$

式中，S_0 为电容极板面积．将每个 D 及对应的 C 值进行统计计算即可得 ε_0 及 $C_分$ 之值．

2．用频率法测定液体电介质的相对介电常数

用频率法测定液体电介质相对介电常数的原理如图 3.15.3 所示，它由介电常数测试仪、液体测试电容电极（C_1、C_2）和频率计组成．

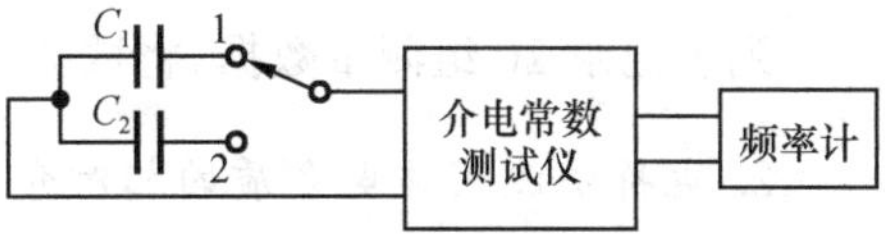

介电常数测试仪内部的电感 L 和电容电极 C 构成 LC 振荡回路，振荡频率为

$$f = \frac{1}{2\pi \sqrt{LC}},$$

图 3.15.3

即

$$C = \frac{1}{4\pi^2 L f^2} = \frac{k^2}{f^2} \tag{3.15.8}$$

其中，$k^2 = \frac{1}{4\pi^2 L}$

如果电感 L 一定，即 k 为常数，则频率仅随电容 C 的变化而变化．同样因测量系统有分布电容 $C_分$，则 $C=C_0+C_分$．

当电容 C 的介质为空气时接入电容 C_1，则其电容量为 C_{01}，相应的振荡频率为 f_{01}，得

$$C_{01} + C_分 = \frac{k^2}{f_{01}^2} \tag{3.15.9}$$

断开 C_1，接入 C_2，则其电容量为 C_{02}，相应的振荡频率为 f_{02}，得

$$C_{02} + C_分 = \frac{k^2}{f_{02}^2} \tag{3.15.10}$$

式（3.15.10）减去式（3.15.9）得

$$C_{02} - C_{01} = \frac{k^2}{f_{02}^2} - \frac{k^2}{f_{01}^2} \tag{3.15.11}$$

当电容 C 的介质为待测液体时,相应的有

$$\varepsilon_r(C_{02} - C_{01}) = \frac{k^2}{f_2^2} - \frac{k^2}{f_1^2} \quad (3.15.12)$$

式中,ε_r 为待测液体电介质的相对介电常数.将式(3.15.12)除以式(3.15.11)得

$$\varepsilon_r = \frac{\dfrac{1}{f_2^2} - \dfrac{1}{f_1^2}}{\dfrac{1}{f_{02}^2} - \dfrac{1}{f_{01}^2}} \quad (3.15.13)$$

在实验过程中应保持系统状态不变,即保持 $C_\text{分}$ 为一定值,才能消除分布电容对测量结果的影响.从式(3.15.13)可知,只要测出 f_{01}, f_{02}, f_1, f_2,即可计算出液体介质的相对介电常数 ε_r.

【仪器和用具】

介电常数测试仪(振荡器、液体介质测量电极及容器、固体介质测量电极),频率计,交流电桥,螺旋测微器,游标卡尺,被测液体介质,被测固体介质.

【实验内容】

1. 频率法测液体电介质的相对介电常数

按图 3.15.3 连接好线路,液体测量电极以空气为介质,电极上的电容选择开关置于 1,测得振荡频率 f_{01}.将电容选择开关置于 2,测得振荡频率 f_{02}.

在液体测量电极的容器中倒入液体介质,电容选择开关置于 1,测得振荡频率 f_1,电容选择开关置于 2,测得振荡频率 f_2.

列表记录 10 组测量数据,将数据代入式(3.15.13)计算出 ε_r.

2. 电桥法测固体电介质的相对介电常数

取固体样品,要求厚薄均匀、外径比电极极板略小的板状体.用游标卡尺和螺旋测微器测出样品的直径 d 和厚度 t,并计算出面积 S.

按图 3.15.2 连接好线路,调节固体测量电极上、下极板的间距,并从电极的标尺上读出该间距 D,使间距为样品厚度的 1.3 倍左右,用交流电桥测出电极以空气为介质时的电容量 C_1.保持电极极板的间距不变,将被测样品放入两极板间,再用电桥测出电极中有介质时的电容量 C_2.

列表记录测量数据,将数据代入式(3.15.6)计算出 ε_r.

3. 统计计算法测介电常数 ε_0

实验装置及连线同 2,调节测量电极两极板的间距从 1.000mm 开始,每次增加 0.100mm,测出每个间距对应的电容量 C_n.

列表记录数据,用统计计算法求出 $y = A + Bx$ 中的 A、B 值,并计算出介电常数 ε_0 和分布电容 C_0.

【思考题】

(1) 在测量固体、液体电介质的相对介电常数时,接线的长短对测量的结果准确度有没

有影响？为什么？

（2）在测量固体、液体电介质的相对介电常数时，怎样减少边界效应和测量系统分布电容对测量结果的影响？

实验 3.16　用直流电桥测量电阻

电桥是一种比较式仪器，在电测技术中应用极为广泛，可以测量电阻、电容、电感、频率，还可通过热敏、压敏、光敏等元件组成桥式传感器的转换来测量压力、温度等非电量．电桥分直流电桥和交流电桥．

直流电桥主要用于测量电阻，根据其结构的不同，分为单臂电桥和双臂电桥，前者常称为惠斯通（Wheatstone）电桥，适用于测量中值电阻（$1 \sim 10^5 \Omega$）；后者常称为开尔文（Kelvin）电桥，适用于测量低值电阻（$10^{-6} \sim 1\Omega$）．

实验 3.16.1　用单臂电桥测电阻

【实验目的】

（1）掌握单臂电桥的原理．
（2）学会用单臂电桥测电阻的方法．
（3）了解电桥灵敏度及测量方法．

【实验原理】

1. 单臂电桥的工作原理

如图 3.16.1 所示为英国物理学家惠斯通于 1843 年提出的电桥电路．图中 R_1, R_2, R_0 和 R_x 四个电阻联成一个四边形，称为电桥的四个臂．其中一个臂为被测电阻 R_x，其余各臂都是可调节的标准电阻．在 AC 两对角间连接电池、开关和限流电阻 R_E；在 BD 两对角间连接检流计 G、开关和限流电阻 R_h，检流计比较这两点的电势．当 B、D 两点电势相等时，检流计中无电流通过（即 $I_g = 0$），这时电桥处于平衡状态，于是有

$$R_x = \frac{R_1}{R_2} R_0 \qquad (3.16.1)$$

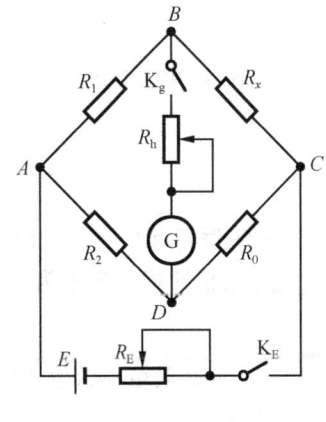

图 3.16.1

上式就是电桥平衡条件．通常称 $\dfrac{R_1}{R_2}$ 为比例臂（或称倍率），R_0 为比较臂，R_x 为测量臂．

由于电桥测电阻的过程是 D、B 两点电势进行比较，即电压比较过程，故称电桥测量是电压比较测量，又由于平衡须由检流计示零表示，故又称零示法．

2. 电桥灵敏度

在电桥测量过程中，当检流计无偏转时，只能说明流过检流计的电流 I_g 小到检测不出

来. 为了定量描述由于检流计灵敏度的限制给电桥测量带来的误差,在电桥平衡后,将 R_x 稍改变 ΔR_x,电桥将失去平衡,检流计指针将有 Δn 格偏转. 定义

$$S = \frac{\Delta n}{\Delta R_x / R_x} \tag{3.16.2}$$

为电桥的相对灵敏度. S 越大,电桥越灵敏.

由于 R_x 是电桥四臂中任意指定的一个桥臂,可以证明电桥灵敏度 S 对任一臂都是一样的,即

$$S = \frac{\Delta n}{\Delta R_x / R_x} = \frac{\Delta n}{\Delta R_1 / R_1} = \frac{\Delta n}{\Delta R_2 / R_2} = \frac{\Delta n}{\Delta R_0 / R_0} \tag{3.16.3}$$

在实验过程中 R_x 是不能改变的,可改变 R 来测量电桥的灵敏度.

根据电桥理论,可推导出

$$S = \frac{S_i E}{(R_1 + R_2 + R_0 + R_x) + \left(2 + \dfrac{R_2}{R_1} + \dfrac{R_x}{R_0}\right) R_g} \tag{3.16.4}$$

式中, $S_i = \Delta n / \Delta I_g$ 和 R_g 为检流计的灵敏度和内阻, E 为电源电压. 上式说明,电桥灵敏度与检流计的灵敏度、电源电压及桥臂电阻配置等因素有关. 选用较高灵敏度的检流计,适当提高电源电压都可提高电桥的灵敏度.

3. 自组电桥测量的不确定度

(1) 电桥灵敏度引入的不确定度. 使电桥由平衡调节到不平衡的 $\Delta R_0 / R_0$(即一般检流计有 0.2 格的偏转人眼便可察觉)作为被测量的相对误差,由式(3.16.2)可得

$$\frac{\Delta R_x}{R_x} = \frac{\Delta n}{S} \tag{3.16.5}$$

由此可定出灵敏度引起的误差限为

$$\Delta_{\text{灵},R_x} = R_x \frac{\Delta n}{S} \tag{3.16.6}$$

所以电桥灵敏度引入的不确定度为

$$u_{\text{灵},R_x} = \frac{\Delta_{\text{灵},R_x}}{\sqrt{3}} = \frac{\left(R_x \cdot \dfrac{\Delta n}{S}\right)}{\sqrt{3}}$$

(2) 桥臂元件——电阻箱的仪器误差引入的不确定度.

电阻箱的仪器误差为

$$\Delta_{\text{仪},R} = \sum (a_i\% \cdot R_i) + R_0$$

式中, a_i 为电阻箱各示值盘的准确度等级, R_i 为各示值盘的示值, R_0 为残余电阻.

简化为

$$\Delta R_{\text{仪}} = a_i\% R$$

式中, R 为电阻箱总示值.

由此,电阻 R_1, R_2 和 R_0 引入的合成不确定度为

$$u_{\text{仪},R_x} = R_x \sqrt{\left(\frac{u_{\text{仪},R_1}}{R_1}\right)^2 + \left(\frac{u_{\text{仪},R_2}}{R_2}\right)^2 + \left(\frac{u_{\text{仪},R_0}}{R_0}\right)^2} \tag{3.16.7}$$

(3) 合成标准不确定度为

$$u_{c,R_x} = \sqrt{u_{仪,R_x}^2 + u_{灵,R_x}^2} \quad (3.16.8)$$

所以测量结果

$$R = R_x \pm u_{c,R_x}(\Omega)$$

4. 箱式单臂电桥

1) 结构

QJ-23A 型箱式单臂电桥,主要由比例臂、比较臂、检流计和电源等部分组成,全部部件都安装在箱内,携带方便. 它的面板图如图 3.16.2 所示.

本仪器总有效量程为 $0\sim 11.11\text{M}\Omega$,其准确度如表 3.16.1 所示. 仪器内附的检流计,电流计常量小于 $6\times 10^{-7}\text{A/mm}$,周期小于 4s. 内附 4.5V 干电池(1.5V 三节).

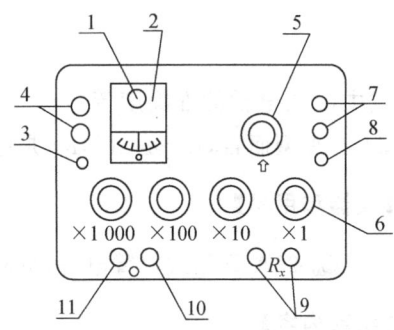

1. 指零仪零位调整器;2. 指零仪;3. 内、外接指零仪转换开关;4. 外接指零仪接线端钮;5. 量程变换器(倍率);6. 测量盘;7. 外接电源接线端钮;8. 内、外接电源转换开关;9. 测试电阻器接线端钮;10. 指零仪按钮;11. 电源按钮

图 3.16.2

表 3.16.1 QJ-23A 型箱式单臂电桥参数

倍 率	测量范围	准确度	电源电压
×0.001	$0\sim 11.11\Omega$	±0.5%	
×0.01	$0\sim 111.1\Omega$	±0.2%	4.5V
×0.1	$0\sim 1111\Omega$	±0.1%	
×1	$0\sim 11.11\text{k}\Omega$	±0.1%	
×10	$0\sim 111.1\text{k}\Omega$	±0.1%	9V
×100	$0\sim 1111\text{k}\Omega$	±0.2%	21V
×1000	$0\sim 5\text{M}\Omega$	±0.5%	
	$5\sim 11.11\text{M}\Omega$		36V

在测量 5kΩ 以上的电阻时,要外接高灵敏度电流计.

2) 使用方法

(1) 把待测电阻接在 R_x 接线柱之间;

(2) 若使用仪器内检流计,要把项 3 板向"内接";

(3) 调节好检流计零点;

(4) 根据待测电阻的大约数值(可用多用电表粗测)选择合适的比例臂的倍率 K,调节比较臂(测量盘)R_0 使测量结果有四位有效数字;

(5) 用跃接法按下按钮 B 和 G,调节 R_0 直至检流计指针不偏转,即电桥平衡,则 $R_x = KR_0$. 注意:在测量电感性电阻时,应先按电源按钮 B 再按 G,断开时,应先放开 G,再放开 B;

(6) 使用完毕,将 B,G 松开. 若要携带或不使用时,应将项 3 板向"外接",使检流计受到短路保护,电桥长期不使用应取出电池.

3) 箱式电桥测电阻的不确定度

箱式电桥测电阻的不确定度,由该电桥仪器误差 $\Delta_仪$ 引起的不确定度 $u_{仪,R_x}=\dfrac{\Delta_{仪,R_x}}{\sqrt{3}}$ 与电桥灵敏度引起的不确定度 $u_{灵,R_x}$ 合成. 又 $u_{灵,R_x}$ 比 $u_{仪,R_x}$ 小得多,可以忽略. 所以箱式电桥的标准不确定度为 $u\approx u_{仪,R_x}$. 其中电桥仪器误差为

$$\Delta_{仪,R_x} = a\%k\left(\frac{R_N}{10} + R_0\right)$$

式中,a 为电桥的准确度等级,k 是倍率,R_N 是电桥有效量程(测量盘)的最高位幂次方,对 QJ-23A 型而言,R_N 是 10^4,R_0 是电桥平衡后的测量盘置数.测量结果表示为 $R_x \pm u_{c,R_x}$.

【仪器和用具】

QJ-23A 型箱式单臂电桥,电阻箱,检流计,直流稳压电源,滑线变阻器,多用电表,开关.

【实验内容】

(1) 用自组单臂电桥测电阻.按图 3.16.1 用回路接线法接好线路.要求选取比例臂 R_1/R_2 为 1 和 0.1 时分别测量几十、几百和几千欧姆的电阻及相应的电桥灵敏度,并估计其不确定度.

注意:①测量前,可根据待测电阻的大约数值(用多用电表粗测)初置 R_0,同时为便于调节,变阻器 R_h 和 R_E 先取最大值,实验中应正确调整 R_0,直至检流计指针无偏转时,逐渐减小 R_h 和 R_E 的值,再细调 R_0,使电桥达到平衡,然后再将 R_0 和 R_x(或 R_1 和 R_2)交换后再测. ②调电桥平衡后,改变电阻箱 R_0 的值,使检流计偏转 5~8 格,记下 R_0 的改变量 ΔR_0,计算相应的电桥灵敏度.选一待测电阻,改变电源电压值,观察电桥灵敏度的变化.

(2) 用箱式单臂电桥,选合适的倍率,测量上述三个待测电阻(应有四位有效数字),并任选一个电阻,测量相应的电桥灵敏度,并估计其不确定度.

【思考题】

(1) 为什么先将待测电阻用多用电表粗估一下,再用电桥测量?

(2) 为什么用自组单臂电桥测电阻时,要对 R_0 和 R_x(或 R_1 和 R_2)作一次位置互换的换臂测量?

(3) 图 3.16.1 中检流计支路串联一个大电阻 R_h 的作用是什么?对电桥灵敏度有无影响?在测量过程中如何操作?

(4) 用图 3.16.1 所示单臂电桥测电阻时,若无论怎样调节 R_0,检流计始终偏向零点的一侧,试解释之.

(5) 影响单臂电桥测量误差的因素是哪些?电源电压不太稳定,对测量结果有无影响?

(6) 箱式单臂电桥选取比例臂的倍率时原则是什么?

(7) 如何用单臂电桥测量表头的内阻?测量时用什么办法保护待测表头?

实验 3.16.2 用双臂电桥测低电阻

【实验目的】

(1) 了解双臂电桥的结构原理和消除接线电阻及接触电阻的方法.

(2) 掌握用双臂电桥测量低电阻的方法.

【实验原理】

在用单臂电桥测量中值电阻时,忽略了各桥臂的接线电阻和接触电阻(数量级为 10^{-2}~$10^{-5}\Omega$).但若测量低电阻时,这些附加电阻就不能忽略了.为此必须对单臂电桥线路加以改造,从而发展成为双臂电桥.用它测量金属的电阻率、电机和变压器绕组的电阻、电键的接触电阻以及各类低电阻等.

1. **双臂电桥的工作原理**

图 3.16.3 为双臂电桥电路图. 图中 E 为电源, G 为检流计, R_t 为滑线变阻器, R_n 是标准低电阻, 作为电桥的比较臂, R_x 是被测低电阻, R 是 R_x 和 R_n 之间连接粗导线的电阻. R_n 和 R_x 均采用四端钮线方式. R_1、R_2、R_3 和 R_4 为电桥的两个比率臂电阻, 与单臂电桥相比, 多了一组桥臂 R_3 和 R_4, 所以称为双臂电桥.

双臂电桥测低电阻就是将 R_x 和 R_n 相比较, 当 R_1、R_2、R_3 和 R_4 取某一值时, 电桥平衡, 即 $I_g=0$, d、c 两点电势相等. 根据基尔霍夫定律, 有

$$I_1 R_2 = I_3 R_4 + I_n R_n$$
$$I_1 R_1 = I_3 R_3 + I_n R_x \qquad (3.16.9)$$
$$(I_n - I_3)R = I_3(R_3 + R_4)$$

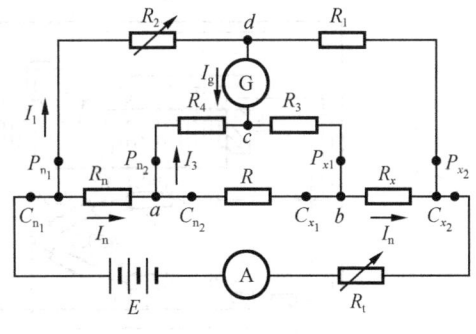

图 3.16.3

联立求解, 得

$$R_x = \frac{R_1}{R_2} R_n + \frac{R R_4}{R_1 + R_2 + R_4}\left(\frac{R_1}{R_2} - \frac{R_3}{R_4}\right) \qquad (3.16.10)$$

若选择 $R_1/R_2 \approx R_3/R_4$ 或电阻 R 极小, 则

$$R_x = \frac{R_1}{R_2} R_n \qquad (3.16.11)$$

上式即为用双臂电桥测低电阻的公式.

所以, 双臂电桥测低电阻就是将 R_x 和 R_n 相比较.

2. **双臂电桥如何排除接线电阻和接触电阻对测量结果的影响**

（1）R_x、R_n 和电源的接线电阻以及接头 C_{x_2} 和 C_{n_1} 的接触电阻, 是在电桥的桥臂之外的电源回路中, 只影响电桥总的工作电流, 所以, 对测量结果没有影响.

（2）R_x 和 R_n 的两对电压接头 P_{x_1}、P_{x_2} 和 P_{x_3}、P_{x_4} 的接线电阻和接触电阻, 分别包含在四个比率臂电阻内, 引入检流计回路中, 只要 R_1、R_2、R_3 和 R_4 足够大, 则接线电阻和接触电阻不影响测量的准确度. 例如, 接线电阻和接触电阻为 $10^{-2} \sim 10^{-5} \Omega$ 数量级, 只要选 R_1、R_2、R_3 和 R_4 为 $10^2 \Omega$ 数量级, 并用粗接线, 则对测量结果几乎没有影响.

（3）R_x 和 R_n 之间接线电阻和 C_{x_1}、C_{n_2} 的接触电阻都已包含在 R 支路中内, 只要 $R_1/R_2 = R_3/R_4$, 式(3.16.10)中第二项就为零. 但实际上不可能绝对准确地使 $R_1/R_2 = R_3/R_4$, 所以, R 的大小对测量结果会有影响. 为减少式(3.16.10)第二项对测量结果的影响, 一般尽量减小 R 值, 用一根电阻值小于 0.001Ω 的粗导线, 并且 C_{n_1}、C_{n_2} 处接触紧密, 使式(3.16.10)中第二项小到相对于第一项可能忽略的程度.

3. **板式双臂电桥**

图 3.16.4 是 SD-2 型板式双臂电桥电路图. 其中 R_n 是一根标准电阻棒, 旁边附有刻度尺, 当 M 点在 R_n 上滑动时, NM 长度可由刻度尺读出. 待测电阻 R_x 用弹簧片夹紧在 P、Q 两点之间, 检流计接在三对不同倍率的接线柱上, 以改变电桥的量程. 当接到 0.1 接线柱上时,

$R_1=R_3=100\Omega, R_2=R_4=100+450+450=1000(\Omega)$,所以 $k=R_1/R_2=R_3/R_4=0.1$,其他两对接线柱分别对应于 $R_1/R_2=R_3/R_4=1$ 和 10. 测量时,应根据待测电阻 R_x 的大小合理选择 R_1/R_2 值,在标尺允许的范围内,使 NM 的长度(其电阻用 R_n 表示)有尽可能大的读数. 移动 M 点使电桥平衡,则有

$$R_x = k \cdot R_n \tag{3.16.12}$$

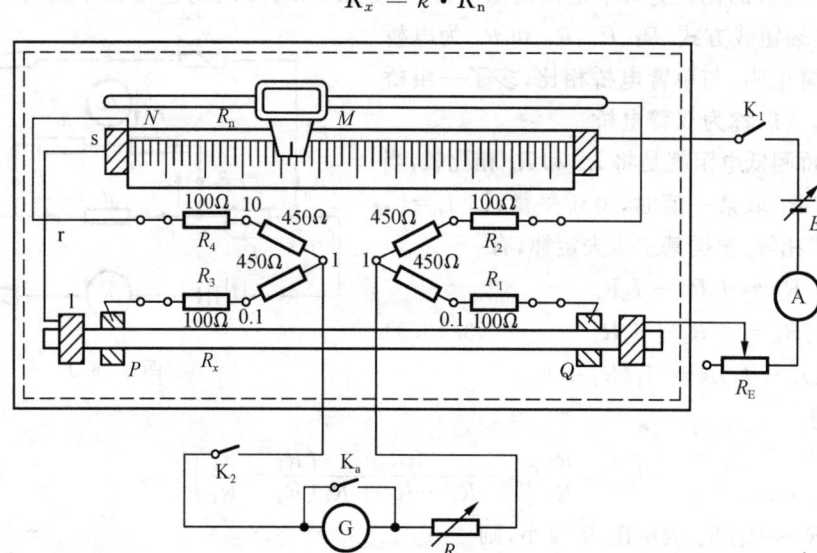

图 3.16.4

4. 箱式双臂电桥

1) 结构和使用说明

图 3.16.5 是 QJ-42 面板示意图.

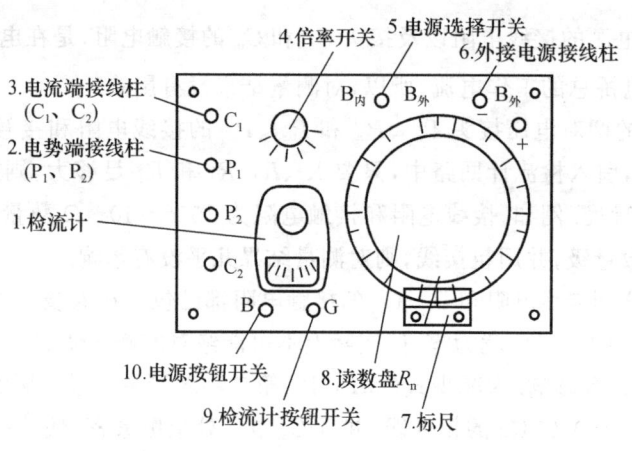

图 3.16.5

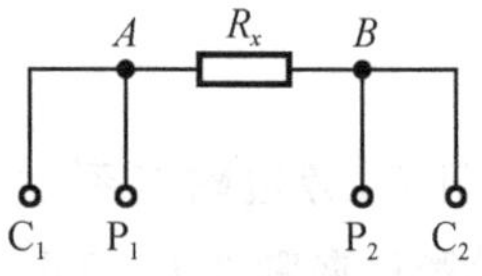

(1) 在仪器背面电池盒中装上 6 节 1 号干电池,或在外接电源接线柱"$B_{外}$"上接入 1.5～2V 直流电源,并将"电源选择"电键拨向相应的位置.

(2) 将检流计指针调到"0"位,并将待测电阻 R_x 按图 3.16.6 所示四端接线法接入.

图 3.16.6

(3) 估计被测电阻 R_x 的阻值,预置倍率电键的位置,按下按钮"G"和"B",并调节读数盘 R_n,使电桥平衡,则被测电阻的阻值为

$$R_x = kR_n$$

式中,k 为倍率电键示值,R_n 为读数盘示值.

根据制造厂规定,QJ-42 型直流双臂电桥在环境温度为 (20 ± 10)℃,相对湿度小于 80% 等条件下,在基本量限 $0.0001\sim11\Omega$ 内,电阻值测量结果的不确定度为

$$u_{c,R_x} = 2\% \cdot R_{\max} \tag{3.16.13}$$

式中,2 为准确度等级,$R_{\max}$ 为在所用的倍率下最大可测电阻值. 例如,倍率为 0.1 时,$R_{\max} = 1.1\Omega$,这时,$u_{c,R_x} = 0.022\Omega$.

2) 注意事项

(1) 被测电阻的电流接头和电压接头不能搞错,连接用的导线应短而粗,其阻值应小于 0.01Ω. 各接头点必须干净,避免接触不良.

(2) 测量 $0.0001\sim0.01\Omega$ 时,工作电流较大,按钮"B"应间歇使用,即宜跃接.

(3) 测量具有大电感的电阻时,为了防止损坏检流计,接通时应先按"B",后按"G"按钮,而断开时应先放"G",后放"B"按钮.

(4) 使用完毕,应将倍率电键旋到"G 短路"位置上.

【仪器和用具】

QJ-42 型携带式直流双臂电桥,板式双臂电桥,光点检流计(或指针式检流计),电流表,直流电源,滑线变阻器,电键,米尺,螺旋测微器,待测金属棒,待测低电阻.

【实验内容】

1. 用板式双臂电桥测定金属棒的电阻率

(1) 按图 3.16.4 接好线路. 将待测金属棒表面擦净,夹紧在 R_x 的位置上,选择合适的倍率 k,移动 M 点使电桥平衡,由公式 $R_x = kR_n$ 求得 R_x 值.

(2) 用米尺测出 P、Q 之间的距离 L,用螺旋测微器测出待测金属棒的直径 d(在不同的位置测 5 次取平均),由 $\rho_x = \dfrac{\pi d^2 R_x}{4L}$ 求出金属棒的电阻率.

2. 用箱式双臂电桥测快速熔断器的电阻值

实验中要记下双臂电桥的型号、测量范围和准确度等级,选择合适的倍率 k,调节读数盘 R_n 使电桥平衡,由公式 $R_x = kR_n$ 计算,并得出完整的测量结果.

【注意事项】

(1) 实验时,用跃接法使通电时间尽可能短,避免金属棒发热.

(2) 本实验若采用光点检流计,灵敏度高,操作时注意保护(思考:实验中怎样操作?).

【思考题】

(1) 测低电阻时,为什么要有四个端钮,即电流端钮(C_1、C_2)和电压端钮(P_1、P_2),测量结

果 R_x 是 C_1、C_2、P_1、P_2 哪两个端钮间的电阻值?

(2) 双臂电桥测电阻值的基本原理是什么? 电桥平衡的条件是什么? 为何 R_1 和 R_3 以及 R_2 和 R_4 要同轴调节?

(3) 图 3.16.4 所示板式双臂电桥测低电阻时,R_h 和 R_E 怎样正确操作?

(4) 双臂电桥与单臂电桥有哪些异同点?

实验 3.17 交 流 电 桥

【实验目的】

(1) 了解交流电桥平衡的原理,掌握交流电桥的调节方法.
(2) 学会用交流电桥测电容和电感.

【实验原理】

交流电桥主要用来测量电容器的电容量和线圈的电感量. 它是电容、电感测量中精确度最高的测量仪器.

1. 实际电容器和线圈的等效电路

电容器可以等效成一理想电容器和一电阻器串联而成的 RC 电路,如图 3.17.1(a)所示. 对

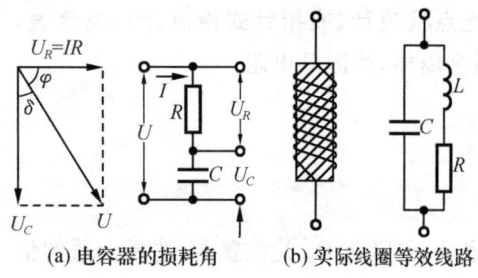

(a) 电容器的损耗角   (b) 实际线圈等效线路

图 3.17.1

于理想电容器,其串联电阻值趋近于 0,由于实际电容器不完全理想,所以正弦交流电通过时,电容器两端的电压和电流之间相位角 φ 不是 90°,而是 $90°-\delta$,δ 称为损耗角,φ 就是实际电容器端电压和电流间的相位差. δ 随 R 的增大而变大,离理想电容的特征越远,因此 δ 是衡量实际电容器与理想电容器差别的一个重要参数. 为了方便,用 $\tan\delta$ 来衡量电容器的实际质量,称为损耗.

$$\tan\delta = RC\omega \quad (3.17.1)$$

电感器是由导线按一定方式绕制而成的线圈,它可以等效于一个 RLC 串联的电路,如图 3.17.1(b)所示,图中 C 为实际线圈的"分布"电容,其值很小,对高频交流电有较大的旁路作用. L 为纯电感线圈或称理想线圈,R 为线圈的直流电阻和由其他影响合成的串联电阻. 如线圈工作在低频范围内,便可略去 C,而仅考虑线圈的直流电阻,于是感抗为

$$X_L = R + L\omega \mathrm{i} \quad (3.17.2)$$

R 越小,线圈越接近纯电感. 为了衡量线圈的质量,用品质因数 Q 来定量描述

$$Q = \frac{L\omega}{R} \quad (3.17.3)$$

2. 交流电桥及其平衡条件

交流电桥可以测量电容、电感和它们的损耗以及品质因数,交流电桥的线路形式与直流电桥相同,但交流电桥使用的是交流电,频率为被测元件的工作频率. 而指零仪不能用灵敏检流计那样的直流电表,而是高灵敏度的交流电压表、交流电流表、示波器等. 还有桥臂中各元件在交

流电桥中不都是电阻,而可以是标准电感、标准电容或者 RLC 的组合回路等. 交流电桥中四个桥臂一般是由阻抗元件组成的,它可以是电感、电容或电阻. 被测对象为电桥的一臂,在电桥的一个对角线上接交流指零仪,另一对角线接交流电源,见图 3.17.2.

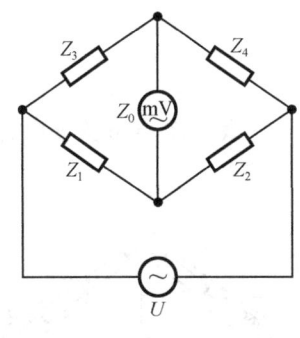

图 3.17.2

调节电桥的桥臂参数,使交流指零仪中没有电流流过,这时对角线上两点电势在任一时刻都相等,电桥达到平衡,此时

$$\tilde{I}_1 \tilde{Z}_1 = \tilde{I}_3 \tilde{Z}_3$$
$$\tilde{I}_2 \tilde{Z}_2 = \tilde{I}_4 \tilde{Z}_4$$

又

$$\tilde{I}_1 = \tilde{I}_2, \quad \tilde{I}_3 = \tilde{I}_4$$

解之可得

$$\tilde{Z}_1 \tilde{Z}_4 = \tilde{Z}_2 \tilde{Z}_3 \tag{3.17.4}$$

式中,$\tilde{I}_1$、$\tilde{I}_2$、$\tilde{I}_3$、$\tilde{I}_4$ 为复电流,$\tilde{Z}_1$、$\tilde{Z}_2$、$\tilde{Z}_3$、$\tilde{Z}_4$ 为复阻抗. 式(3.17.4)即为交流电桥的平衡条件,即交流电桥达到平衡时,相对桥臂的阻抗的乘积相等.

若把复阻抗用复数形式表示,式(3.17.4)可写成

$$Z_1 Z_4 e^{i(\varphi_1 + \varphi_4)} = Z_2 Z_3 e^{i(\varphi_2 + \varphi_3)}$$

要使等式两边相等,则必须有

$$Z_1 Z_4 = Z_2 Z_3 \tag{3.17.5}$$
$$\varphi_1 + \varphi_4 = \varphi_2 + \varphi_3 \tag{3.17.6}$$

式(3.17.5)表明了交流电桥平衡时,相对的桥臂阻抗乘积大小应相等;式(3.17.6)则表明了交流电桥平衡时应满足的相位角条件,这是交流电桥与直流电桥的不同之处.

3. 电容电桥

电路如图 3.17.3 所示. Z_3 为被测电容 C_x,其中待测电容等效为一个理想电容 C_x 和一个电阻 R_x 的串联. Z_4 为标准电容箱 C_0 和电阻箱 R_0 的串联,构成比较臂,由于标准电容箱的损耗很小,可看作一个理想电容. Z_1,Z_2 分别为电阻箱 R_1 和 R_2,构成比例臂. 则有

$$Z_1 = R_1, \quad Z_2 = R_2$$
$$Z_3 = R_x + \frac{1}{i\omega C_x}, \quad Z_4 = R_0 + \frac{1}{i\omega C_0}$$

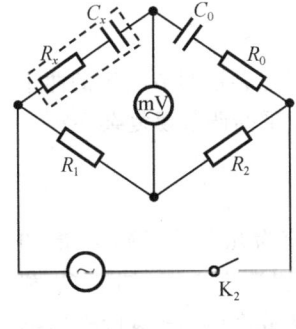

图 3.17.3

由式(3.17.4),有

$$R_1 \left(Z_4 = R_0 + \frac{1}{i\omega C_0} \right) = R_2 \left(Z_4 = R_x + \frac{1}{i\omega C_x} \right)$$

令等式两边的实部与虚部分别相等,求得电容电桥的平衡条件为

$$C_x = \frac{R_2}{R_1} C_0 \tag{3.17.7}$$

$$R_x = \frac{R_1}{R_2} R_C \tag{3.17.8}$$

当电容电桥平衡时,由 C_0、R_C、R_1、R_2 可求得待测电容的电容量 C_x 和损耗电阻 R_x.

令

$$\tan\delta = \frac{R_x}{\dfrac{1}{\omega C_x}} = R_x\omega C_x \tag{3.17.9}$$

我们称 $\tan\delta$ 为该电容器的损耗正切,其中 δ 称为损耗角.

4. 电感电桥

电路如图 3.17.4 所示,待测电感等效为一个理想电感 L_x 和一个电阻 R_x 的串联,标准电感等效为一个理想电感 L_0 和一个电阻 R_L 的串联.由平衡条件式(3.17.4)得

$$L_x = \frac{R_1}{R_2}L_0 \tag{3.17.10}$$

$$R_x = \frac{R_1}{R_2}(R_0 + R_L) \tag{3.17.11}$$

式中,R_0 是为满足式(3.17.6)的平衡条件而设置,当被测电感内阻较小,标准电感内阻较大,则 R_0 应与待测电感相串联,此时的式(3.17.11)应改为

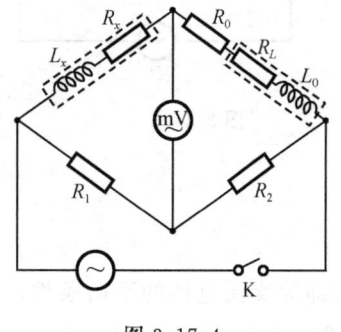

图 3.17.4

$$R_x = \frac{R_1}{R_2}R_L - R_0 \tag{3.17.12}$$

令

$$Q = \frac{\omega L}{R} \tag{3.17.13}$$

称 Q 为电感的品质因素.

【仪器和用具】

信号发射器(交流电源),交流毫伏表(指零仪),标准电容箱,标准电感器,电阻箱待测电容器,待测电感线圈,万能电桥.

【实验内容】

在交流电桥中,为使电桥达到平衡,必须同时满足两个平衡条件.因此必须调节电桥的两个参数,而且对这两个参数要进行反复调节.与直流电桥相比,交流电桥的平衡调节要复杂一些.

1. 测电容

按图 3.17.3 接好线路.设置比例臂 R_1、R_2(通常取 $R_1 = R_2$,阻值为几百欧姆),R_0 的初始值取零,初始时交流电源输出电压调得低一点,指零仪毫伏表的量程选大一点.调节 C_0 和 R_0,使毫伏表的指示减小.适当提高交流电源输出电压和毫伏表的灵敏度(即减小量程),继续反复调节 C_0 和 R_0,直至毫伏表指示不再减小.此时电桥达到平衡,记录 R_1、R_2、C_0、R_0 的值,并代入式(3.17.7)~式(3.17.9)计算出 C_x、R_x 和 $\tan\delta$.

2. 测电感

按图 3.17.4 接好线路.设置电阻箱 R_1 和 R_2(阻值为几百欧姆),R_0 的初始值取零,初始时电源电压调得低一点,毫伏表的量程选大一点.调节电阻箱 R_1 和 R_0,使毫伏表的指示减小,若开始增大 R_0 时毫伏表的指示也增大,则应将 R_0 的位置换到被测桥臂内.当指零仪指

示较小时,适当提高电源电压和毫伏表的灵敏度,继续反复调节 R_1 和 R_0,直至毫伏表指示不再减小,此时电桥达到平衡. 记录 R_1、R_2、R_0、L_0、R_L 的值,并代入式(3.17.10)、式(3.17.11)或式(3.17.12)、式(3.17.13)计算出 L_x、R_x 和 Q 值.

在调整中,会发现毫伏表始终不能回到零,这是由于电路受到外界杂散信号的干扰而引起指零仪的偏转. 判断是电桥是否平衡,可以改变交流电源的输出电压观察毫伏表的指示,如指示不变则电桥已平衡,否则电桥没有平衡.

3. 比较

用成品万能电桥测量电容和电感,与组装电桥测得的结果进行比较.

【思考题】

(1) 简述交流电桥与直流电桥的异同.

(2) 交流电桥中,仅选一个可调变量可否实现电桥平衡? 为什么?

实验 3.18　霍尔效应测磁感强度

【实验目的】

(1) 了解霍尔效应产生的物理过程.
(2) 学会用霍尔效应测磁感强度.
(3) 了解实验条件下产生的一些副效应及其消除方法.

【实验原理】

1. 霍尔效应

将半导体薄片放在垂直于其平面的磁场中,当电流垂直于磁场方向通过半导体时,在垂直于电流和磁场的方向的半导体薄片两侧会产生一个电势差,这个现象就是霍尔效应. 它产生的物理机制是:由于洛伦兹力的作用,载流子将向薄片侧面积聚,洛伦兹力为

$$f_m = q\boldsymbol{v} \times B \text{ 或 } f_m = qvB \tag{3.18.1}$$

式中,q 为载流子所带的电量,v 为载流子的迁移速度,B 为磁感应强度,这时载流子受到洛伦兹力的作用后,运动发生偏转,其结果是使电荷向某一侧面积聚. 如图 3.18.1(a)所示,若半导体为

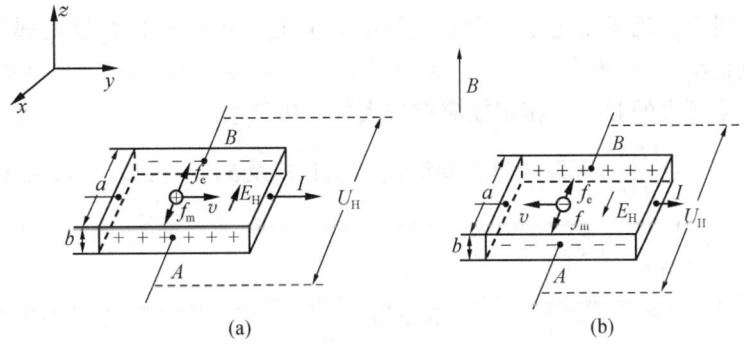

图 3.18.1

p 型,载流子带正电,则将受到沿 x 方向的洛伦兹力的作用导致正电荷在 A 侧积聚,从而 A、B 两侧出现电势差,这时图中 A 点的电势比 B 点高. 若半导体为 n 型,载流子带负电,由图 3.18.1(b)所示,洛伦兹力仍指向 x 方向,使 A 侧出现负电荷的积聚,这时图中 A 点的电势比 B 点低. 因此,当电流方向一定时,薄片中载流子的电荷符号决定了 A、B 两点电势差的符号,所以通过 A、B 两点电势差的测定就可判别半导体中载流子的类型.

由于洛伦兹力导致电荷在薄片的另一侧面的积聚后,就在与电流垂直的另一侧面中形成横向电场 E,使载流子受到电场力

$$f_e = qE_H \tag{3.18.2}$$

的作用,电场力和磁场力方向刚好相反,它将阻碍电荷向侧面的积聚. 随着积聚电荷的增加,电场不断增强,直到载流子所受的电场力和磁场力相等,即 $f_e = f_m$ 时,达到一种平衡状态,载流子不再向侧面积聚,这时横向电场强度为

$$E_H = \frac{f_e}{q} = \frac{f_m}{q} = vB \tag{3.18.3}$$

设薄片宽度为 a,则横向电场在 A、B 两点间产生的电势差为

$$U_H = E_H a = vBa \tag{3.18.4}$$

式中,v 为载流子的迁移速度,设载流子浓度为 n,样品厚度为 b,则电流强度 $I = abnqv$,则由式(3.18.4)有

$$U_H = \frac{IB}{bnq}$$

式中,$R_H = \frac{1}{nq}$,称为霍尔系数,由半导体材料本身确定.

即霍尔电势差为

$$U_H = R_H \frac{IB}{b} \tag{3.18.5}$$

所以霍尔系数

$$R_H = \frac{bU_H}{IB} \tag{3.18.6}$$

由此可以看出:

(1) 若载流子为空穴,则 $R_H > 0$,$U_H > 0$;反之,载流子为电子,则 $R_H < 0$,$U_H < 0$. 即以霍尔系数或霍尔电势差的大于或小于零来判断半导体载流子的类型.

(2) 霍尔电势差与载流子浓度成反比,薄片材料的载流子浓度 n 越大(R_H 越小),U_H 越小. 一般金属材料中载流子是电子,而且浓度很大(可达 $10^{22}/cm^3$),所以金属材料导电性能好,但霍尔系数很小,霍尔效应不显著. 半导体中载流子浓度要小得多,导电性能较差,但霍尔系数大,能够产生较大的 U_H,使霍尔效应有较大的应用价值.

(3) 由 $R_H = \frac{1}{nq} = \frac{U_H b}{IB}$,可以通过实验测出 U_H、I、B 及 b,就可以求出载流子浓度 n.

(4) 由 $U_H = \left(\frac{1}{bnq}\right)IB$,令

$$K_H = \frac{1}{bnq} \tag{3.18.7}$$

则

$$U_H = K_H IB \tag{3.18.8}$$

式中，K_H 称为霍尔灵敏度。对一定的霍尔元件，K_H 是个常量，其单位为 V/(A·T)。因此由式(3.18.8)测出了 U_H，I 后由已知的 K_H 就可以求出磁感强度 B。这也就是用霍尔效应测磁场的原理。

2. 与霍尔效应伴生的副效应

在测量霍尔电压 U_H 时，还存在着其他效应，由于这些效应产生的附加电压叠加在霍尔电压上，给霍尔效应的测量带来了误差，这些副效应有：

1) 不等位电势 U_0。

霍尔元件在工作时须通过电流 I，且在沿电流的方向上即 A、B 两侧面上形成电势梯度，在 A、B 两侧面上安装霍尔电压引出线时，很难将电极焊在同一等位面上，因此电流流过霍尔片时，即使不加磁场，这两端也会产生一个很小的电势差 U_0，称为不等位电势，与磁场无关，主要取决于制造工艺。

2) 埃廷斯豪森效应

由于霍尔片内部的载流子速度服从统计分布，有快有慢，载流子在洛伦兹力和霍尔电场力的作用下，速度大的绕大圆轨道运动，速度小的绕小圆轨道运动，导致霍尔元件内载流子沿 y 轴方向按速度大小分布在不同的侧面位置。当载流子的动能转化为热能时，使 A、B 两侧面上的温升不同，就产生温差电动势 U_E。$U_E \propto IB$，U_E 的正负、大小与 I、B 的方向和大小有关。

3) 能斯脱效应

由于工作电流引线的焊接点处电阻不相等，通电流后两电流出入点处产生不同焦耳热，引起两点间的温差电动势，产生温差电流 I（称热电流）。在磁场作用下也会产生类似于霍尔效应的电压 U_N，U_N 的正负与 I 的方向无关。

4) 里吉-勒迪克效应

温差电流 I' 在外磁场作用下同埃廷斯豪森效应一样，在 A、B 两侧产生温差，此温差又将在 y 方向附加温差电动势 U_R，$U_R \propto I'B$。U_R 的正负只与 B 的方向有关。

5) 与 B、I 无关的附加电势差

霍尔元件外部温度不均匀在测量回路中产生的电动势是一个常量，外电路绝缘不足等原因在测量回路中会产生泄漏分压，还有仪表的零点调整不好以及一些未加修正的系统误差等，总之测量时还存在与 B、I 无关的其他附加电势差，用 U_{ex} 表示。在测量中，U_{ex} 是一个常量。

以上五种效应产生的电压总和很大，给测量 U_H 带来很大的误差。为了减少和消除这些效应引起的附加电压，因此利用这些附加电压和 I、B 的关系，进行如下测量和计算（保持 B，I 的大小不变）：

(1) $+B$，$+I$ 时，　$U_1 = U_H + U_0 + U_E + U_N + U_R + U_{ex}$ (3.18.9)

(2) $+B$，$-I$ 时，　$U_2 = -U_H - U_0 - U_E + U_N + U_R + U_{ex}$

或　　　　　　　　$-U_2 = U_H + U_0 + U_E - U_N - U_R - U_{ex}$ (3.18.10)

(3) $-B$，$+I$ 时，　$U_3 = -U_H + U_0 - U_E - U_N - U_R + U_{ex}$

或　　　　　　　　$-U_3 = U_H - U_0 + U_E + U_N + U_R - U_{ex}$ (3.18.11)

(4) $-B$，$-I$ 时，　$U_4 = U_H - U_0 + U_E - U_N - U_R + U_{ex}$ (3.18.12)

将式(3.18.9)~式(3.18.12)相加，得

$$U_1 - U_2 - U_3 + U_4 = 4(U_H + U_E)$$

于是有

$$U_H = \frac{1}{4}(U_1 - U_2 - U_3 + U_4) - U_E \qquad (3.18.13)$$

这样,除了 U_E 外,其他效应都消除了,考虑到 U_E 一般比 U_H 小很多,可以略去,于是

$$U_H = \frac{1}{4}(U_1 - U_2 - U_3 + U_4) \qquad (3.18.14)$$

【仪器和用具】

螺线管磁场测量仪,数字电压表,直流电源(2 台),电流表(2 个),双刀双掷换向电键(2 只).

【实验内容】

1. 用霍尔元件测螺线管轴线上磁场分布

实验装置如图 3.18.2 所示.直流电源 E 为螺线管提供输入电流 I_m;直流电源 E_0 为霍尔元件提供控制电流 I,用电流表分别测量由 E 和 E_0 所提供的电流,用数字电压表分别测量 U_1、U_2、U_3、U_4,由式(3.18.14)得到 U_H.移动霍尔元件测出霍尔元件在通电螺线管轴线上各点的 U_H,再由式(3.18.8)算出各点的 B.作 B-x 曲线.

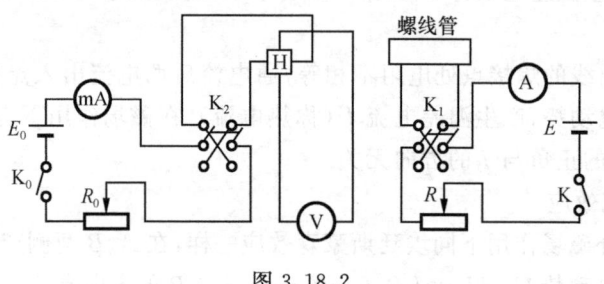

图 3.18.2

2. 判断半导体载流子的类型

由通电螺线管内磁场方向,再根据控制电流的方向及霍尔电压的正负,判断霍尔元件是 n 型或 p 型,判断方向用图表示出来.

【思考题】

(1) 如何从实验判断半导体的导电类型?

(2) 如何判断磁场 B 的方向与霍尔片的法线是否一致?对实验有何影响?

实验 3.19 油滴实验——电子电荷的测定

【实验目的】

(1) 了解油滴实验的方法和特点.

(2) 利用电视显微密立根油滴仪测量电子电荷,验证电荷的不连续性.

(3) 了解 CCD(charge coupled device,电荷耦合器件)图像传感器的原理与应用,学习电视显微测量方法.

【实验原理】

1. 油滴电荷的测量

用喷雾器将油滴喷入两块相距为 d 且水平放置的平行极板之间,如图 3.19.1 所示.油滴在喷射时由于摩擦通常会带有一定的电荷.油滴所带电荷 q 的测量方法有静态(平衡)法和动态(非平衡)法,动态法是从油滴在电场中的上升运动去测量 q.

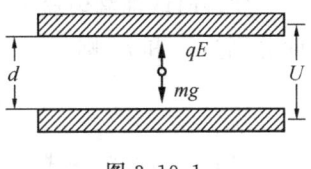

图 3.19.1

设一质量为 m,带电荷为 q 的油滴处在两块平行极板间,在平行极板未加电压时,油滴受重力 mg 作用而加速下降,由于空气阻力 f_r 的作用,下降一段距离后,油滴将做匀速运动,速度为 v_g,这时重力与阻力平衡 $mg = f_r$(空气浮力忽略不计),如图 3.19.2 所示.由斯托克斯定律,黏滞阻力 f_r 为

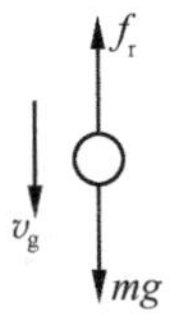

$$f_r = 6\pi a \eta v_g$$

式中,η 为空气的黏度,a 为油滴的半径(由于在空气中悬浮和表面张力作用,可将油滴看作圆球),这时有

$$mg = 6\pi a \eta v_g \tag{3.19.1}$$

图 3.19.2

当在平行极板上加电压 U 时,油滴处在场强为 E 的静电场中,设电场力与重力方向相反,如图 3.19.1 所示,当电场力大于重力时油滴沿铅直方向加速上升,由于空气阻力作用,上升一段距离后,油滴所受的空气阻力、重力和电场力达到平衡(空气浮力忽略不计),则油滴将以匀速上升,此时速度为 v_e,则有

$$qE = mg + 6\pi a \eta v_e \tag{3.19.2}$$

又

$$E = \frac{U}{d} \tag{3.19.3}$$

$$m = \frac{4}{3}\pi a^3 \rho \tag{3.19.4}$$

由以上四式可得

$$q = \frac{4}{3}\pi a^3 \rho g \frac{d}{U}\left(\frac{v_g + v_e}{v_g}\right) \tag{3.19.5}$$

为测定油滴所带电荷 q,除应测出 U,d 和速度 v_g,v_e 外,还需测油滴半径 a.

2. 油滴半径 a 的测量

在平行极板未加电压时,油滴最终将以 v_g 匀速下落,由式(3.19.1)和式(3.19.4)可得油滴的半径

$$a = \left(\frac{9\eta v_g}{2\rho g}\right)^{\frac{1}{2}} \tag{3.19.6}$$

3. 电荷 q 的最后表达式

考虑到油滴非常小,空气已不能看作连续介质,空气的黏度 η 应修正为

$$\eta' = \frac{\eta}{1+\dfrac{b}{pa}} \qquad (3.19.7)$$

式中，b 为修正常数，p 为空气压强（单位为 Pa），a 为未经修正过的油滴半径（单位为 m），由于它在修正项中，不必算得很精确，由式(3.19.6)计算即可。

实验时取油滴匀速下降和匀速上升的距离相等，设为 l，测出油滴匀速下降和上升的时间分别为 t_g 和 t_e，则

$$v_g = \frac{l}{t_g}, \quad v_e = \frac{l}{t_e} \qquad (3.19.8)$$

将式(3.19.6)~式(3.19.8)代入式(3.19.5)得

$$q = \frac{18\pi}{\sqrt{2\rho g}} \left(\frac{\eta l}{1+\dfrac{b}{pa}}\right)^{\frac{3}{2}} \frac{d}{U}\left(\frac{1}{t_e}+\frac{1}{t_g}\right)\left(\frac{1}{t_g}\right)^{\frac{1}{2}}$$

令

$$k = \frac{18\pi}{\sqrt{2\rho g}} \left(\frac{\eta l}{1+\dfrac{b}{pa}}\right)^{\frac{3}{2}} d$$

得动态（非平衡）法测油滴的公式为

$$q = \frac{k\left(\dfrac{1}{t_e}+\dfrac{1}{t_g}\right)\left(\dfrac{1}{t_g}\right)^{\frac{1}{2}}}{U} \qquad (3.19.9)$$

调节平行极板间的电压，使油滴不动，$v_e = 0$，即 $t_e \to \infty$，由式(3.19.9)可得

$$q = k\left(\frac{1}{t_g}\right)^{\frac{3}{2}}\frac{1}{U}$$

或者

$$q = \frac{18\pi}{\sqrt{2\rho g}}\left[\frac{\eta l}{t_g\left(1+\dfrac{b}{pa}\right)}\right]^{\frac{3}{2}}\frac{d}{U} \qquad (3.19.10)$$

上式即为静态法测油滴电荷的公式。

为了求电子电荷 e，对实验测得的各个电荷 q 求最大公约数，就是基元电荷 e 的值，也就是电子电荷 e；也可以测量同一油滴所带电荷的改变量 Δq_i（可用紫外线或放射源照射油滴，使它所带电荷改变），这时 Δq_i 应近似为某一最小单位的整数倍，此最小单位即为基元电荷 e。

【仪器和用具】

OM98（OM99）型电视显微油滴仪，喷雾器和钟表油。

OM98 型油滴仪主要由油雾室，油滴盒，CCD 电视显微镜，电路箱，监视器等组成。

油雾室用有机玻璃制成，其上有喷雾孔和油雾孔，该孔可以拉动铝片电键。

油滴盒，如图 3.19.3 所示，中间是两个圆形平行平板电极，放在有机玻璃防风罩中，在上电极中心有一直径 0.4mm 的小孔，油滴经油雾孔落入小孔，进入上下电极板之间，由照明灯照明，防风罩前装有测量显微镜，其目镜中有分划板，分划板刻度：垂直线的视场 2mm，共分八格，每格值 0.25mm。防风罩上有一个可取下的油雾杯。

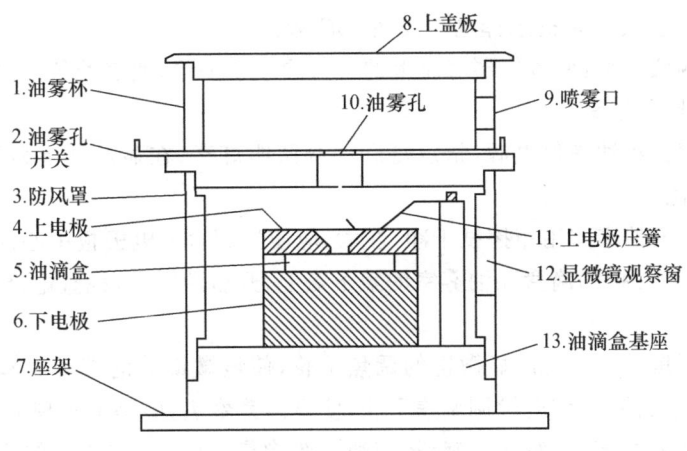

图 3.19.3 油滴盒

CCD 电视显微镜,CCD 摄像头与显微镜是整体结构.总放大倍数 60×(监视器倍数、标准物镜倍数).CCD 是固体图像传感器的核心器件,由它制成的摄像机,可把光学图像变为视频电信号,由电视电缆接到监视器上显示,或接录像机,或接计算机进行处理.本实验使用灵敏度和分辨率较高的黑白 CCD 摄像机,用高分辨率(800 电视线)的黑白监视器,将显微镜观察到的油滴运动图像,清晰地显示在屏幕上,以便于观察和测量.

电路箱,它内装有高压电源、测量显示等电路.底部装有三只调水平手轮.面板结构如图 3.19.4 所示.由测量显示电路产生的电子分划板刻度(与 CCD 摄像头的行扫描严格同步,相当于刻度线是做在 CCD 器件上),在监视器的屏幕上显示白色刻度.

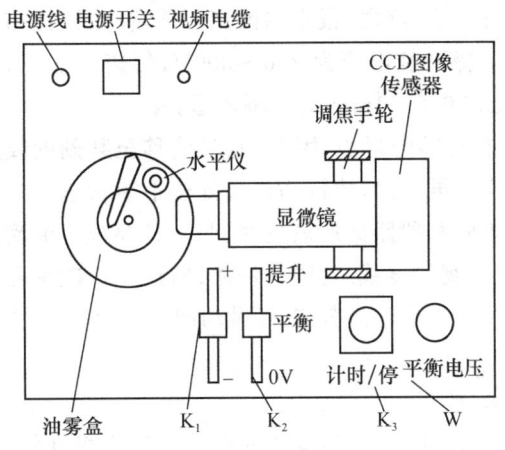

图 3.19.4 油滴仪面板图

在面板上有两只控制平行极板电压的三挡电键.K_1 控制极板上电压的极性,K_2 控制极板上电压的大小.当 K_2 处于"平衡"挡时,可用电位器 W 调节平衡电压的大小,打向"提升"时,自动在平衡电压的基础上增加 200~300V 的提升电压,打向"0V"挡时,极板上电压为 0V.

【实验内容】

1. 仪器连接和调整

(1) 阅读仪器说明书,将面板上带有 Q9 插头的视频电缆线接至监视器后背下部的插座上,保证接触良好,监视器阻抗选择电键拨在 75Ω 处.

(2) 调整油滴仪水平:调节仪器底座上的三只调水平手轮,使水准仪的气泡处于中央,这时平行极板处于水平状态.

(3) 打开监视器和油滴仪电源,指示灯和油滴照明灯亮,在显示器上显示出分划板刻度线及电压和时间值.

(4) 将油滴盒或油雾室用布擦拭干净,注意,应使油滴盒上电极板中心的小孔保持畅通,油雾孔应无油膜堵住.把油滴盒和油雾室的盖子盖上,开启油雾孔,检查电极板压簧是否和上电极板接触良好.

(5) 显微镜调焦.转动 CCD 显微镜的调焦手轮,使显微镜筒前端和底座前端对齐.然后用喷雾器向油雾室喷油,再前后微调调焦手轮,使显微镜聚焦,屏幕上出现清晰的油滴图像.

适当调节监视器的亮度、对比度旋钮,使油滴图像最清晰,且与背景的反差适中,监视器亮度一般不要调得太亮,否则油滴不清楚.如图像不稳,可调监视器的帧同步和行同步旋钮.

2. 测量练习

练习选择合适的油滴,控制油滴运动和测量油滴运动的时间.

(1) 面板上 K_1 置于"+"或"-"位置均可. 将 K_2 置"平衡"挡,调节 W 使极板电压为 200~300V,用喷雾器对准喷雾口向油雾室喷射油雾(喷雾器的喷头不要深入喷油孔内,防止大颗粒油滴堵塞油孔). 喷油后,注意监视器是否有油滴下落,若无油滴下落可再喷一次,若已有油滴下落则应关上油雾孔开关.

(2) 选择一颗合适的油滴十分重要,大而亮的油滴必然质量大因而匀速下降的时间很短,增大了时间测量的相对误差;反之,很小的油滴因质量小,因此布朗运动较为明显,同样造成很大的测量误差,通常选择平衡电压为 200~300V,匀速下落 1.5mm(6 格)的时间在 8~20s 左右,目视油滴的直径在 0.5~1mm 的油滴较适宜.

(3) 调节油滴平衡要有足够的耐心,用 K_2 将油滴移至某刻度线上,反复仔细地调节平衡电压,经一段时间观察油滴不再移动,才认为油滴处于平衡状态.

(4) 测准油滴上升或下降某段距离所需的时间,一是要统一油滴到达某刻度线,才认为油滴已达线;二是眼睛一定要平视刻度线. 对同一油滴进行 5~6 次练习测量,使测出的各次时间的离散性较小. 测量过程中,如发现油滴散焦,可微动调焦手轮,使之重新聚焦,便于跟踪油滴.

3. 正式测量

实验方法可选用静态测量法、动态测量法和同一油滴改变电荷法.

(1) 静态测量法. 将已调平衡的油滴用 K_2 控制,移到"起跑"线上,按 K_3(计时/停),使计时器为停止计时状态(不必复零),然后将 K_2 拨向"0V"挡,油滴开始匀速下降的同时,计时器自动开始计时,到"终点"时迅速将 K_2 拨向"平衡"挡,油滴立即停止下降,计时也同时停止. 对同一油滴反复进行 5~10 次测量,选择 10~20 个油滴,测出 U, t_g, l(油滴匀速下落 6 格的距离),求得电子电荷的平均值 e,同时记录测量时的实验条件:g, ρ, p 的值.

(2) 动态测量法. 分别测出加电压时油滴上升的速度和不加电压时油滴下落的速度,代入式(3.19.9),求出 e 值. 油滴的运动距离一般取 1~1.5mm,对某个油滴重复测量 5~10 次,选择 10~20 个油滴,求得电子电荷的平均值 e.

(3) 同一油滴改变电荷法(选做).

注意：每次测量时都要检查和调整平衡电压,以减小偶然误差和因油滴挥发而使平衡电压发生变化.

4. 数据处理

在静态测量法测油滴电荷的式(3.19.10)中,有

钟表油的密度　$\rho = 981 \text{kg/m}^3 (20℃)$
重力加速度　$g = 9.79 \text{m/s}^2$
20℃空气黏度　$\eta = 1.83 \times 10^{-5} \text{kg/(m·s)}$
油滴匀速下降距离　$l = 1.5 \times 10^{-3} \text{m}$
修正系数　$b = 6.17 \times 10^{-6} \text{m·cmHg}$
标准大气压　$p = 76.0 \text{cmHg} (1\text{cmHg} = 1.3 \times 10^3 \text{Pa})$
平行极板间距　$d = 5.00 \times 10^{-3} \text{m}$

式中,时间 t_g 应为测量次数时间的平均值. 实际大气压由气压表读出.

计算出各油滴的电荷后,求它们的最大公约数,即为基本电荷 e 值. 若求最大公约数有困难,可用作图法求 e 值,设实验得到 m 个油滴的带电量分别为 $q_1, q_2, \cdots, q_m$,由于电荷的量子化特性,应有 $q_i = n_i e$,此为一直线方程,n 为自变量,q 为因变量,e 为斜率. 因此 m 个油滴对应的数据在 n-q 坐标系中将在同一条过原点的直线上,若找到满足这一关系的直线,就可用斜率求得 e 值.

将 e 的实验值与公认值比较,求相对误差(公认值 $e = -1.60 \times 10^{-19}\text{C}$).

实验室一般有求电子电荷 e 值的计算程序,学生可在计算机上利用此程序,输入原始数据,即可算出 e 值和相对误差.

【思考题】

(1) 对实验结果造成影响的主要因素有哪些？
(2) 如何判断油滴盒内两平行极板是否水平？不水平对实验结果有何影响？
(3) 实验时,怎样选择适当的油滴？如何判断油滴是否静止？
(4) 用 CCD 成像系统测油滴比直接从显微镜中观测有何优点？

注：OM98 型油滴仪选用上海中华牌 701 型钟表油,其密度随温度的变化如表 3.19.1 所示.

表 3.19.1　油的密度温度变化表

$t/℃$	0	10	20	30	40
$\rho/(\text{kg/m}^3)$	991	986	981	976	971

实验 3.20　RLC 电路谐振特性的研究

【实验目的】

(1) 了解交流电路的串、并联谐振的特点.

(2)掌握测量谐振曲线的方法.

【实验原理】

由电阻 R、电感 L、电容 C 组成的交流电路,其总阻抗的幅值 Z 和相位角 φ 都是电源频率 f 的函数. 当正弦波交流电源输出的频率达到某一频率 f_0 时(f_0 与电路的参数有关),RLC 电路对应的相位角 $\varphi=0$,幅值 Z 则达到一极值,电路的这种状态叫谐振. 谐振现象是交流电路中一个重要的物理现象,它在电子技术、电磁测量等方面有广泛的应用. 利用 RLC 电路的谐振特性可以测量电器元件参数或电路的 Q 值,或反过来确定电源频率,改善电路的品质因数等.

1. RLC 串联谐振

RLC 串联电路如图 3.20.1 所示,其中 R,L,C 分别表示纯电阻、纯电感、纯电容,若交流电压 $\hat{U}$ 的角频率为 ω($\omega=2\pi f$,f 为交流电源频率),电路的总阻抗为

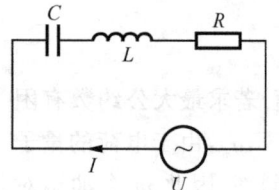

图 3.20.1

$$\hat{Z} = R + i\omega L + \frac{1}{i\omega C} = R + i\left(\omega L - \frac{1}{\omega C}\right) = Z e^{i\varphi} \quad (3.20.1)$$

式中,Z 为 RLC 交流电路总阻抗的幅值,φ 为相位角.

回路中的电流 $\hat{I}$ 可由欧姆定律求得

$$\hat{I} = \frac{\hat{U}}{\hat{Z}} = \frac{\hat{U}}{R + i\left(\omega L - \frac{1}{\omega C}\right)} \quad (3.20.2)$$

因此回路电流的幅值为

$$I = \frac{U}{Z} = \frac{U}{\sqrt{R^2 + \left(\omega L - \frac{1}{\omega C}\right)^2}} \quad (3.20.3)$$

式中,U 为交流电压的幅值. 电压与电流的相位差 φ 为

$$\varphi = \arctan \frac{L\omega - \frac{1}{\omega C}}{R} \quad (3.20.4)$$

由上述两式可见,Z 和 φ 都是 ω 的函数,当 $\omega L - \frac{1}{\omega C} = 0$ 时,$\varphi = 0$,即电压和电流的相位差为零;此时阻抗 Z 最小,电流达到最大值,电路处于谐振状态. 电路达到谐振时的正弦波频率 $f_0 = \frac{\omega_0}{2\pi}$ 称为谐振频率.

$$\omega_0 = \frac{1}{\sqrt{LC}} \quad (3.20.5)$$

$$f_0 = \frac{1}{2\pi \sqrt{LC}} \quad (3.20.6)$$

由以上分析可见,当电压 U 保持不变时,电流 I 随 ω 变化而变化,当 $\omega = \omega_0$ 时,I 有一极大值. 作 I-f 曲线,就可得到有一尖锐峰突的电流谐振曲线. 如图 3.20.2 所示. 改变电路中的

R,就可得到不同尖锐程度的串联谐振曲线.

谐振电路的性能常用品质因数 Q 来反映. Q 的定义是谐振时电路的感抗 $\omega_0 L$ 和容抗 $\dfrac{1}{\omega_0 C}$ 与电路的总阻抗之比,即

$$Q = \frac{\omega_0 L}{R} = \frac{1}{\omega_0 CR} = \frac{1}{R}\sqrt{\frac{L}{C}} \qquad (3.20.7)$$

在串联谐振时,由于 $\omega_0 L = \dfrac{1}{\omega_0 C}$,所以 RLC 串联电路的总阻抗呈纯电阻性,即 $Z_0 = R$(电路的总电阻).这时 L 和 C 上的电压分别为

$$U_L = \omega_0 L I_0 = \omega_0 L \frac{U}{R} = QU$$

$$U_C = \frac{1}{\omega_0 C} I_0 = \frac{1}{\omega_0 C} \frac{U}{R} = QU$$

所以
$$Q = \frac{U_L}{U} = \frac{U_C}{U} \qquad (3.20.8)$$

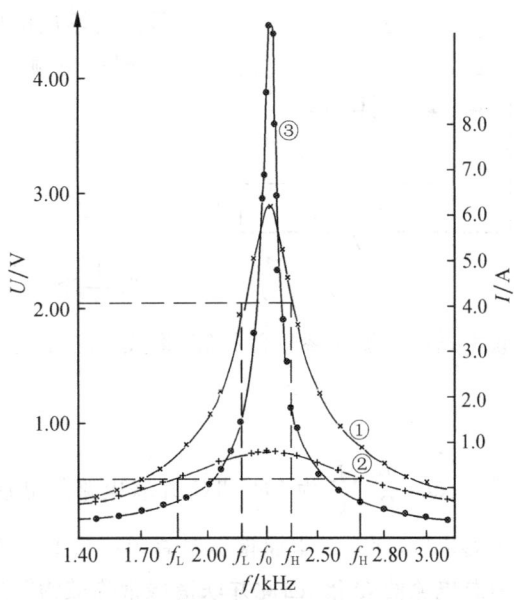

①串联谐振曲线;②$R=500\Omega$串联谐振曲线;
③并联谐振曲线

图 3.20.2

串联谐振时,理想电容器两端的电压 U_C 和纯电感两端的电压 U_L 都是信号电源输出电压 U 的 Q 倍.一般 $Q \gg 1$,所以谐振时 U_C 和 U_L 可以比 U 大很多.因此串联谐振常被称为"电压谐振"(注意串联谐振时 U_C 和 U_L 相位相反).这是 Q 的第一个含义.

Q 的第二个含义是它可以描述谐振曲线的尖锐程度,直接反映电路对频率的选择性能.通常规定,当 I 为其最大值 $I_{\max}$ 的 $\dfrac{1}{\sqrt{2}}$($=0.707$)时所对应的频率 f_L、f_H 之差称为通频带宽度,记作 Δf.由推导可得 $\Delta f = f_H - f_L = \dfrac{f_0}{Q}$,所以

$$Q = \frac{f_0}{\Delta f} \qquad (3.20.9)$$

Q 值越大,带宽越窄,曲线越尖锐,电路的频率选择性也越好.

2. RLC 并联电路的谐振

对于如图 3.20.3 所示的 RL 和 C 并联电路,有

$$\hat{Z} = \frac{R + i\omega L}{1 - \omega^2 LC + i\omega RC} = Z e^{i\varphi} \qquad (3.20.10)$$

式中,$Z = \sqrt{\dfrac{R^2 + (L\omega)^2}{(1-\omega^2 LC)^2 + (RC\omega)^2}}$

$$\varphi = \arctan\frac{L\omega}{R} - \arctan\frac{RC\omega}{1-\omega^2 LC} = \arctan\frac{L\omega - C\omega[R^2 + (L\omega)^2]}{R}$$

当 $L\omega - C\omega[R^2 + (L\omega)^2] = 0$ 时,$\varphi = 0$,即当交流电的角频率满足关系式 $\omega = \sqrt{\dfrac{1}{LC} - \left(\dfrac{R}{L}\right)^2}$ 时,

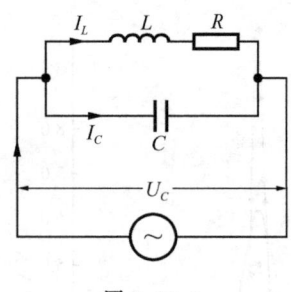

图 3.20.3

信号源的输出电压也与输出电流同相.同样用 ω_P 和 f_P 分别表示 $\varphi=0$ 时的角频率和频率,就有

$$\omega_P = \sqrt{\frac{1}{LC} - \left(\frac{R}{L}\right)^2} \qquad (3.20.11)$$

$$f_P = \frac{1}{2\pi}\sqrt{\frac{1}{LC} - \left(\frac{R}{L}\right)^2} \qquad (3.20.12)$$

当 $\frac{1}{LC} \gg \left(\frac{R}{L}\right)^2$ 时,LR 和 C 并联电路的谐振频率与 LRC 串联电路的谐振频率近似相等.将式(3.20.11)式改写为

$$\omega_P = \omega_0 \sqrt{1 - \frac{1}{Q^2}} \qquad (3.20.13)$$

式中,$Q = \frac{1}{R}\sqrt{\frac{L}{C}}$ 为 LR 和 C 并联电路的品质因数,和 RLC 串联电路的品质因数 Q 一样.如果 $Q \gg 1$,$\omega_P \approx \omega_0$,电路谐振时总阻抗近似为极大值,两个支路的电流 I_C、I_L 几乎相等,且近似为总电流的 Q 倍.因此并联谐振常称被为"电流谐振".

并联谐振一般作 U_C-f 曲线,即固定回路中总电流不变,测 U_C 与 f 的关系.当 $\omega = \omega_0$ 时,电压 U_C 也将达到极大值.

【仪器和用具】

十进电感箱,十进电容箱,电阻箱,低频信号发生器,交流毫伏表,示波器等.

【实验内容】

1. 测定串联谐振曲线

实验电路如图 3.20.4 所示.

(1) 选取合适的 RLC 值,计算出谐振频率(谐振点也可以用示波器观察的李萨如图形来判别).调节低频信号发生器的输出幅度为 1.0V.

(2) 对覆盖谐振频率的频率段,让频率由低到高分点测量各频率时 R、L、C 上的电压读数.在谐振频率的两侧各取同样多的测量点,在靠近谐振频率处多取些测量点,而远离谐振频率处可少测几个点,这样可以使曲线的峰值测得准确些.

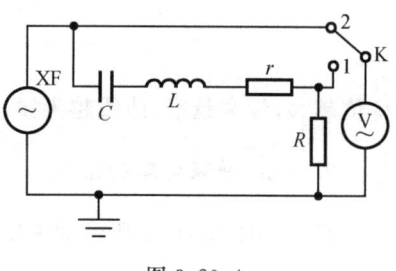

图 3.20.4

(3) 由各频率时测出的 U_R,可计算出相应频率的 I 值,作 I-f 曲线,即为 RLC 的串联谐振曲线.

(4) Q 值的测量.先用电压谐振法测 Q,即由测出的谐振时 R、L、C 上的电压,由式(3.20.8)算出 Q;再用频率宽度法测 Q,由作出的 I-f 曲线获得 f_L、f_H,由式(3.20.9)来计算品质因数 Q.

(5) 改变 R(L、C 保持不变),重复步骤(1)~(4),观察 R 改变对品质因数 Q 值的影响.

2. 测量并联谐振曲线

线路如图 3.20.5 所示.

(1) 为使回路总电流 I 不变,在电路中加进电阻 R_S,保持 R_S 上的电压 U_{R_S} 不变,即可使总电流 I 保持不变.

为了用同一个电压表测量 U_{R_S}、U_C,电路中安排了换向电键,合到 2 时测量 U_{R_S},合到 1 时测量 U_C.

(2) L、C 取值同前,频率段取值同前. 每次改变频率后,先调整信号源输出电压,使 U_{R_S} 保持不变,然后测量 U_C.

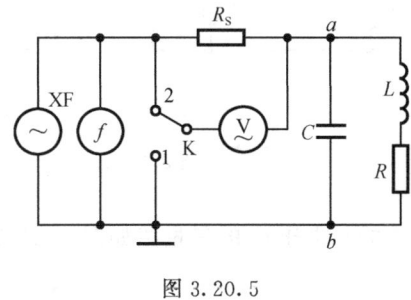

图 3.20.5

(3) 作并联谐振 U_C-f 曲线,为便于比较将 U_C-f 曲线与串联谐振 I-f 曲线作在同一张坐标纸上. 两个纵坐标分别表示两个不同的量 U_C 和 I.

(4) 用最大电压法和频带宽度法测并联谐振电路的 Q.

(5) 由实验图判断、比较并联电路谐振频率 f_0 与串联电路谐振频率 f_P.

【思考题】

(1) 为何说串联谐振是电压谐振,LR 与 C 并联谐振是电流谐振?

(2) 用谐振法和频带宽度法求得的同一种线路的 Q 是否相同?为什么?

(3) LRC 串联电路的 Q 和 LR 与 C 并联电路的 Q 分别跟哪些量有关?根据实验数据回答.

实验 3.21 RLC 串联电路的稳态特性

【实验目的】

(1) 观测 RLC 串联电路的幅频特性和相频特性.
(2) 掌握同频率信号的相位差测量法.
(3) 复习巩固交流电路中的矢量图解法和复数表示法.

【实验原理】

当正弦交流电压输入 RLC 串联电路时,电路中各元件上的电压将随输入电压频率变化,输入电压和回路中的电流之间的相位差也将随频率变化. 前者是幅频特性,后者是相频特性. 本实验主要观测 RC 和 RL 串联电路中的幅频特性和相频特性以及 RLC 串联电路的相频特性.

振幅矢量法是计算交流电路的一种有用而直观的方法,它可以把简谐交流的峰值与矢量的大小相联系,相位或初相位与矢量的方向相联系.

1. RC 串联电路的幅频特性和相频特性

RC 串联电路如图 3.21.1(a)所示,由于交流电路中的电压和电流不仅有大小的变化,而且还有相位差别,因此常用复数及其几何表示——矢量法来说明. 由复电压 $\hat{U}$ 和复电流 $\hat{I}$ 之比得到的阻抗也是复数,称复阻抗 $\hat{Z}$. RC 电路的复阻抗为

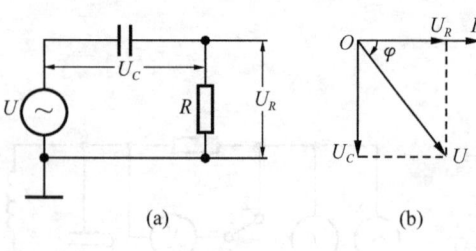

$$\hat{Z} = R + \frac{1}{i\omega C} = \sqrt{R^2 + \left(\frac{1}{\omega C}\right)^2}\, e^{-\frac{i}{\omega RC}} \quad (3.21.1)$$

式中,阻抗幅值

$$Z = \sqrt{R^2 + \left(\frac{1}{\omega C}\right)^2} \quad (3.21.2)$$

图 3.21.1

由于电阻值与频率无关,电阻两端电压与电流同相位.以电流为参考矢量,作 U_R、U_C 及其合成的总电压 U 的矢量图如图 3.21.1(b)所示.则总电压为

$$U = \sqrt{U_R^2 + U_C^2} = I\sqrt{R^2 + \left(\frac{1}{\omega C}\right)^2} \quad (3.21.3)$$

U 落后于 I 的相位为

$$\varphi = \arctan\frac{1}{\omega CR} \quad (3.21.4)$$

R 两端电压为

$$U_R = U\cos\varphi = IR = \frac{UR}{\sqrt{R^2 + \left(\frac{1}{\omega C}\right)^2}} = \frac{UR\omega C}{\sqrt{1+(R\omega C)^2}} \quad (3.21.5)$$

C 两端电压为

$$U_C = U\sin\varphi = I\left(\frac{1}{\omega C}\right) = \frac{U\frac{1}{\omega C}}{\sqrt{R^2 + \left(\frac{1}{\omega C}\right)^2}} = \frac{U}{\sqrt{1+(R\omega C)^2}} \quad (3.21.6)$$

(1) 根据式(3.21.2)可画出 Z-ω 曲线,如图 3.21.2(a)所示.当 $\omega \to 0$ 时,$Z_C \to \infty$;当 $\omega \to \infty$ 时,$Z_C \to 0$,$Z \to R$.由此可知:总阻抗在低频时趋于无穷大,在高频时趋于 R,反映了电容具有"高频短路,低频开路"的性质.

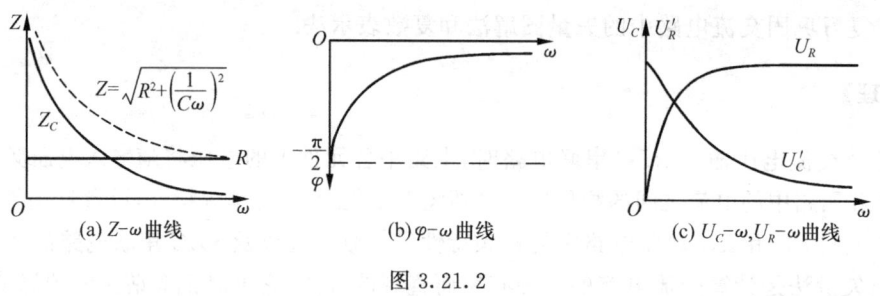

图 3.21.2

(2) 根据式(3.21.4)可画出 φ-ω 曲线,如图 3.21.2(b)所示,φ 表示 RC 串联电路中的总电压落后于电流的相位,φ 随 ω 的增加趋近于零,随 ω 减小而趋近于 $-\frac{\pi}{2}$,由此利用相频特性可组成各种相移电路.

(3) 若总电压 U 保持不变,由式(3.21.5)、式(3.21.6)可画出 U_C-ω、U_R-ω 曲线,即幅频特性曲线,如图 3.21.2(c)所示.U_C 与 U_R 随 ω 的变化正好相反,在低频时主要降在电容器两端,高频时总电压主要降在电阻两端.因此利用幅频特性可以把各种频率分开,组成各种滤波电路.

2. RL 串联电路的幅频特性和相频特性

RL 电路如图 3.21.3(a)所示.复阻抗为

$$\hat{Z} = R + i\omega L = \sqrt{R^2 + (\omega L)^2} e^{\frac{i\omega L}{R}} \quad (3.21.7)$$

式中,阻抗幅值

$$Z = \sqrt{R^2 + (\omega L)^2} \quad (3.21.8)$$

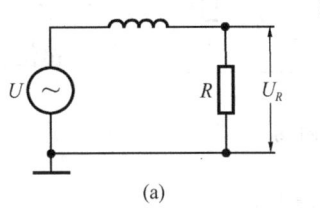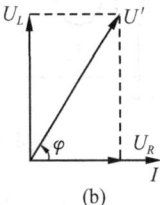

图 3.21.3

总电压为

$$U = \sqrt{U_R^2 + U_L^2} = I\sqrt{R^2 + (\omega L)^2} \quad (3.21.9)$$

由矢量图 3.21.3(b)可看出,总电压超前于 I,相位差为

$$\varphi = \arctan \frac{L\omega}{R} \quad (3.21.10)$$

R 两端电压

$$U_R = U\cos\varphi = \frac{UR}{\sqrt{R^2 + (L\omega)^2}} \quad (3.21.11)$$

L 两端电压

$$U_L = U\sin\varphi = \frac{UL\omega}{\sqrt{1 + (L\omega)^2}} \quad (3.21.12)$$

由上可得:

(1) RL 串联电路的阻抗随频率增加而增加,反之减小.

(2) 总电压的相位始终超前于电流的相位.相位差随频率的增加而增加,高频时相位差渐近 $\frac{\pi}{2}$.同样利用 RL 的相频特性也可以构成各种相移电路.见图 3.21.4.

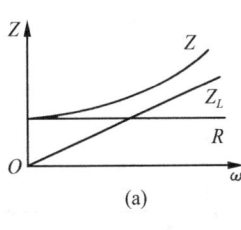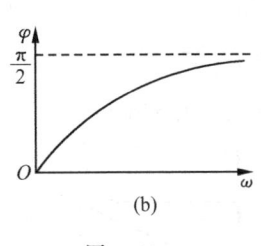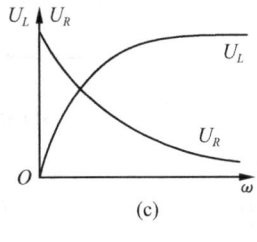

图 3.21.4

(3) 若总电压维持不变,U_R 与 U_L 随 ω 的变化趋势正好相反.在低频时,ω 接近于 0,即电源电压与回路电流同相位,电路呈电阻性(当频率很低时);当频率很高时,φ 接近 $\frac{\pi}{2}$,即电源电压超前电流的相位为 $\frac{\pi}{2}$,电路呈电感性.

3. RLC 串联电路

线路图如图 3.21.5 所示.

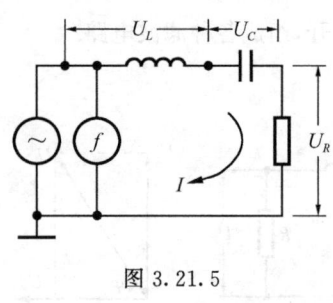

图 3.21.5

此电路的幅频特性在交流谐振电路中已讨论过,这里只分析相频特性.电路的复阻抗为

$$\hat{Z} = R + \mathrm{i}\omega L + \frac{1}{\mathrm{i}\omega C} = \sqrt{R^2 + \left(\omega L - \frac{1}{\omega C}\right)^2}\,\mathrm{e}^{\mathrm{i}\varphi} \quad (3.21.13)$$

相位差

$$\varphi = \arctan\frac{L\omega - \dfrac{1}{\omega C}}{R} \quad (3.21.14)$$

现分三种情况讨论:

(1) 当 $\omega L - \dfrac{1}{\omega C} = 0$ 时,$\varphi = 0$,总电压与电流同相位,这时电路处于谐振状态,谐振频率

$$\omega_0 = \frac{1}{\sqrt{LC}} \quad (3.21.15)$$

(2) 当 $\omega L - \dfrac{1}{\omega C} > 0$ 时,$\varphi > 0$,整个电路呈电感性,输入电压的相位超前于回路电流的相位,随着 ω 的增大,$\varphi \rightarrow \dfrac{\pi}{2}$.

(3) 当 $\omega L - \dfrac{1}{\omega C} < 0$ 时,$\varphi < 0$,整个电路呈电容性,输入电压的相位落后于回路电流的相位,随着 ω 的减小,$\varphi \rightarrow -\dfrac{\pi}{2}$.

RLC 串联电路相频特性和矢量图解见图 3.21.6.

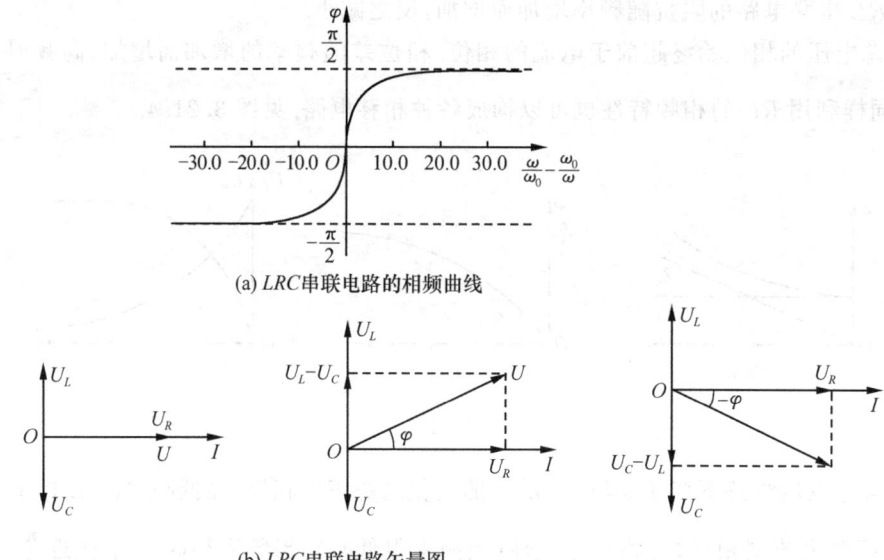

(a) LRC 串联电路的相频曲线

(b) LRC 串联电路矢量图

图 3.21.6

【仪器和用具】

低频信号发生器,双踪示波器,晶体管毫伏表,十进式标准电容器,固定电感,电阻箱.

【实验内容】

1. 观测 RC 串联电路的幅频特性和相频特性

(1) RC 电路的幅频特性:实验线路参见图 3.21.1(a). 安排电路时注意使 U、U_R 的公共接地点与信号源示波器的接地端连在一起.

保持信号源电压大小不变,测量不同频率时的 U_R、U_C. 频率可以从几十到几千赫兹. R、C 的取值可以固定不变,测定后作 U_R-f 和 U_C-f 曲线. 并选几组 U_R 和 U_C 值,审查 U、U_R、U_C 间关系.

(2) RC 电路的相频特性:测量电路见图 3.21.7,这是考察回路电压对回路电流的相位与频率的关系. 由于电阻 R 两端电压 U_R 和通过的电流 I 总是同相位,因此可以用 U_R 代替 I 去和 U 比较相位. 将 U_R 和 U 分别加到示波器的 A、B 通道,为了同步,将信号源与示波器外触发相连,调节二波形的水平位置,使 x 轴重合. 分别读出周期 T 及二波时间差 Δt 的对应格数 $n(T)$ 及 $n(\Delta t)$,由下公式求出相位差 φ 为:

$$\varphi = \frac{2\pi n(\Delta t)}{n(T)} \text{ 弧度}$$

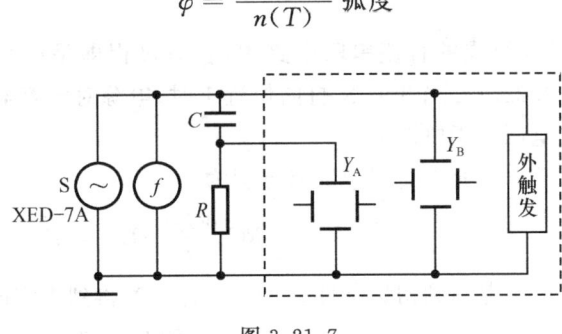

图 3.21.7

测量 10 个频率的 φ 值,作 φ-f 曲线.

2. RL 串联回路幅频、相频特性的测量

参照 RC 的测量进行,作 U_R-f 和 U_L-f 及 φ-f 曲线.

3. RLC 串联电路的相频特性测量

先假定一个谐振频率,再根据实验室提供的线圈的 L,算出电容 C. 为使 φ 有明显变化时相应的频率变化不致过大,要求 R 的取值不要太大.

测量 13 个频率(在谐振点及两侧各测 6 个点)的 U_R 和 U 的相位差,方法同实验内容 1(2),作 φ-f 曲线.

【思考题】

(1) 在 RC 串联电路中,如何测量 U_C 的幅频特性及 U 和 I 的相频特性?

(2) 如何判断 RLC 串联电路中 U 和 I 之间的相位差是超前还是落后?又怎样确定电路呈电感性还是电容性?

实验 3.22 RLC 串联电路的暂态过程

【实验目的】

(1) 观测研究 RC、RL、RLC 电路的暂态过程,加深对电容、电感充放电特性的认识.
(2) 进一步熟悉使用示波器.

【实验原理】

R、L、C 元件的不同组合,可以构成 RC、RL、LC 和 RLC 电路,这些不同的电路对阶跃电压的响应是不同的,电路在电源接通或断开的瞬间,有一个从一种平衡态转变到另一种平衡态的过程,这个转变过程即为暂态过程. 实验中用示波器观察暂态过程的波形. 为了便于观察到图形的全貌,要求整个暂态过程所用的时间比较短,同时也要求能重复出现同样的图形,使荧光屏上显示出稳定的图形,因此实验使用方波发生器作信号源.

1. RC 电路

在由电阻 R 及电容 C 组成的直流串联电路中,暂态过程即是电容器的充放电过程(图 3.22.1). 当开关 K 打向位置 1 时,电源对电容器 C 充电,直到其两端电压等于电源 E.

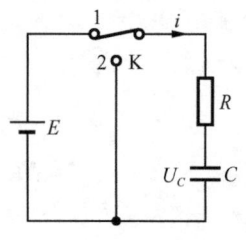

图 3.22.1

在充电过程中回路方程为

$$RC \frac{dU_C}{dt} + U_C = E \qquad (3.22.1)$$

考虑到初始条件 $t=0$ 时,$U_C=0$,得到方程的解

$$U_C = E(1 - e^{-t/\tau}) \qquad (3.22.2)$$

$$U_R = E e^{-t/\tau} \qquad (3.22.3)$$

上式表示电容器两端的充电电压是按指数增长的一条曲线,稳态时电容两端的电压等于电源电压 E,如图 3.22.2(a)所示. 式中 $\tau = RC$ 具有时间量纲,称为电路的时间常数,是表征暂态过程进行得快慢的一个重要的物理量. 电压 U_C 由 0 上升到 $0.63E$ 所对应的时间即为 τ.

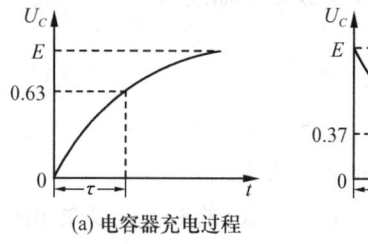

(a) 电容器充电过程   (b) 电容器放电过程

图 3.22.2

当电容充电后把开关 K 打向位置 2 时,电容 C 通过电阻 R 放电,回路方程为

$$RC \frac{dU_C}{dt} + U_C = 0 \qquad (3.22.4)$$

结合初始条件 $t=0$ 时 $U_C=E$,得到方程的解:

$$U_C = Ee^{-t/\tau} \tag{3.22.5}$$
$$U_R = -Ee^{-t/\tau} \tag{3.22.6}$$

上式表示电容器两端的放电电压按指数律衰减到零，τ 也可由此曲线衰减到 $0.37E$ 所对应的时间来确定，电容放电曲线如图 3.22.2(b)所示.

电容充电时 U_C 从 0 增加到 $\frac{1}{2}E$ 或放电时 U_C 从 E 减少到 $\frac{1}{2}E$，相应的时间称半衰期 $T_{\frac{1}{2}}$. 为了求得时间常数 τ，人们往往测量 RC 电路的半衰期，它与 τ 的关系为

$$T_{\frac{1}{2}} = \tau\ln 2 \tag{3.22.7}$$

以上是直流电源作用下的一次暂态过程. 而在本实验中用方波发生器代替了直流电源和电键. 这时电容不断进行充电和放电. 设方波信号的周期为 T，下面简单分析 $\tau \ll \frac{T}{2}$，$\tau = \frac{T}{2}$，$\tau \gg \frac{T}{2}$ 的三种典型情形.

(1) $\tau = RC \ll \frac{T}{2}$，称 RC 微分电路. 这时周期性方波作用下的暂态与直流电源和电键作用下的一次暂态结果相同，在方波上升沿及下降沿的作用下，在电阻两端输出一对正负尖脉冲，脉冲幅值为 E，如图 3.22.3 所示. 当 $\tau = RC$ 减小时，输出脉冲的宽度减小但幅值不变.

(2) $\tau = RC \gg \frac{T}{2}$，称阻容耦合电路. 当 $t = 0$ 时，输入的方波信号由零突然上升到 E，电容开始按指数规律充电. 因 $\tau \gg \frac{T}{2}$，充电过程很慢，所以电容上电压可看作线性增加. 当 $t = \frac{T}{2}$ 时，电容电压为 $U_C\left(\frac{T}{2}\right)$，这时输入方波从 E 突然下降到零，电容器又开始放电，$U_C(t)$ 也看作线性下降. 当 $t = T$ 时，电容上的电量还未来得及放完，而方波信号又从零上升到 E，电容又开始充电. 这样随着方波边沿在零与 E 之间的不断变化，电容器不断充电、放电，促使 $U_C(nT)$ 不断增加，这个过程一直要到电容器在充电的半个周期内积累的电荷，与在放电的半个周期内放出的电量相等时为止. 这时 $U_C(t)$ 的波形开始稳定，$U_C(t)$ 的中心在 $E/2$ 处，$U_C(t)$ 就是在方波直流分量 $E/2$ 上叠加了一个三角波，电容起了隔直流作用. $U_R(t)$ 的中心在横轴上，直流分量为零，仅包含了方波的交流分量，如图 3.22.4 所示.

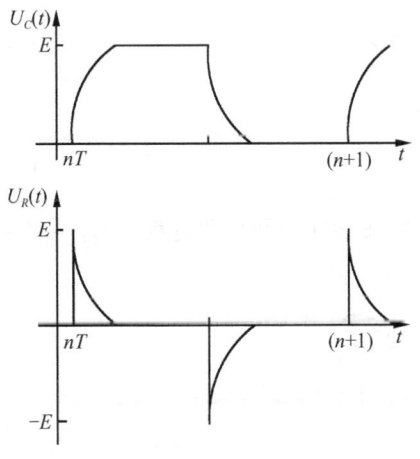

图 3.22.3

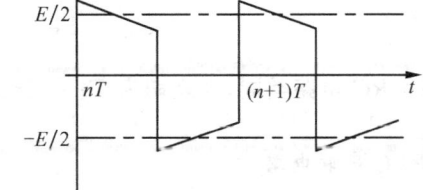

图 3.22.4

(3) $\tau = RC = \dfrac{T}{2}$ 时,有

充电时 $\begin{cases} U_C\left[\left(n+\dfrac{1}{2}\right)T\right]=0.731E \\ U_R\left[\left(n+\dfrac{1}{2}\right)T\right]=0.269E \end{cases}$, 放电时 $\begin{cases} U_C\left[\left(n+\dfrac{1}{2}\right)T\right]=0.269E \\ U_R\left[\left(n+\dfrac{1}{2}\right)T\right]=-0.269E \end{cases}$.

2. RL 电路

在由电阻 R 及电感 L 组成的直流串联电路中(图 3.22.5),当开关 K 置于 1 时,电路中将有电流流过,但由于电感 L 的存在,回路中的电流不能瞬间突变,而是逐渐增加到最大值 E/R. 回路方程为

$$L\frac{\mathrm{d}i}{\mathrm{d}t} + iR = E \qquad (3.22.8)$$

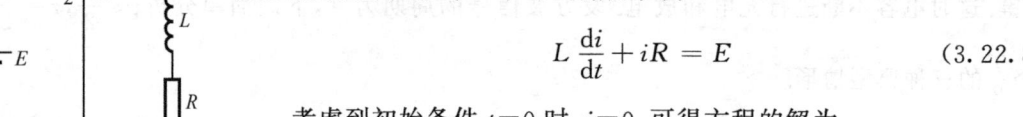

图 3.22.5

考虑到初始条件 $t=0$ 时,$i=0$,可得方程的解为

$$i = \frac{E}{R}(1 - \mathrm{e}^{-\frac{R}{L}t}) \qquad (3.22.9)$$

可见,回路电流 i 是经过一指数增长过程,逐渐达到稳定值 E/R 的(图 3.22.6(a)). i 增长的快慢由时间常数 $\tau = L/R$ 决定. 电阻 R 上的电压 U_R 和电感 L 上的电压 U_L 分别为

$$U_R = E(1 - \mathrm{e}^{-t/\tau}), \quad U_L = E\mathrm{e}^{-t/\tau}$$

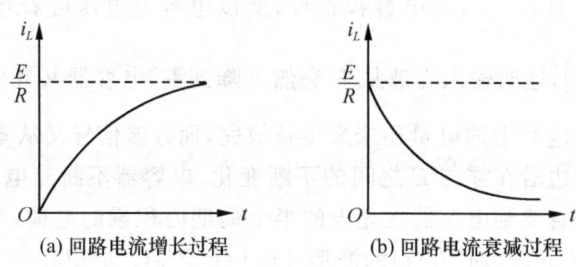

(a) 回路电流增长过程　　(b) 回路电流衰减过程

图 3.22.6

当开关 K 从"1"合向"2"时,电流 i 也不会骤降至零,而只会逐渐减小. 电路方程为

$$L\frac{\mathrm{d}i}{\mathrm{d}t} + iR = 0 \qquad (3.22.10)$$

由初始条件 $t=0$ 时 $i=E/R$,可以得到方程的解为

$$i = \frac{E}{R}\mathrm{e}^{-\frac{t}{\tau}} \qquad (3.22.11)$$

上式表示回路电流从 $i=E/R$ 逐渐衰减到 0,如图 3.22.6(b)所示. 此过程中 U_R 和 U_L 分别为

$$U_R = E\mathrm{e}^{-t/\tau}, \quad U_L = -E\mathrm{e}^{-t/\tau}$$

RL 电路和 RC 电路类同,半衰期为 $T_{\frac{1}{2}} = \tau\ln 2 = 0.693\dfrac{R}{L}$.

3. RLC 串联电路

RLC 电路如图 3.22.7 所示. 电键合到"1"为充电情况,合到"2"为放电情形,电路方程为

$$L\frac{\mathrm{d}i}{\mathrm{d}t}+iR+U_C=\begin{cases}E(充电)\\0(放电)\end{cases} \quad (3.22.12)$$

将 $i=C\dfrac{\mathrm{d}U_C}{\mathrm{d}t}$ 代入得

$$LC\frac{\mathrm{d}^2U_C(t)}{\mathrm{d}t^2}+RC\frac{\mathrm{d}U_C(t)}{\mathrm{d}t}+U_C(t)=\begin{cases}E(充电)\\0(放电)\end{cases} \quad (3.22.13)$$

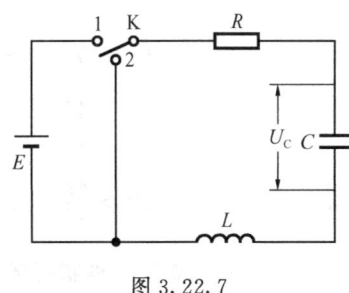

图 3.22.7

式中 $U_C(t)$ 为电容两端电压.

1) 放电过程

初始条件为 $t=0$ 时,$U_C(t)=E,\dfrac{\mathrm{d}U_C(t)}{\mathrm{d}t}=0$,有三种情况:

(1) $R^2<\dfrac{4L}{C}$,阻尼较小情况(或称阻尼振荡状态). 方程的解为

$$U_C(t)=\sqrt{\frac{4L}{4L-R^2C}}E\mathrm{e}^{-\frac{t}{\tau}}\cos(\omega t+\varphi) \quad (3.22.14)$$

式中,$\tau=\dfrac{2L}{R}$,φ 为初相位. 式(3.22.14)表明 $U_C(t)$ 的振幅按指数衰减. 它随时间变化的规律如图 3.22.8 所示,其衰减振动的角频率为

$$\omega=\frac{1}{\sqrt{LC}}\sqrt{1-\frac{R^2C}{4L}} \quad (3.22.15)$$

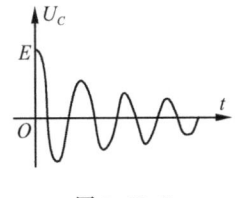

图 3.22.8

当 $R^2\ll\dfrac{4L}{C}$ 时,τ 一般很大,表示振幅衰减很慢,阻尼振动接近于 LC 电路的自由振荡.

(2) $R^2=\dfrac{4L}{C}$,临界阻尼状态. 方程解为

$$U_C(t)=E\left(1+\frac{t}{\tau}\right)\mathrm{e}^{-\frac{t}{\tau}} \quad (3.22.16)$$

这是回路电阻 R 增大到使小阻尼振荡刚刚不出现振荡时的状态,见图 3.22.9(a).

(3) $R^2>\dfrac{4L}{C}$,过阻尼状态. 方程解为

$$U_C(t)=\sqrt{\frac{4L}{R^2C-4L}}E\mathrm{e}^{-\frac{t}{\tau}}\mathrm{sh}(\beta t+\varphi) \quad (3.22.17)$$

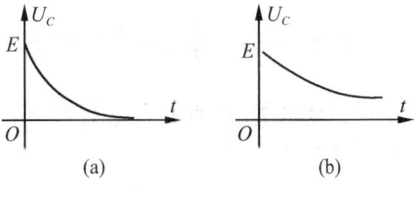

图 3.22.9

式中,$\tau=\dfrac{2L}{R}$,$\beta=\dfrac{1}{\sqrt{LC}}\sqrt{\dfrac{R^2C}{4L}-1}$. 这时电路因阻尼过大不再出现振荡,而是以缓慢的方式放电,最后 $U_C(t)$ 衰减到零,如图 3.22.9(b)所示. 电阻 R 越大,$U_C(t)$ 衰减到零的过程越缓慢.

2) 充电过程

初始条件为 $t=0$ 时,$U_C(t)=0,\dfrac{\mathrm{d}U_C(t)}{\mathrm{d}t}=0$. 和放电过程相似也有三种状态:

$$R^2 < \frac{4L}{C}, \quad U_C(t) = E\left[1 - \sqrt{\frac{4L}{4L-R^2C}}\,e^{-\frac{t}{\tau}}\cos(\omega t + \varphi)\right] \tag{3.22.18}$$

$$R^2 = \frac{4L}{C}, \quad U_C(t) = E\left[1 - \left(1 + \frac{t}{\tau}\right)e^{-\frac{t}{\tau}}\right] \tag{3.22.19}$$

$$R^2 > \frac{4L}{C}, \quad U_C(t) = E\left[1 - \sqrt{\frac{4L}{R^2C-4L}}\,e^{-\frac{t}{\tau}}\operatorname{sh}(\beta t + \varphi)\right] \tag{3.22.20}$$

图 3.22.10 是三种状态的 $U_C(t)$ 曲线.

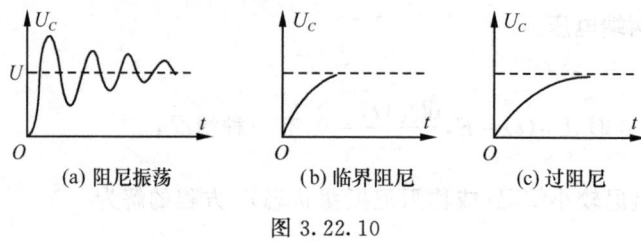

(a) 阻尼振荡　　(b) 临界阻尼　　(c) 过阻尼

图 3.22.10

【仪器和用具】

示波器,函数发生器,可变标准电容器,标准电感,电阻箱,数字频率计.

【实验内容】

1. 方波波形与周期

用示波器观测方波波形和周期.

2. 观察 RC 电路的暂态波形

线路图见图 3.22.11. 取 $C=0.1\mu\mathrm{F}$,改变电阻箱的阻值 R,观察 $\tau=RC\ll\dfrac{T}{2}$,$\tau=\dfrac{T}{2}$, $\tau\gg\dfrac{T}{2}$ 三种情形下的 $U_C(t)$ 和 $U_R(t)$ 波形.

3. 观察 RL 电路的暂态过程

观测 $\tau=\dfrac{L}{R}<\dfrac{T}{2}$,$\tau=\dfrac{T}{2}$ 情形下的 $U_L(t)$ 和 $U_R(t)$ 的波形.

4. 观察 RLC 串联电路的暂态过程(图 3.22.12)

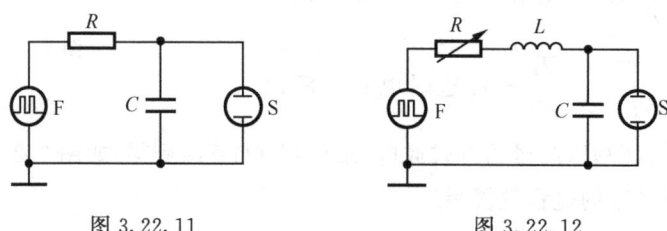

图 3.22.11　　　　　　图 3.22.12

(1) 观测三种阻尼状态波形:电阻箱电阻从零开始逐步增大,可依次观测小阻尼振荡、临界阻尼、过阻尼状态的波形.①在固定 L、C 的条件下记录对应三种状态的 R 范围.②在相应

的 R 值范围内,改变 L、C 的值观察波形的变化情况,并作记录.

(2) 测定衰减振动的时间常数 τ. 设衰减振荡经过 n 个周期后,振幅由 $U_C(t)$,衰减为 $U_C(t+nT')$,则

$$\frac{U_C(t+nT')}{U_C(t)} = e^{-\frac{nT'}{\tau}}$$

从示波器上测出 $U_C(t)$ 和 $U_C(t+nT')$ 的值(同一侧的振幅),和它们对应的时间间隔 $\Delta t = t_2 - t_1 = nT'$,用线性回归方法算出 τ,并与理论值 $\tau = \frac{2L}{R}$ 比较. 式中 $T' = \frac{\Delta t}{n}$ 为振荡周期.

(3) 定性考察 R 大小和振幅衰减快慢的关系. 增大 R,观察振动振幅衰减改变情况. 这个现象与时间常数 τ 的物理意义相符.

(4) 测定临界电阻 R_C. 在振荡状态下,增大电阻箱的电阻值 R,衰减振荡就逐渐减弱,到波形刚好不出现振荡时即为临界状态,这时回路总电阻即为临界电阻,$R_C = R + R_L + R_S$. R_S 为方波发生器的内阻.

(5) 观察过阻尼情况. 继续增大电阻箱的电阻值 R,电路进入阻尼状态. 进一步增大 R,观察 $U_C(t)$ 衰减到零的过程的快慢变化.

【思考题】

(1) 通过实验观察说明在小阻尼振荡时,改变 RLC 电路中的 L、C,这时 $U_C(t)$ 波形将如何变化?

(2) 在 RLC 串联电路的暂态过程中,小阻尼振荡、临界阻尼、过阻尼这三种状态是如何演变的? 试从幅度、衰减形式和快慢等方面进行说明.

(3) 试证明 RLC 电路中 $\tau = \dfrac{nT'}{\ln \dfrac{U_C(t+nT')}{U_C(t)}}$. 如想用 $\tau = \dfrac{2L}{R}$ 计算,则 R 是否为电阻箱的示值?

实验 3.23 半导体 pn 结物理特性及弱电流的测量研究

【实验目的】

(1) 在室温时,测量 pn 结电流与电压的关系,通过数据处理,证实此关系符合玻尔兹曼分布律.

(2) 在不同温度条件下,测量玻尔兹曼常量.

(3) 学习用运算放大器组成电流-电压变换器测量弱电流.

【实验原理】

1. pn 结物理特性及玻尔兹曼常数测量

由半导体物理学可知,pn 结的正向电流-电压关系满足

$$I = I_0 \left[\exp\left(\frac{eU}{kT}\right) - 1 \right] \tag{3.23.1}$$

式中,I 为通过 pn 结的正向电流,I_0 为不随电压变化的常数,T 为热力学温度,e 为电子的电

荷量,U 为 pn 结正向压降.由于在常温(300K)时,$\frac{kT}{e} \approx 0.026\text{V}$,而 pn 结正向压降约为十分之几伏,则 $\exp\left(\frac{eU}{kT}\right) \gg 1$,于是式(3.23.1)可表示为

$$I = I_0 \exp\left(\frac{eU}{kT}\right) \tag{3.23.2}$$

即 pn 结正向电流随正向电压按指数规律变化.若测得 pn 结 I-U 关系值,则利用式(3.23.2)可求出 $\frac{e}{kT}$.在测得温度 T 后,就可以得到 $\frac{e}{k}$ 常数,然后将电子电量作为已知值代入,即可得玻尔兹曼常量 k.

在实际测量中,二极管的正向 I-U 关系虽然能较好地满足指数关系,但求得的常数 k 往往偏小.这是因为通过二极管电流不只是扩散电流,还有其他电流.一般它包括三个部分:①扩散电流,它严格遵循式(3.23.2);②耗尽层复合电流,它正比于 $\exp\left(\frac{eU}{2kT}\right)$;③表面电流,它是由 Si 和 SiO_2 界面中杂质引起的,其值正比于 $\exp\left(\frac{eU}{mkT}\right)$,一般 $m > 2$.因此为验证式(3.23.2)及求出准确的 $\frac{e}{k}$ 常数,不宜采用硅二极管,而采用硅三极管接成共基极线路.因为此时集电极与基极短接,集电极电流中仅仅是扩散电流.复合电流主要在基极出现,测量集电极时,将不包括它.本实验中选取性能良好的硅三极管(TIP31 型),实验中又处于较低的正向偏置,这样表面电流影响也完全可以忽略,所以此时集电极电流与结电压将满足式(3.23.2).实验线路图如图 3.23.1 所示.

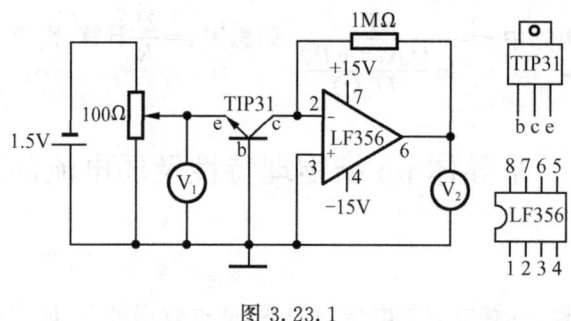

图 3.23.1

2. 弱电流测量

过去物理实验中 $10^{-6} \sim 10^{-11}$ A 数量级弱电流采用光点反射式检流计测量,该仪器灵敏度较高,约 10^{-9} A/div,但有许多不足之处,且使用和维修也不方便.近年来,集成电路与数字化显示技术越来越普及,高输入阻抗运算放大器性能优良,价格低廉,用它组成电流-电压变换器测量弱电流信号,具有输入阻抗低,电流灵敏度高,温漂小,线性好,设计制作简单等优点,因而被广泛应用于物理测量中.

LF356 是一个高输入阻抗集成运算放大器,用它组成电流-电压变换器(弱电流放大器),等效电路如图 3.23.2 所示.其中虚线框内电阻 Z_r 为电流-电压变换器等效输入阻抗.该运算放大器的输出电压 U_0 为

$$U_0 = -k_0 U_i \tag{3.23.3}$$

式中,U_i 为输入电压,k_0($k_0 \gg 1$)为运算放大器的开环电压增益,即图 3.23.2 中电阻 $R_f \to \infty$ 时的电压增益,R_f 称反馈电阻.因为理想运算放大器的输入阻抗 $r_i \to \infty$,所以信号源输入电流只流经 R_f 构成的反馈网络通路.因而有

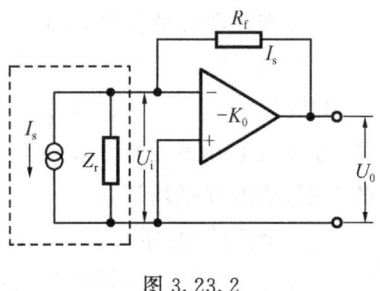

图 3.23.2

$$I_s = \frac{U_i - U_0}{R_f} = \frac{U_i(1+k_0)}{R_f} \tag{3.23.4}$$

由上式可得电流-电压变换器等效输入阻抗为

$$Z_r = \frac{U_i}{I_s} = \frac{R_f}{1+k_0} \approx \frac{R_f}{k_0} \tag{3.23.5}$$

由式(3.23.3)和式(3.23.4)可得电流-电压变换器输入电流 I_s 与输出电压 U_0 之间的关系式,即

$$I_s = -\frac{U_0}{k_0} \frac{(1+k_0)}{R_f} = -U_0 \frac{1+\frac{1}{k_0}}{R_f} \approx -\frac{U_0}{R_f} \tag{3.23.6}$$

由式(3.23.6)只要测量输出电压 U_0 和已知 R_f 值,即可求得 I_s 值.

以高输入阻抗集成运算放大器 LF356 为例来讨论 Z_r 和 I_s 值的大小.对 LF356 运放的开环增益 $k_0 = 2 \times 10^5$,输入阻抗 $r_i \approx 10^{12} \Omega$.若取 R_f 为 1.00MΩ,则由式(3.23.5)可得

$$Z_r = \frac{1.00 \times 10^6 \Omega}{2 \times 10^5} = 5\Omega$$

若选用四位半量程 200mV 数字电压表,它最后一位变化(数字表分辨率)为 0.01mV,那么用上述电流-电压变换器能显示最小电流值为

$$I_{s,\min} = \frac{0.01 \times 10^{-3} \text{V}}{1 \times 10^6 \Omega} = 1 \times 10^{-11} \text{A}$$

由此说明,用集成运算放大器组成电流-电压变换器测量弱电流,具有输入阻抗小,灵敏高的优点.

【仪器和用具】

pn 结物理特性测定仪,变压器油,温度计 0~50℃,最小刻度 0.1℃.

测定仪由四部分组成:

(1) 直流电源.±15V 直流电源 1 组,1.5V 直流电源 1 组.

(2) 数字电压表.三位半数字电压表(0~2V)1 只,四位半数字电压表(0~20V)1 只.

(3) 实验板.运算放大器 LF356、印刷线路板、接线柱、多圈电位器.

(4) 恒温装置由 TIP31 型三极管、保温杯、玻璃试管(内放变压器油)、搅拌器等组成.

【实验内容】

(1) 实验线路如图 3.23.1 所示:图中 V_1 为三位半数字电压表,V_2 为四位半数字电压表,TIP31 型三极管(带散热板),调节电压 U_1 的分压器为多圈电位器,为保持 pn 结与周围环境一致,把 TIP31 型三极管浸没在盛有变压器油的玻璃管中,玻璃管插在保温杯中,杯中

放有水.变压器油的温度用 0~50℃的水银温度计测量.

(2) 在室温下,调节三极管发射极与基极之间电压 U_1 并测量相应的电压 U_2. 在常温下,U_1 的值为从 0.3~0.42V,每隔 0.01V 测一个数据,约测 10 多个数据点,至 U_2 值饱和(U_2 值随 U_1 变化较小或基本不变)前结束测量. 在记录数据开始和结束时都要同时记录变压器油的温度,取温度平均值 $\bar{\theta}$.

(3) 改变保温杯内水温,用搅拌器搅拌,使管内油温与水温一致,重复测量 U_1 和 U_2 关系数据,并与室温测得结果进行比较(也可在保温杯内放冰屑,在冰点温度下做实验).

(4) 曲线拟合及求经验公式.

运用最小二乘法,将实验数据分别代入线性回归、指数回归、乘幂回归这三种物理学中最常用的基本函数,然后求出衡量各回归程序好坏的标准差 δ.

对已测得的 U_1 和 U_2 各对数据,以 U_1 为自变量,U_2 为因变量,分别代入:①线性函数 $U_2 = a + bU_1$;②乘幂函数 $U_2 = aU_1^b$;③指数函数 $U_2 = a\exp(bU_1)$. 求出各函数相应的 a 和 b,得出三种函数,究竟哪一种函数符合物理规律,必须用标准差来检验. 办法是:把实验测得的各个自变量 U_1 分别代入三个基本函数,得到相应因变量的预期值 U_2',并由此求出各函数拟合的标准差:

$$\delta = \sqrt{\frac{\sum_{i=1}^{n}(U_i - U_i')^2}{n}}$$

式中,n 为测量数据个数,U_i 为实验测得的因变量,U_i' 为将自变量代入基本函数后得到的因变量预期值. 最后比较哪一种基本函数为标准差最小,说明该函数拟合得最好.

(5) 计算 $\frac{e}{k}$ 常数,将电子的电量($e = 1.602 \times 10^{-19}$ C)作为标准值代入,求出玻尔兹曼常量 k,并说明玻尔兹曼分布律的物理含义.

【注意事项】

(1) 数据处理时,对于扩散电流太小(起始状态)及扩散电流接近或达到饱和时的数据,在处理数据时应删去,因为这些数据可能偏离式(3.23.2).

(2) 必须观测恒温装置上温度计读数,待所加热水与 TIP31 三极管温度处于相同状态时(即处于热平衡时),才能记录 U_1 和 U_2 数据.

(3) 用本装置做实验,TIP31 型三极管温度可采用的范围为 0~50℃,若要在 -120~0℃ 温度范围内做实验,必须有低温恒温装置.

实验 3.24 示 波 器

实验 3.24.1 示波器的使用

【实验目的】

(1) 了解示波器的结构和工作原理.
(2) 初步掌握示波器各旋钮的作用和使用方法.
(3) 学习用示波器观察电信号的波形,测量电压、频率和相位.

【实验原理】

示波器是将电压信号的变化过程——波形传送到示波管的荧光屏上显示出来,供我们观察、分析和研究.其他非电量如温度、光强、形变、位移等可通过传感器转换成电压信号后用示波器来观察.因此示波器是用途非常广泛的电子测量仪器.

示波器最基本的构成主要有:示波管(显示器),输入信号衰减器,垂直(Y轴)放大器,触发同步电路,锯齿波扫描发生器,水平(X轴)放大器,电源.基本工作流程如图 3.24.1 所示.

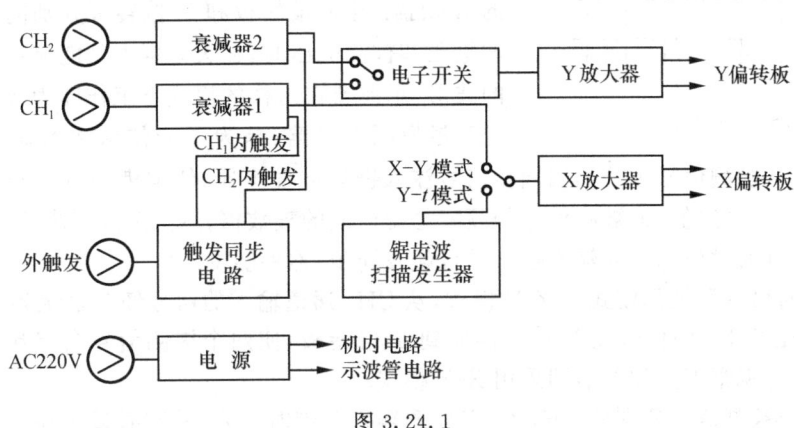

图 3.24.1

示波管的基本构造如图 3.24.2 所示,被灯丝加热的阴极发射出带负电的电子束,电子束在带正电的栅极(加速阳极)作用下朝荧光屏方向做加速运动.电子束在到达荧光屏前要经过两组电极 Y 偏转板和 X 偏转板,偏转板间的电势差使得在偏转板间分别形成一个 Y 方向和一个 X 方向且垂直于电子束运动方向的均匀电场区,当电子束穿过这个电场区时,在电场力 $F=qE$ 的作用下运动方向发生偏转,因此电子束到达荧光屏的位置受偏转板上电压大小的控制,而且偏移的距离与偏转板上的电压成正比.电子束以一定的速度撞击荧光屏,被撞击的荧光粉会发出亮光,其亮度与撞击的电子数量及速度有关.通常由面板上的旋钮来调节阴极或栅极的电势来控制释放出电子的量和速度,最终达到控制图像亮度的目的.示波管中还有一个聚焦电极,它的作用如同一块透镜,由面板上的旋钮来调节聚焦电极的电势,使松散的电子束经过它到达荧光屏时正好会聚成一点,提高了显示图像的清晰度.

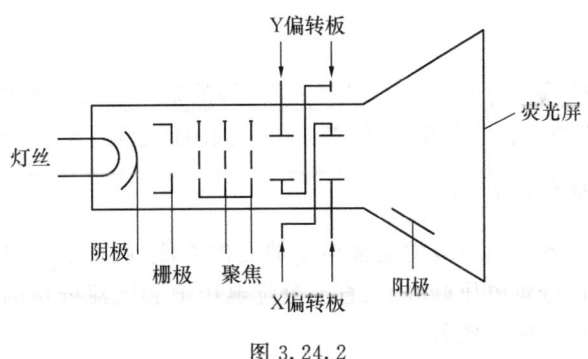

图 3.24.2

被示波器测量的信号均为电压信号,通常从 CH_1 或 CH_2 输入口输入,其幅度从几毫伏到几百伏.对高电压信号,在输入口装有多倍率的分压衰减器,对微弱信号要经过 Y 放大器放大.

被测信号最终送至 Y 偏转板,使荧光屏上的光点按被测信号的变化规律沿 Y 方向运动.

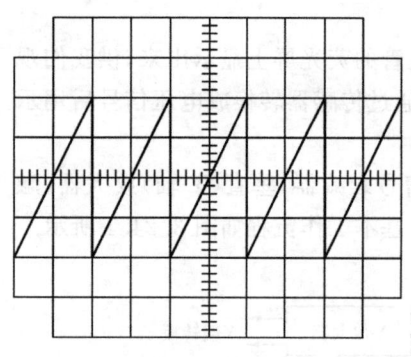

图 3.24.3

仅有 Y 通道,荧光屏上只有一条垂直的亮线.因此示波器设计有水平扫描装置,其核心是一个锯齿波发生器,其电压波形如图 3.24.3 所示,经 X 放大器放大后送至 X 偏转板.锯齿波的作用是使荧光屏上的光点沿 X 方向做往复运动,光点从左至右时为匀速直线运动,移至右侧时使光点突然跳到左侧,这样就完成了一个周期的 X 扫描.当 X 偏转板和 Y 偏转板分别同时加上锯齿波电压和被测电压时,在荧光屏上就能显示出被测电压的波形,示波器在这样的模式下工作即为 Y-t 模式.

触发同步电路,是为了能使示波器显示的波形稳定,在电路上从被测信号中分离出同步信号注入锯齿波发生器,使锯齿波电压与被测信号电压的相位差为一固定值,或被测信号的频率是锯齿波的整数倍,达到触发同步的目的,称内触发.示波器也可通过外部输入触发信号进行触发同步,称外触发.

示波器的另一种工作模式为 X-Y 模式,从 CH_1 通道输入的信号经 X 放大器加到 X 偏转板,从 CH_2 通道输入的信号经 Y 放大器加到 Y 偏转板,使两个被测信号在相互垂直的方向上进行合成,如观察李萨如图形即采用 X-Y 模式.

可将两个被测信号分别从 CH_1 和 CH_2 两输入口同时输入,并同时显示在屏幕上的示波器,被称为双踪示波器,目前双踪示波器已非常普遍.还有数字存储示波器,机内带有微处理器,对被测信号进行数字化处理及存储,屏幕上有各种菜单及被测信号的信息参数等,功能远远超出普通示波器.有的示波器不再用示波管,而是用液晶(LCD)显示器,使示波器的体积和重量大大减少.

【仪器和用具】

示波器,函数发生器,交直流信号源,交流毫伏表,电阻箱,电容箱,电缆线等.

【实验内容】

1. 了解功能

借助示波器使用说明书,认识并熟悉面板上各旋钮和按钮的功能.

2. 观察波形

选择示波器的 CH_1 通道,关闭 CH_2 通道.信号源的输出通过示波器探头送至 CH_1 通道输入口.调节示波器的相关旋钮及按键,使屏幕上得到图形稳定、大小及位置适中的波形.

3. 测量电压、周期等参数

将交直流信号源的各输出端分别连接至示波器的 CH_1 通道输入口,观察其波形并分别测量各信号端口的交流分量电压峰峰值、直流分量电压值和交流分量周期.用交流毫伏表测量交直流信号源各输出端的有效值.

4. 测量两同频率正弦波信号的相位差

如图 3.24.4 所示的 RC 电路中,总电压 U(电源 E)、电容上的电压 U_C 与电阻上的电压 U_R

之间的相位关系如图 3.24.5 所示,可看出 U 落后于 U_R,落后的相位角 φ 由下式计算得到:

$$\varphi = -\arctan\frac{1}{\omega CR} = -\arctan\frac{1}{2\pi fCR} \quad (3.24.1)$$

式中,f 为电源 E 的输出频率,C 为电容量,R 为电阻值. 下面介绍两种测量相位差的方法.

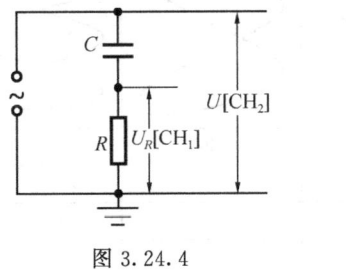
图 3.24.4

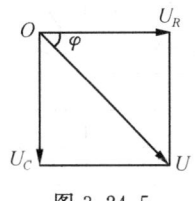
图 3.24.5

1) 双踪法测相位差

将 E(函数发生器)、C(电容箱)、R(电阻箱)按图 3.24.4 连接;U_R 和 U 分别连接到示波器的两个通道输入口 CH_1 和 CH_2. 函数发生器选择正弦波输出,进行适当的调节使示波器显示出如图 3.24.6 的波形. 测出信号的周期 T、两信号的水平距离 P_1P_2(即时间差 Δt),由式(3.24.2)计算出相位差,并将它与理论值进行比较.

$$\varphi_{\text{实验}} = 2\pi\frac{\Delta t}{T}(\text{弧度}) = 360\frac{\Delta t}{T}(\text{度}) \quad (3.24.2)$$

2) 李萨如图形测相位差

将示波器设置为 X-Y 模式,在示波器无信号输入时,将亮点移至屏幕坐标原点,适当调节后得到图 3.24.7 的李萨如图形,测出图中 A、B 两值,由式(3.24.3)计算出相位差

$$\varphi = \arcsin\frac{B}{A} \quad \text{或} \quad \varphi = \pi - \arcsin\frac{B}{A} \quad (3.24.3)$$

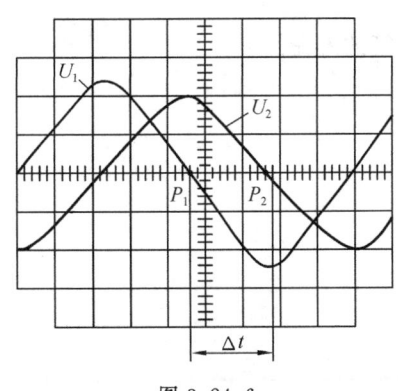
图 3.24.6

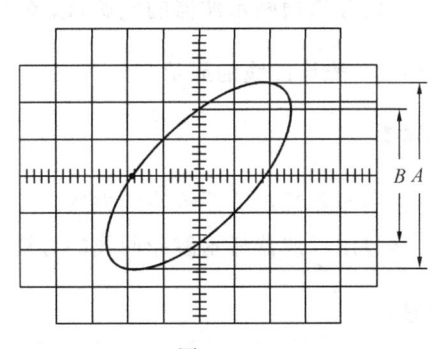
图 3.24.7

5. 李萨如图形测频率

示波器设置为 X-Y 模式,将已知频率(50Hz)的正弦波电压接入 $CH_2(Y)$ 输入口,被测正弦波电压(函数发生器)接入 $CH_1(X)$ 输入口. 当两信号的频率为整数倍时,示波器屏幕上的李萨如图形稳定,且李萨如图形与两输入信号的频率有如下关系:

$$f_x = f_y\frac{N_y(\text{图形与垂直直线的切点})}{N_x(\text{图形与水平直线的切点})} \quad (3.24.4)$$

调节函数发生器输出频率,使分别显示如表 3.24.1 中的图形,由式 3.24.4 求得 f_x.

表 3.24.1

李萨如图形						
f_y/Hz				50		
N_x						
N_y						
f_x/Hz						

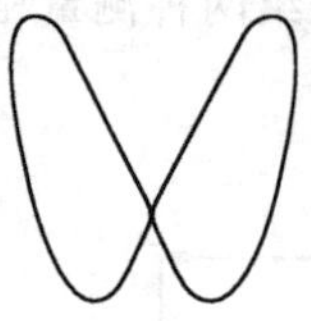

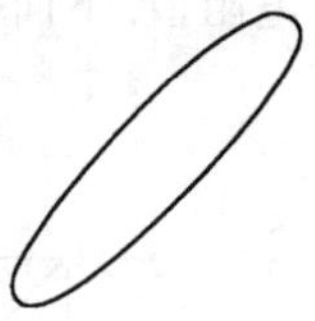

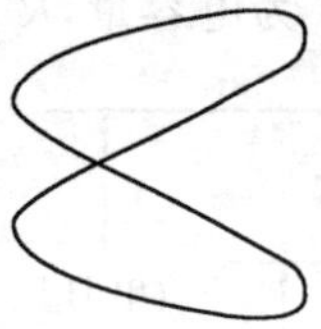

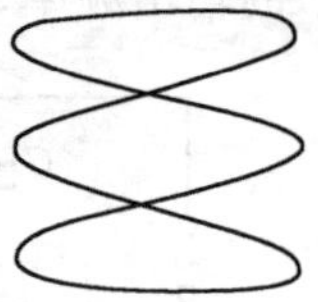

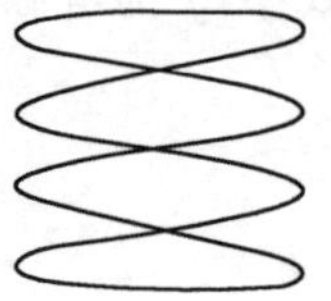

【思考题】

(1) 当打开示波器电源并预热后,屏幕上无任何光点及图形. 试问应从哪几个方面进行调节?

(2) 用示波器观察被测信号波形时,屏幕上显示的波形太密或没有一个完整的波形,则扫描频率应分别作何种调整?

(3) 试用示波器显示二极管的伏安特性,画出测量线路图.

【注意事项】

(1) 荧光屏上的亮度不可调得太亮,且不能将亮点长时间固定在一个位置,以免损坏荧光屏.

(2) 不要频繁通断示波器的电源,以免缩短示波管的寿命.

实验 3.24.2 磁滞回线的显示

【实验目的】

(1) 进一步熟悉示波器的使用方法.
(2) 学习用示波器显示磁滞回线的方法.

【实验原理】

当一个没有剩磁的铁磁物质被强度逐步增强的外磁场 H 磁化时,其磁感强度 B 与 H 的图线将沿着图 3.24.8 所示的 OA 线移动,称 OA 线为起始磁化曲线. H 增加到 H_m 时,B 的增加极其缓慢,称材料基本进入磁饱和. 此时让 H 逐步减小,B 将不沿原路返回,而是沿曲线 AR 下降,如果 H 从 H_m 变到 $-H_m$,再从 $-H_m$ 变回 H_m,B 随 H 的变化形成一条闭合的曲线,把由 B-H 构成的图线称为磁滞回线. 其中当 $H=0$ 时,$|B|=B_r$,B_r 称为剩磁. 要使磁感强度为零,就必须加反向磁场 $-H_c$,H_c 称为矫顽力. 一般矫顽力大的材料其磁滞回线比较宽,如图 3.24.9 所示,称为硬磁材料,矫顽力小的材料其磁滞回线很窄,如图 3.24.10 所示,称为软磁材料.

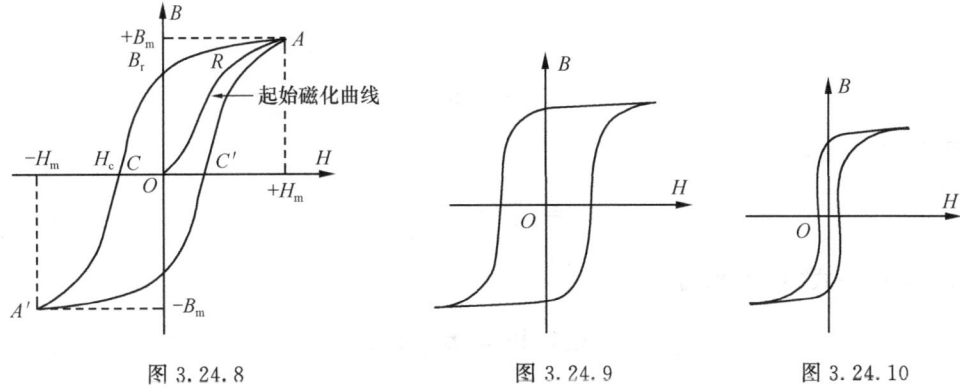

图 3.24.8　　　　　图 3.24.9　　　　　图 3.24.10

要在示波器上显示磁滞回线,须解决一个物理量的转换问题,因为示波器所测量的是电学中的电压量,而构成磁滞回线的是磁学量,磁学量的测量一般比较困难,所以通常是运用一定的物理规律,将磁学量转换成易于测量的电学量,这种转换测量法是物理实验中的基本测量方法之一.以下介绍用示波器显示磁滞回线的实验方法.

实验原理如图 3.24.11 所示.在一个环状的铁磁材料(样品)上绕上匝数为 N_1 的初级线圈和匝数为 N_2 的次级线圈,称这个环为螺绕环.当有交变的电流 i_1 流过 N_1 时,根据安培环路定理得知,磁环内的磁场强度为

$$H = \frac{N_1 i_1}{L}$$

式中,L 为螺绕环的中心线周长.设电阻 R_1 两端的电压为 U_{R_1},则 $i_1 = \frac{U_{R_1}}{R_1}$,代入上式得

$$U_{R_1} = \frac{LR_1}{N_1}H \qquad (3.24.5)$$

式中,L、R_1、N_1 均为已知数,因此电压 U_{R_1} 与螺绕环内的 H 成正比.

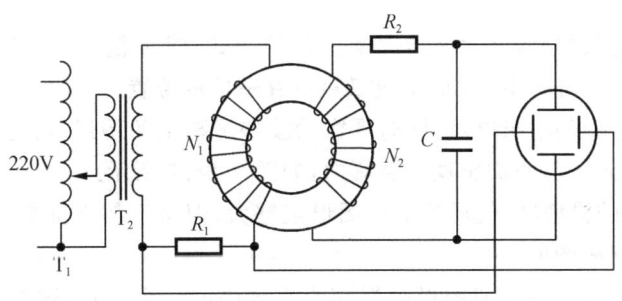

图 3.24.11

当 N_1 中流过电流为 i_1 时,螺绕环内的磁感强度为 B,通过螺绕环横截面的磁通量为 $\Phi = BS$,此时螺绕环上线圈 N_2 的感应电动势为

$$E = -N_2 \frac{d\Phi}{dt} = -N_2 S \frac{dB}{dt} \qquad (3.24.6)$$

在图 3.24.11 中通常次级线圈 N_2 的电感很小,可以不计.若 R_2 和 C 的取值足够大,即 $R_2 \gg$

$\frac{1}{\omega C}$，因此有

$$E \approx i_2 R_2 \tag{3.24.7}$$

又因为有

$$i_2 = \frac{dQ}{dt} = C\frac{dU_C}{dt} \tag{3.24.8}$$

由式(3.24.6)~式(3.24.8)得

$$-N_2 S \frac{dB}{dt} = R_2 C \frac{dU_C}{dt} \tag{3.24.9}$$

将式(3.24.9)两边积分，得

$$B = -\frac{R_2 C}{N_2 S} U_C \tag{3.24.10}$$

上式说明螺绕环内的磁感强度 B 与电容两端的电压 U_C 成正比.

有了式(3.24.5)和式(3.24.10)，我们可将电压 U_C 送入示波器的 $CH_2(Y)$ 输入端，电压 U_{R_1} 送入示波器的 $CH_1(X)$ 输入端，这样在示波器的荧光屏上可真实地反映出磁环的磁滞回线.

【仪器和用具】

示波器，磁滞回线实验仪(可调电压变压器、螺绕环、电阻器、电容器).

【实验内容】

在实验前，对各元器件的取值应进行测算，不同的铁磁物质达到磁饱和时的 H_m 值相差较大，因此所需的 i_1 也不一样，通常电流 i_1 较大. 对 R_1 取适当的阻值的同时，还须考虑所能承受的功率. 交流电源采用交流 220V 市电，经变压器隔离降压后输出. R_2 和 C 的取值要满足条件 $R_2 \gg \frac{1}{\omega C}$.

按图 3.24.11 连接线路，将示波器设置在 X-Y 方式，即 X 偏转信号为外接，调节 X、Y 位移使荧光屏上的亮点在屏幕中心，X、Y 灵敏度调在适中的位置.

缓慢升高交流电源的输出电压，同时观察示波器屏幕上的图形，可看到随着电压的逐步升高图形在增大，直到图形两头出现明显弯曲，如图 3.24.8 所示.

再次调整 X、Y 的灵敏度，使屏幕上的图形足够大，但又不超出屏幕. 在坐标纸上描绘出该铁磁材料的磁滞回线图形.

退磁，缓慢降低交流电压，使图形缓慢缩小直到中间一个亮点，这样铁磁材料不会有剩磁. 如果将 i_1 由某一电流值突然变为零，铁磁材料内就会有一定的剩磁(除非正好在 $B=0$ 时 $i_1=0$)，要想退去剩磁，先将输入电流调到足够大，使出现磁饱和现象，再缓慢降低 i_1 直到零.

【思考题】

(1) 什么是转换测量法，如何用电学量 U 来测量磁学量 H 和 B？

(2) 说明本实验中退磁的原理.

(3) 磁滞回线所包围的面积有何物理意义？

实验3.25 温度传感器及其应用

在各行各业和人们日常生活中所遇到的信息中,大部分是非电学量,非电学量的特点是难以进行放大处理和传输.为此就要借助于各种传感器,又称换能器或探测器,灵敏地检测有关信息,并把它转换成电子仪器或计算机易于接受和处理的电信号.

温度的测量在日常生活中随处可见,人们最关注的温度要数每天的空气温度和自己的体温.温度(体温)的方便、迅捷的测量在医学领域具有非常重要的现实意义.人体温度相对恒定是维持人体正常体征的重要条件之一,体温高于41℃或低于25℃时将严重影响人体各系统(特别是神经系统)的机能活动,甚至危及生命.很多疾病都可使正常体温调节机能发生障碍而使体温发生变化.比如,感染通常伴随着体温的升高(发烧),关节温度也与局部炎症密切相关.因此,临床上监测体温的变化对疾病的诊断是不可或缺的.

最普通的温度测量工具就是水银温度计,其工作原理是利用材料(水银)的热膨胀效应对温度进行标定的.水银温度计具有简便、准确、价廉的优点,因而广泛应用于日常生活中.它的不足之处在于测温时间较长、测温范围有限(-38~350℃)、易损、不能自动记录和显示等.

温度传感器可以将温度转换成易于处理的电信号,它与水银温度计相比具有测温范围广、测量精度高、温度响应快等优点.用于生物医学领域的传感器称为生物医学传感器.生物医学传感器的功能就是将检测到的生物体的各种信息转换成容易处理的电信号并及时输出相关数据和图像,以满足医学研究和临床诊断需要,将医生定性的感觉拓展为定量的测量.随着微电子技术的发展,出现了各式各样的电子温度计,特别适用于水银温度计不便测量的一些场合,如医学上对食管、鼓膜等的温度测量,环境温度的自动监测和数显、传输等.

按测量原理,温度传感器可分以下几种:

热电式 利用某些材料或元件的电学特性(电压、电流、电阻等)随温度变化的性质,将温度的变化转化为电学量的变化进行测温.如热电偶,热敏电阻,pn结或集成电路等.

热辐射式 利用热辐射成像原理测量温度,如红外热成像仪等.

其他 例如,利用石英晶体固有频率随温度变化进行测温的石英晶体测温传感器;利用胆甾相液晶材料的反射光色泽随温度变化的液晶温度计(液晶测温膜)等.

按测量方法可以分为接触式和非接触式两种.接触式测量需要直接接触被测物体,以测量待测部位的温度;非接触式测量不需直接接触被测物体就可以测量待测温度.

本实验主要介绍两种热电式温度传感器(热电偶和热敏电阻温度传感器)的工作原理及其使用方法.

实验3.25.1 热电偶定标和测温

【实验目的】

(1) 了解非电量的电测法原理.
(2) 学习热电偶定标、测温方法.
(3) 进一步掌握电势差计的使用.

【实验原理】

1. 热电偶热电现象及测温原理

当两种不同金属互相接触时,在接触面上产生一个接触电势差(铂尔贴电动势).同一种金属两端处于不同温度时,金属的两端就产生一个电势差(汤姆孙电动势).而由两种不同的金属或两种不同成分的合金的两端彼此焊接(或熔接)在一起组成闭合回路时,如图 3.25.1 所示,若两端点温度分别保持为 t 和 t_0,则回路中就有温差电动势,它是铂尔贴电动势和汤姆孙电动势之和.

产生温差电动势的装置称为热电偶.温差电动势的大小与组成热电偶的材料有关,也与温度 t 和 t_0 有关.当材料一定时,温差电动势 E_x 唯一地取决于两端点的温度差 $t-t_0$,其大小近似为

$$E_x = C(t - t_0) \tag{3.25.1}$$

式中,C 为温度系数,由组成热电偶的材料决定.

用热电偶测量温度时,通常把一端置于被测温场中,称为测量端(热端);另一端恒定于某一温度,称为参考端(冷端),如图 3.25.2 所示.一般将冷端置于冰水混合物($t_0=0℃$)中.

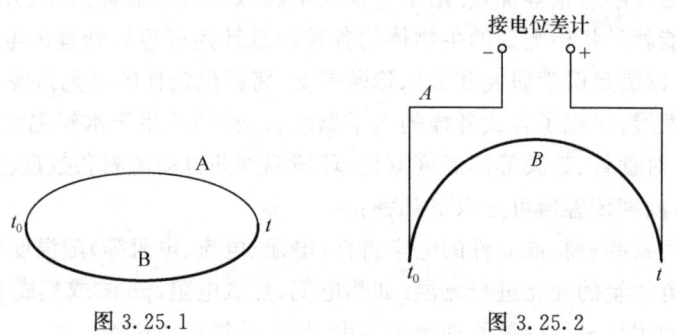

图 3.25.1　　　　　图 3.25.2

当 t_0 恒定时,热电偶所产生的温差电动势仅随测量端温度变化.只要把已测得的温差电动势与测量端温度的对应关系整理成热电偶定标曲线,测量时便可根据测得的温差电动势来求得被测温度.

2. 热电偶的定标

热电偶的定标就是用实验方法,找出热电偶热端温度与温差电动势的对应关系曲线.根据温度给定方法和测定方法不同,热电偶的定标方法分为纯物质定点定标法和比较定标法等.本书仅介绍比较定标法.

将热电偶冷端置于冰水混合物中,热端置于热水中,让其自然冷却,用水银温度计测量其温度,同时用电势差计测出对应温度时的热电偶温差电动势,以一定温度间隔进行多点测量后画出 $E_x(t)$-t 定标曲线.

【仪器和用具】

UJ31 型电势差计,TE-1 温差电偶装置(铜-康铜热电偶或镍铬-镍铝热电偶),水银温度

计,检流计,电热杯(或玻璃烧杯),双层保温杯,直流稳压电源,标准电池等.

【实验内容】

1. 定标

(1) 按图 3.25.3 接入标准电池 E_s、检流计 G、工作电源 E(5.7~6.4V),热电偶引线接入"未知1"(或"未知2"),旋 K_0 至"×1",K_2 至"断",R_s 指示 1.0186V(标准电池电动势),$R_{n,1}$,$R_{n,2}$,$R_{n,3}$ 指示中间部位,读数盘Ⅰ,Ⅱ,Ⅲ调至零位,并对检流计 G 进行零点调节.

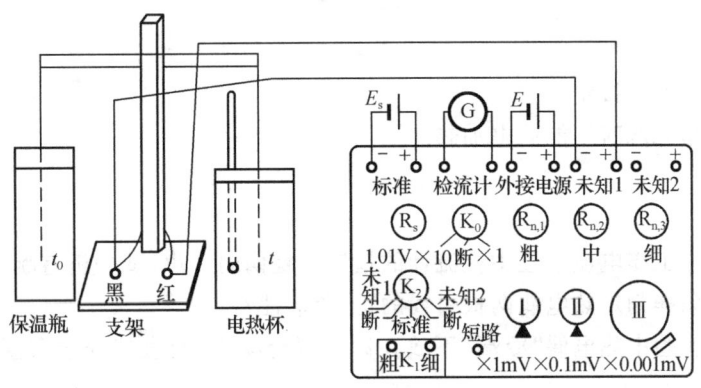

图 3.25.3

(2) 校正工作电流. 旋 K_2 至"标准",先置按钮 K_1 于"粗"位置(按下),然后依次调节 $R_{n,1}$(粗)、$R_{n,2}$(中)、$R_{n,3}$(细),使检流计指针指"零";再置按钮 K_1 于"细"位置(按下),仍调节 $R_{n,1}$(粗)、$R_{n,2}$(中)、$R_{n,3}$(细),再使检流计指针指"零",此时电势差计达到补偿状态.

(3) 将冰块放入冷端部分的保温杯(约 2/3 杯)中,加少量自来水形成冰水混合物;将自来水倒入热端部分的电热杯或烧杯(约 2/3 杯)中.

(4) 测量未知电动势. ①按下 K_1 的"粗"按钮,旋 K_2 至"未知1"(或"未知2"),依次调节测量转盘Ⅰ,Ⅱ,Ⅲ,使检流计指针接近指"零";再按下 K_1 的"细"按钮,仔细调节测量转盘,使检流计指针指"零",立刻读出水银温度计的温度,以及测量转盘读数,即得到热端在该温度时的温差电动势. ②给热端水加热,水温每上升 3~5℃测出相应的温差电动势 E_x',共测 8 个温度点. ③让热端水冷却,水温每下降 3~5℃时测出与升温时温度对应的各温差电动势 E_x''.

(5) 以温度 t 为横坐标,温差电动势 $E_x\left(E_x=\dfrac{E_x'+E_x''}{2}\right)$ 为纵坐标,绘出 E_x-t 定标曲线,并用图解法求出 $E_x=C(t-t_0)$ 中的 C 值.

2. 测温

将热电偶热端悬空置于实验室内空气中,测量温差电动势,从热电偶的定标曲线上查出实验室温度,并与水银温度计测得的结果进行比较.

【方法介绍】 内插法

当测量到热电偶的温差电动势数值在分度表中没有时,表示此时的温度不是整数. 需要用线性内插法计算此时的温度值. 若热电偶的温差电动势为 ε_x,在分度表中可以查出 ε_x 两侧与之最接近的两个值为 ε_1 和 ε_2，以及 ε_1 和 ε_2 所对应的温度值 t_1 和 t_2。则被测温度 t_x 满足

$$\frac{t_x - t_1}{t_2 - t_1} = \frac{\varepsilon_x - \varepsilon_1}{\varepsilon_2 - \varepsilon_1}$$

即被测温度 t_x 可由下式求出

$$t_x = t_1 + \frac{\varepsilon_x - \varepsilon_1}{\varepsilon_2 - \varepsilon_1}(t_2 - t_1)$$

例如，实验测得温差电动势为 3.392mV，分度表中与之最接近的两个值分别是 3.357mV 和 3.402mV，它们对应的温度分别是 80℃和 81℃。则由上式可计算出被测温度为 80.8℃。

【注意事项】

(1) 电源极性不可接错。
(2) 电热杯里无水时不能通电加热。

【思考题】

(1) 若在校准工作电流过程中检流计的指针总是偏向一边，试分析有哪些可能的原因？
(2) 实验中怎样判定热电偶两根引线的正、负极性？
(3) 如果在实验中热电偶"冷端"不放在冰水混合物中，而直接处于室温中，对实验结果会有些什么影响？

实验 3.25.2　热敏电阻温度计

【实验目的】

(1) 了解热敏电阻的温度特性。
(2) 学习非平衡电桥的原理。
(3) 掌握热敏电阻温度计的基本原理及使用方法。

【实验原理】

1. 热敏电阻的温度特性

几乎所有物质的电阻率都随其本身温度的变化而改变，这一物理现象称为热电阻效应。利用这一原理制成的温度敏感元件称为热敏电阻。通过热敏电阻可以将温度的变化变换成热敏电阻的阻值变化，从而实现温度测量。热敏电阻一般采用半导体或导体材料制作。

热敏电阻分为三类：负温度系数（NTC）型，是由某些金属氧化物高温烧结而成，其电阻值随温度的升高而减小；正温度系数（PTC）型，由钛酸钡和钛酸锶的混合物高温烧结而成，其电阻值随温度的升高而增加；单晶掺杂的半导体（通常是硅），温度系数为正。

NTC 型热敏电阻的温度系数一般为 $-3\%\sim-5\%/\text{℃}$，比金属的温度系数大 10 倍左右。电阻值从数欧到几兆欧。某些玻璃封装的器件，稳定度可达 $\pm 0.2\%/$年。用钛酸钡烧结的 PTC 型热敏电阻温度系数更大（$10\%\sim60\%/\text{℃}$）。

本实验采用的热敏电阻是由金属氧化物半导体材料制成的器件，具有阻值对温度反应灵敏、热响应速度快、体积小且无毒等优点，因而被广泛应用于测温、控温等领域。半导体材料热敏电阻与金属材料制成的电阻具有明显不同的温度特性，它们多数具有负的温度特性。在一

定温度范围内,热敏电阻的阻值和温度有如下关系:

$$R_T = a\exp\left(\frac{b}{T}\right) \tag{3.25.2}$$

式中,T 为热力学温度(K),R_T 为温度为 T 时热敏电阻的阻值,a 和 b 是与热敏电阻材料物理性质有关的常量,可从测量得到的 R_T-T 特性曲线求出.为了比较准确地求出 a、b 的值,可将(3.25.2)式线性化后进行直线拟合,即对(3.25.2)式两侧取对数,得

$$\ln R_T = \ln a + b \cdot \frac{1}{T} \tag{3.25.3}$$

从 $\ln R_T$-$\frac{1}{T}$ 的直线拟合中,得到 a 和 b.

2. 非平衡电桥

电桥是一种用比较法进行测量的仪器,由电源、桥臂、桥路三部分组成.

非平衡电桥是指在测量过程中电桥不平衡,桥路上的电流不为零,桥路上电流的大小与电源电压、桥臂电阻有关.利用非平衡电桥进行测量时,应具体选定除待测电阻外其他电阻的阻值以及电源电压,这样待测电阻 R_x 与桥路上电流 I_g 就有一一对应的关系.确定 R_x-I_g 关系的过程,即为非平衡电桥的定标.用已标定好的非平衡电桥在不改变其工作状态的情况下,就可以进行有关测量.

3. 热敏电阻温度计

由式(3.25.2)可知,热敏电阻的阻值随温度升高而按指数规律下降.实用的热敏电阻温度计是把电阻随温度的变化转换成电流随温度的变化,并把电流表的刻度转换成温度示值直接读出温度.

图 3.25.4 是用热敏电阻和非平衡电桥组成的温度计的原理图.图中 E 为直流电源,R_T 为热敏电阻,G 为微安表,K_1 为电源电键,K_2 为工作选择电键.热敏电阻 R_T 是电桥的一个桥臂,这里用非平衡电桥,从电流计指针的偏转与 R_T 值的一一对应关系来测定温度.它们一一对应的关系可由定标获得.

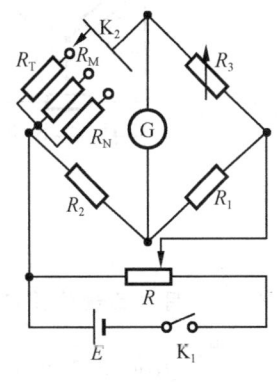

图 3.25.4

热敏电阻温度计每次使用前都要校正.若此温度计测温范围为 $t_1 \sim t_2$(单位为℃),则图 3.25.4 中电阻 R_N 和 R_M 的阻值分别等于热敏电阻在 t_1 和 t_2 时的阻值.R_N、R_M 用于校正温度计:校正下限温度 t_1 时,将电键 K_2 拨向 R_N,调节桥臂电阻 R_3,使电流计指零;校正上限温度 t_2 时,将电键 K_2 拨向 R_M,调节电源分压器 R,使电流表指针在满刻度处.校正完毕,再把 K_2 拨向 R_T,R_T 接入桥路便可用来测温度.在本实验中,t_1 和 t_2 分别取水的冰点(0℃)和沸点(100℃).

【仪器和用具】

直流稳压电源,微安表,电阻箱,水银温度计,滑线变阻器,热敏电阻[①],数字式多用电表,

---

① 也可用 AD590 集成温度传感器.

杜瓦瓶,烧杯,电炉,电键.

【实验内容】

1. 图 3.25.5 为一简单的热敏电阻温度计装置

将热敏电阻制成的探头和水银温度计的水银泡紧扎在一起放在直径约 1cm 的试管中,并将试管插入烧瓶,瓶中水温可由加热器调节.按图 3.25.5 接线.

2. 热敏电阻温度计校正

将 R_T 置于盛有冰水混合物的杜瓦瓶中,调 R_3,使微安表指示为零,并用数字多用表测量在该温度下的热敏电阻的阻值;保持 R_3 不变,再将 R_T 置于盛沸水的烧杯中,调 R 使微安表指示为满刻度,同时用数字多用表测出水沸腾时热敏电阻的阻值.

3. 热敏电阻温度计定标

(1) 保持 R_3 和 R 位置不变,使烧杯中水自然冷却,每隔 5℃ 左右测一组数据,即分别记录微安表和温度计的读数,同时用数字多用电表测量在该条件下热敏电阻的阻值.

(2) 将微安表相应刻度处标出对应的温度值就制成了一只热敏电阻温度计.若在微安表上标注温度不方便,实验中可根据所测数据作出 t-I 曲线(图 3.25.6),即为此温度计的定标曲线,供测温时查用.

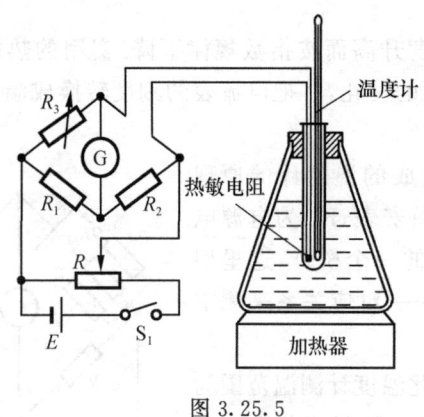

图 3.25.5

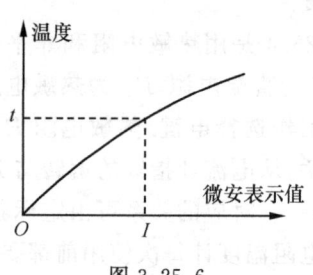

图 3.25.6

4. 用自己制作并定标的热敏电阻温度计测温

(1) 用温度计测出室温:将 R_T 和水银温度计同置于实验室空气中,根据微安计读数得到温度值,并与水银温度计测出的结果比较.

(2) 测手心皮肤温度:将 R_T 和温度计水银泡同握在手心中,根据微安计读数得到温度值,并与水银温度计测出的结果比较.

5. 热敏电阻温度特性的研究

参照式(3.25.3),令 $x=\dfrac{1}{T}$,$y=\ln R_T$,则式(3.25.3)可写为

$$y = A + Bx \tag{3.25.4}$$

式中，$A=\ln a$，$B=b$，x 和 y 可由测量值 $R_T\text{-}T$ 求出，利用上述几组测量值，用图解法或最小二乘法求出参数 a、b，给出经验公式 $R_T=a\exp\left(\dfrac{b}{T}\right)$. 注意计算时，取 $T(\text{K})=t(\text{°C})+273$.

【注意事项】

进行实验时，必须使热敏电阻与水银温度计的水银泡保持紧密接触，并一起置入水中.

【思考题】

(1) 怎样测定热敏电阻的温度特性曲线？

(2) 怎样用实验的方法确定 $R_T=a\exp\left(\dfrac{b}{T}\right)$ 中的 a 和 b？

(3) 说明热敏电阻温度计的工作原理.

(4) 制作一只热敏电阻温度计的主要步骤和校正方法是什么？

(5) 若不用数字多用电表测任一温度下热敏电阻的阻值 R_T，给出电阻箱和双刀双掷电键，试用替代法测 R_T，画出测量线路.

实验 3.26　单色仪的定标与滤光片光谱透射率的测定

【实验目的】

(1) 了解棱镜单色仪的构造、原理和使用方法；

(2) 以汞灯的主要谱线为基准，对单色仪在可见光区进行定标；

(3) 掌握用单色仪测定滤光片光谱透射率的方法.

【实验原理】

单色仪是一种分光仪器，它通过色散元件的分光作用，把复色光分解成它的单色组成. 根据采用色散元件的不同，可分为棱镜单色仪和光栅单色仪两大类，其应用的光谱区很广，从紫外、可见、近红外一直到远红外. 对不同的光谱区域，一般需换用不同的棱镜或光栅. 若采用石英棱镜作为色散棱镜，主要应用于紫外光谱区，并用光电倍增管作为探测器；棱镜材料用 NaCl、LiF 或 KBr 等，则可用于广阔的红外光谱区，用真空热电偶等作为光探测器. 本实验为玻璃棱镜单色仪，仅适用于可见光区，用人眼或光电池作为光探测器.

图 3.26.1 所示为反射式棱镜单色仪的结构示意图，其外壳是圆形的，下方有驱动棱镜台转动的丝杆和读数鼓轮，外侧装有缝宽可调的入射狭缝 S_1 和出射狭缝 S_2. 其光学系统由下列三部分组成：

(1) 入射准直系统. 由入射狭缝 S_1 和凹面镜 M_1 组成，因 S_1 固定在 M_1 的焦面上，它使 S_1 发出的入射光束经 M_1 后成为平行光束.

(2) 瓦兹渥斯(Wadsworth)色散系统. 由玻璃棱镜 P 和平面镜 M 联合组成一整体，安装在同一转台上，可以绕通过 O 点垂直于图面的轴线（棱镜顶角的等分面和底面的交线）

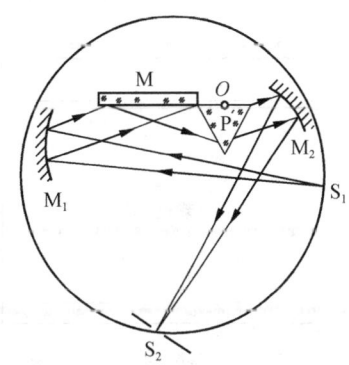

图 3.26.1

转动,该系统的特点是平行光束通过后,以最小偏向角出射的单色光仍平行于原入射光.即该系统为恒偏向色散装置.

(3) 出射聚光系统.由凹面镜 M_2 和出射缝 S_2 组成,它将色散后沿不同方向传播的单色光经 M_2 反射后,会聚在 M_2 的焦面,即出射缝 S_2 的平面上,因 S_2 缝宽较小,从 S_2 输出的是波段很窄的光,通常称为单色光.

随着棱镜台绕 O 轴转动,以最小偏向角通过棱镜的光束的波长也跟着改变,当最小偏向角由小变大时,从 S_2 输出的单色光的波长将依此由长变短.单色仪能输出不同波长的单色光,是依赖于棱镜台的转动而实现,棱镜台的位置是由鼓轮刻度标志的,而鼓轮刻度的每一数值都和一定波长的单色光输出相对应.因此,必须制作单色仪的鼓轮读数和对应光波波长的关系曲线——定标曲线(又称色散曲线),一旦鼓轮读数确定,便可从定标曲线上查知输出单色光的中心波长.

【仪器和用具】

反射式棱镜单色仪,汞灯,硅光电池,灵敏电流计,低倍显微镜,滤光片,会聚透镜,毛玻璃

实验 3.26.1　单色仪的定标

单色仪出厂时,一般都附有定标曲线的数据或图表供查阅,但经过长期使用或重新装调后,数据会发生变化,需重新定标,以对原数据进行修正.

单色仪的定标是借助于波长已知的线光谱以获取对应的鼓轮读数.为了获得较多的点,必须有一组光源.通常采用汞灯、氢灯、钠灯、氖灯以及用铜、锌、铁做电极的弧光光源等.

本实验选用汞灯作为已知线光谱的光源,在可见光区域(400~760nm)进行定标.在可见光波段,汞灯主要谱线的相对强度和波长如图 3.26.2 及表 3.26.1 所示.

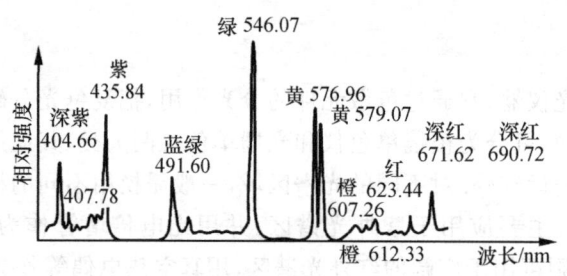

图 3.26.2

表 3.26.1　汞灯主要光谱线波长表

颜　色	波长/nm	强　度
紫色	*404.66	强
	*407.78	中
	410.81	弱
	433.92	弱
	434.75	中
	*435.84	强
蓝绿色	*491.60	弱
	*496.03	中

续表

颜 色	波长/nm	强 度
绿色	535.41	弱
	536.51	弱
	*546.07	强
	567.59	弱
黄色	*576.96	强
	*579.07	强
	585.92	弱
	589.02	弱
橙色	*607.26	弱
	*612.33	弱
红色	*623.44	中
	*671.62	中
深红色	*690.72	中
	708.19	弱

【实验内容】

(1) 观察入射狭缝和出射狭缝的结构,了解缝宽的调节、读数以及狭缝使用时的注意事项,选取适当的缝宽以获取足够的强度及较好的单色性.

(2) 在入射狭缝前放置汞灯,为了充分利用进入单色仪的光能,光源应放置在入射准直系统(S_1 和 M_1)的光轴上.使入射狭缝减小到 $50\mu m$,再在光源与入射缝之间加入聚光透镜,适当选择透镜的焦距和口径,使其相对口径与仪器的相对口径(1:7)匹配.这样,可获得最大亮度的出射谱线,同时又减少了仪器内部的杂散光.调节聚光透镜的位置,用一块毛玻璃置于出射狭缝处,使毛玻璃上呈现的谱线最明亮.

(3) 将低倍显微镜置于出射狭缝处,对出射狭缝 S_2 进行调焦,使显微镜视场中观察到的汞谱线最清晰.为使谱线尽量细锐并有足够的亮度,应使入射缝 S_1 尽可能小,保证汞灯的两条黄色的亮谱线分开,出射狭缝可适当大些.根据可见光区汞灯主要谱线的波长、颜色、相对强度和谱线间距辨认谱线.并选表 3.26.1 中打"*"者为定标谱线.

(4) 使显微镜的十字叉丝对准出射狭缝的中心位置,缓慢地转动鼓轮,直到各谱线中心依此对准显微镜的叉丝时,分别记下鼓轮读数(L)与其所对应的波长(λ).为了避免回程差,应采用从紫光到红光(或相反)的过程,重复测量几次,取其平均值.

(5) 以光谱线波长为横坐标,鼓轮读数为纵坐标画曲线,即能得到单色仪的定标曲线.

实验 3.26.2 用单色仪测定滤光片的光谱透射率

当波长为 λ、光强为 $I_0(\lambda)$ 的单色光束垂直入射于透明物体上时,由于物体对不同波长的光的透射能力不同,透过物体后的光强 $I_T(\lambda)$ 也不同.通常定义物体的光谱透射率 $T(\lambda)$ 为

$$T(\lambda) = \frac{I_T(\lambda)}{I_0(\lambda)} \tag{3.26.1}$$

若以白炽灯为光源,出射的单色光由光电池接收,用灵敏电流计显示其读数,则出射的单

色光所产生的光电流 $i_0(\lambda)$ 与入射光强 $I_0(\lambda)$、单色仪的光谱透射率 $T_0(\lambda)$ 和光电池的光谱灵敏度 $S(\lambda)$ 成正比,即

$$i_0(\lambda) = kI_0(\lambda)T_0(\lambda)S(\lambda)$$

式中,k 为比例系数.若将一光谱透射率为 $T(\lambda)$ 的透明物体(滤光片)插入被测光路,则相应的光电流可表示为

$$i_T(\lambda) = kI_T(\lambda)T_0(\lambda)S(\lambda) = kI_0(\lambda)T(\lambda)T_0(\lambda)S(\lambda)$$

由以上两式可得

$$T(\lambda) = \frac{I_T(\lambda)}{I_0(\lambda)} = \frac{i_T(\lambda)}{i_0(\lambda)} \tag{3.26.2}$$

本实验要求用单色仪测定滤光片的光谱透射率 $T(\lambda)$,作出 $T(\lambda)$-λ 曲线,并求出光谱透射率的半宽度——透射率降到最大值一半时的波长范围.

【实验内容】

(1) 按图 3.26.3 所示安排好实验仪器,光源用白炽灯,它的发射光谱是连续光谱.选择适当的缝宽(S_2 应尽量的小,S_1 可适度改变).

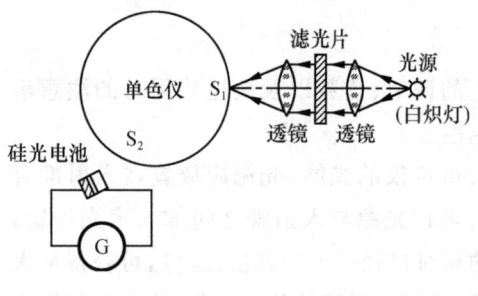

图 3.26.3

(2) 转动鼓轮,使单色仪输出中心波长为 690nm.不加滤光片,记录电流计偏转格数 $i_0(\lambda)$(调节 S_1 使其尽量大),加上滤光片时偏转为 $i_T(\lambda)$.求滤光片对该波长的透射率 $T(\lambda)$.

(3) 继续转动鼓轮,使输出中心波长从 690nm 向紫光区移动,每隔一定的波长间隔(约 20nm)测量一次,求出透射率 $T(\lambda)$ 并记录波长 λ.

(4) 作 $T(\lambda)$-λ 曲线,求出光谱透射率的半宽度.也可选用汞灯作为光源,分别测出 435.84nm,491.60nm(或 496.03nm),546.07nm,576.96nm(或 579.07nm),623.44nm 五条谱线滤光片的透射率,重复以上过程.

【注意事项】

(1) 狭缝是单色仪的精密元件,使用时要特别小心.旋转测微螺旋时,操作要慢些,减小狭缝宽度时,切勿使狭缝的二刀口相碰,即不允许螺旋读数小于零.

(2) 入射缝 S_1 的光经棱镜折射后,在出射狭缝 S_2 平面上形成 S_1 的像是弯曲的,定标时显微镜的叉丝应对准弯曲谱线的中部.

(3) 因棱镜色散不均匀和探测器光谱灵敏度的限制,测定透明介质的光谱透射率时,当测量从长波段向短波段改变时,应适当增加缝宽(可增大 S_1 的缝宽,为什么?),使电流计有较大的偏转.

(4) 应选取低内阻的灵敏电流计(为什么?).注意防止强光照射光电池.

(5) 若选用汞灯作为光源,测量任一谱线的透过率时,应使 S_2 的宽度较小(0.1mm),对不同谱线,其强度及探测器光谱灵敏度不同,应改变 S_1 的宽度,保证不加滤光片时检流计偏转格数尽量大(如 2/3 满偏).

【思考题】

(1) 如发现单色仪定标曲线上相对于已知波长 λ 的鼓轮刻度 L 偏离了 ΔL,能否将原定标曲线平移 ΔL 后继续使用,为什么?

(2) 证明瓦兹渥斯色散装置(图 3.26.4)的光束恒偏向特性,即 $\delta=\pi-2\psi$.

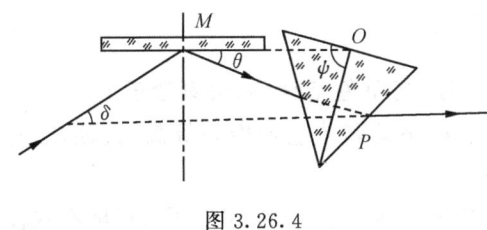

图 3.26.4

实验 3.27 用双棱镜测光波波长

【实验目的】

(1) 掌握用双棱镜获得双光束干涉的方法,加深对干涉条件的理解.
(2) 学会用双棱镜测定钠光的波长.

【实验原理】

如果两列频率相同的光波沿着几乎相同的方向传播,并且它们的相位差不随时间而变化,那么在两列光波相交的区域,光强分布是不均匀的,而是在某些地方表现为加强,在另一些地方表现为减弱(甚至可能为零),这种现象称为光的干涉.

菲涅耳利用图 3.27.1 所示的装置,获得了双光束的干涉现象. 图中 AB 是双棱镜,它的外形结构如图 3.27.2 所示,将一块平玻璃板的一个表面加工成两楔形板,端面与棱脊垂直,楔角 A 较小(一般小于 1°). 从单色光源发出的光经透镜 L 会聚于狭缝 S,使 S 成为具有较大亮度的线状光源. 从狭缝 S 发出的光,经双棱镜折射后,其波前被分割成两部分,形成两束光,就好像它们是由虚光源 S_1 和 S_2 发出的一样,满足相干光源条件,因此在两束光的交叠区域 P_1P_2 内产生干涉. 当观察屏 P 离双棱镜足够远时,在屏上可观察到平行于狭缝 S 的、明暗相间的、等间距干涉条纹.

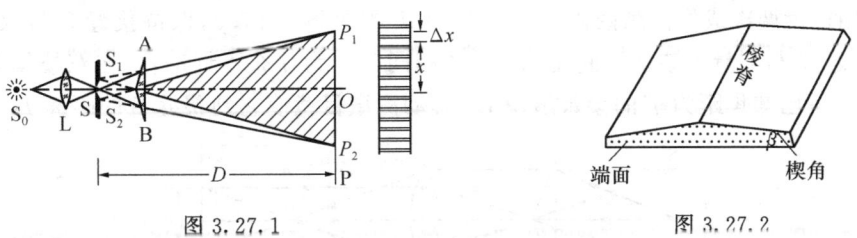

图 3.27.1   图 3.27.2

设两虚光源 S_1 和 S_2 之间的距离为 d,虚光源所在的平面(近似地在光源狭缝 S 的平面内)到观察屏 P 的距离为 D,且 $d \ll D$,干涉条纹间距为 Δx,则实验所用光源的波长 λ 为

$$\lambda = \frac{d}{D}\Delta x \qquad (3.27.1)$$

因此，只要测出 d、D 和 Δx，就可用式(3.27.1)计算出光波波长。

【仪器和用具】

光具座，单色光源(钠灯)，可调狭缝，双棱镜，辅助透镜(两片)，测微目镜，白屏。

【实验内容】

1. 调节共轴

(1) 按图 3.27.1 所示次序，将单色光源 S_0，会聚透镜 L，狭缝 S，双棱镜 AB 与测微目镜 P 放置在光具座上。用目视法粗略地调节它们中心等高、共轴，棱脊和狭缝 S 的取向大体平行。记下 S、AB 及 P 的位置。

(2) 点亮光源 S_0，通过透镜 L 照亮狭缝 S，用手执白纸屏在双棱镜后面检查：经双棱镜折射后的光束，有否叠加区 P_1P_2(应更亮些)？叠加区能否进入测微目镜？当移动白屏时，叠加区是否逐渐向左、右(或上、下)偏移？

根据观测到的现象，作出判断，进行必要的调节使之共轴。

2. 调节干涉条纹

(1) 减小狭缝 S 的宽度，绕系统的光轴缓慢地向左或右旋转双棱镜 AB，当双棱镜的棱脊与狭缝的取向严格平行时，从测微目镜中可观察到清晰的干涉条纹。

(2) 在看到清晰的干涉条纹后，为便于测量，将双棱镜或测微目镜前后移动，使干涉条纹的宽度适当。同时只要不影响条纹的清晰度，可适当增加狭缝 S 的缝宽，以保持干涉条纹有足够的亮度(注：双棱镜和狭缝的距离不宜过小，因为减小它们的距离，S_1，S_2 间距也将减小，这对 d 的测量不利)。

3. 测量与计算

(1) 用测微目镜测量干涉条纹的间距 Δx。为了提高测量精度，可测出 n 条(10~20 条)干涉条纹的间距 x，除以 n，即得 Δx。测量时，先使目镜叉丝对准某亮纹(或暗纹)的中心，然后旋转测微螺旋，使叉丝移过 n 个条纹，读出两次读数。重复测量几次，求出 Δx。

(2) 用光具座支架中心间距测量狭缝至观察屏的距离 D。由于狭缝平面与其支架中心不重合，且测微目镜的分划板(叉丝)平面也与其支架中心不重合，所以必须进行修正，以免导致测量结果的系统误差。测量几次，求出 D。

(3) 用透镜两次成像法测两虚光源的间距 d。参见图 3.27.3，保持狭缝 S 与双棱镜 AB 的位置不变，即与测量干涉条纹间距 Δx 时的相同(问：为什么不许动？)，在双棱镜与测微目镜之间放置一已知焦距为 f' 的会聚透镜 L'，移动测微目镜使它到狭缝 S 的距离 $D' > 4f'$，然

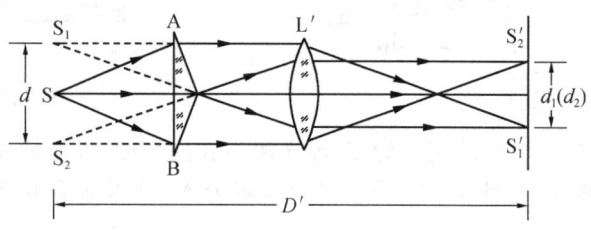

图 3.27.3

后维持恒定.沿光具座前后移动透镜 L',就可以在 L'的两个不同位置上从测微目镜中看到两虚光源 S_1 和 S_2 经透镜所成的实像 S_1' 和 S_2',其中一组为放大的实像,另一组为缩小的实像.分别测得两放大像的间距 d_1 和两缩小像的间距 d_2,则按下式即可求得两虚光源的间距 d 多测几次,取平均值 $\bar{d}$.

$$d = \sqrt{d_1 d_2} \tag{3.27.2}$$

(4) 用所测得的 $\overline{\Delta x}$、$\bar{D}$、$\bar{d}$ 代入式(3.27.1),求出光源的波长 λ.

(5) 计算波长测量值的标准不确定度.

4. 注意事项

(1) 使用测微目镜时,首先要确定测微目镜读数装置的分格精度,要注意防止回程差,旋转读数鼓轮时动作要平稳、缓慢,测量装置要保持稳定.

(2) 在测量 D 时,因为狭缝平面和测微目镜的分划板平面均不和光具座滑块的读数准线(支架中心)共面,必须引入相应的修正(例如,GP-78 型光具座,狭缝平面位置的修正量为 42.5mm,MCU-15 型测微目镜分划板平面的修正量为 27.0mm),否则将引起较大的系统误差.

(3) 测量 d_1、d_2 时,由于透镜像差的影响,将引入较大误差,可在透镜 L' 上加一直径约 1cm 的圆孔光阑(用黑纸)以增加 d_1,d_2 测量的精确度.(可对比一下加或不加光阑的成像效果.)

【思考题】

(1) 双棱镜和光源之间为什么要放一狭缝?为何缝要很窄且严格平行于双棱镜脊才可以得到清晰的干涉条纹?

(2) 试证明公式 $d = \sqrt{d_1 d_2}$.

实验 3.28 分光计的调节及棱镜折射率的测定

分光计是一种测量角度的仪器,利用它能精确地测量入射与出射光线的角度,通过测量有关角度可确定其他光学量,如折射率、色散率、光谱线的波长等.

分光计是比较精密的仪器,构造精细,调节技术要求较高,使用时必须严格按规则调节,才能得到较高精度的测量结果.

【实验目的】

(1) 了解分光计的结构,掌握分光计的调节和使用方法.
(2) 掌握测量棱镜顶角的方法.
(3) 用最小偏向角法测定棱镜玻璃的折射率.

【仪器和用具】

分光计,平面反射镜,玻璃三棱镜,照明装置,汞灯(或钠灯)等.

分光计主要由 5 个部分组成,即底座、望远镜、载物平台、准直管和读数盘,外形如图 3.28.1 所示.

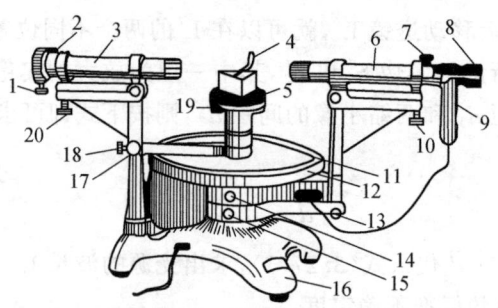

1. 狭缝宽度调节螺丝;2. 狭缝套筒紧固螺丝;3. 准直管;4. 夹持架;5. 载物平台;6. 望远镜镜筒;
7. 目镜套筒紧固螺丝;8. 目镜视度调节手轮;9. 阿贝目镜照明灯;10. 望远镜主轴水平调节螺丝;
11. 载物平台锁紧螺丝;12. 度盘;13. 望远镜微调螺丝;14. 望远镜与度盘固定螺丝;15. 望远镜
止动螺丝(在背面);16. 底座;17. 游标微调螺丝;18. 游标盘止动螺丝;19. 载物平台水平调节螺
丝;20. 准直管主轴水平调节螺丝

图 3.28.1

1. 底座

它是分光计的基座.中心轴线是分光计的转轴,望远镜、载物平台和读数盘可绕中心转轴转动,准直管装在一个底脚的立柱上.

2. 自准直望远镜

图 3.28.2(a)为望远镜示意图.它由自准目镜、全反射直角棱镜、分划板(十字叉丝)、物镜组成.常用的自准目镜有高斯式目镜和阿贝式目镜.实验室的分光计大多采用阿贝式目镜,就是在目镜和分划板之间装有全反射直角棱镜,直角棱镜上刻有"十"字,从目镜观察,叉丝的一小部分被直角棱镜挡住,呈现它的阴影.

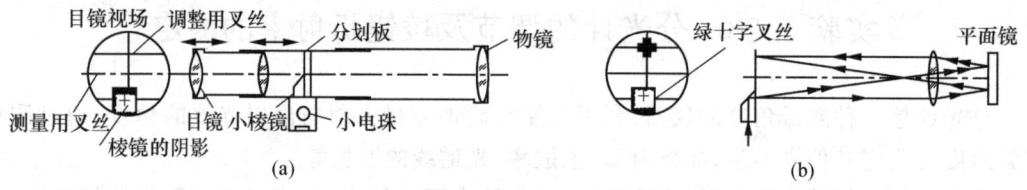

图 3.28.2

目镜筒套在安装分划板的套筒内,调节图 3.28.1 中所示的手轮 8 可改变目镜和分划板的距离.分划板套筒又套在物镜筒内,前后移动分划板套筒,可改变目镜和分划板相对于物镜的距离.若在物镜前放一平面镜,使平面镜镜面与望远镜光轴垂直,且分划板位于物镜焦平面上时,则焦平面(分划板)上发出的光(绿十字)经物镜后成平行光射于平面镜,由平面镜反射经物镜后在焦平面(分划板)上形成绿十字反射像,如图 3.28.2(b)所示.

望远镜的倾斜度可用螺丝 10 调节,通过螺丝 14 使望远镜与刻度盘相连,松开螺丝 15,望远镜可绕转轴转动.微调螺丝 13 能使望远镜在小范围内微动.

3. 载物平台

载物平台套在仪器转轴上,是用来放置待测物件的.平台下面的 3 个螺丝 19 用来调节平台的倾斜度.松开螺丝 11,平台可单独绕轴旋转或沿转轴升降.拧紧螺丝 11,载物平台与游标盘相连.松开螺丝18,载物平台和游标盘可一起绕转轴转动,拧紧螺丝18,微调螺丝17可使载物平台和游标盘同时微动.

4. 准直管

准直管用来获得平行光.准直管的一端装有物镜,另一端是一套筒(图3.28.3),套筒末端有一可变狭缝,狭缝宽度由螺丝1调节.前后移动狭缝套筒,可改变狭缝与物镜的距离.当狭缝位于物镜的焦平面上时,准直管发出平行光,调节螺丝20,可改变准直管的倾斜度.

5. 读数盘

读数盘有内外两层,外层是主刻度盘,上面有0~360°的圆刻度,分度值为0.5°.内盘为游标盘,上有两个相隔180°的角游标,分度值为1′.望远镜的方位由刻度盘和游标确定.角游标的读数方法与游标卡尺的读数方法相似.如图3.28.4所示的位置,其读数为
$$87°+30'+15'=87°45'$$

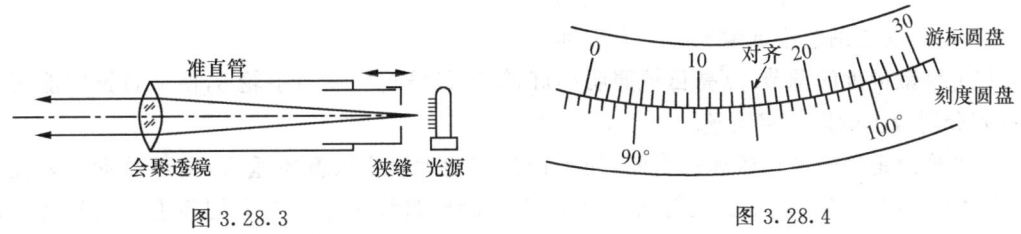

图 3.28.3　　　　　　　　　　　　图 3.28.4

为了消除刻度盘中心与仪器转轴之间的偏心差,测量时,两个游标都应读数,然后算出每个游标两次读数的差,再取平均值.测量时应把两个角游标安排在左右方,以避免游标盘的零刻线被准直管架挡住.

【实验原理】

1. 棱镜顶角的测量原理

1) 用自准法测定三棱镜顶角

由图3.28.5可知,只要测出三棱镜两个光学面的法线之间的夹角φ,即可求得顶角$A=180°-\varphi$.

2) 用平行光法测定三棱镜顶角

一束平行光被三棱镜的两个光学面反射后,只要测出两束反射光之间的夹角φ,即可求得顶角$A=\varphi/2$,如图3.28.6所示.注意,放置三棱镜时,应使三棱镜顶点靠近平台中心.

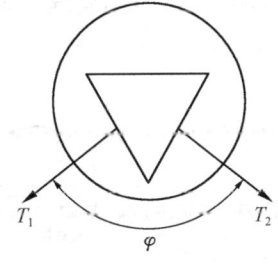　　　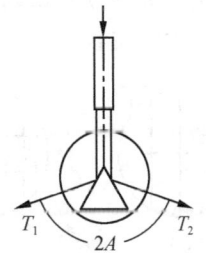

图 3.28.5　　　　　　　　　　　　图 3.28.6

2. 最小偏向角的测量原理

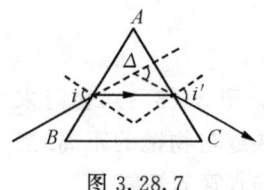

图 3.28.7

一束平行的单色光入射到三棱镜的 AB 面,经折射后由另一面 AC 射出,如图 3.28.7 所示.入射光和 AB 面法线间的夹角 i 称为入射角,出射光和 AC 面法线间的夹角 i' 称为出射角,入射光和出射光的夹角称为偏向角 Δ.可以证明,当入射角 i 等于出射角 i' 时,入射光和出射光之间的夹角最小,称为最小偏向角 δ.

【实验内容】

1. 分光计的调节

分光计的调节要求是:望远镜聚焦于无穷远;准直管发出平行光;准直管和望远镜同轴并与分光计转轴正交.调节时,首先用目视法进行粗调,使望远镜、准直管和载物平台大致垂直于分光计转轴,然后按下述步骤和方法进行细调.

1) 用自准法调节望远镜聚焦于无穷远

(1) 目镜视度的调节.点亮目镜照明小灯,转动目镜视度调节手轮 8,使从目镜中能清晰地看到分划板上的黑十字叉丝.

(2) 平面镜轻轻贴住望远镜镜筒,使平面镜与望远镜主轴基本垂直,前后移动分划板套筒,直至从目镜视场中观察到反射回的绿十字像清晰,且绿十字像与分划板上的叉丝间无视差,则望远镜聚焦于无穷远.

2) 调节望远镜主轴垂直于仪器转轴

(1) 为了方便调节,将分划板套筒顺时针转动 90°,使目镜视场变为图 3.28.8(a)所示.

(2) 将平面镜按图 3.28.9 置于载物平台上,转动载物平台,使镜面与望远镜主轴大致垂直,从目镜中观察由平面镜反射回的绿十字像,如图 3.28.8(b)所示.

一般,由于置于载物台上的平面镜与望远镜不能互相垂直,所以不能一下子观察到反射绿十字像.轻轻转动载物平台,使镜面旋转一个小角度,从望远镜外侧用眼睛观察从平面镜反射回的绿十字像,适当调节望远镜和载物平台的倾斜度,直到转动载物平台时,从目镜中能观察到反射回的绿十字像.

(3) 通常,绿十字像水平线和分划板调整叉丝水平线(图 3.28.8(b))不重合,可采用 1/2 调节法来调节.调节望远镜的水平调节螺丝 10,使两者水平线的差距减少一半;调节载物平台下的调节螺丝 a 或 b,使两者水平线重合.

(4) 将载物平台旋转 180°,重复步骤(3).这样反复进行调节,直到平面镜的任何一面正对望远镜时,绿十字像与分划板调整叉丝两者水平线都重合,说明望远镜主轴与平面镜的两个面都垂直,则望远镜主轴垂直于仪器转轴.

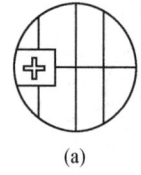
(a)

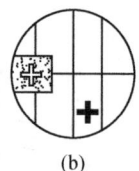
(b)

图 3.28.8

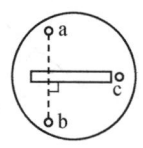

图 3.28.9

(5) 将平面镜转过 90°,如图 3.28.10 所示放置.转动载物平台,使平面镜某一面正对望远镜,从中找出绿十字像,然后单独调节载物平台下的水平调节螺钉 c,使平面镜反射回来的绿十字像与分划板调整叉丝水平线重合,则载物平台平面法线基本上与分光计转轴重合.

3) 调节分划板上十字叉丝水平与垂直

缓慢转动载物平台,从目镜中观察绿十字像是否沿叉丝水平线平行移动,若不平行,则可转动分划板套筒使其平行(注意不要破坏望远镜的调焦).

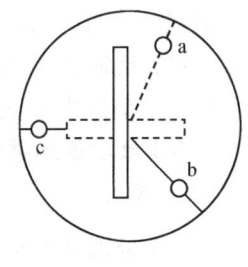

图 3.28.10

至此,望远镜已调节好,可作为基准进行其他调节.

4) 调节准直管发出平行光且准直管主轴与转轴垂直

(1) 将已点亮的汞灯置于狭缝前,转动望远镜,从目镜中观察到狭缝的像,前后移动狭缝套筒,改变狭缝与准直管物镜之间的距离,使狭缝像最清晰,此时准直管即发出平行光.

(2) 转动狭缝套筒,使狭缝呈水平,调节准直管的水平调节螺丝 20,使狭缝像与测量用叉丝水平线重合,则准直管与望远镜共轴,即准直管主轴与仪器转轴垂直.

为了用于测量,转回狭缝套筒,使狭缝竖直放置,复查狭缝像是否清晰,如不清晰,按(1)中要求调节.

至此,分光计调节完毕.

2. 三棱镜顶角的测定

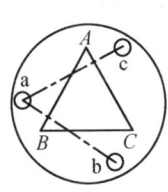

图 3.28.11

(1) 待测三棱镜的调整.为了测量准确,需调节三棱镜主截面垂直于仪器转轴.将三棱镜放置在载物平台上,使三棱镜的一光学面 AB 与调节螺丝 a 和 b 的连线垂直,如图 3.28.11 所示.转动载物平台,使三棱镜 AB 面正对望远镜,调节 a 和 b(望远镜已调节好,不能再调),使 AB 面与望远镜主轴垂直,再转动载物平台,使 AC 面正对望远镜,调节螺丝 c,使 AC 面与望远镜主轴垂直.反复调节,直至三棱镜两折射面均与望远镜主轴垂直,则三棱镜的主截面垂直于仪器转轴.

(2) 用反射法测定三棱镜的顶角.按图 3.28.6 将待测棱镜放置于载物平台上,使棱镜的顶角对准准直管.转动望远镜,观察由准直管射出的平行光经棱镜的两个工作面上反射的狭缝像,然后将望远镜分别转至 T_1,T_2 位置,使分划板上的叉丝中间竖线对准狭缝像的中心,记下望远镜的位置读数.重复 5 次,求出棱镜顶角.

3. 测量最小偏向角

(1) 用汞灯照亮狭缝,将已知顶角 A 的棱镜放置于载物平台上,相对位置如图 3.28.12 所示.

(2) 转动望远镜至 T 位置,使能清楚地看到汞灯经棱镜色散后所形成的光谱.缓慢转动载物平台,使谱线往偏向角减小的方向移动,用望远镜跟踪谱线观察(如对准汞的绿谱线).当载物平台转至某一位置,该谱线不再移动,如继续按原方向转动载物平台,可

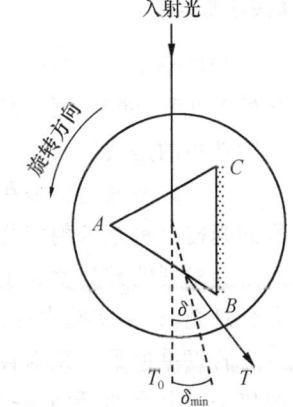

图 3.28.12

看到谱线反而往相反方向移动,即偏向角变大.这个转折位置即为最小偏向角位置.

(3) 反复试验,找出谱线反向移动的确切位置.固定载物平台,微动望远镜,使叉丝中间竖线对准谱线中心,记录望远镜在 T 位置的读数 θ 和 θ'.

(4) 转动望远镜至 T_0 位置,使叉丝中间竖线对准白色的狭缝中心(即入射光方向),记录读数 θ_0 和 θ_0'.

(5) 分别对不同谱线进行测量,按公式 $\delta=\frac{1}{2}[(\theta-\theta_0)+(\theta'-\theta_0')]$ 求出最小偏向角 δ.

(6) 将测出的三棱镜顶角 A 和最小偏向角 δ 代入公式

$$n=\frac{\sin\dfrac{A+\delta}{2}}{\sin\dfrac{A}{2}}$$

求出棱镜玻璃的折射率 n.

注意:(1)移动望远镜时,只能移动望远镜架;不得对螺丝 10、照明灯 9 及望远镜本体用力.

(2) 测量三棱镜顶角时,须拧紧螺丝 18,锁定游标盘.

【思考题】

(1) 能否直接用三棱镜代替平面镜进行分光计的调节? 为什么?
(2) 用反射法测三棱镜顶角时,为什么要使三棱镜顶角置于载物平台中心附近?
(3) 为什么分光计要有两个游标刻度? 计算角度时应注意些什么?

实验 3.29 用透射光栅测定光波波长

【实验目的】

(1) 进一步熟练掌握分光计的调节和使用方法.
(2) 观察光线通过光栅后的衍射现象.
(3) 测定衍射光栅的光栅常量、光波波长和光栅角色散.

【实验原理】

光栅是根据多缝衍射原理制成的一种分光元件,在结构上有平面光栅、阶梯光栅和凹面光栅等几种,同时又分为用于透射光衍射的透射光栅和用于反射光衍射的反射光栅两类.本实验选用的是透射式平面光栅.

透射式平面光栅是在光学玻璃上刻划大量相互平行、宽度和间隔相等的刻痕制成的.一般的光栅上每毫米刻划几百至几千条刻痕.当光照射在光栅上时,刻痕处由于散射不易透光,而未经刻划的部分就成了透光的狭缝.由于光刻光栅制造困难,价格昂贵,常用的是复制光栅和全息光栅.本实验中使用的是全息光栅.

若以单色平行光垂直照射在光栅面上(图 3.29.1),则光束经光栅各缝衍射后将在透镜的焦平面上叠加,形成一系列被相当宽的暗区隔开的、间距不同的明条纹(称光谱线).根据夫琅禾费衍射理论,衍射光谱中明条纹所对应的衍射角应满足下列条件:

$$d\sin\varphi_k = \pm k\lambda \quad (k = 0,1,2,3,\cdots) \tag{3.29.1}$$

式中,$d=a+b$ 称为光栅常量(a 为狭缝宽度,b 为刻痕宽度,参见图 3.29.2),k 为光谱线的级数,φ_k 为 k 级明条纹的衍射角. λ 是入射光波长. 上式称为光栅方程.

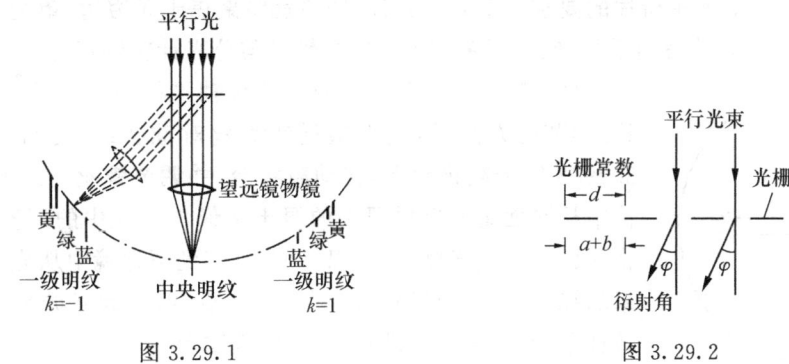

图 3.29.1　　　　　　　　　图 3.29.2

如果入射光为复色光,则由式(3.29.1)可以看出,光的波长不同,其衍射角 φ_k 也各不相同,于是复色光被分解,在中央 $k=0$,$\varphi_k=0$ 处,各色光仍重叠在一起,组成中央明条纹,称为零级谱线. 在零级谱线的两侧对称分布着 $k=1,2,3,\cdots$ 级谱线,且同一级谱线按不同波长,依次从短波向长波散开,即衍射角逐渐增大,形成光栅光谱.

由光栅方程可看出,若已知光栅常量 d,测出衍射明条纹的衍射角 φ_k,即可求出光波波长 λ. 反之,若已知 λ,也可求出光栅常量 d.

将光栅方程式(3.29.1)对 λ 微分,可得光栅的角色散为

$$D = \frac{\mathrm{d}\varphi}{\mathrm{d}\lambda} = \frac{k}{d\cos\varphi_k} \tag{3.29.2}$$

角色散是光栅、棱镜等分光元件的重要参数,它表示单位波长间隔内两单色谱线之间的角距离. 由式(3.29.2)可知. 光栅常量 d 愈小,角色散愈大;此外,光谱的级次愈高,角色散也愈大. 而且光栅衍射时,如果衍射角不大,则 $\cos\varphi_k$ 近于不变,光谱的角色散几乎与波长无关,即光谱随波长的分布比较均匀,这和棱镜的不均匀色散有明显的不同.

分辨本领是光栅的又一重要参数,它表征光栅分辨光谱线的能力. 设波长为 λ 和 $\lambda+\mathrm{d}\lambda$ 的不同光波,经光栅衍射形成的两条谱线刚刚能被分开,则光栅分辨本领 R 为

$$R = \frac{\lambda}{\mathrm{d}\lambda} \tag{3.29.3}$$

根据瑞利判据,当一条谱线强度的极大值和另一条谱线强度的第一极小值重合时,则可认为该两条谱线刚能被分辨. 由此可以推出

$$R = kN \tag{3.29.4}$$

式中,k 为光谱级数,N 为光栅刻线的总数(问:设某光栅 $N=4000$,对一级光谱在波长为 590nm 附近,它刚能辨认的两谱线的波长差为多少?).

【仪器和用具】

分光计,透射光栅,汞灯等.

【实验内容】

1. 分光计及光栅的调节

(1) 按实验 3.28 中所述的要求调节好分光计,即望远镜聚焦于无穷远;望远镜主轴与分光计转轴正交;准直管发出平行光;望远镜和准直管共轴且与分光计转轴正交.

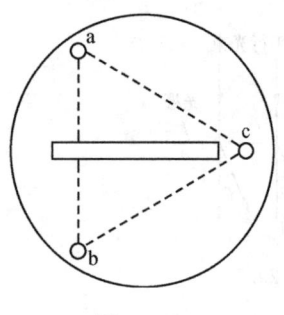

图 3.29.3

(2) 调节光栅平面与分光计转轴平行,且光栅面垂直于准直管. 调节的方法是:先把望远镜叉丝对准狭缝,再将平面镜按图 3.29.3 置于载物台上,转动载物台,并调节螺丝 a 或 b,直到望远镜中从平面镜面反射回来的绿十字像与目镜中的调整叉丝重合;将平面镜换成光栅,重复以上调节,直到望远镜中从光栅面反射回来的绿十字像与目镜中的调整叉丝重合,至此光栅平面与分光计转轴平行,且垂直于准直管. 固定载物台.

(3) 调节光栅刻痕与转轴平行. 调节的方法是:转动望远镜,观察光栅光谱线,调节载物台螺丝 c,使从望远镜中看到的叉丝交点始终处在各谱线的同一高度. 调好后,再检查光栅平面是否仍保持与转轴平行,如果有了改变,就要反复多调几次,直到两个要求都满足为止.

2. 测定光栅常量 d

用望远镜观察各条谱线,然后测量相应于 $k=\pm 1$ 级的汞灯光谱中的绿线($\lambda=546.1\mathrm{nm}$)的衍射角,重复测 3 次后取平均值,代入式(3.29.1)求出光栅常量 d.

3. 测定光波波长

选择汞灯光谱中的蓝色及其他颜色的谱线进行测量,测出相应于 $k=\pm 1$ 级谱线的衍射角,重复测 3 次后取平均值. 将测出的光栅常量 d 代入式(3.29.1),就可计算出相应的光波波长. 并与标称值进行比较.

4. 测量光栅的角色散

用钠灯或汞灯为光源,测量其 1 级和 2 级光谱中双黄线的衍射角,双黄线的波长差为 $\Delta\lambda$,钠光谱为 $0.597\mathrm{nm}$,汞光谱为 $2.06\mathrm{nm}$,结合测得的衍射角之差 $\Delta\varphi$,求角色散 $D=\Delta\varphi/\Delta\lambda$.

5. 考察光栅的分辨本领

用钠灯为光源,观察它的 1 级光谱的双黄线、转动望远镜看到钠光谱的双黄线,在准直管和光栅之间放置一宽度可调的单缝,使单缝的方向和准直管狭缝一致,由大到小改变单缝的宽度,直至双黄线刚刚被分辨开,反复试几次,取下单缝,用移测显微镜测出缝宽 b,则在单缝掩盖下,光栅的露出部分的刻数

$$N=\frac{b}{d}$$

由此求出光栅露出部分的分辨本领 $R(=kN)$,并和由式(3.29.3)求出的理论值相比较.

6. 注意事项

(1) 放置或移动光栅时,不要用手接触光栅表面,以免损坏镀膜.

(2) 从光栅平面反射回来的绿十字像亮度较微弱,应细心观察.

【思考题】

(1) 本实验对光栅的放置与调节有何要求?
(2) 如何调节光栅平面与分光计转轴平行?

【讨论题】

(1) 根据光栅方程测量 λ 时,要满足什么条件?实验过程中根据哪些现象来检查这些条件是否具备?
(2) 若用钠光垂直入射到 1cm 内有 5000 条刻痕的平面透射光栅上时,试问最多能看到第几级谱线?
(3) 试比较用光栅分光和用三棱镜分光得出的光谱各自的特点.

实验 3.30　迈克耳孙干涉仪的调节和使用

【实验目的】

(1) 了解迈克耳孙干涉仪的特点,学会其调节和使用方法.
(2) 调节和观察迈克耳孙干涉仪产生的干涉图,加深对各种干涉条纹特点的理解.
(3) 应用迈克耳孙干涉仪测定钠双黄线平均波长和波长差.

【实验原理】

实验室中最常用的迈克耳孙干涉仪,其原理和结构如图 3.30.1 和图 3.30.2 所示. M_1 和 M_2 是相互垂直的两臂上放置的两个平面反射镜,其背面各有三个调节螺旋,用来调节镜面的方位;M_2 是固定的,M_1 由精密丝杆控制,可沿臂轴前后移动,其移动距离由转盘读出.仪器前方粗动手轮最小分格值为 10^{-2}mm,右侧微动手轮的最小分格值为 10^{-4}mm,可估读至 10^{-5}mm,两个读数手轮属于涡轮蜗杆传动系统.在两臂轴相交处,有一与两臂轴各成 $45°$ 的平行平面玻璃板 P_1,且在 P_1 的第二平面上镀以半透(半反射)膜,以便将入射光分成振幅近乎相等的反射光 1 和透射光 2,故 P_1 板又称为分光板. P_2 也是平行平面玻璃板,与 P_1 平行放置,厚度和折射率均与 P_1 相同.由于它补偿了 1 和 2 之间附加的光程差,故称为补偿板.从扩展光源 S 射来的光,到达分光板 P_1 后被分成两部分.反射光 1 在 P_1 处反射后向着 M_1 前进,透射光 2 透过 P_1 后向着 M_2 前进.这两列光波分别在 M_1、M_2 上反射后逆着各自的入射方向返回,最后都到达 E 处.这两列光波来自光源上同一点 O,因而是相干光,在 E 处的观察者能看到干涉图样.

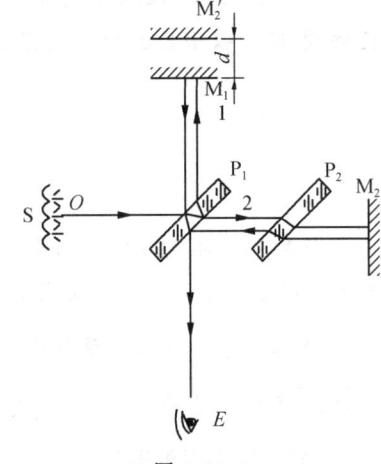

图 3.30.1

由于从 M_2 返回的光线在分光板 P_1 的第二面上反射,使 M_2 在 M_1 附近形成一平行于 M_1 的虚像 M_2',因而光在迈克耳孙干涉仪中自 M_1 和 M_2 的反射,相当于自 M_1 和 M_2' 的反射.由此可见,在迈克耳孙干涉仪中所产生的干涉与厚度为 d 的空气膜所产生的干涉是等效的.

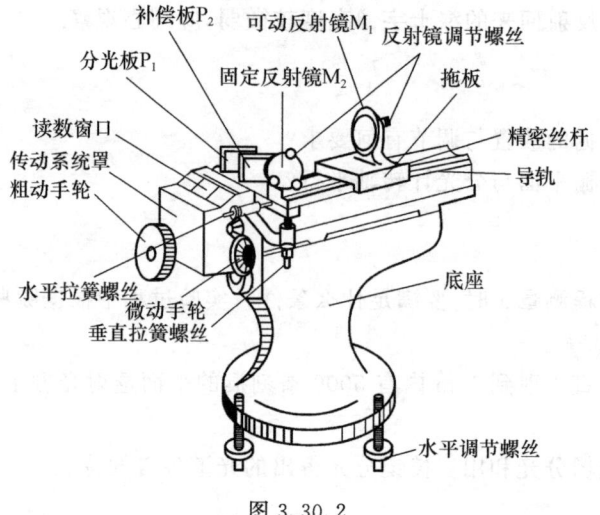

图 3.30.2

1. 扩展光源照明产生的干涉图

(1) 当 M_1 和 M_2' 严格平行时,所得的干涉为等倾干涉. 所有倾角为 i 的入射光束,由 M_1 和 M_2' 反射光线的光程差 Δ 均为

$$\Delta = 2d\cos i \qquad (3.30.1)$$

式中,i 为光线在 M_1 镜面的入射角,d 为空气薄膜的厚度,它们将处于同一级干涉条纹,并定位于无限远. 这时,在图 3.30.1 中的 E 处用眼睛正对 P_1 观察(或在 E 处放一会聚透镜,在其焦平面上),便可观察到一组明暗相间的同心圆纹. 这些条纹的特点是:

① 干涉条纹的级次以中心为最高. 在干涉纹中心,因 $i=0$,如果不计反射光线之间的相位突变,由圆纹中心出现亮点的条件

$$\Delta = 2d = k\lambda \qquad (3.30.2)$$

得圆心处干涉条纹的级次

$$k = \frac{2d}{\lambda} \qquad (3.30.3)$$

当 M_1 和 M_2' 的间距 d 逐渐增大时,对于任一级干涉条纹,如第 k 级,必定以减少其 $\cos i_k$ 的值来满足 $2d\cos i_k = k\lambda$,故该干涉条纹向 i_k 变大($\cos i_k$ 变小)的方向移动,即向外扩展. 这时,观察者将看到条纹好像从中心向外"涌出";且每当间距 d 增加 $\frac{\lambda}{2}$ 时就有一个条纹涌出. 反之,当间距由大逐渐变小时,最靠近中心的条纹将一个一个地"陷入"中心,且每陷入一个条纹,间距 d 的改变也为 $\frac{\lambda}{2}$.

因此,只要数出涌出或陷入的条纹数,即可得到平面镜 M_1 以波长 λ 为单位的移动距离. 显然,若有 N 个条纹从中心涌出时,则表明 M_1 相对于 M_2' 移远了

$$\Delta d = N\frac{\lambda}{2} \qquad (3.30.4)$$

反之,若有 N 个条纹陷入时,则表明 M_1 向 M_2' 移近了同样的距离. 根据式(3.30.4),如果已知光波的波长 λ,便可由条纹变动的数目,计算出 M_1 移动的距离,这就是长度的干涉计量原

理;反之,如果已知 M_1 移动的距离和干涉条纹变动的数目,便可算出光波的波长.

② 干涉条纹的分布是中心宽边缘窄.对于相邻的 k 级和 $k-1$ 级干涉条纹,有

$$2d\cos i_k = k\lambda$$
$$2d\cos i_{k-1} = (k-1)\lambda$$

将两式相减,当 i 较小时,并利用 $\cos i = 1 - \dfrac{i^2}{2}$,可得相邻条纹的角距离 Δi_k 为

$$\Delta i_k = i_k - i_{k-1} \approx \frac{\lambda}{2di_k} \tag{3.30.5}$$

上式表明:d 一定时,视场里干涉条纹的分布是中心较宽(i_k 小,Δi_k 大),边缘较窄(i_k 大,Δi_k 小);i_k 一定时,d 越小,Δi_k 越大,即条纹随着薄膜厚度 d 的减小而变宽.所以在调节和测量时,应选择 d 为较小值,即调节 M_1 和 M_2 到分光板 P_1 上镀膜面的距离大致相同.

(2) 当 M_1 和 M_2' 有一很小的夹角 α,且当入射角 i 也较小时,所得的干涉一般为等厚干涉,其条纹定位于空气薄膜表面附近.此时,由 M_1 和 M_2' 反射光线的光程差仍近似为

$$\Delta = 2d\cos i = 2d\left(1 - \frac{i^2}{2}\right) \tag{3.30.6}$$

① 在两镜面的交线附近处,因厚度 d 较小,$d \cdot i^2$ 的影响可略去,相干的光程差主要由膜厚 d 决定,因而在空气膜厚度相同的地方光程差均相同,即干涉条纹是一组平行于 M_1 和 M_2' 交线的等间隔的直线条纹.

② 在离 M_1 和 M_2' 的交线较远处,因 d 较大,干涉条纹变成弧形,而且条纹弯曲的方向是背向两镜面的交线.这是由于式 (3.30.6) 中的 $d \cdot i^2$ 作用已不容忽略.由于同一级干涉条纹是等光程差点的轨迹,为满足 $2d\left(1 - \dfrac{i^2}{2}\right) = k\lambda$,因此用扩展光源照明时,当 i 逐渐增大,必须相应增大 d,以补偿由 i 增大时引起的光程差的减小.所以干涉条纹在 i 增大的地方要向 d 增加的方向移动,使条纹成为弧形,如图 3.30.3 所示.随着 d 的增大,条纹弯曲越厉害.

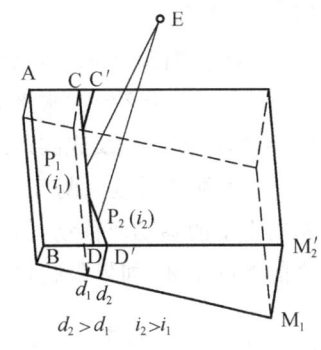

图 3.30.3

(3) 白光照射下看到彩色干涉条纹的条件.对于等倾干涉,在 d 接近于零时可以看到;对于等厚干涉,在 M_1 和 M_2' 的交线附近可以看到.因为在 $d=0$ 时,所有波长的干涉情况相同,不显彩色.当 d 较大时因不同波长干涉条纹互相重叠,使照明均匀,彩色消失.只有当 d 接近零时才可看到数目不多的彩色干涉条纹.

2. 点光源照明产生的非定域干涉图样

点光源 S 经 M_1 和 M_2' 的反射产生的干涉现象,等效于沿轴向分布的两个虚光源 S_1、S_2 所产生的干涉.因而从 S_1 和 S_2 发出的球面波在相遇的空间处处相干,故为非定域干涉.如图 3.30.4 所示,激光束经短焦距扩束透镜后,形成高亮度的点光源 S 照明干涉

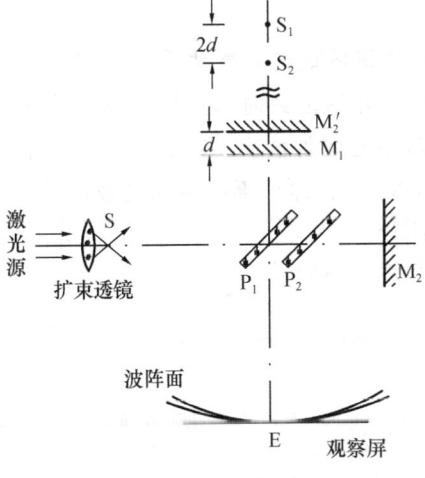

图 3.30.4

仪.若将观察屏 E 放在不同位置上,则可看到不同形状的干涉条纹.

当观察屏 E 垂直于 S_1、S_2 连线时,屏上呈现出圆形的干涉条纹.同等倾条纹相似,在圆环中心处,光程差最大,$\Delta=2d$,级次最高;当移动 M_1 使 d 增加时,圆环一个个地从中心"涌出",当 d 减小时,圆环一个个地向中心"陷入".每变动一个条纹,M_1 移动的距离为 $\lambda/2$.因此也可用以计量长度或测量波长.

【仪器和用具】

迈克耳孙干涉仪,钠灯,He-Ne 激光器,低压汞灯,干涉滤光片(546.1nm),毛玻璃屏,叉丝,白炽灯.

实验 3.30.1　迈克耳孙干涉仪测钠光的波长

【实验内容】

1. 迈克耳孙干涉仪的调节

(1) 点亮钠灯 S,使之照射毛玻璃屏,形成均匀的扩展光源,在屏上加一叉丝.

(2) 旋转粗动手轮,使 M_1 和 M_2 至 P_1 镀膜面的距离大致相等,沿 E 与 P_1 方向观察,将看到叉丝的影子(共有 3 个),其中 2 个对应于动镜 M_1 的反射像(为什么?),另一个对应于 M_2 的反射像.

(3) 仔细调节 M_1 和 M_2 背后的三个螺丝,改变 M_1 和 M_2 的相对方位,直至叉丝的双影(哪两个? 为什么?)在水平方向和铅直方向均完全重合,这时可观察到干涉条纹,仔细调节 3 个螺丝,使干涉条纹成圆形.

(4) 细致缓慢地调节 M_2 下方的两个微调拉簧螺丝,使干涉条纹中心仅随观察者的眼睛左右上下的移动而移动,但不发生条纹的"涌出"或"陷入"现象.这时,观察到的干涉环才是严格的等倾干涉.如果眼睛移动时,看到的干涉环有"涌出"或"陷入"现象,要分析一下再调.

2. 测定钠光波长(D_1、D_2 两波长的平均值)

(1) 旋转粗动手轮,使 M_1 移动,观察条纹的变化.从条纹的"涌出"或"陷入"判断 d 的变化,并观察 d 的取值与条纹粗细、疏密的关系.

(2) 当视场中出现清晰的、对比度较好的干涉圆环时,再慢慢地转动微动手轮,可以观察到视场中心条纹向外一个一个地涌出(或者向内陷入中心).开始记数时,记录 M_1 镜的位置 d_1(两读数转盘读数相加),继续转动微动手轮,数到条纹从中心向外涌出(或陷入)100 个时,停止转动微动手轮,再记录 M_1 镜的位置 d_2,于是利用式(3.30.4)即可算出待测光波的波长 λ.重复测量几次,取其平均值并计算不确定度,与公认值比较.

震动对测量的影响甚大,要注意(干涉仪的三个底脚要加软垫)!

3. 观察白光的彩色干涉条纹

参照原理部分的分析,思考以下几个问题:

(1) 在等倾干涉中看到彩色干涉条纹(圆环)的条件是什么?

(2) 移动 M_1,从看到的现象中,如何判断间距 d 是在增大还是在减小?

(3) 向哪个方向移动 M_1 肯定会看到彩色干涉环?

(4) 要在等厚干涉中看到彩色条纹,该考虑什么问题?

先用钠灯看到等倾干涉环,移动 M_1,根据观察的现象认为 M_1 的移动方向正确时,改用白光源继续移动 M_1,直至看到彩色干涉环.

再调等厚干涉的彩色干涉条纹.

注意:由于白光的彩色条纹只有几条,必须耐心细致地缓慢调节微动手轮,如果移动过快,条纹极易一晃而过,难于察觉.

4. 自行设计实验步骤

观察点光源照明干涉仪时,干涉条纹的形状、特点、观察条件和变化规律.

5. 注意事项

迈克耳孙干涉仪系精密光学仪器,使用时应注意:

(1) 注意防尘、防潮、防震;不能触摸元件的光学面,不要对着仪器说话、咳嗽等.

(2) 实验前和实验结束后,所有调节螺丝均应处于放松状态;调节时应先使之处于中间状态,以便有双向调节的余地,调节动作要均匀缓慢.

(3) 有的干涉仪粗动手轮和微动手轮传动的离合器啮合时,只能使用微动手轮,不能再使用粗动手轮,否则会损坏仪器.

(4) 旋转微动手轮进行测量时,特别要防止回程误差.

实验 3.30.2 测定钠双黄线(D_1、D_2)的波长差

【实验原理】

当 M_1 与 M_2' 互相平行时,得到明暗相间的圆形干涉条纹. 如果光源是绝对单色的,则当 M_1 镜缓慢地移动时,虽然视场中条纹不断涌出或陷入,但条纹的可见度应当不变.

设亮条纹光强为 I_1,相邻暗条纹光强为 I_2,则可见度 V 可表示为

$$V = \frac{I_1 - I_2}{I_1 + I_2}$$

可见度描述的是条纹清晰的程度.

如果光源中包含有波长 λ_1 和 λ_2 相近的两种光波,而每一列光波均不是绝对单色光,以钠黄光为例,它是由中心波长 $\lambda_1=589.0\text{nm}$ 和 $\lambda_2=589.6\text{nm}$ 的双线组成,波长差为 0.6nm. 每一条谱线又有一定的宽度,如图 3.30.5 所示. 由于双线波长差 $\Delta\lambda$ 与中心波长相比甚小,故称为准单色光.

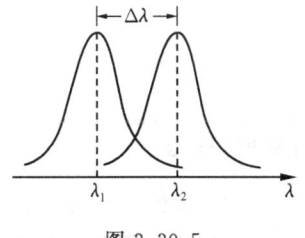

图 3.30.5

用这种光源照明迈克耳孙干涉仪,它们将各自产生一套干涉图. 干涉场中的强度分布则是两组干涉条纹的非相干叠加,由于 λ_1 和 λ_2 有微小差异,对应 λ_1 的亮环的位置和对应 λ_2 的亮环的位置,将随 d 的变化而呈周期性的重合和错开. 因此 d 变化时,视场中所见叠加后的干涉条纹交替出现"清晰"和"模糊甚至消失". 设在 d 值为 d_1 时,λ_1 和 λ_2 均为亮条纹,可见度最佳,则有

$$d_1 = m\frac{\lambda_1}{2}, \quad d_2 = n\frac{\lambda_2}{2} \quad (m \text{ 和 } n \text{ 为整数})$$

如果 $\lambda_1 > \lambda_2$，当 d 值增加到 d_1，如果满足

$$d_2 = (m+k)\frac{\lambda_1}{2}, \quad d_2 = (n+k+0.5)\frac{\lambda_2}{2} \quad (k \text{ 为整数})$$

此时对 λ_1 是亮条纹，对 λ_2 则为暗条纹，可见度最差（可能分不清条纹）。从可见度最佳到最差，M_1 移动的距离为

$$d_2 - d_1 = k\frac{\lambda_1}{2} = (k+0.5)\frac{\lambda_2}{2}$$

由 $d_2 - d_1 = k\frac{\lambda_1}{2}$ 和 $k\frac{\lambda_1}{2} = (k+0.5)\frac{\lambda_2}{2}$，消去 k 可得两波长差为

$$\lambda_1 - \lambda_2 = \frac{\lambda_1 \lambda_2}{4(d_2 - d_1)} \approx \frac{\overline{\lambda_{12}^2}}{4(d_2 - d_1)} \tag{3.30.7}$$

式中，$\overline{\lambda_{12}}$ 为 λ_1、λ_2 的平均值。因为可见度最差时，M_1 的位置对称地分布在可见度最佳位置的两侧，所以相邻可见度最差的 M_1 移动距离 $\Delta d(=2(d_2-d_1))$ 与 $\Delta\lambda(=\lambda_1 - \lambda_2)$ 的关系为

$$\Delta\lambda = \frac{\overline{\lambda_{12}^2}}{2\Delta d} \tag{3.30.8}$$

【实验内容】

（1）以钠灯为光源调干涉仪观察等倾干涉条纹。

（2）移动 M_1，使视场中心的可见度最小，记录 M_1 的位置为 d_1，沿原方向继续移动 M_1，直至可见度又为最小，记录 M_1 的位置为 d_2，则 $\Delta d = |d_2 - d_1|$。由于 λ_1、λ_2 的差很小，可见度最差位置附近较大范围的可见度都很差，即模糊区很宽，因此确定可见度最差的位置有很大的偶然误差。在此可以使用粗调手轮（精度 0.01mm）去测，测出 10 个模糊区的间距去计算 Δd。这是利用拓展量程去减小单次测量的偶然误差。

【思考题】

（1）分析扩束激光和钠光产生的圆形干涉条纹的差别。

（2）调节钠光的干涉条纹时，如已确使叉丝的双影重合，但条纹并未出现，试分析可能产生的原因。

（3）如何判断和检验干涉条纹属于严格的等倾条纹？

（4）怎样用实验方法检验干涉条纹的定位区域？

实验 3.31　牛顿环与劈尖干涉

【实验目的】

（1）掌握用牛顿环测定透镜曲率半径的方法。
（2）掌握用劈尖干涉测定细丝直径（或薄片厚度）的方法。
（3）通过实验加深对等厚干涉原理的理解。

【实验原理】

1. 牛顿环

牛顿环仪是由待测平凸透镜 L 和磨光的平玻璃板 P 叠合安装在金属框架 F 中构成（图

3.31.1). 框架边上有三个螺旋 H,用以调节 L 和 P 之间的接触,以改变干涉环纹的形状和位置. 调节 H 时,不可旋得过紧,以免接触压力过大引起透镜弹性形变,甚至损坏透镜.

当一曲率半径很大的平凸透镜的凸面与一平玻璃板相接触时,在透镜的凸面与平玻璃板之间形成一空气薄膜,薄膜中心处的厚度为零,越向边缘越厚,离接触点等距离的地方,空气膜的厚度相同,如图 3.31.2 所示. 若以波长为 λ 的单色平行光投射到这种装置上,则由空气膜上下表面反射的光波将在空气膜附近互相干涉,两束光的光程差将随空气膜厚度的变化而变化,空气膜厚度相同处反射的两束光具有相同的光程差,形成的干涉条纹为膜的等厚各点的轨迹,这种干涉是一种等厚干涉.

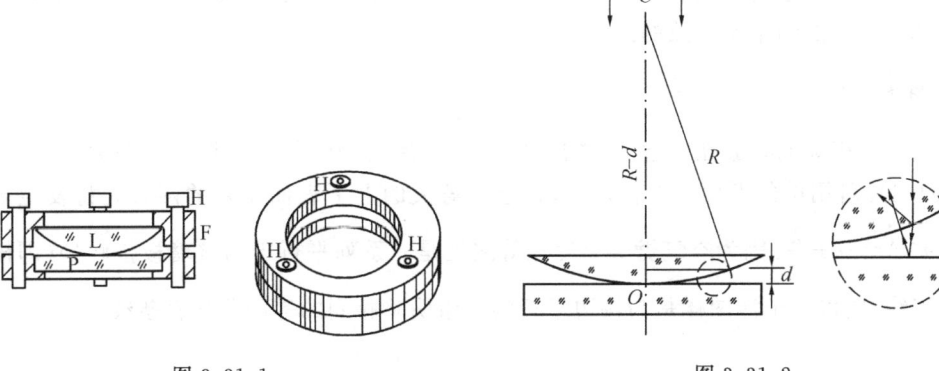

图 3.31.1　　　　　　　　　　图 3.31.2

在反射方向观察时,将看到一组以接触点为中心的亮暗相间的圆环形干涉条纹,而且中心是一暗斑(图 3.31.3(a));如果在透射方向观察,则看到的干涉环纹与反射光的干涉环纹的光强分布恰成互补,中心是亮斑,原来的亮环处变为暗环,暗环处变为亮环(图 3.31.3(b)),这种干涉现象最早为牛顿所发现,故称为牛顿环.

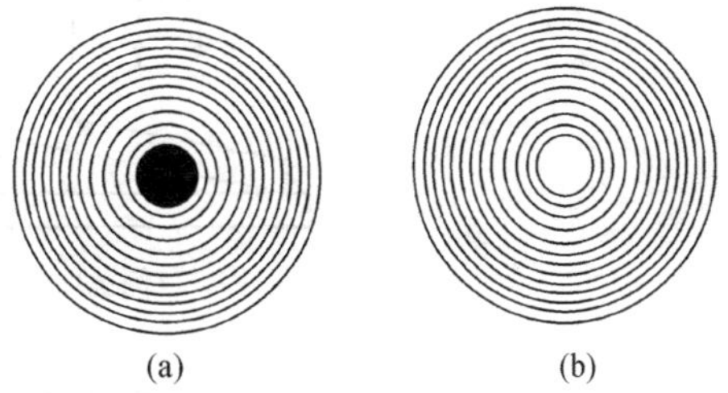

图 3.31.3

在图 3.31.2 中,R 为透镜的曲率半径,形成的第 m 级干涉暗条纹的半径为 r_m,第 m 级干涉亮条纹的半径为 r'_m,不难证明

$$r_m = \sqrt{mR\lambda} \tag{3.31.1}$$

$$r'_m = \sqrt{(2m-1)R \cdot \frac{\lambda}{2}} \tag{3.31.2}$$

以上两式表明,当 λ 已知时,只要测出第 m 级暗环(或亮环)的半径,即可算出透镜的曲率半径 R;相反,当 R 已知时,即可算出 λ. 但是,由于两接触面之间难免附着尘埃以及在接触时难免发生弹性形变,因而接触处不可能是一个几何点,而是一个圆斑,所以近圆心处环纹粗且模糊,以至于难以确切判定环纹的干涉级数 m,即干涉环纹的级数和序数不一定一致. 因而利用式(3.31.1)或式(3.31.2)来测量 R 实际上也就成为不可能. 为了避免这一困难并减少误差,必须测量距中心较远的、比较清晰的两个环纹的半径. 例如,测出第 m_1 个和第 m_2 个暗环(或亮环)的半径(这里 m_1、m_2 均为环序数,不一定是干涉级数,若设 j 为干涉级修正值,则它们的干涉级数分别为 m_1+j 和 m_2+j),因而式(3.31.1)应修正为

$$r_m^2 = (m+j)R\lambda \tag{3.31.3}$$

于是

$$r_{m_2}^2 - r_{m_1}^2 = [(m_2+j)-(m_1+j)]R\lambda = (m_2-m_1)R\lambda \tag{3.31.4}$$

上式表明,任意两干涉环的半径平方差和干涉级及环序数无关,而只与两个环的序数之差 (m_2-m_1) 有关.因此,只要精确测定两个环的半径,由两个半径的平方差值就可准确地算出透镜的曲率半径 R,即

$$R = \frac{r_{m_2}^2 - r_{m_1}^2}{(m_2-m_1)\lambda} \tag{3.31.5}$$

由式(3.31.3)还可以看出,r_m^2 与 m 成直线关系,其斜率为 $R\lambda$.因此,也可以测出一组暗环(或亮环)的半径 r_m 和它们相应的环序数 m,作 r_m^2-m 的关系曲线,然后从直线的斜率算出 R,显然和式(3.31.5)的结果是一致的.

2. 劈尖干涉

将两块平板玻璃叠放在一起,一端用细丝(或薄片)将其隔开,则形成一劈尖形空气薄层(图 3.31.4).若用单色平行光垂直入射,在空气劈尖的上下表面反射的两束光将发生干涉,其光程差 $\Delta = 2l + \dfrac{\lambda}{2}$.因为空气劈尖厚度相等之处是一系列平行于两玻璃板接触处(即棱边)的平行直线,所以其干涉图样是与棱边平行的一组明暗相间的等间距的直条纹.

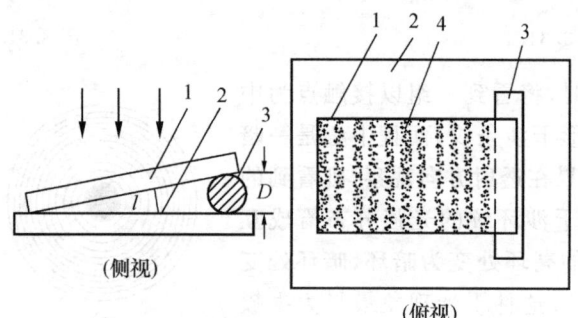

1.上玻璃板;2.下玻璃板;3.细丝;4.干涉条纹

图 3.31.4

当 $\Delta = (2k+1)\dfrac{\lambda}{2}$ ($k=0,1,2\cdots$)时,为干涉暗条纹.

与 k 级暗条纹对应的薄膜厚度为

$$h_k = k\frac{\lambda}{2} \tag{3.31.6}$$

由于 k 一般较大,为了避免数错,在实验中可先测出某长度 L_x 内的干涉暗条纹的间隔数 x,则单位长度内的干涉条纹数为 $n = \dfrac{x}{L_x}$.若棱边与细丝的距离为 L,则细丝处出现的暗条纹的级数为 $k=nL$,可得细丝的直径为

$$D = nL\frac{\lambda}{2} \tag{3.31.7}$$

【仪器和用具】

单色光源(钠灯),移测显微镜,玻璃片(连支架),牛顿环仪,两块光学平玻璃板和细丝(或

薄片)等.

【实验内容】

1. 利用牛顿环测定平凸透镜的曲率半径

(1) 借助室内灯光,用眼睛直接观察牛顿环仪,调节框上的螺旋 H 使牛顿环呈圆形,并位于透镜的中心,但要注意螺旋不可旋得过紧.

(2) 将仪器按图 3.31.5 所示装置好,直接使用单色扩展光源钠灯照明.由光源 S 发出的光经玻璃片 G 反射后,垂直进入牛顿环仪,再经牛顿环仪反射进入移测显微镜 M.调节玻璃片 G 的高低及倾斜角度,使显微镜视场中能观察到黄色明亮的视场(实验为何可以用扩展光源代替平行光源,对实验结果有否影响?).

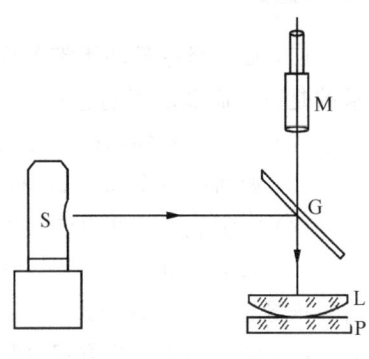

图 3.31.5

(3) 调节移测显微镜 M 的目镜,使目镜中看到的叉丝最为清晰,将移测显微镜对准牛顿环仪的中心,从下向上移动镜筒对干涉条纹进行调焦,使看到的环纹尽可能清晰,并与显微镜的测量叉丝之间无视差.测量时,显微镜的叉丝最好调节成其中一根叉丝与显微镜的移动方向相垂直,移动时始终保持这根叉丝与干涉环纹相切,这样便于观察测量.

(4) 测量干涉环的半径.用移测显微镜测量时,由于中心附近比较模糊,一般取 m 大于 3,至于 (m_2-m_1) 取多大,可根据所观察的牛顿环而定.但是从减小测量误差考虑,(m_2-m_1) 不宜太小.下面举一测量方案供参考.

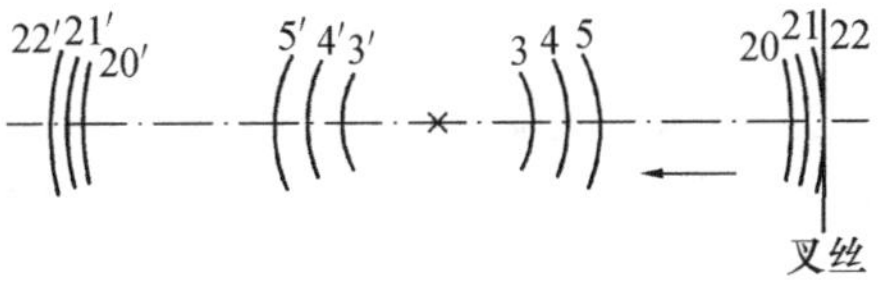

如图 3.31.6 所示,选取视场中环纹清晰的第 3 暗环到第 22 暗环作为测量范围,自右向左单向测出各环直径两端的位置 x_k, x_k',即由 x_{22} 开始向左测到 x_3 越过中心,由 x_3' 继续向左测到 x_{22}' 为止.

各环的半径为 $r_k = \frac{1}{2}|x_k' - x_k|$.取环序差 $m_2 - m_1 = 10$,再用逐差法处理数据,可得

$$\Delta_1 = r_{13}^2 - r_3^2, \quad \Delta_2 = r_{14}^2 - r_4^2, \quad \cdots, \quad \Delta_{10} = r_{22}^2 - r_{12}^2$$

图 3.31.6

(5) 将 Δ 的平均值及钠黄光的平均波长 589.3nm 代入式(3.31.5),即可算出透镜的曲率半径 R.并计算其标准不确定度.

2. 利用空气劈尖干涉测量细丝的直径(或薄片的厚度)

将劈尖置于干涉测量平台上,照明调节基本同牛顿环,要求清晰看到干涉条纹且与叉丝间无视差.调整劈尖,使干涉条纹相互平行且与棱边平行.测出式(3.31.7)中要求的各量,计算出细丝的直径(或薄片的厚度)D.

3. 注意事项

(1) 牛顿环的干涉环两侧的环序数不要数错.

(2) 防止实验装置受震引起干涉环纹的变化.

(3) 防止移测显微镜的"回程误差",移测时必须向同一方向旋转显微镜驱动丝杆的转盘,不许倒转.

(4) 由于牛顿环的干涉条纹有一定的粗细度,为了准确测量干涉环的直径,应采用圆心两端内切、外切的方法以消除干涉环粗细度的影响.

【思考题】

(1) 在测量牛顿环干涉各环的直径时,若叉丝交点不是准确地通过圆环的中心,因而测量的是弦长而非真正的直径. 这对实验结果有否影响?为什么?

(2) 为什么相邻两暗环(或亮环)的间距,靠近中心的要比边缘的大?

(3) 如何改变图 3.31.6 的实验光路,以观察透射光所产生的干涉条纹?

(4) 本实验有哪些系统误差?怎样减小?

(5) 如果被测透镜是平凹透镜,能否应用本实验方法测定其凹面的曲率半径?试说明理由并推导相应的计算公式.

(6) 设计一个实验方案,用扩束后的激光照射在平凸透镜上,由透镜两表面的反射形成的非定域干涉环纹,测定凸球面的曲率半径.

实验 3.32 偏振现象的观察与分析

【实验目的】

(1) 观察光的偏振现象,加深对偏振光的理解.

(2) 掌握产生和检验偏振光的原理和方法.

【仪器和用具】

氦氖激光器,偏振片(或尼科耳棱镜),半波片,1/4 波片,硅光电池,灵敏电流计,减光板,玻璃片.

【实验原理】

能使自然光变成偏振光的装置或器件称为起偏器. 用来检验偏振光的装置或器件称为检偏器. 实际上,能产生偏振光的器件,同样可用作检偏器.

1. 平面偏振光的产生

1) 由反射和折射产生偏振

自然光在透明介质(如玻璃)上反射或折射时,其反射光和折射光为部分偏振光. 当入射角为布儒斯特角(即:入射角满足 $\tan i = n$,n 为透明介质折射率)时反射光接近于完全偏振光,其偏振面垂直于入射面(金属表面的反射光是椭圆偏振光).

2) 由二向色性晶体的选择吸收产生偏振

有些晶体(如电气石、人造偏振片)对两个相互垂直振动的电矢量具有不同的吸收本领,称为二向色性.当自然光通过二向色性晶体时,其中一部分的振动几乎被完全吸收,而另一部分的振动几乎没有损失(图 3.32.1),因此,透射光就成为平面偏振光.利用偏振片可以获得截面较宽的偏振光束,而且造价低廉,使用方便.但偏振片的缺点是有颜色,光透过率稍低.市售的偏振片内夹有维尼纶薄膜(经过拉伸).

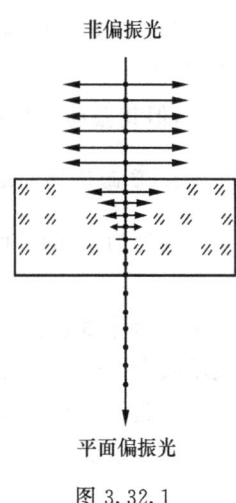

图 3.32.1

3) 由晶体双折射产生偏振

当自然光入射到某些各向异性晶体时,在晶体内折射后分解为两束平面偏振光(o 光、e 光),并以不同的速度在晶体内传播,可用某一方法使两束光分开,除去其中一束,剩余的一束就是平面偏振光.尼科耳(Nicol)棱镜是这类元件之一(图 3.32.2).它由两块经特殊切割的方解石晶体,用加拿大树胶黏合而成.偏振面平行于晶体的主截面的偏振光可以透过尼科耳棱镜,垂直于主截面的偏振光在胶层上发生全反射而被除掉.

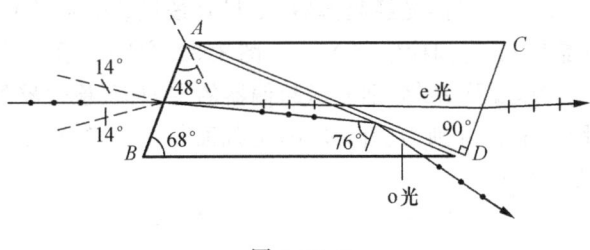

图 3.32.2

4) 光散射产生偏振

在垂直于主光线方向上的散射光是偏振的.

2. 圆偏振光和椭圆偏振光的产生

如图 3.32.3 所示,当振幅为 A 的平面偏振光垂直入射到表面平行于光轴的双折射晶片

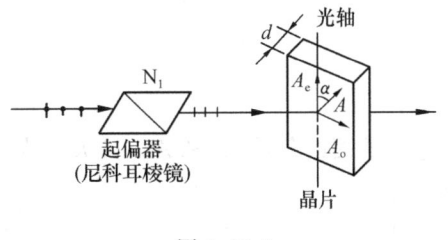

图 3.32.3

时,若振动方向与晶片光轴的夹角为 α,则在晶片表面上 o 光和 e 光的振幅分别为 $A\sin\alpha$ 和 $A\cos\alpha$,它们的相位相同.在晶片中,o 光与 e 光传播方向相同,由于传播速度不同,经过厚度为 d 的晶片后,o 光与 e 光之间将产生相位差:

$$\delta = \frac{2\pi}{\lambda_0}(n_o - n_e)d \qquad (3.32.1)$$

式中 λ_0 表示光在真空中的波长,n_o 和 n_e 分别为晶体中 o 光与 e 光的折射率.

(1) 如果晶片的厚度使产生的相位差 $\delta = \frac{1}{2}(2k+1)\pi(k=0,1,2,\cdots)$,这样的晶片称为 1/4 波片.平面偏振光通过 1/4 波片后,透射光一般是椭圆偏振光,当 $\alpha = \frac{1}{4}\pi$ 时,则为圆偏振光;当 $\alpha = 0$ 和 $\pi/2$ 时,椭圆偏振光退化为平面偏振光.换言之,1/4 波片可将平面偏振光变成椭圆或圆偏振光,也可将椭圆与圆偏振光变成平面偏振光.

(2) 如果晶片的厚度使产生的相位差 $\delta=(2k+1)\pi(k=0,1,2,\cdots)$，这样的晶片称为半波片. 若入射平面偏振光的振动面与半波片光轴的夹角为 α，则通过半波片后的光仍为平面偏振光，但其振动面相对入射光的振动面转过 2α 角.

3. 平面偏振光通过检偏器后光强的变化

强度为 I_0 的平面偏振光通过检偏器后的光强 I_θ 为

$$I_\theta = I_0 \cos^2\theta \tag{3.32.2}$$

式中，θ 为平面偏振光偏振面和检偏器主截面的夹角，上述关系称为马吕斯(Malus)定律，它表示改变 θ 角可以改变透过检偏器的光强.

当起偏器和检偏器的取向使得通过的光量最大时，称它们为平行(此时 $\theta=0°$). 当两者的取向使得系统射出的光量最小时，称它们为正交(此时 $\theta=90°$).

4. 单色平面偏振光的干涉

如图 3.32.4(a)所示，一束自然光经起偏器(尼科耳棱镜或偏振片)N_1 后，变成振幅为 A 的平面偏振光，再通过晶片 K，射到检偏器 N_2 上. 图 3.32.4(b)表示透过 N_2 迎着光线观察到的振动情况，其中 $N_{1截面}$，$N_{2截面}$ 及 ZZ' 分别表示起偏器的主截面、检偏器的主截面和晶片的光轴在同一平面上的投影，α 和 β 分别为 N_1，N_2 的主截面与晶片的光轴 ZZ' 的夹角. 从晶片透过的两平面偏振光的振幅分别为

$$A_o = A\sin\alpha, \quad A_e = A\cos\alpha \tag{3.32.3}$$

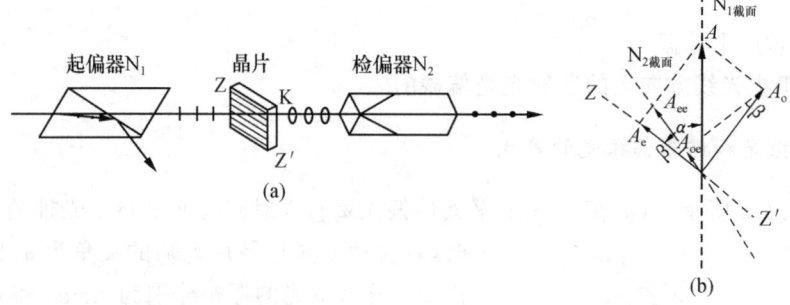

图 3.32.4

它们的相位差为 δ. 穿过 N_2 后，只存在振动平面平行于 N_2 主截面的分量 A_{oe} 和 A_{ee}，其大小为

$$\left. \begin{array}{l} A_{oe} = A_o\sin\beta = A\sin\alpha\sin\beta \\ A_{ee} = A_e\cos\beta = A\cos\alpha\cos\beta \end{array} \right\} \tag{3.32.4}$$

可见这两束光是同频率、不等振幅、振动平面在同一平面内的相干光. 因此，透射光的光强(按双光束干涉的光强计算方法)为

$$I_2 = A_{oe}^2 + A_{ee}^2 + 2A_{oe}A_{ee}\cos\delta = I_1\left[\cos^2(\alpha-\beta) - \sin2\alpha\sin2\beta\sin^2\frac{\delta}{2}\right] \tag{3.32.5}$$

式中，$I_1 = A^2$，它是从起偏器 N_1 透射的平面偏振光的光强，从上式可以看出：

(1) 当 α(或 β)$=0, \pi/2$ 或 π 时，

$$I_2 = I_1\cos^2(\alpha-\beta) \tag{3.32.6}$$

即透射光强只与 N_1，N_2 两主截面的交角的余弦平方成正比，和没有晶片时一样.

(2) 当 N_1，N_2 正交时，$(\alpha-\beta)=\pi/2$，则

$$I_2 = I_1 \sin^2 2\alpha \sin^2 \frac{\delta}{2} \tag{3.32.7}$$

如果晶片是半波片，则 $\delta=\pi$，当 α 等于 $\pi/4$ 的奇数倍时，$I_2=I_1$，即有光透过 N_2，发生相长干涉；当 α 等于 $\pi/4$ 的偶数倍时，$I_2=0$，无光透过，发生相消干涉。由此可见，当半波片旋转一周时，视场内将出现四次消光现象。

(3) 当 N_1 与 N_2 平行时，$\alpha-\beta=0$，于是有

$$I_2 = I_1 \left(1 - \sin^2 2\alpha \sin^2 \frac{\delta}{2}\right) \tag{3.32.8}$$

可以看出，这时透过的光强恰与 N_1、N_2 正交时互补。

【实验内容】

1. 偏振片主截面的确定

如图 3.32.5 所示，将一背面涂黑的玻璃片 G 立在铅直面内，激光器 L 射出的一细光束沿水平方向入射到玻璃片上，当入射角为布儒斯特角时 G 的反射光为偏振面垂直于入射面的平面偏振光，使 G 的反射光垂直射向偏振片 N，以反射光的方向为轴旋转偏振片 N，从透过光强度的变化和反射光的偏振面，可以确定偏振片的主截面，即透过光强极大时偏振片的主截面和反射光的偏振面一致。并在偏振片上标记其主截面的方向。

2. 验证马吕斯定律

如图 3.32.6 安置仪器，使激光器 L 射出的光束，穿过起偏器 N_1 和检偏器 N_2 射到硅光电池 P_c 上，使 N_1，N_2 正交，记录灵敏电流计上的示值。将偏振器每转一角度（$10°\sim15°$）记录一次，直至转动 $90°$ 为止。重复以上过程几次。

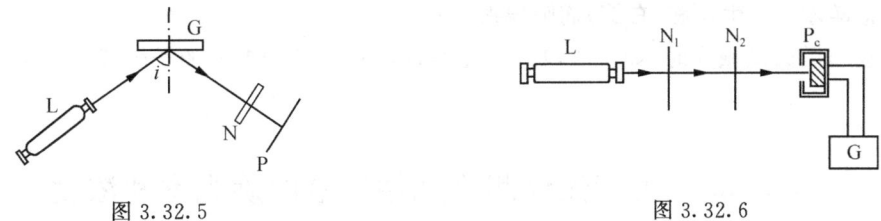

图 3.32.5　　　　　　　　　　　图 3.32.6

3. 考察半波片对偏振光的影响

使用图 3.32.6 的装置，调 N_1、N_2 为正交，在 N_1、N_2 间和 N_1 平行放置半波片，以光线方向为轴将波片转 $360°$，记录出现消光的次数和相对应于 N_2 的位置（角度）。使 N_1 和 N_2 正交，半波片的光轴和 N_1 的主截面成 $\alpha(10°\sim15°)$ 角，转 N_2 使之再消光，记录 N_2 位置。改变角，每次增加 $10°\sim15°$，同上测量直至 α 等于 $90°$。

4. 椭圆偏振光、圆偏振光的产生与检验

实验装置同上，将半波片换成 1/4 波片。

(1) 使 N_1、N_2 正交，以光线方向为轴将波片转 $360°$，记录观察到的现象。

(2) 使用起偏器 N_1 和 1/4 波片产生椭圆偏振光,旋转检偏器 N_2 观察光强的变化.记录波片光轴相对主截面 N_1 的夹角 α,以及转动 N_2 光强极大、极小时主截面与波片光轴的夹角 β. α 取不同值重复观测.

(3) 使用 N_1 和 1/4 波片产生圆偏振光(应怎样安置 1/4 波片?),旋转 N_2,进行观测并记录.

(4) 为了区分椭圆偏振光和部分偏振光、圆偏振光和自然光,要在检偏器前再加一个 1/4 波片去观测,注意 1/4 波片的放置.

(5) 设计一实验方案(原理和步骤),说明如何应用一个 1/4 波片和一个检偏器,去判断椭圆偏振光的旋转方向.

5. 注意事项

(1) 应用光电池记录光强时,灵敏电流计应选用低内阻型.读数时,应注意扣除环境杂散光产生本底电流的影响.若光电流测量值范围过大时,用图 3.32.2 所示的电路可避免因改变电流计的量程,影响电流计的内阻和测量灵敏度,保证电流计低内阻 R_g 不变.

(2) 在观察和讨论波片对偏振光的影响时,准确地确定起偏器 N_1 的主截面与波片的夹角是很重要的.而实际使用的波片,光轴方向定位不够准确,为此应善于运用理论来指导实践,即根据波片在正交偏振片之间绕光线方向旋转一周时,在四个特定方位将出现消光的特性,以帮助校准波片光轴和 N_1 之间夹角的零位.

【思考题】

(1) 强度为 I 的自然光通过偏振片后,其强度 $I_0 < \frac{1}{2}I$,为什么?应用偏振片时,马吕斯定律是否适用,为什么?

(2) 怎样才能产生左旋(右旋)椭圆偏振光?

(3) 鉴别椭圆偏振光时,如 1/4 波片的主截面不在椭圆偏振光的长轴或短轴上,会有什么结果?

实验 3.33 用旋光仪测旋光性溶液的旋光率和浓度

【实验目的】

(1) 观察光的偏振和线偏振光通过旋光物质的旋光现象.
(2) 了解旋光仪的结构原理.
(3) 学习用旋光仪测定旋光性溶液的浓度.

【实验原理】

如图 3.33.1 所示,线偏振光通过某些物质的溶液(如蔗糖溶液)后,偏振光的振动面将旋转一定的角度 φ,这种现象称偏振面的旋转,或称为旋光现象.旋转的角度 φ 称为旋转角,能够使线偏振光振动面发生旋转的物质称为旋光物质,许多物质具有这样的本领,如石油、酒石酸等，一些矿物，如石英、朱砂（HgS）等．

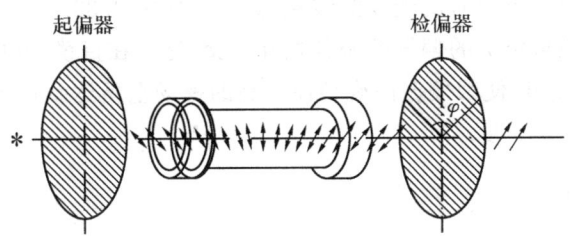

图 3.33.1

当观察者面向光源，如果旋光物质使偏振光的振动面沿逆时针方向旋转，称为左旋物质．反之，若使偏振光的振动面沿顺时针方向旋转，称为右旋物质．实验表明，振动面旋转的角度 φ 与其所通过旋光物质的厚度成正比．

（1）对固体，旋光度 φ 为

$$\varphi = \alpha L \tag{3.33.1}$$

式中，L 为旋光物质通光方向的厚度，单位为 mm，α 为光线通过 1mm 厚固体时振动面旋转的角度，称为该物质的旋光率．

（2）对溶液或液体，旋光度 φ 不仅与光线在液体中通过的距离 L 有关，还与其浓度成正比．即

$$\varphi = \alpha C L \tag{3.33.2}$$

式中，α 为该溶液的旋光率，它在数值上等于偏振光通过单位长度（1dm）、单位浓度（1g/mL）的溶液后引起振动面旋转的角度．C 为溶液的浓度，单位用 g/mL．

实验表明，同一旋光物质对不同波长的光有不同的旋光率，在一定的温度下，它的旋光率与入射光波长 λ 的平方成反比，即随波长的减小而迅速增大，这现象称为旋光色散．考虑到这一情况，通常采用钠黄光（$\lambda=589.3$nm）来测定旋光率．

若已知待测旋光性溶液的浓度 C 和液体层厚度 L，则测出旋光度 φ 就可由式(3.33.2)算出其旋光率．显然，在液体层厚度 L 不变时，如果依次改变浓度 C，测出相应的旋光度 φ，然后画出 φ-C 曲线——旋光曲线，则得到一条直线，其斜率为 $\alpha \cdot L$．从该直线的斜率也可以算出旋光率 α．反之，通过测量旋光性溶液的旋光度，可确定溶液中所含旋光物质的浓度．通常可根据测出的旋光度从该物质的旋光曲线上查出对应的浓度．在此，忽略了温度和溶液浓度对于旋光率的影响，实际上旋光率 α 与温度和浓度均有关．例如，在 20℃ 时，对于钠黄光糖水溶液的旋光率为

$$\alpha_{20} = 66.412 + 0.012\,670 C - 0.000\,376 C^2$$

式中，百分浓度：$C=0 \sim 50$（克/100cm³ 溶液）．

当温度 t 偏离 20℃ 在 14～30℃ 时，其旋光率温度变化的关系为

$$\alpha_t = \alpha_{20}[1 - 0.000\,37(t-20)]$$

大体上，在 20℃ 附近，温度每变化 1℃，糖水溶液的旋光率约减少或增加 0.24．

【仪器和用具】

测量物质旋光度的装置 WZX-1 光学度盘旋光仪（含偏振片、半波片等），盛各种浓度糖

溶液的测试管.

旋光仪是用来测定旋光物质旋光度的装置,其结构如图 3.33.2 所示.测量时如果只是将旋光仪中起偏镜 4 和检偏镜 7 的偏振面调到相互正交,这时在目镜 10 中看到最暗视场;然后装上测试管 6,转动检偏镜,使因偏振面旋转而变亮的视场重新达到最暗,此时检偏镜的旋转角度即表示被测溶液的旋光度.

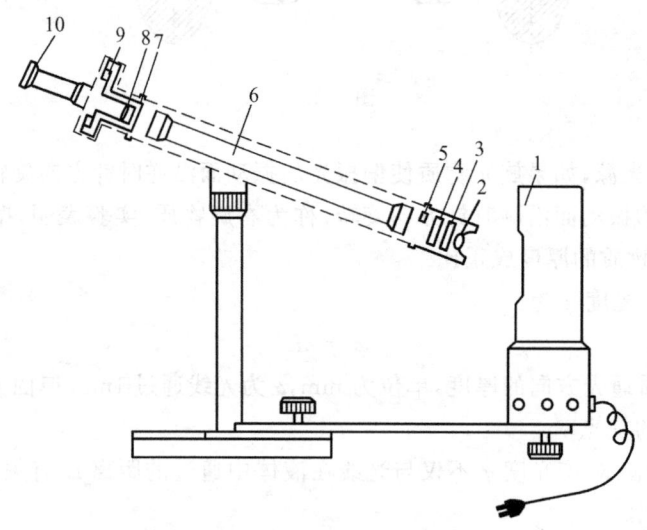

1. 光源;2. 会聚透镜;3. 滤色片;4. 起偏器;5. 石英片;6. 测试管;7. 检偏镜;
8. 望远镜物镜;9. 刻度盘;10. 望远镜目镜

图 3.33.2

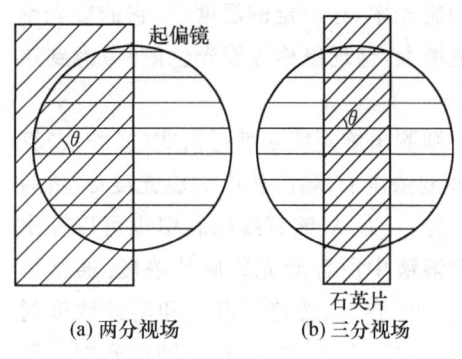

(a) 两分视场 (b) 三分视场

图 3.33.3

因为人的眼睛难以准确地判断视场是否最暗,故多采用"半荫法"或"三分视界法"比较相邻两光束的强度是否相等来确定旋光度.若在起偏镜后再加一石英晶片,此石英片和起偏镜的一部分在视场中重叠.随石英片安放的位置不同,可将视场分为两部分(图 3.33.3(a))或三部分(图 3.33.3(b)),同时在石英片旁装上一定厚度的玻璃片,补偿由石英片产生的光强变化.

取石英片的光轴平行于自身表面并与起偏轴成一角度 θ(仅几度).由光源发出的光经起偏镜后变成线偏振光,其中一部分光再经过石英片(其厚度恰使入射的线偏振光在石英片内分成 e 光和 o 光,其相差为 π 的奇数倍,出射的合成光仍为线偏振光),其偏振面相对与入射光的偏振面转过了 2θ,所以进入测试管里的光是振动面间的夹角为 2θ 的两束线偏振光.

在图 3.33.4 中,如果以 OP 和 OA 分别表示起偏镜和检偏镜的偏振轴,OP' 表示透过石英片后偏振光的振动方向,β 表示 OP 与 OA 的夹角,β' 表示 OP' 与 OA 的夹角;再以 OA_P 和 $OA_{P'}$ 分别表示通过起偏镜和起偏镜加石英片的偏振光在检偏镜偏振轴方向的分量,则由图 3.33.4 可知,当转动检偏镜时,A_P 和 $A_{P'}$ 的大小将发生变化,反映在从目镜中见到的视场上将出现亮暗交替变化(图 3.33.4 的下半部分),图中列出四种显著不同的情形:

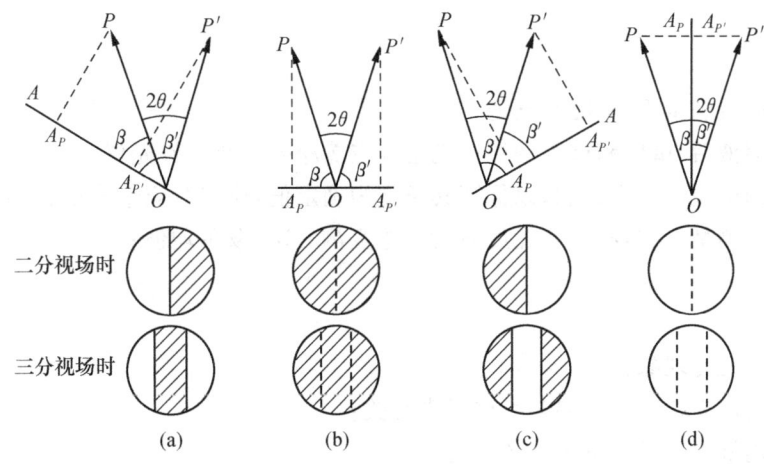

图 3.33.4

(1) $\beta'>\beta$, $OA_P>OA_{P'}$ 通过检偏镜观察时,与石英片对应的部分为暗区,与起偏镜对应的部分为亮区,视场被分成清晰的两(或三)部分.当 $\beta'=\pi/2$ 时,亮暗反差最大.

(2) $\beta'=\beta$, $OA_P=OA_{P'}$ 通过检偏镜观察时,视场中两(或三)部分界线消失,亮度相等,较暗.

(3) $\beta'<\beta$, $OA_P<OA_{P'}$ 通过检偏镜观察时,视场又被分成清晰的两(或三)部分,与石英片对应的部分为亮区,与起偏镜对应的部分为暗区.当 $\beta=\pi/2$ 时,亮暗反差最大.

(4) $\beta'=\beta$, $OA_P=OA_{P'}$ 通过检偏镜观察时,视场中两(或三)部分界线消失,亮度相等,较亮.

由于在亮度不太强的情况下,人眼辨别亮度微小差别的能力较大,所以常取图 3.33.4(b)所示的视场作为参考视场,并将此时检偏镜的偏振轴所指的位置取作刻度盘的零点.

在旋光仪中放上测试管后,透过起偏镜和石英片的两束偏振光均通过测试管,它们的振动面转过相同的角度 φ,并保持两振动面间的夹角 2θ 不变.如果转动检偏镜,使视场仍旧回到图 3.33.4(b)所示的状态.则检偏镜转过的角度即为被测试溶液的旋光度.

【实验内容】

1. 旋光仪调整练习(必须要做,并记录数据)

(1) 取下测试管,调节旋光仪的目镜,使能看清视场中三部分的分界线.

(2) 转动检偏镜(调节刻度盘转动手轮),观察并熟悉视场明暗变化的规律.

(3) 定零点位置,转动检偏镜,使三部分亮度相等且较暗(需仔细观察与判断),从读数窗读出刻度盘上的左、右读数(此读数即为零点读数 φ_0).

(4) 重复测定零点读数数次,记录并求出平均值 $\overline{\varphi_0}$,不确定度 u_{φ_0}(仪器最大不确定度 $u_{仪}=0.05°$).

(5) 测量透过起偏镜和石英片的两束光振动面之间的夹角 2θ.

2. 测定旋光性溶液的旋光度

(1) 观察线偏振光通过旋光性溶液的旋光现象.

(2) 把装有糖溶液的各测试管(L 已知)放入旋光仪盒.转动检偏振片,使视场又变为亮度相等.重复数次并记录左、右读数.求出各测试管糖溶液的旋光度 $\overline{\varphi_1}$ 及 S_{φ}.

(3) 若已知糖的旋光率 α,利用公式计算出各试管溶液的浓度 $\overline{C}\pm u_c$.

【注意事项】

(1) 溶液应装满试管,不能有气泡;
(2) 注入溶液后,试管和试管两端透光窗均应擦净才可装上旋光仪;
(3) 试管的两端经精密磨制,以保证其长度为确定值,使用时应十分小心,以防损坏.
(4) 为降低测量误差,测定旋光度 φ 时应重复测 5 次,取平均值;

【思考题】

(1) 什么是旋光现象?
(2) 什么是旋光率? 旋光率与哪些因素有关?
(3) 如何用旋光原理测量溶液的浓度?
(4) 对波长为 589.3nm 的钠黄光,石英晶片的折射率为 $n_o=1.5442, n_e=1.5533$,如果要使垂直入射的线偏振光(设其振动方向与石英片光轴夹角为 θ)通过石英片后变为振动方向转过 2θ 角的线偏振光,试问石英片的最小厚度应为多少?
(5) 为什么说用三分视界法测定旋光度 φ 比用两块偏振片时更方便、更正确?

【公式】

$$C = \bar{C} \pm u_c = \frac{\bar{\varphi}}{\alpha l} \pm u_c, \quad S_{\bar{\varphi}} = \sqrt{\frac{\sum_i (\varphi_i - \bar{\varphi})^2}{5 \times (5-1)}}$$

$$u_\varphi = \left((S_{\bar{\varphi}})^2 + \left(\frac{0.05}{\sqrt{3}} \right)^2 \right)^{1/2}, \quad u_c = \frac{1}{\alpha l} (u_{\varphi_0}^2 + u_{\bar{\varphi}}^2)^{1/2}$$

实验 3.34 单缝衍射相对光强分布的测量

【实验目的】

(1) 观察单缝衍射现象,归纳总结衍射现象的规律和特点;
(2) 测量单缝衍射相对光强分布和衍射角;
(3) 测量单缝缝宽、单丝直径、光源波长、双缝缝宽和间距、光栅常量等微小长度量.

【实验原理】

光的衍射现象是光的波动性的一种表现,可分为菲涅耳衍射和夫琅禾费衍射两类.菲涅耳衍射是近场衍射,夫琅禾费衍射是远场衍射.如图 3.34.1 所示.将单色点光源放置在透镜 L_1 的前焦面,经透镜后的光束成为平行光垂直照射在单缝 AB 上,按惠更斯-菲涅耳原理,位于狭缝的波阵面上的每一个点都可以看成一个新的子波源,它们向各个方向发射球面子波,这些子波相叠加经透镜 L_2 会聚后,在 L_2 的后焦面上形成明暗相间的衍射条纹,其光强分布规律为

$$I_\theta = I_0 \frac{\sin^2 \varphi}{\varphi^2} \tag{3.34.1}$$

式中,$\varphi=\frac{\pi}{\lambda}a\sin\theta$,$a$ 为单缝宽度,θ 为衍射角,λ 为入射光波长.

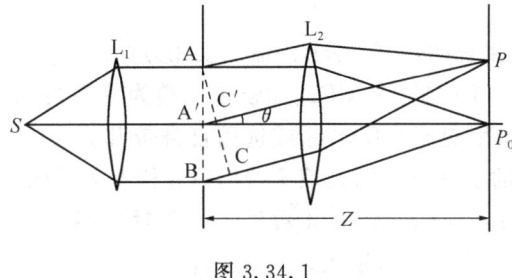

图 3.34.1

如图 3.34.2 所示,由式(3.34.1)可知:

(1) 当 $\theta=0$ 时,$I_\theta=I_0$,为中央主极大的强度,光强最强,绝大部分的光能落在中央明纹上.

(2) 当 $\sin\theta=\frac{k\lambda}{a}(k=\pm 1,\pm 2,\cdots)$ 时,$I_\theta=0$,为第 k 级暗纹. 由于夫琅禾费衍射时,θ 很小,有 $\theta\approx\sin\theta$,因此暗纹出现的条件为

$$\theta=\frac{k\lambda}{a} \qquad (3.34.2)$$

(3) 从式(3.34.2)可知,当 $k=\pm 1$ 时,为主极大两侧第一暗条纹的衍射角,由此决定了中央明纹的宽度 $\Delta\theta_0=\frac{2\lambda}{a}$,其余各级明纹角宽度 $\Delta\theta_k=\frac{\lambda}{a}$,所以中央明纹宽度是其他各级明纹宽度的二倍.

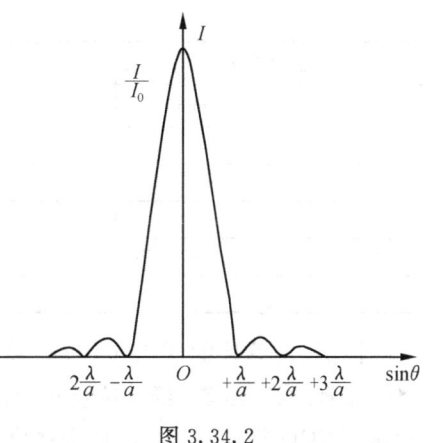

图 3.34.2

(4) 除中央主极大外,相邻两暗纹间存在着一些次极大,这些次极大的位置可以从对式(3.34.1)求导并使之等于零而得到,如表 3.34.1 所示.

表 3.34.1

级数 K	次最大时 θ	相对光强 I/I_0
±1	$\pm 1.43\frac{\lambda}{a}$	0.047
±2	$\pm 2.46\frac{\lambda}{a}$	0.017
±3	$\pm 3.47\frac{\lambda}{a}$	0.008

【仪器和用具】

半导体激光器(或 He-Ne 激光器),连续减光器,组合光栅,CCD 光强分布测量仪,数显示波器.

【实验内容】

平行光是理想化的概念,实际上,不论采用什么方法都不能获得绝对的平行光. 对于单

缝,满足远场条件,不用透镜,也可取得较好的实验效果.

1. 测量单缝夫琅禾费衍射的相对光强分布

(1) 认真阅读仪器使用说明,熟悉各个仪器的使用方法.

(2) 尽可能将激光器、减光器、缝、CCD 光强仪调整为等高共轴. 如用 He-Ne 激光器,最好点燃 30min,并尽可能采用交流稳压电源或选用自身带开关稳流功能的激光器,使激光功率稳定. 先观察不同宽度的狭缝产生的夫琅禾费衍射花样有何异同.

(3) 测量数据. 慢慢移动光标(用 SB14 数显示波器时)或移动鼠标(用 CCD 采集卡时),读取衍射曲线上几个特殊点的 X、Y,填入表 3.34.2:

表 3.34.2

空间位置		光强		相对光强 $\left(\dfrac{I}{I_0}\right)$	$\sin\theta$
X	mm	Y	电压		

注意:①读取的 X 是 CCD 器件上的象元素,必须乘上 CCD 器件上的中心距,才是实际空间位置. ②Y 是 5V 经 8 位量化,每字为 19.5mV. ③测量 CCD 器件至单缝间距离 Z 时,要考虑到 CCD 器件的受光面在光强仪前面板后 4.5mm 处. ④如较高级次暗纹与较低级次暗纹的 Y 读数相差较大,说明尚未满足远场条件;如正方向与负方向暗纹的 Y 读数相差较大,说明单缝与 CCD 器件还没有调垂直.

(4) 计算和比较. 根据实验数据,计算出各级明纹和暗纹的衍射角和相对光强,由单缝的缝宽 a 和单缝至光电器件距离 Z 计算出光源的波长 λ.

作图表示相对光强 $\left(\dfrac{I}{I_0}\right)$ 和空间位置(X)的关系.

2. 衍射法测量细丝直径

衍射法测量细丝直径在工业生产、自动控制和科研上已得到实际应用. 所依据的是互补原理,相同几何尺寸的单缝和单丝有着相同的衍射角分布.

实验时,细丝可悬挂在原来放置单缝的位置上,细丝下端捆一物体,让细丝有一定的张力. 直径用千分尺测定. 也可用"组合光栅"上的两条单丝来代替.

在"单缝衍射相对光强分布测量"时,让中央主级大光斑落在 CCD 采光窗的中间区域,为的是看清单缝衍射波形的全貌,如细丝测量时也这样安排,会产生一个问题,激光束的光斑和中央主极大一起落在 CCD 器件上,引起饱和.

从暗条纹出现条件式(3.34.2)可知,暗条纹是以中央明纹为对称轴等间隔地左右对称分布的,任意两条暗纹间的宽度为 λ/a. 因此,我们可以向正或负方向将中央主极大移至采光窗外,减小减光器减光量或去掉减光器,让更高级的暗纹出现在屏幕上,如图 3.34.3 所示. 测量时,细心移动光标或鼠标,用"逐差法"或直接读出每一条纹的 X,列表(表 3.34.3)记录. 每一暗纹读 3~5 次,取平均值.再计算出相邻暗纹间距的平均值 $\overline{\Delta x}$.注意,这是个原始数据,必须乘以 CCD 光敏元的中心距才是暗纹的真实间距 d.由衍射公式 $a = \dfrac{\lambda}{\sin\theta} \approx \dfrac{\lambda}{d}Z$($Z$ 为单丝至 CCD 光敏面的距离)算得细丝直径 a,

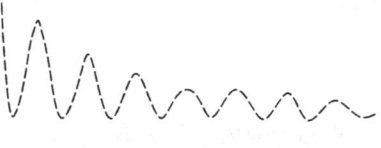

图 3.34.3

并作出误差分析.测量单缝的缝宽和所用光源的波长时,也可将中央主极大移至 CCD 采光窗外,可取得更多的数据,提高测量精度.

表 3.34.3

条纹	实验值		理论计算值	
	$\theta = \dfrac{\Delta X}{L}$	相对光强 $\dfrac{I}{I_0}$	$\theta = k\dfrac{\lambda}{a}$	相对光强 $\dfrac{I}{I_0}$
中央明纹				1
一级明纹				0
二级明纹				0.0472
三级明纹				
四级明纹				0.0165
五级明纹				0

3. 观察研究双缝干涉现象

利用 CCD 单缝衍射仪能实时显示曲线全貌的特点,选用"组和光栅"上第 3,4,5 组单缝/双缝,很容易显示出受到单缝调制的现象和双缝干涉产生"缺级"的规律,即缺级发生在 nd 上(d 为双缝中心间距与缝宽的比值,$n = 1, 2, 3, \cdots$).

4. 观察研究多缝的干涉现象

在多缝干涉中,除有缺级现象外,在相邻主极大之间还存在着 $N-2$ 个次极大,$N-1$ 个极小(N 为缝的条数),选用"组合光栅"上第 6,7 组 3~5 缝的衍射图,可清楚说明这个规律.

实验 3.35 普朗克常量的测定

【实验目的】

(1) 通过实验加深对光的量子性的了解;
(2) 通过光电管的弱电流特性,找出不同光频率下的遏止电压;
(3) 验证爱因斯坦方程,并测定普朗克常量.

【实验原理】

当一定频率的光照射到某些金属表面时,可以使电子从金属表面逸出,产生光电子,这种现象称为光电效应.1905 年爱因斯坦依照普朗克的量子假设,提出了光子的概念.他认为频率为 ν 的光以 $h\nu$ 为能量单位(光子)的形式一份一份地向外辐射,当金属中的电子吸收一个光子时,便获得它的全部能量,若这一能量大于电子摆脱金属表面的约束所需要的脱出功 W_s

时,电子就会从金属中逸出,其能量以初动能形式体现,按照能量守恒原理有

$$h\nu = \frac{1}{2}mv_m^2 + W_s \quad \text{或} \quad \frac{1}{2}mv_m^2 = h\nu - W_s \tag{3.35.1}$$

上式称为爱因斯坦方程,$\frac{1}{2}mv_m^2$ 为光电子逸出表面后所具有的最大动能.

图 3.35.1 为研究光电效应实验规律和测量普朗克常量 h 的实验原理图. 抽成真空的光电管中,A 为阳极,K 为阴极,频率为 ν 的光照射到由金属材料做成的阴极 K 上,就有光电子逸出金属表面,若在 A 与 K 间加上电压,就形成光电流 I. 当阳极 A 加正电位,阴极 K 加负电位时光电子被加速,当所加电压足够大时,光电流达到饱和值. 当 K 加正电位,A 加负电位即加上反向电压时,光电子被减速. 当所加反向电压达到一定值时,光电流减小为零. 此时的电压称为遏止电压. 光电流 I 与所加电压之间的关系曲线如图 3.35.2 所示.

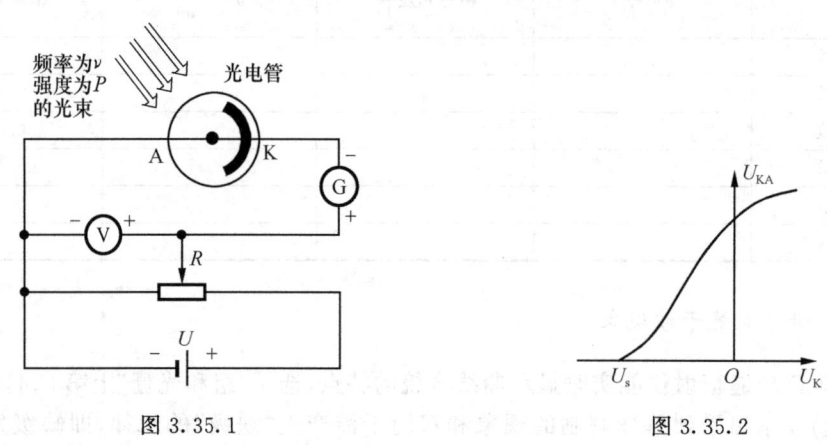

图 3.35.1　　　　　　　　　　图 3.35.2

光电效应具有如下的规律:

(1) 在一定频率的单色光照射下,饱和电流的大小与入射光强成正比.

(2) 光电效应存在一个阈频率(或称截止频率),当照射光的频率低于某一阈值 ν_0 时,不论光强如何,都没有光电子产生.

(3) 光电子的初动能与光强无关,但与入射光的频率成线性关系. 当光子频率 $\nu > \nu_0$ 时,从阴极 K 出射的光电子具有一定的初速度,这时即使外加电压为零或加有较小的反向电压仍有部分电子到达阳极,形成光电流. 如果反向电压增大为 U_s 时,则具有最大初速 v_m 的光电子也不能到达阳极 A,光电流将减为零. 显然,此时有

$$eU_s = \frac{1}{2}mv_m^2 = h\nu - W_s \tag{3.35.2}$$

由于金属材料的逸出功 W_s 是金属的固有属性,对于给定的金属材料 W_s 是一个定值,与入射光的频率无关. 将式(3.35.2)改写为

$$U_s = \frac{h}{e}\nu - \frac{W_s}{e} = \frac{h}{e}\nu - \frac{h}{e}\nu_0 \tag{3.35.3}$$

若测出不同频率的光入射时的遏止电压 U_s 后,作 U_s-ν 曲线可得一直线. 直线的斜率为 K,则普朗克常量 $h = eK$,从直线与横坐标轴的交点可求出截止频率 ν_0. 其中 $e = 1.60 \times 10^{-19}$ C 为电子的电荷量.

但是在测试中不可避免地存在反向电流、暗电流等(图 3.35.3),这是因为:①由于制作

光电管时阳极 A 上往往溅有阴极材料,因而在光照射时,阳极 A 也会发射光电子,形成反向电流. ②由于自由电子热运动,光电管在没有受到光照时,也会产生光电流,称为暗电流. 由于它们的存在使阴极光电流实测曲线相对理论曲线下移. 使 U_s 也下移到 U_s' 点,如图 3.35.3 所示. 但由于它们均随外加电压的变化而变化,在测定 U_s' 时应特别小心 (实验中,测出 U_s' 点即测出了理论值 U_s).

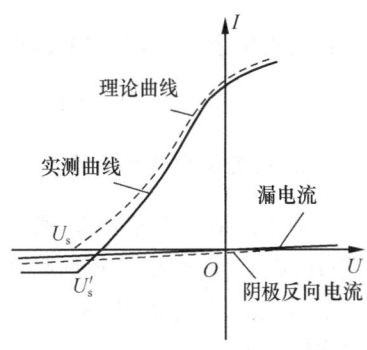

图 3.35.3

【实验仪器】

智能光电效应(普朗克常数)实验仪.

仪器由汞灯及电源、滤色片、光阑、光电管、智能实验仪构成,仪器结构如图 3.35.4 所示. 实验仪有手动和自动两种工作模式.

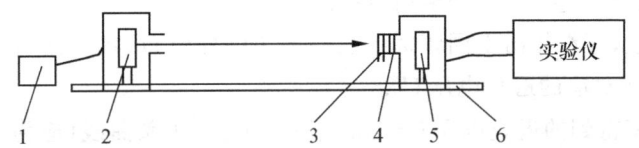

1.汞灯电源; 2.汞灯; 3.滤色片; 4.光阑; 5.光电管; 6.基座; 7.实验仪

图 3.35.4

【实验内容】

1. 测试前准备

将实验仪及汞灯电源接通(汞灯及光电管暗箱遮光盖盖上),预热 20min.

调整光电管与汞灯距离为约 35cm 左右,并保持不变.

检查光电管暗箱电压输入端与实验仪电压输出端(后面板上)联接线是否接好(红-红,兰-兰).

将"电流量程"选择开关置于所选挡位,进行测试前调零. 实验仪在开机或改变电流量程后,都会自动进入调零状态. 调零时应将光电管暗箱电流输出端 K 与实验仪微电流输入端(后面板上)断开,旋转"调零"旋钮使电流指示为 000.0. 调节好后,用高频匹配电缆将电流输入连接起来,按"调零确认/系统清零"键,系统进入测试状态.

2. 测定普朗克常数 h (用手动测量模式)

使"伏安特性测试/截止电压测试"状态键应为截止电压测试状态,"手动/自动"模式键处于手动模式(开机后默认状态为截止电压测试、手动模式状态,即其对应指示灯亮),使"电流量程"选择开关应处于 10^{-13}A 挡.

将直径 4mm 的光阑及 365.0nm 的滤色片装在光电管暗箱光输入口上,打开汞灯遮光盖.

此时电压表显示 U_{AK} 的值,单位为 V;电流表显示与 U_{AK} 对应的电流值 I,单位为所选择的"电流量程". 用电压调节键 →、←、↑、↓ 可调节 U_{AK} 的值,→、← 键用于选择调节位 ↑、↓ 键用于调节值的大小.

依次换上 404.7nm、435.8nm、546.1nm、577.0nm 的滤色片,重复以上测量步骤. 根据测得的截止电压,在坐标纸上描绘 U_s-ν 关系特性线,得出 U_s-ν 直线的斜率 k,即可用 $h=ek$ 求出普朗克常数,并与 h 的公认值 h_0 比较求出相对误差 $E=\dfrac{h-h_0}{h_0}\times 100\%$,式中 $e=1.602\times 10^{-19}$ C,$h_0=6.626\times 10^{-34}$ J·s.

3. 测定伏安特性曲线

取下入射光的遮光罩,换上某一波长(如 546.1nm)的滤光片.选取孔径为 2mm 的光阑,"电压调节"旋钮从 -1V 调起,缓慢增加,大致找出电流为 0 时的电压,然后每隔 0.5V 测量一个电流值,快饱和时,每隔 3~5V 测量一个值,共测量 20~30 个点左右.在方格纸上作出伏安特性曲线.

然后分别换上 4mm 和 8mm 孔径光阑,分别测量其伏安特性曲线.

4. 数据记录与处理

(1) 列表记录所有测量数据,表格请自拟.

(2) 在坐标纸上,仔细作出不同频率(波长)的 I-U 曲线,从各条曲线中认真找出电流开始上升的"抬头点"所对应的遏止电压 U_s.

(3) 由不同频率得到的遏止电压 U_s 与频率 ν 作 U_s-ν 关系曲线(应为一直线),求出直线的斜率:$K=\Delta U_s/\Delta\nu$,$K=h/e$.由此求出普朗克常量 h(理论值 $h=6.626\times 10^{-34}$ J·s).并与理论值进行比较,计算百分误差.

【注意事项】

(1) 光电效应实验仪调零时,仪器上不能放置任何物品,手亦不能压在仪器上,以免造成接触电压,对调零造成影响.

(2) 测截止电压时,调节电压旋钮使得电流从负值到零,不可使电流在正负值上振荡,这样很难使电流到零.

实验 3.36 液晶的电光效应与显示原理

【实验目的】

(1) 掌握液晶光开关的基本工作原理,测量液晶光开关的电光特性曲线.

(2) 了解液晶光开关的工作条件,测量液晶显示的视角特性.

(3) 了解液晶光开关构成图像矩阵的方法,通过观察液晶显示器构成文字和图形的显示模式,从而了解一般液晶显示器件的工作原理.

【实验原理】

液晶是介于液体与晶体之间的一种物质状态.它既有液体的流动性,又有晶体的取向特性.目前液晶材料都是长型分子或盘型分子的有机化合物,是一种非线性的光学材料.当液晶分子有序排列时表现出光学各向异性,光通过液晶时,会产生偏振面旋转,双折射等效应.液晶分子是含有极性基团的极性分子,在电场作用下,偶极子会按电场方向取向,导致分子原有的排列方式发生变化,从而液晶的光学性质也随之发生改变,这种因外电场引起的液晶光学性质的改变称为液晶的电光效应.

液晶是 1888 年奥地利植物学家 Reinitzer 在做有机物溶解实验时,在一定的温度范围内观察到的,1961 年美国 RCA 公司的 Heimeier 发现了液晶的一系列电光效应,并制成了显示器件.液晶显示器件由于具有驱动电压低(一般为几伏),功耗极小,体积小,寿命长,环保无辐射等优点,在当今已广泛应用于各种显示器件中.

1. 液晶光开关的工作原理

液晶作为一种显示器件,其种类很多,下面以常用的 TN(扭曲向列)型液晶为例,说明其工作原理.

TN 型光开关的结构如图 3.36.1 所示.在两块玻璃板之间夹有正性向列相液晶,液晶分子的形状如同火柴一样,为棍状.棍的长度在十几埃(1Å=10^{-10}m),直径为 4~6Å,液晶层厚度一般为 5~8μm.玻璃板的内表面涂有透明电极,电极的表面预先作了定向处理(可用软绒布朝一个方向摩擦,也可在电极表面涂取向剂),这样,液晶分子在透明电极表面就会躺倒在摩擦所形成的微沟槽里;使电极表面的液晶分子按一定方向排列,且上下电极上的定向方向相互垂直.上下电极之间的那些液晶分子因范德瓦尔斯力的作用,趋向于平行排列.然而由于上下电极上液晶的定向方向相互垂直,所以从俯视方向看,液晶分子的排列从上电极的沿-45°方向排列逐步地、均匀地扭曲到下电极的沿+45°方向排列,整个扭曲了 90°.如图 3.36.1 左图所示.

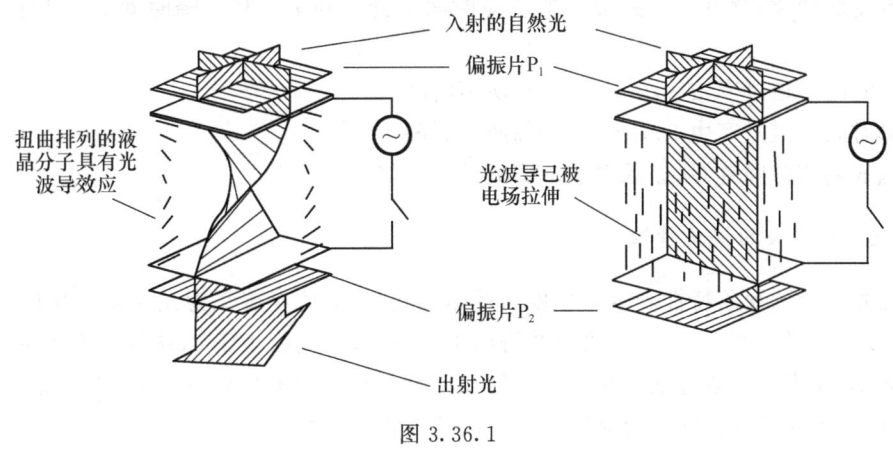

图 3.36.1

理论和实验都证明,上述均匀扭曲排列起来的结构具有光波导的性质,即偏振光从上电极表面透过扭曲排列起来的液晶传播到下电极表面时,偏振方向会旋转 90°.

取两张偏振片贴在玻璃的两面,P_1 的透光轴与上电极的定向方向相同,P_2 的透光轴与下电极的定向方向相同,于是 P_1 和 P_2 的透光轴相互正交.

在未加驱动电压的情况下,来自光源的自然光经过偏振片 P_1 后只剩下平行于透光轴的线偏振光,该线偏振光到达输出面时,其偏振面旋转了 90°.这时光的偏振面与 P_2 的透光轴平行,因而有光通过.

在施加足够电压情况下(一般为 1~2V),在静电场的吸引下,除了基片附近的液晶分子被基片"锚定"以外,其他液晶分子趋于平行于电场方向排列.于是原来的扭曲结构被破坏,成了均匀结构,如图 3.36.1 右图所示.从 P_1 透射出来的偏振光的偏振方向在液晶中传播时不再旋转,保持原来的偏振方向到达下电极.这时光的偏振方向与 P_2 正交,因而光被关断.

由于上述光开关在没有电场的情况下让光透过,加上电场的时候光被关断,因此叫做常通型光开关,又叫做常白模式.若 P_1 和 P_2 的透光轴相互平行,则构成常黑模式.

2. 液晶光开关的电光特性和时间响应特性

液晶可分为热致液晶与溶致液晶.热致液晶在一定的温度范围内呈现液晶的光学各向异性,溶致液晶是溶质溶于溶剂中形成的液晶.目前用于显示器件的都是热致液晶,它的电光特性随温度的改变而有一定变化.

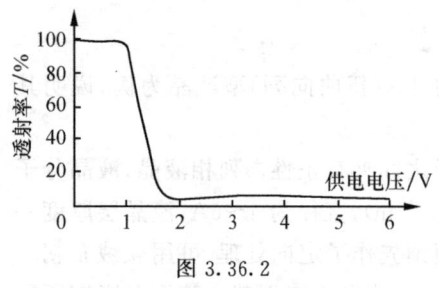

图 3.36.2

图 3.36.2 为光线垂直入射时本实验所用液晶相对透射率(以不加电场时的透射率为 100%)与外加电压的关系.

由图 3.36.2 可见,对于常白模式的液晶,其透射率随外加电压的升高而逐渐降低,在一定电压下达到最低点,此后略有变化.可以根据此电光特性曲线图得出液晶的阈值电压和关断电压.

阈值电压　透过率为 90% 时的供电电压;
关断电压　透过率为 10% 时的供电电压.

另外,在给液晶板加上一个周期性的作用电压(图 3.36.3(a)),液晶的透过率也就会随电压的改变而变化,就可以得到液晶的相应时间上升时间 Δt_1 和下降时间 Δt_2.如图 3.36.3(b)所示.

上升时间　透过率由 10% 升到 90% 所需时间;
下降时间　透过率由 90% 降到 10% 所需时间.
液晶的响应时间越短,显示动态图像的效果越好.

3. 液晶光开关的视角特性

液晶光开关的视角特性表示对比度与视角的关系.对比度定义为光开关打开和关断时透射光强度之比,对比度大于 5 时,可以获得满意的图像,对比度小于 2,图像就模糊不清了.

图 3.36.4 表示了某种液晶视角特性的理论计算结果.图 3.36.4 中,用与原点的距离表示垂直视角(入射光线方向与液晶屏法线方向的夹角)的大小.

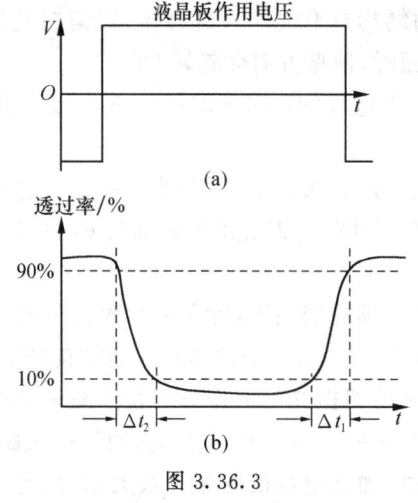

图 3.36.3

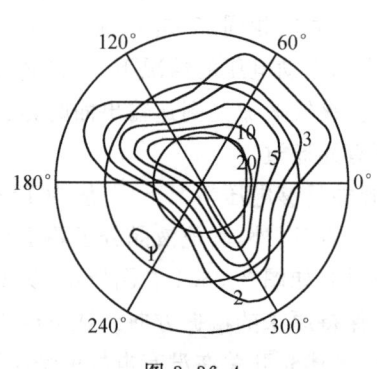

图 3.36.4

图中 3 个同心圆分别表示垂直视角为 30°,60°和 90°. 90°同心圆外面标注的数字表示水平视角(入射光线在液晶屏上的投影与 0°方向之间的夹角)的大小. 图中的闭合曲线为不同对比度时的等对比度曲线.

由图 3.36.4 可以看出,对比度与垂直与水平视角都有关. 而且,视角特性具有非对称性.

4. 液晶光开关构成图像显示矩阵的方法

除了液晶显示器以外,其他显示器靠自身发光来实现信息显示功能. 这些显示器主要有以下一些:阴极射线管显示(CRT),等离子体显示(PDP),电致发光显示(ELD),发光二极管(LED)显示,有机发光二极管(OLED)显示,真空荧光管显示(VFD),场发射显示(FED). 这些显示器因为要发光,所以要消耗大量的能量.

液晶显示器通过对外界光线的开关控制来完成信息显示任务,为非主动发光型显示,其最大的优点在于能耗极低. 正因为如此,液晶显示器在便携式装置的显示方面. 例如,电子表、万用表、手机、传呼机等具有不可代替地位. 下面来看看如何利用液晶光开关来实现图形和图像显示任务.

矩阵显示方式,是把图 3.36.5(a)所示的横条形状的透明电极做在一块玻璃片上,叫做行驱动电极,简称行电极(常用 X_i 表示),而把竖条形状的电极制在另一块玻璃片上,叫做列驱动电极,简称列电极(常用 S_i 表示). 把这两块玻璃片面对面组合起来,把液晶灌注在这两片玻璃之间构成液晶盒. 为了画面简洁,通常将横条形状和竖条形状的 ITO 电极抽象为横线和竖线,分别代表扫描电极和信号电极,如图 3.36.5(b)所示.

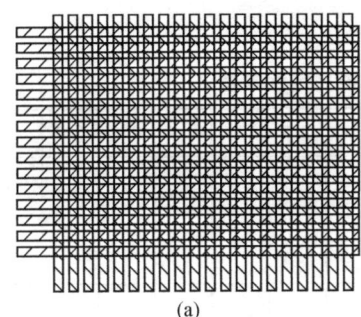 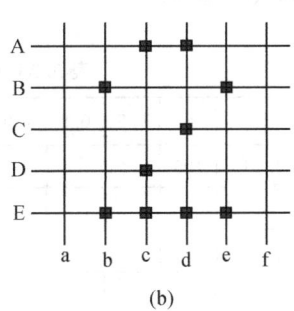

图 3.36.5

矩阵型显示器的工作方式为扫描方式. 显示原理可依以下的简化说明作一介绍.

欲显示图 3.36.5(b)的那些有方块的像素,首先在第 A 行加上高电平,其余行加上低电平,同时在列电极的对应电极 c、d 上加上低电平,于是 A 行的那些带有方块的像素就被显示出来了. 然后第 B 行加上高电平,其余行加上低电平,同时在列电极的对应电极 b、e 上加上低电平,因而 B 行的那些带有方块的像素被显示出来了. 然后是第 C 行、第 D 行……依此类推,最后显示出一整场的图像. 这种工作方式称为扫描方式.

这种分时间扫描每一行的方式是平板显示器的共同的寻址方式,依这种方式,可以让每一个液晶光开关按其上的电压的幅值让外界光关断或通过,从而显示出任意文字、图形和图像.

【仪器和用具】

液晶电光效应特性综合实验仪,数字存储示波器.

【实验内容】

1. 仪器准备

接通电源,打开电源总开关和激光器电源开关,使激光器预热 10~20min。调节激光发射和接收装置,方法为:将模式转换开关置于静态全屏模式。将液晶屏旋转台置于零刻度位置固定住,并以此为基准调节左边的激光发射器,使得准直激光垂直入射到液晶屏上,而且激光光斑要尽可能地照在液晶屏上的其中某个像素单元上,然后调节激光接收的位置,使得激光通过液晶后再经过入射孔垂直照射到接收装置上(可以在供电电压为 0V 时,看透过率达到最大时表示接收装置接收效果为最好)。

当调节好激光发射和接收装置后,再校准透过率。方法为:将供电电压置于 0V,此时光开关处于开通状态,遮住激光接收端的激光入光口,调节 0% 旋钮,使得透过率显示为 0。再调节 100% 旋钮使得透过率显示为 100。然后用同样的方法再次调 0 和调 100,如此重复几次,直到两个旋钮之间匹配合适为止。

2. 测量液晶光开关的电光特性和时间响应特性

将模式转换开关置于静态模式,透过率显示调到 100。

按表 3.36.1 的数据改变电压,使得电压值从 0V 到 6V 变化,记录相应电压下的透射率数值。重复 3 次并计算相应电压下透射率的平均值,依据实验数据绘制电光特性曲线,可以得出阈值电压和关断电压。

表 3.36.1 液晶光开关电光特性测量

电压/V		0	0.5	0.8	1.0	1.2	1.3	1.4	1.5	1.6	1.7	2.0	3.0	4.0	5.0	6.0
透射率/%	1	100														
	2															
	3															
	平均															

利用数字存储示波器在液晶静态闪烁状态下观察此光开关时间响应特性曲线,可以根据此曲线得到液晶的上升时间 Δt_1 和下降时间 Δt_2。

3. 测量液晶光开关的视角特性

将模式转换开关置于静态模式,首先将透过率显示调 0 和调 100,然后再进行实验。

在供电电压为 0V 时,按照表 3.36.2 所列的角度调节液晶屏与入射激光的角度,在每一角度下测量光强透过率最大值 T_{MAX}。然后将供电电压置于 2V,再次调节液晶屏角度,测量光强透过率最小值 T_{MIN},并计算其对比度。以角度为横坐标,对比度为纵坐标,绘制水平方向对比度随入射光的入射角而变化的曲线。

关闭总电源后,取下液晶显示屏,将液晶显示屏旋转 90°,重新打开总电源,按照与①相同的方法和步骤,可测量垂直方向的视角特性,并记录入表 3.36.2 中。

表 3.36.2 液晶光开关视角特性测量

角度/(°)		−85	−80	⋯	−10	−5	0	5	10	⋯	80	85
水平方向视角特性	$T_{MAX}/\%$											
	$T_{MIN}/\%$											
	T_{MAX}/T_{MIN}											
垂直方向视角特性	$T_{MAX}/\%$											
	$T_{MIN}/\%$											
	T_{MAX}/T_{MIN}											

4. 液晶显示器显示原理

将模式转换开关置于动态(图像显示)模式．液晶供电电压调到 5V 左右．

此时矩阵开关板上的每个按键位置对应一个液晶光开关像素．初始时各像素都处于开通状态，按 1 次矩阵开光板上的某一按键，可改变相应液晶像素的通断状态，所以可以利用点阵输入关断(或点亮)对应的像素，使暗像素(或点亮像素)组合成一个字符或文字．以此让学生体会液晶显示器件组成图像和文字的工作原理．矩阵开关板右上角的按键为清屏键，用以清除已输入在显示屏上的图形．

实验完成后，关闭电源开关，取下液晶板妥善保存．

本实验仪器可工作于静态全屏/闪烁或动态图像显示两种工作模式之一．

【注意事项】

(1) 作液晶光开关特性测量时，选择静态全屏模式，此时液晶屏上所有显示单元(共有 16×16 显示单元)均工作于同一状态．通过像素电压调节旋钮可调节加到液晶光开关上的电压，其数值由像素电压显示窗显示．

(2) 作电光时间响应特性测量时，选择静态闪烁模式，调节液晶屏方位使激光垂直液晶屏入射．激光穿过液晶板后被接收器接收，其强度由透过率显示窗显示．用存储示波器测量透过率随加在液晶板上的像素电压的变化关系，即可绘出液晶光开关的电光特性曲线(图 3.36.2)．

(3) 作视角特性测量时，在水平方向转动液晶屏，测量不同光线入射角时光开关打开(供电电压为 0V)和关断(供电电压为 2V)时的透射光．

(4) 作图像显示原理实验时，选择动态图像显示模式，通过选择控制开关矩阵的各显示单元的开、关状态，液晶板上即可组成相应的各种图形或文字．

【思考题】

(1) 如何实现常黑型液晶显示？
(2) 液晶电光特性如何表现出开关特性？
(3) 测量液晶光开光的视角特性时应注意哪些事项？

实验 3.37 全息照相

【实验目的】

(1) 理解全息照相的记录原理与再现原理以及全息照相的特点．

(2) 掌握离轴菲涅耳全息照相的拍摄方法与再现方法.

【实验原理】

D·伽柏在 1948 年发明了同轴全息照相;在激光诞生后,N·利思提出了离轴全息照相.以后又出现其他各种类型的全息照相及相应的理论分析.并在全息干涉计量、光学信息存储、防伪标志及全息光学元件等各方面提出了广泛应用.在光学全息的启发下,微波、X 射线及超声波各种全息技术也相继问世.

在普通照相中,从物体发出或反射出的光经透镜成像,用感光底片记录下的是实像的光强分布,处理后成为负片.光强正比于光波振幅的平方,光波的相位信息则全部丢失,翻印后的正片只能给出平面图像.而在拍摄全息照相时,要另外引入参考光与来自物体的光波相干,用高分辨感光底片记录下干涉条纹,条纹的对比度反映了物光波振幅大小,而干涉条纹的疏密与形状则取决于光波相位差的分布,并在大多情况中不需用透镜成像后再记录.

为简明起见,下面考察最简单的情形:物光是由点物于 O 处发出的球面波简称 O 光,参考光于 R 处发出为正入射到底片 H 上的平面波简称 R 光,如图 3.37.1 所示.

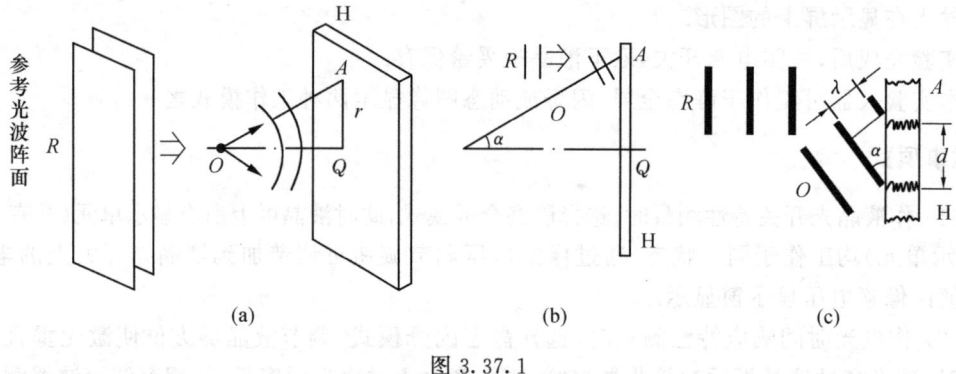

图 3.37.1

不难看出,H 平面上的干涉条纹是许多同心圆,离 O 点的投影点 Q 较近处,O 光与 R 光几乎同方向,条纹较疏,此处的全息图可称为同轴全息图.在离 Q 较远的 A 处,O 光与 R 光有一定夹角,此处的全息图称为离轴全息图. A 处附近小范围内的条纹可近似地看作取向垂直于 QA 的平行条纹,平均间距为

$$\begin{cases} d = \dfrac{\lambda}{\sin\alpha} \\ \tan\alpha = \dfrac{r_A}{OQ} \end{cases} \quad (3.37.1)$$

条纹可见度 V 定义为 $\dfrac{I_M - I_N}{I_M + I_N}$, I 为干涉后光强,可以证明

$$V = \frac{2\beta}{1+\beta^2} \quad (3.37.2)$$

β 为物光振幅 A_O 与参考光振幅 A_R 之比. β 接近 1 时,V 接近 1;为了保证再现像能反映原物的亮暗程度, $\beta = \left|\dfrac{R}{O}\right|$ 取大于 1 的值. 比方说 2,此时光强比为 4.

在适当曝光后经过显影、定影,所记录的干涉条纹就是全息图,在本例中这些亮暗相间的同心圆也可能为全息波带片.当用平行光照在全息波带片上时,这些条纹起到光栅的作用,用同一种激光在全息波带片上各处不同方向、不同间距的光栅上发生衍射,在光栅后有透射光、正一级及负一级衍射光.所有零级光的集合就是总的透射光.各处衍射角 θ 遵循光栅方程 $d\sin\theta=\lambda$.不难证明,离 Q 点 r 处光栅后衍射角 θ 就等于记录全息图时该处物光与参考光夹角 α,正一级衍射光恰似从全息片后一点 P 发出,称原始像,正一级衍射光束的总体即为原始像发出的光波;而所有负一级光束会聚到 P' 点,这是共轭像,负一级光束的总体是共轭光波.如不用平行光,而是发散光束光照射,仍有原始像与共轭像,但距离有所改变;用会聚光束去照射,也有相应的变化.换句话说,照明光波前曲率半径的改变可以改变再现像的距离(如果不是点物,那么像的大小也随之改变),另一方面,参考用别的颜色的激光作照射,即照明 λ 不等于记录 λ,则像的距离、大小以及颜色就变了,如几种 λ 同时照射,那么看到的是色模糊的像,甚至无法辨认.从图 3.37.1 与图 3.37.2 中还可看出,在 Q 位置记录的全息图,在再现时透射光、原始光与共轭光在同一方向(原始像与共轭像也在这个方向上),观察时它们混在一起,因而称光轴全息图,这就是伽柏最初的全息图.而在 A 处记录的全息图,在再现时透射光与原始光、共轭光的方向各异,在适当的角度观察就可避免互相干扰,因而称为离轴全息图.另外,全息照相是靠衍射起成像作用的,如把全息波带片翻拍一次成为正片,其各处光栅取向间距仍是同样的,起的衍射作用也不变,因而全息照相无所谓正负片.记录时条纹对比度高的地方再现时给出的光也较亮,因此再现的光有强弱,有方向,也就是说重建了波前.

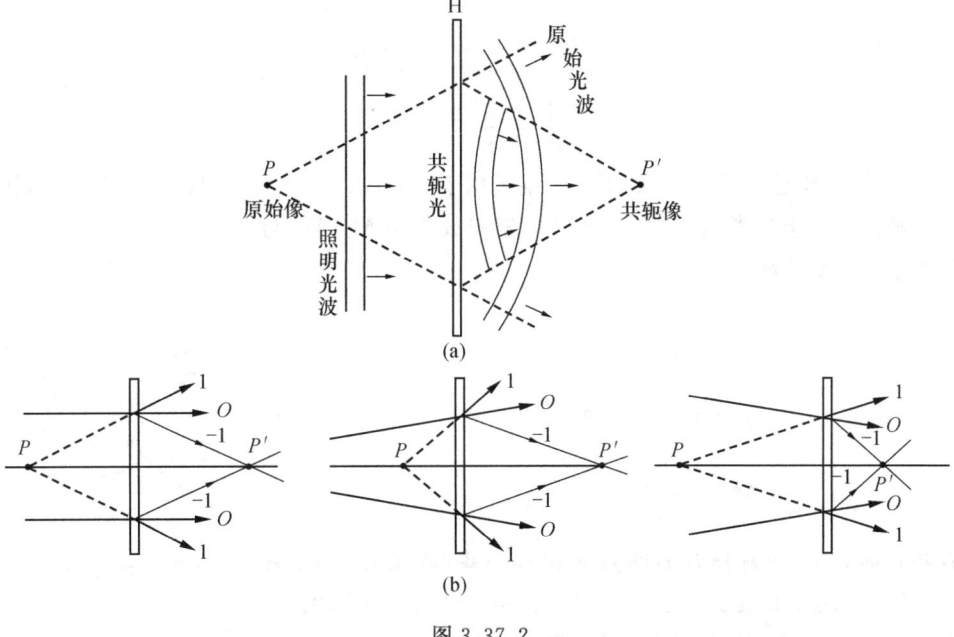

图 3.37.2

任意物体是由许多独立发光点组成,从物体上出来的光波,用复函数表达比较方便,为简单起见,设记录时到达全息片的物光与参考光的光振动分别为

$$\left.\begin{array}{l}O(x,y,t) = Q(x,y)\mathrm{e}^{\mathrm{i}\omega t}\\ R(x,y,t) = R(x,y)\mathrm{e}^{\mathrm{i}\omega t}\end{array}\right\} \quad (3.37.3)$$

式中,$O(x,y)=O_0(x,y)\mathrm{e}^{\mathrm{i}\phi_O(x,y)}$,$R(x,y)=R_0(x,y)\mathrm{e}^{\mathrm{i}\phi_R(x,y)}$ 即为复振幅,到达底片的光强为

$$I(x,y) = |O+R|^2 = OO^* + RR^* + OR^* + RO^*$$

$$= O_0^2 + R_0^2 + O_0 R_0 e^{i(\phi_o - \phi_R)} + O_0 R_0 e^{i(\phi_R - \phi_o)} \quad (3.37.4)$$

（为简明起见括号内 x,y 均省略了）

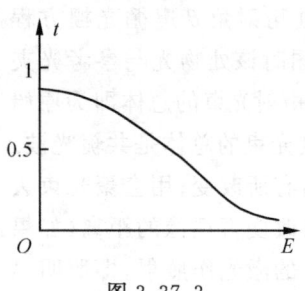

图 3.37.3

经过显影定影后，底片上各点振幅透射率关系为 $t(x,y) = t_0 + \beta|O+R|^2$，这是对底片作另一种曝光曲线：$t$-$E$ 曲线上线性段的直线方程（图 3.37.3）．当用照明光照在全息片上，其后光场的复振幅分布为

$$\begin{aligned} A &= Ct = Ct_0 + C\beta\,|\,O+R\,|^2 \\ &= Ct_0 + C\beta(|\,O\,|^2 + |\,R\,|^2) + \beta COR^* + \beta CO^* R \end{aligned}$$
(3.37.5)

式中，第一项为透射光，方向与 C 相同、强度减弱．第三项为原始光波，第四项为共轭光波，如照明光即为拍摄时的参考光，则第三项、第四项分别为

$$A_3 = \beta O\,|\,R^2\,|, \qquad A_4 = \beta RRO^* \quad (3.37.6)$$

式中，A_3 为原始光波，它肯定给出原始像，A_4 为共轭光波，但共轭像的存在情况比较复杂，如用与原参考光共轭的照明光去照射，则原始光波比较复杂，而共轭像就产生在物体的位置上．

为了具体考察点物再现像的特性，应建立坐标系，设物点、参考点源、照明点源坐标分别为 (x_O, y_O, z_O)、(x_R, y_R, z_R) 及 (x_C, y_C, z_C)（图 3.37.4），可以证明，再现像点坐标为

$$\left. \begin{aligned} x_i &= \left(\pm \frac{x_O}{z_O} \mp \frac{x_R}{z_R} + \frac{x_C}{z_C}\right) z_i \\ y_i &= \left(\pm \frac{y_O}{z_O} \mp \frac{y_R}{z_R} + \frac{y_C}{z_C}\right) z_i \\ z_i &= \left(\frac{1}{z_O} \mp \frac{1}{z_R} \pm \frac{1}{z_C}\right)^{-1} \end{aligned} \right\} \quad (3.37.7)$$

有 ± 号处，上面一组适用于原始像，下面一组适用于共轭像，$z_i > 0$ 为虚像，$z_i < 0$ 为实像，如照明点源的 z 坐标不同于参考点源，则再现像的横向放大率 M_x、M_y 与纵向放大率 M_z 分别为

$$\left. \begin{aligned} M_x &= \frac{\partial x_i}{\partial x_O} = \pm \frac{z_i}{z_O} \\ M_y &= \frac{\partial y_i}{\partial y_O} = M_x \\ M_z &= \frac{\partial z_i}{\partial z_O} = \pm M_x^2 \end{aligned} \right\} \quad (3.37.8)$$

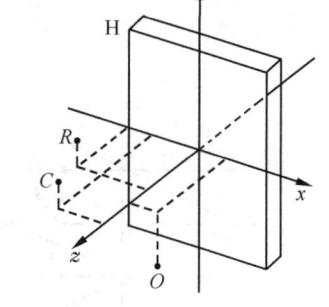

图 3.37.4

因此在再现时，当全息片离开照明点光源远一些，像就会放大．另外，如再现时所用光波波长大于记录时波长也可使像大于原物．

菲涅耳全息照相与传统照相相比，具有下列显著特点：

（1）全息图具有光栅结构，照明后有透射光、有二束成像光，原始像与共轭像共存，不像几何光学中透镜成像那样只有唯一的像．

（2）全息图再现的是带有相位、振幅的光波，因此给出三维的立体图像，有视觉、纵深效应，而普通照相只给出二维的平面图像，其他以普通照相为基础的立体照相（体视镜等）也无法有这样的立体效果．

（3）拍摄全息照相时，物体每一点发出的光波都遍及全息片各处；因此再现时，可以从局

部全息片上再现物体的全貌(但视场有所缩小,分辨率有所下降).

(4) 用激光拍摄,用激光再现,无所谓正负片.

这些特点的根本原因在于全息片记录的是物光波,再现的也是物光波.而传统照相记录的是光强分布,再现的也是光强分布——只反映了振幅,相位丢失了.上述全息图是在菲涅耳衍射区内记录的,因而称为菲涅耳全息图.全息图还有别的类型,其特点有所不同,但记录波前、再现波前的根本特点是一致的.图 3.37.5(a)为记录透明物的夫琅禾费衍射,再现时经过透镜变换获得透明物的内容,此种全息图本身较小,不再现立体像,称为夫琅禾费全息图或傅里叶变换全息图,可存储.

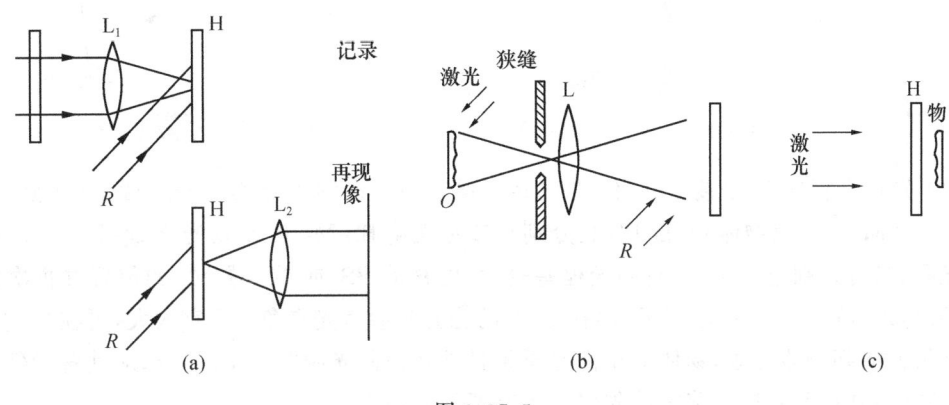

图 3.37.5

图 3.37.5(b)在记录时用透镜成像,但透镜前有一个狭缝,这种全息图可用白光再现,但照明角度不同时,图像上呈现不同颜色,因而称为彩虹全息图.

图 3.37.5(c)中物在全息片之后,入射的激光与物体上反射的光形成驻波型干涉,所记录的是千层饼型的结构,这种全息图可在白光下再现.图 3.37.5(b)、(c)这两种全息图都不能从局部全息图再现全部像.

【仪器和用具】

防震全息台,氦氖激光器,分束棱镜(或分束板),反射镜 3 片,扩束透镜 2 片,调节支架若干,米尺,秒表,照相冲洗设备,全息片.

【实验内容】

1. 检查全息台的稳定性

按图 3.37.6 所示光路在防震全息台上布置迈克耳孙型的干涉仪,如在远大于曝光所需的时间内(比如说,半分钟)屏上干涉条纹"涌出"或"陷入"少于 1/4 环,说明该全息台防震性能可以满足需要,如吞吐的条纹多条时,说明在曝光期间,干板上记录不到清晰的干涉条纹,而是一片模糊.实验用全息台是放置在气囊上的钢板,气囊内没气或气压过高都起不到隔震作用.另外,各光学元件应固定在支架上,而支架应该用磁钢吸附在钢板上.且曝光期间不可走动,更不能去碰钢板.

2. 布置与调整全息光路

图 3.37.7 中所示是拍摄离轴全息的一个例子.布置与调节光路时,应注意:

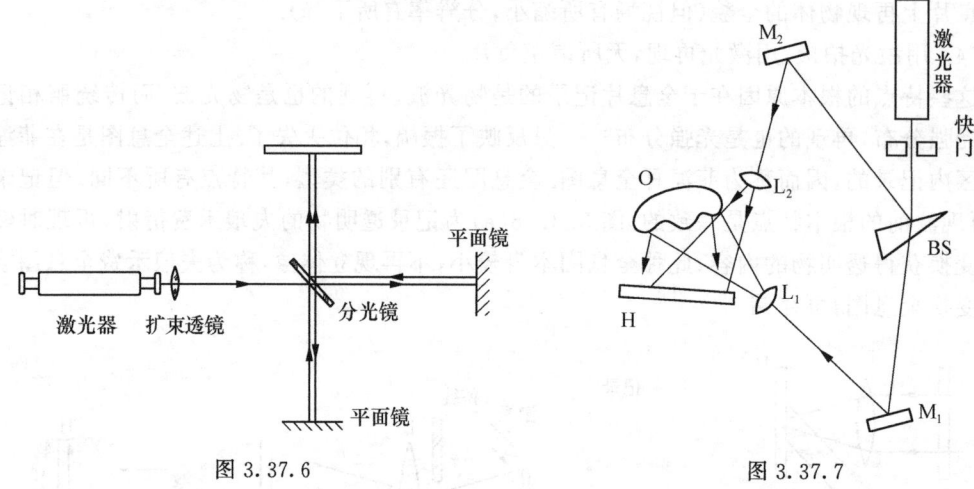

图 3.37.6   图 3.37.7

(1) 先在干板架 H 处装上光屏(供观察光强时用),在钢板上摆好分束棱镜(或分束镜) BS,平面镜 M_1、M_2 及物体 O,自 BS 起分别是参考光路 BS-M_2-H 及物光路 BS-M_1-O-H 各自的总光程,二者差别应小于 5cm;如光程差较大,可移动 BS,或 M_1 或 M_2 的位置并再次测量光程差.另外,O 与 H 应比较接近,落在 H 上的物光与参考光夹角 θ 不宜太大,可在 30°左右.从干板架方向朝物体看去,物体应正面对干板且处在前侧光照明之中.另外,应使各元件大致在同一高度,并在开始搭光路之前先熟悉各支架的调整方法.

(2) 在物光光路中插入扩束透镜 L_1,使物体受到照明,既不让光斑过小只照到物体局部,又不要使光斑过大,而对物体照明得不够亮,为此可在 O、M_1 线上移动 L_1.用黑纸挡住 L_1,把 L_2 插入参考光光路,并类似地调整 L_2,使全部光屏受到均匀的参考光.用黑纸轮流挡 L_1 与 L_2,比较光屏上物光与参考光的亮度.为了能获得全息照片较高的衍射效率,并能正确反映被摄物的明暗,物光应比较接近参考光强度,但又不要超过参考光,一般取 1:2~1:5 为宜.在 BS 处分成两束光,让强的那束光照明物体但在物体处要浪费一部分、吸收一部分,到达 H 上的物光就较弱了;改变物光参考光比值的方法可以是改变 BS 的分束比,或改变 L_2、H 的距离.这里所谈及的物光强、参考光强都是指落到光屏上的光强.

3. 曝光

卸下光屏,用黑纸挡住激光器,把全息干板竖在干板架上.稍等一两分钟待系统稳定后再曝光.曝光时间与激光器功率、激光束的扩大程度、底片的感光灵敏度均有关系,最佳曝光时间可通过试拍确定,冲洗后全息照片的平均光学密度在 0.7~1 为佳,如打算漂白,则光学密度在 1~2.

4. 冲洗

显影用 D19 显影液,时间 3min,温度 20℃.定影用 F5 定影液,时间 5min.显影后要在清水中漂洗几次,而定影后则在流水中冲洗 5 分钟.

5. 漂白

为了得到较亮的再现像,把全息片放入漂白液中,刚变透明立即取出水洗、再次定影、再次冲洗,然后用冷风吹干.漂白用 R-10 漂白液(其配方为溶液 A:重铬酸钾 20g,浓硫酸 14mL,加蒸馏水至 1000mL.溶液 B:氯化钠 45g 加入 1000mL 蒸馏水.把一份 A 液与一份 B 液混合即可).刚拍好全息图的振幅透射率有变化,称为振幅型全息图.在漂白时,全息图中银粒转变为透明的化合物,其折射率高,此时成为相位型全息图.相位型全息图的衍射效率较高,但也会带来一些"噪声".

注意在化学处理过程及其前后,应该用手或夹子把持全息片的边缘,不要触摸药膜面,特别是药膜在浸湿状态下较软,要避免碰伤.

6．再现

手持已处理全息片,透过它观看白炽灯,若能看到彩色的衍射光,则说明该全息片是成功的,即可用激光进行再现.步骤如下:

(1) 把全息片固定在原光路底片支架上,挡住物光束,用原参考光束作为照明光,再现的虚像就在原物所在位置.

(2) 撤去原光路,用扩束镜把直接来自激光器的光束扩展、照在全息片上,注意全息片的方位应与拍摄时相同.可作下列观察:①改变观察点,即上下或左右移动眼睛,可看到视差,这就是三维像的立体特点.②把全息片推进或远离扩束镜,可见到再现像变小或变大.③用黑纸挡去一半照明光,此时看到的再现像就不完整了,但如左右移动眼睛,则似乎穿过关小的窗户,通过移动眼睛能看全外面的景色,这相当于从半张全息片上再现全部的像.

(3) 用会聚光束(是发散的照明光束的共轭光)照明全息图的反面,可以用白屏或毛玻璃屏接收再现的实像,也可用肉眼直接观看,注意深度反演现象,即原来凸出的部分看起来是凹进去的.

(4) 用未经扩束的激光直接照射全息片,适当转动全息片方位角,可看到模糊的像,而且改变照射点时,"像"上景象内容呈现出视差变化.这些现象与针孔成像有类似之处,因此这种再现方法也称为全息针孔成像.如拍摄时物光与参考光夹角 θ 较小,则可再现出两个"像",这两个"像"的内容对激光照射点呈中心对称状.如 θ 角较大,则只有一个"像"(图 3.37.8).

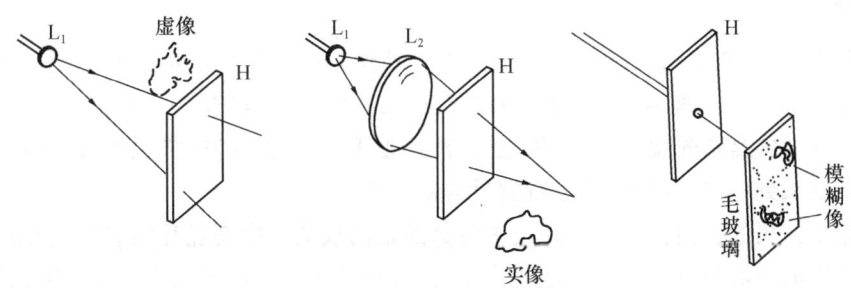

图 3.37.8

【思考题】

(1) 全息照相发明者伽柏用惠更斯原理解释全息图的再现.即记录时把物光与参考光形成的干涉条纹记录下,在再现时,这些条纹成为新的子波源,子波的前后各波前同时存在于波动中,对各种可能的子波组合作出包络,就能解释再现的波前.试以参考光为正入射平面波,物光分为斜入射平面波或球面波两种情况具体分析:①全息图上条纹分布;②再现情况.并由

①推导光栅方程,由②说明再现原始光波与共轭光波的情况.

(2) 推导公式 $V = \dfrac{2\beta}{1+\beta^2}$,作图或说明 V 随 β 变化情况,并说明为何物光不应强于参考光.

(3) 如物光与参考光大致对称入射到全息片上,则记录到干涉条纹的间距为 $d = \dfrac{\lambda}{2\sin\dfrac{\theta}{2}}$,$\theta$ 为物光、参考光夹角.试证明,并估算这项实验中全息图的空间频率.

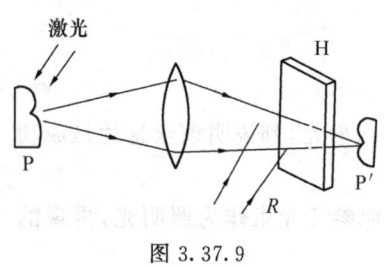

图 3.37.9

(4) 设有如图 3.37.9 所示光路,即把全息片放在成像光束的中途,试分析:①再现时能得到什么样的像,并由此说明全息照相记录的是波面,再现的也是波面.②当 H 就在实像位置时,改变参考光的波长会有什么结果?由此说明这时的全息片可用白光再现,再现像也为白色.

(5) 在再现时,已看到改变参考光曲率,可看到全息像的放大或缩小.如改变参考光波波长,会怎么样?当参考光是由多种波长组成的复色光时,会看到什么现象?

(注:这称为色模糊.全息片上记录的干涉条纹的平均空间频率即可由此估算,这种光栅结构用肉眼直接看不到,只能从它有衍射功能来判断其存在.全息片(未漂白前)上花纹是前面光学元件上灰尘、缺陷的菲涅耳衍射引起的)

实验 3.38 空气中声速的测定

【实验目的】

(1) 了解压电陶瓷换能器的功能及超声波产生和接收的原理.
(2) 掌握用共振干涉法和位相法测量空气中声速的原理和方法.

【实验原理】

频率在 20～20 000Hz 的声振动在弹性媒质中所激起的纵波称为声波.声波是一种机械波.频率超过 20 000Hz 的声波称为超声波.声波的频率、波长、速度、相位等是声波的重要特性.

声学测量通常是指先用电声(或机电)换能器把声波(或振动)转换成相应的电信号,然后用电子仪表放大到一定的电压,再进行测量与分析的技术.

本实验中使用的换能器(传感器)是由锆钛酸铝制成的压电陶瓷片构成的,利用压电效应可将电能转换成声能或反过来将声能转换成电能.将其中一个压电陶瓷片作为输入端接收信号发生器发出的电信号,产生机械振动并在空气中激发出超声波;另一个用来接收振动,同时在输出端产生相应的电信号.当信号发生器的输出频率与压电陶瓷管的固有频率相同时,产生共振,超声波振幅达到相对最大.

在标准状态下,0℃时,声速为 $u_0 = 331.45$m/s,显然在 t℃时,干燥空气中声速的理论值为

$$u_{t,理} = u_0 \sqrt{\dfrac{T}{T_0}}$$

式中,$T_0 = 273.15$(K),$T = 273.15 + t$(K).如计及空气中水蒸气分压的因素,则有

$$u_{t,理} = u_0 \sqrt{\frac{T}{T_0}\left(1 + \frac{0.3192 \times p' \times H}{p}\right)}$$

式中,p 为大气压,p' 为室温下饱和水蒸气压,H 为相对湿度.

由波动公式 $u = f\lambda$ 测定声音的频率 f 及其波长 λ 即可确定声速.实验中 f 可由频率计读出,而声音的波长 λ 可以由两种方法来测定——驻波法和位相法.

1. 驻波法

发射器发出的声波近似于平面波.经接收器反射后,波将在两端面间来回反射并且叠加.当两个换能器之间的距离 L 等于半波长的整数倍,即 $L = n\lambda/2$ 时发生共振,产生共振干涉现象,形成驻波,波幅达到极大.由纵波的性质可以证明,振动位移处于波节时,则声压是处于波腹,如图 3.38.1 所示.相邻极大值的间距为 $\lambda/2$,利用此性质可测量声波的波长.

实验装置见图 3.38.2. S_1、S_2 为压电陶瓷换能器.为获得方向性好的平面波,采用超声波(约为 40kHz). S_2 发出超声波,S_1 接收超声波,超声波在其间来回反射,超声波的频率由信号发生器控制,并由频率计直接读出.它应调节到与驻波系统(S_1、S_2 及其间的空气柱)共振,以保证实验有足够的灵敏度,特别是 S_1、S_2 相距较远时.示波器可显示收声头处声音的幅度.当形成驻波时该点处于驻波位移的波节,也就是其声压的波腹,正好利于对驻波的观察.

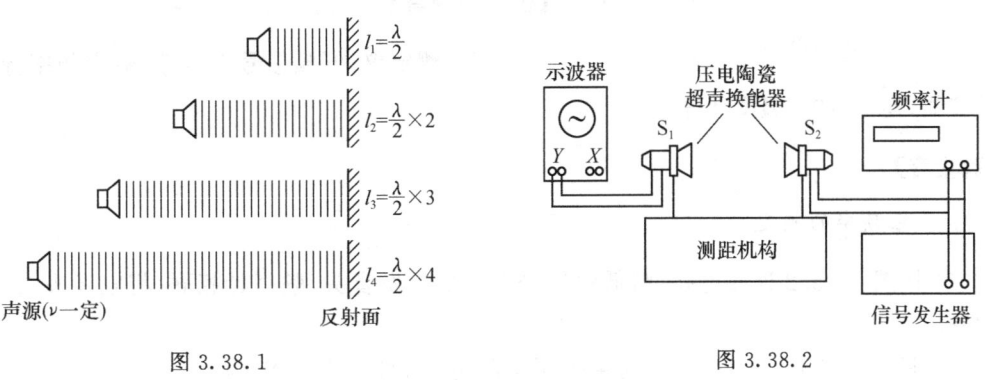

图 3.38.1　　　　　　　　　　图 3.38.2

2. 位相法

波是振动状态的传播,也可以说是相位的传播.沿传播方向上的任何两点,其振动状态相同或者说其相位差为 2π 的整数倍时,两点间的距离应等于波长 λ 的整数倍,即

$$L = n\lambda \quad (n \text{ 为正整数})$$

利用这个公式可测量波长.

相位法又可分为行波法和李萨如图形法.

1) 行波法

将发射信号和接收信号同时输入到示波器(双踪示波器的水平显示选择 CH_1 和 CH_2 通道信号交替显示,选择触发与发射信号同步),此时示波器上同时显示发射和接收电信号.当改变两个换能器之间的距离时,发射信号不变,而接收电信号(正弦波)的幅值和位置均发生变化,当接收电信号的位置与发射信号的位置前后两次重合时,接收器走过的距离,就是信号的波长.

2) 李萨如图法

位相法的另一种测量方法是李萨如图法.当两路信号分别输入到示波器的 X、Y 轴时,荧光屏上将显示出两个同频率但相互垂直的谐振动的叠加图形——李萨如图.

考察发声头与收声头之间的位相差,对于平面波情况有 $\Delta\varphi=2\pi L/\lambda$,取决于间距 L. 叠加后的图形一般为椭圆,而在 $\Delta\varphi$ 取一些特殊值的位置,椭圆退化为直线,如表 3.38.1 所示.

表 3.38.1

位相差 $\Delta\varphi$	$\Delta\varphi\neq n\pi$	π	2π	3π	$\Delta\varphi=n\pi$
间距	$L=\dfrac{\Delta\varphi}{2\pi}\lambda$	$1/2\lambda$	λ	$3/2\lambda$	$L=n\lambda/2$
图形	○	\	/	\	直线(2~4)或(1~3)象限

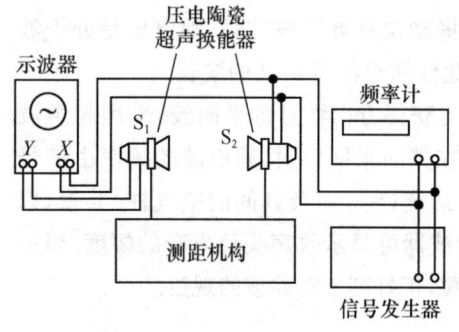

图 3.38.3

由表 3.38.1 可知,不同方向相邻直线相应的位相差为 π,间距为 $\lambda/2$. 利用此性质,可测声波波长.

实验时将发声头 S_2 发出的电讯号由示波器 X 轴输入,接收头收到的电信号由 Y 轴输入,双踪示波器的水平显示选择 X-Y,见图 3.38.3.

实际测量时间距 $\lambda/2$ 的位置将接连测多次,然后用逐差法取平均值,并与理论值作比较.

【仪器和用具】

声速测定仪,低频信号发生器,数字频率计,双踪示波器,连接电缆,温度计等

【实验内容】

1. 共振频率的确定

(1) 按图 3.38.2 连接电路. 将低频信号发生器与发音头、频率计相联,将收音头与示波器相联.

(2) 调节工作频率至驻波系统共振频率附近. 此时应先使 S_2 靠近 S_1 至小于 $\lambda/2$(约 0.4cm,估算 λ:$u\approx300$m/s,$f\approx40$kHz,$\lambda/2\approx0.4$cm)(但注意不可接触!).

S_1 选择 5 个不同的位置,分别在 40kHz 附近缓调频率(此频率值由接触器的特征频率决定),记下各自振幅极大的超声频率. 取其平均值,作为后续实验的工作频率.

2. 共振干涉法

由近及远移动 S_2,可见振幅大小改变,应注意其极(大)值位置. 找出振幅极大的位置 L_1,记下并依次逐个找出振幅极大的位置 $L_1,L_2,\cdots,L_8$. 测 L 时需要注意:①实际确定极(大)值位置比较困难,可采用等高法;② 对由螺旋驱动的机械结构,只能在单方向移动时测记 L,以防止螺旋回程差;③S_2 远离过程中接收声强会减小,可相应增大示波器的显示灵敏度.④逐差法计算 $\lambda_{共振}$.

3. 位相法

1) 行波法

按图 3.38.3 连接电路,将 S_2 联入示波器 X 轴,示波器的显示选择 CH_1 和 CH_2 通道信

号交替显示,选择触发与发射信号同步,此时示波器上同时显示发射和接收电信号.

由近及远单方向移动 S_1 时,发射信号不变,记下接收电信号的波形与发射信号的波形重合时 S_1 的位置 $L_1, L_2, \cdots, L_8$.

逐差法计算 $\lambda_{行波}$.

2) 李萨如图法

电路连接同行波法,示波器的显示选择 X-Y,此时,示波器上出现椭圆.

(1) 由近及远单方向移动 S_1,可见示波器上椭圆胀大、扁化、成斜直线的过程.注意记下其退化为斜直线的位置 L_1,再继续逐个记下出现各斜直线时相对应的位置 $L_2, L_3, \cdots, L_8$.

(2) 逐差法计算 $\lambda_{李萨如}$.

4. 求声速

根据测出的声波波长,分别求出相应的声速,计算其标准不确定度,并与其理论值对比.
分析各测量方法的主要误差来源及其对结果的影响程度,给出改进建议.

【思考题】

(1) 为什么实验中要调整超声工作频率?如何调整?

(2) 试简述驻波法实验或位相法实验中,观察到的示波器上图像变化,并作简要解释.

(3) 导出声速的不确定度的计算公式,说明在计算声速不确定度时,各分量中哪些属 A 类,哪些属 B 类.如果实验过程中发现频率读数有小的改变又应如何计算?

第 4 章 综合设计性实验

实验 4.1 振动法测材料的杨氏(弹性)模量

测量材料杨氏模量的方法很多,诸如拉伸法、压入法、弯曲法和碰撞法等.拉伸法是最常用的方法之一.但该方法使用的载荷较大,加载速度慢,且会产生弛豫现象,影响测量结果的精确度.另外,此法还不适用于脆性材料的测量.本实验借助于动态杨氏模量测量仪,用振动法测量材料的杨氏模量,可弥补拉伸法之不足.

【实验目的】

(1) 了解振动法测量杨氏模量的原理.
(2) 学会用振动法测量杨氏模量的实验方法.
(3) 通过实验,逐步提高综合运用各种测量仪器的能力.

【实验原理】

1. 振动法测杨氏模量的原理

振动法测杨氏模量是以自由梁的振动分析理论为基础的.两端自由梁振动规律的描述要解决两个基本问题:即固有频率和固有振型函数.本实验只讨论前一个问题,然后以此为基础,导出杨氏模量的计算公式.

当图 4.1.1 所示的均质等截面两端自由梁做横向振动时,其振动方程为

$$EI\frac{\partial^4 y}{\partial x^4} + m_0 \frac{\partial^2 y}{\partial t^2} = 0 \tag{4.1.1}$$

式中,E 为杨氏模量,I 为惯性矩,m_0 为单位长度质量.

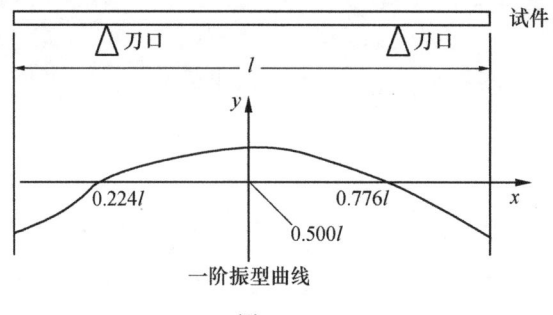

图 4.1.1

方程(4.1.1)可用分离变量法求解.令

$$y(x,t) = Y(x)T(t) \tag{4.1.2}$$

代入方程(4.1.1)和考虑到 $m_0 = \rho S$,并经整理得

$$\frac{1}{Y(x)}\frac{d^4 Y(x)}{dx^4} = -\frac{\rho S}{EIT(t)}\frac{d^2 T(t)}{dt^2} \tag{4.1.3}$$

由于上式中的 $\frac{d^4 Y(x)}{dx^4}$、$Y(x)$ 和 $\frac{d^2 T(t)}{dt^2}$、$T(t)$ 既非 x 的函数,也非 t 的函数,而是等于一个常数(称为分离常数)K^4,于是可得到两个独立的常微分方程:

$$\frac{d^2 T(t)}{dt^2} + \frac{K^4 EI}{\rho S} T(t) = 0 \tag{4.1.4}$$

$$\frac{d^4 Y(x)}{dx^4} - K^4 Y(x) = 0 \tag{4.1.5}$$

这两个线性常微分方程的解分别为

$$T(t) = A\cos(\omega t + \varphi) \tag{4.1.6}$$

$$Y(x) = C_1 \operatorname{ch} Kx + C_2 \operatorname{sh} Kx + C_3 \cos Kx + C_4 \sin Kx \tag{4.1.7}$$

两端自由梁弯曲振动方程的通解为

$$y(x,t) = (C_1 \operatorname{ch} Kx + C_2 \operatorname{sh} Kx + C_3 \cos Kx + C_4 \sin Kx) \times A\cos(\omega t + \varphi) \tag{4.1.8}$$

式中

$$\omega = \left(\frac{K^4 EI}{\rho S}\right)^{\frac{1}{2}} \tag{4.1.9}$$

这个公式称为频率公式. 它对于任意形状截面和不同边界条件的试件都是成立的. 如果搁置试件的两个刀口处在试件的节点附近,则两端自由梁的边界条件为

横向作用力 $\quad F = -\frac{\partial M}{\partial x} = -EI\left(\frac{\partial^3 Y}{\partial x^3}\right) = 0$

弯矩 $\quad M = EI\left(\frac{\partial^2 Y}{\partial x^2}\right) = 0$

即

$$\left.\begin{array}{ll} \frac{d^3 Y}{dx^3}\bigg|_{x=0} = 0, & \frac{d^3 Y}{dx^3}\bigg|_{x=l} = 0 \\ \frac{d^2 Y}{dx^2}\bigg|_{x=0} = 0, & \frac{d^2 Y}{dx^2}\bigg|_{x=l} = 0 \end{array}\right\} \tag{4.1.10}$$

将通解代入边界条件,可得

$$\cos Kl \cdot \operatorname{ch} Kl = 1 \tag{4.1.11}$$

用数值解法求得本征值 K 和试件长度 l 的乘积应满足

$$Kl = 0, 4.730, 7.853, 0.996$$

式中,$K_0 l = 0$ 为第一个根,它与试件的静止状态相对应;第二个根 $K_1 l = 4.730$ 所对应的频率称为基频频率,相应的基频振型曲线如图 4.1.1 所示. 由图可见,试件在做基频振动时,其上有两个节点,它们的位置在离试件端面的 $0.224l$ 和 $0.776l$ 处. 若将第一个本征值 $K = \frac{4.730}{l}$ 代入式(4.1.10),则可得到自由振动的第一阶固有圆频率(基频)为

$$\omega = \left[\frac{(4.730)^4 EI}{\rho l^4 S}\right]^{\frac{1}{2}} \tag{4.1.12}$$

根据上式可导得杨氏模量的计算公式:

$$E = 0.001\,997\,8 \frac{\rho l^4 S}{I}\omega^2 \tag{4.1.13}$$

对于等圆截面试件,应有

$$E = 1.6067 \frac{l^3 m}{d^4} f^2 = 1.2619 \frac{l^4 \rho}{d^2} f^2 \tag{4.1.14}$$

这就是振动法杨氏模量的计算公式. 式中的 l、d 和 m 分别为等圆截面试件的长度、直径和质量,f 为试件的振动频率.

对宽度为 b、高度为 h 的矩形棒,有

$$E = 0.94466 \frac{l^3 m}{b h^3} f^2 \tag{4.1.15}$$

2. 杨氏模量的测量方法

振动法测量杨氏模量的实验装置如图 4.1.2 所示. 圆截面试件搁在两个距离可调的刀口上. 刀口之间的距离大致为试件两个节点之间的距离.

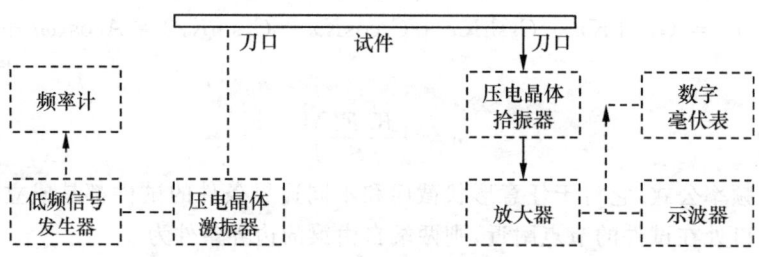

图 4.1.2

将低频信号发生器输出的等幅电信号加到与试件相接触的压电晶体激振器上,使电信号变为压电晶体激振器的机械振动,通过激振器刀口传到试件上,激励试件做受迫振动. 在两端自由梁的另一位置设置了一个压电晶体拾振器,它可把试件的机械振动转变为电信号. 该信号经放大后,传输到示波器和数字电压表,用以显示振动波形和振动信号的大小. 压电晶体激振器 1 输入电信号的频率可在低频信号发生器的数字频率表上读出.

试件的共振状态是通过调节压电晶体激振器输入电压信号的频率来实现的. 当低频信号发生器的输出信号频率尚无调到试件的固有频率时,试件不发生共振,示波器上几乎看不到电信号波形或波形幅度很小,数字电压表上几乎没有电压显示或显示数值很小. 当低频信号发生器的输出信号频率调到等于试件的固有频率时,试件发生共振. 在这种状态下,示波器显示的振动波形幅度骤然增大,数字电压表显示值也突然上升到极值状态,这时低频信号发生器频率计上显示的频率就是试件在该条件下的共振频率 f_r.

实际上,物体的固有振动频率 f_1 和物体的共振频率 f_r,并不相同. 两者之间的关系为

$$f_1 = f_r \sqrt{1 + \frac{1}{4Q^2}} \tag{4.1.16}$$

式中,Q 为试件的机械品质因数. 在本实验中 $Q > 50$,故

$$f_1 \approx f_r \tag{4.1.17}$$

在测出试件的相关尺寸 m、l、d 和固有频率 f_1 后,便可计算出试件的杨氏模量 E.

【仪器和用具】

DY-D99 型多用途动态杨氏模量测量仪,XY-2D 型多功能音频信号源,SR-071B 双踪示

波器,毫米刻度钢皮尺(250mm 长),0.02mm 精度游标卡尺,物理天平(精度 0.05g).

【实验内容】

1. 测量试件的固有频度

(1) 按图 4.1.2 连接电路.也可采用如图 4.1.3 所示的实验装置.

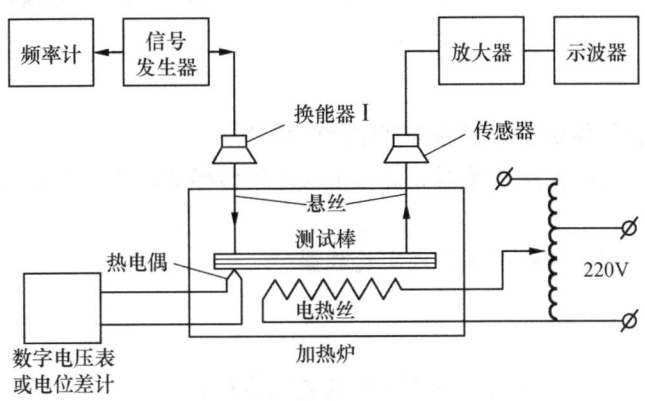

图 4.1.3

由信号发生器输出的等幅正弦波信号,加在换能器Ⅰ(激振)上.通过换能器Ⅰ把电信号转变成机械振动,再由悬线把机械振动传给试件,使试件受迫做横向振动.试件另一端的悬线,把试件的振动传给传感器(拾振),这时机械振动又能转变成电信号.该信号经放大后送到示波器中显示.频率计则用于准确测定信号频率(也可以不用).

当信号发生器的频率不等于试件的共振频率时,试件不发生共振,示波器上几乎没有电信号波形和波形很小.当信号发生器的频率等于试件的共振频率时,试件发生共振.这时示波器上的波形突然增大,频率计上读出的频率,就是试件在该温度下的共振频率.将共振频率代入式(4.1.14),即可计算出该温度下的杨氏模量.不断改变加热炉的温度,可以测出在不同温度时的杨氏模量.

(2) 测频前的准备工作.①将示波器各相关旋钮置于显示波形所需要的位置上.②低频信号发生器频率范围置于"200~2kHz"挡,输出信号置于"电压挡",信号电压调到"5V",衰减旋钮置于"零".③多功能动态杨氏模量测量仪的数字电压表量程设为 200mV.④将圆棒置于压电晶体激振器和压电晶体拾振器的刀口上,两个刀口之间的距离大致调到试件做基频振动时两个节点之间的距离上.两刀口应调到等高.

(3) 测量试件的固有频率 f_1.①借助于频率旋钮,仔细调节低频信号发生器输出信号的频率,使其等于试件的固有频率,这时示波器显示的振动波形幅度突然增大,数字电压表也显示出极值.②记下此时低频信号发生器频率表上显示的频率,即为试件的固有频率 f_1.

2. 计算杨氏模量 E

将试件的 l、d、m 和 f_1 代入式(4.1.14),计算出试件材料的杨氏模量 E 及不确定度.

【思考题】

(1) 试分析拉伸法测杨氏模量和振动法测杨氏模量这两种方法各自的特点.

(2) 在本实验中,如何判断试件的振动已处于基频共振状态?

(3) 在两端自由梁的振动实验中,为什么要将压电晶体激振器刀口和压电晶体拾振器刀口之间的距离大致调到试件做基频振动时其两个节点之间的距离?如果放在其他位置上会不会对测量结果产生影响?若改用悬线法做此实验又有什么优缺点?

实验 4.2　用传感器测空气相对压力系数

【实验目的】

(1) 加深对理想气体状态方程和查理定律的理解.

(2) 初步了解铜电阻温度传感器和硅压阻式差压传感器的工作原理,并学会它们的使用方法.

(3) 学会用线性回归和作图法处理实验数据.

【实验原理】

理想气体状态方程在定容的条件下简化为查理定律:

$$p = \frac{p_0 T}{T_0} = p_0 \frac{T_0 + t}{T_0} = p_0(1 + \alpha_p t) \tag{4.2.1}$$

式中,t 为气体的摄氏温度,$T_0 = 273.15\text{K}$,p_0 和 p 分别为气体在 $0℃$ 和 t 时的气体压强;α_p 为相对压力系数,定义 $\alpha_p = \frac{\Delta p}{p_0 \Delta t}$,对于理想气体,$\alpha_p = \frac{1}{T_0} = 3.66 \times 10^{-3} \text{K}^{-1}$,实际气体(如空气)可近似看作理想气体.

【仪器和用具】

铜电阻温度传感器,扩散硅压阻式差压传感器.

【实验装置】

图 4.2.1 为实验装置主要部分示意图.

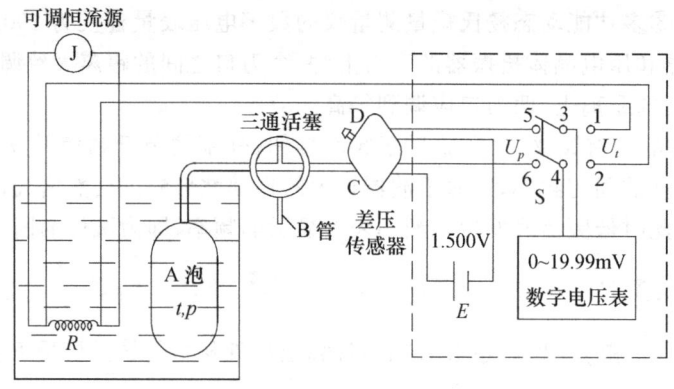

图 4.2.1

被测介质是密封在玻璃泡 A 内的空气,A 泡浸没在保温杯内的蒸馏水中,靠调压器改变

"热得快"(图中未画出)上的电压控制水温. 差压传感器的接口 D 通大气接口 C 经过玻璃细管和真空三通活塞与 A 泡相连. $E(1.500\text{V})$ 是差压传感器的恒电源. J 是铜电阻的恒流源($3.5\sim10\text{mA}$ 可调). 为了减少引线电阻对测量的影响,铜丝电阻采用了四端接法. 量程为 20mV 的数字电压表通过换向电键 K 可分别显示铜丝电压 U_t 和差压传感器的输出电压 U_p,单位为 mV. 图中虚线框表示数字电压表与 E 和 K 已组装成一整体. 大气压强由室内气压计读得. 如果将数字电压表显示的输出电压 U_p 按气体温度来定标,则 A 泡、差压传感器和数字表就组成了一台定容气体温度计.

【实验内容】

1. 差压传感器的定标

按一定的计量标准确定计量器件或指示部分所表示的量值称为定标. 本实验中就是指准确测定差压传感器的常数 U_0 和 k_p. 定标时选用准确度更高的四位半数字电压表来测量 U_p,定标装置如图 4.2.2 所示. 先缓慢转动三通活塞(另一手扶住活塞外部),使差压传感器的 C 端与 B 管相通而与 A 泡断开,这时 C 通大气. 将塑料管 G 接在接头 H 上使 D 端与机械泵相连. 将四位半数字电压表接在差压传感器的输出端 3 和 4 上. 启动机械泵,从 D 端抽气. 待真空表指针偏转到 760mmHg 刻度附近不动时,此时 D 端气压可视为零,压差 $\Delta p = p_c$,差压传感器的输出电压记为 U_m. 然后停机械泵,从接头 H 上拔去塑料管 G,使 D 端也通大气. 此时 $\Delta p = 0$,数字表的读数即为 U_0,则

$$k_p = \frac{U_m - U_0}{p_c} \tag{4.2.2}$$

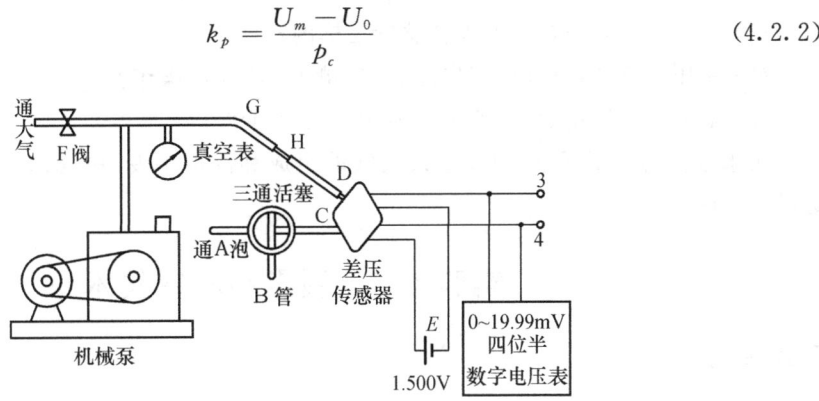

图 4.2.2

2. 测量若干组 (U_t, U_p) 值

按图 4.2.1 接线,缓慢转动三通活塞,使 C 端与 A 泡相通. 调节恒流源 J,使室温下铜丝电阻上的电压小于且接近 14mV. 实验中恒流源不准再调. 记下室温下铜丝电压值和差压传感器的输出电压值. 然后回执铜丝电压每增加约 0.5mV 记一次 U_t、U_p 值,最后记下水沸腾时的电压值,记为 (U_b, U_p).

用气压计记实验前、后的大气压,取平均值,并记录室温.

【数据处理】

(1) 对大气压强的平均值进行与温度有关的系数误差修正. 由于气压计是在 0℃下标定的,

而水银的何种会随着温度的升高而膨胀,其密度会变小,因而水银柱高度 H 会偏大.另外黄铜标尺的长度也会随温度而变化.这两点都会引起系统误差,应该对 H 进行修正.其修正值为

$$\delta H = -(18.2 - 1.9) \times 10^{-5} Ht$$

式中,t 为测量时的大气温度,$18.2 \times 10^{-5} K^{-1}$ 为水银的体膨胀系数.$1.9 \times 10^{-5} K^{-1}$ 为黄铜的线胀系数修正后的大气压为 $p_c = H + \delta H$.另外由于各地的重力加速度 g 不同,当测量要求高时对此也要修正,本实验对此不作修正.

(2) 根据修正后的 p_c 查表(由实验室提供)得水的沸点值 t_p.

(3) 由若干组 (U_t, U_p) 值算出对应的 (t, p),利用最小二乘法进行直线拟合,求得 α_p 值.同时记下相关系数 r,要求 r 大于 0.999.

(4) 再在坐标纸上作 p-t 图,并由此求出 α_p 值.

(5) 由于种种原因,如 A 泡容积因热胀冷缩而变,以及与 A 泡相连的 C 管等部分中气体温度不均匀等原因,实验中存在明显的系统误差.经计算表明,本实验中在 20℃左右时,按以下经验公式对 α_p 的测量值进行修正:

$$\delta a_p = \left(0.018 + \frac{5V_c}{V_0}\right) \times 10^{-3} K^{-1} \tag{4.2.3}$$

式中,V_c 为 A 泡至 C 口之间的细管部分的体积,A 泡何种为 V_0.仪器常数 $\frac{V_c}{V_0}$ 由仪器上标明.

【思考题】

(1) 本实验中是怎样对温度传感器定标的?

(2) 差压传感器定标时,若先测 U_0 后测 k_p,应如何操作?

(3) 下列情况测得 α_p 值将偏大、偏小还是不变?

①水银柱与水平面不垂直.②设大气的组成和温度不变,由北纬 60°海平面移到赤道附近的海平面.

实验 4.3 摄影和暗室技术

【实验目的】

(1) 了解照相机构造,初步掌握拍摄技术.

(2) 了解感光材料特性,学会冲洗黑白胶卷及印相、放大技术.

【实验原理】

达盖尔在 1838 年 8 月 19 日公布了银版法照相,不久就出现卤化银感光乳剂,至今摄影术早已广泛应用于文化与科学技术各领域.摄影过程分为两个阶段:先使被摄对象成像在照相机内,在感光胶卷上曝光,胶卷经显影、定影后成为负片,其明暗与原图像相反;然后通过负片使印相纸、放大纸或胶片曝光,再经显影、定影,明暗又反转一次,就得到反映原图像的相片(正片)或幻灯片.

1. 照相机及其使用

常见的相机有座机(照相馆用)、单镜头反光(DF)相机及袖珍相机等.相机主要有如下部

件(图 4.3.1):

(1) 镜头. 由多片镀膜透镜组合成,以降低像差. 焦距为 50mm 左右的镜头的视角与人眼视角相当(约 55°),称为标准镜头. 长焦距镜头的视角小,所成像较大,称望远镜头;短焦距镜头则相反,所成的像小,视角大,故称广角镜头. 现代相机已广泛使用变焦距(zoom)镜头.

(2) 光圈. 是由多片弧形薄片组成的通光孔径大小可变的光阑,光圈数用 F 表示,$F=\dfrac{f}{d}$,d 为孔径实际尺寸,一般取 2,2.8,3.5,4,5.6,8,… 是公比为 $\sqrt{2}$ 的等比级数. 光圈数 F 增大一挡意味着像亮度下降一半.

(3) 快门. 用以控制曝光时间,取相机上标出的 2,4,8,15,30,60,125 等数字的倒数,单位为 s. 例如,刻度指在 30 处,即曝光时间为 $\dfrac{1}{30}$s.

现代相机上通常除卷片机构、取景框外还有测距机构、测光装置等,主要附件有闪光灯、三脚架、快门线、滤色镜与接圈等.

在确定拍摄对象后,选择好镜头焦距及物距,边在取景框内观察、组织好画面,边调整像距(俗称对焦)以获得清晰的图像,然后确定 F 数与快门时间,即可准备曝光. 但要注意影响图像清晰程度的因素还有景深与运动模糊(图 4.3.2).

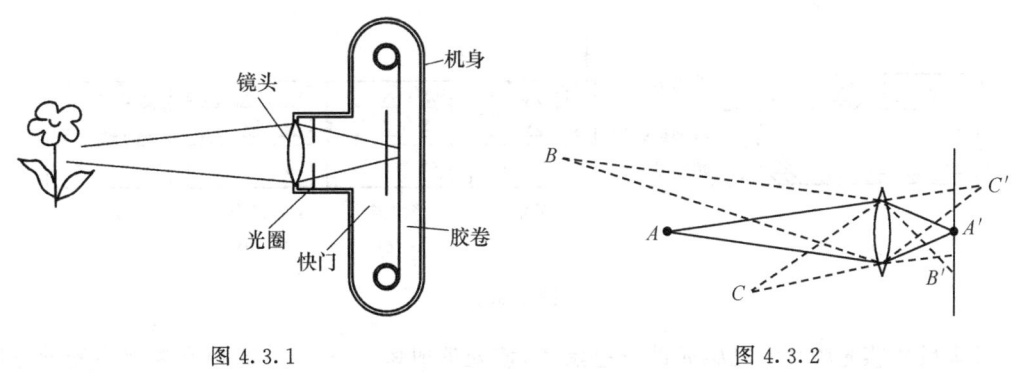

图 4.3.1　　　　　　　　　　　图 4.3.2

设物点 A 的像为 A',经过对焦后 A' 恰在底片上,此时不同距离上的物点 B、C 的像点 B'、C' 均不在 A' 面上,B、C 发出光线经透镜会聚后的光束落在 A' 面上形成了模糊圈,孔径越大,B、C 离 A 越远(即 B'、C' 离 A' 也远),模糊圈也大. 因此 B、C 处的景物在 A' 面上形成了模糊像. 但当模糊圈小于 0.05mm(相当于明视距离上人眼分辨率)时,所形成的模糊像是可以接受的;换句话说,此时 B、C 之间的景物可以在底片上成清晰的像,BC 即为景深范围. 镜头焦距越短、光圈数越大、物距越远,则景深范围越大,反之则越小. 现代相机上一般标有景深范围供查考.

在曝光期间,相机做运动或目标做运动都可能造成影像的运动,从而记录下模糊像. 曝光时间越短,运动速度越小,镜头焦距越短,则模糊像越小. 经验表明,快门时间小于 $\dfrac{1}{f}$s(f 为焦距,用 mm 表示)时,是可以持稳相机的;长时间曝光应用三脚架固定相机,并使用快门线. 另外,当转动相机以追踪运动目标时,摄到的图像上是清晰的目标与模糊的背景. 在翻拍文字或图像时,为获得较大的像,可使用接圈.

现代相机上装有测光元件及微处理器以自动执行曝光或提供数据供手动曝光时选用. DF 相机测光模式有平均测光、加权测光与点测光等,曝光模式有光圈优先、快门优先及全自动曝光等. 平视自动相机("傻瓜机")为外测光,只有平均测光自动曝光. 在使用相机前应仔细阅读说明书以弄懂各操作步骤。此外还应注意，曝光数据均以人皮肤反射率 0.18 为基础算出，因此用自动相机拍摄明亮背景前的暗物，得到的相片上背景呈灰色、景物呈深灰色（即曝光不足）；而在拍摄深黑背景前景物时则又会曝光过度，即背景呈灰色，景物亮白一片。因此在自动测光的基础上，白背景要加一挡曝光，黑背景前应减一挡曝光。或者用反射率为 0.18 的标准灰卡（也可用手背代替）测光结果为准，灰卡应占满视场。

当景物受照明不足时，可用闪光灯。由于闪光极亮而持续时间极短，改变快门并不能控制曝光量，只有改变光圈来改变像的亮度。闪光灯上标有闪光指数 GN，此值等于物距(m)乘上光圈数 F，适用于 ASA100 胶卷。例如，用 GN24 的闪光灯拍 6m 处的景物，光圈数取 $F=4$。快门时间一般置 $\frac{1}{30}$s，如置在过高速度上，有可能快门关闭时闪光尚未开始。

2. 感光材料及其特性

黑白感光材料是由明胶与卤化银混合后涂布在玻璃、涤纶片或纸等基片上制成的（图 4.3.3）。曝光时，卤化银晶粒中银离子吸收光子还原，即 $AgCl + h\nu \longrightarrow Ag + Cl$，银原子形成潜像。显影时，这些银原子作为显影中心使整个晶粒还原为微小银粒（呈黑色）。而未感光的晶粒因无显影中心而不被还原，定影时被溶解掉。经水洗、干燥，形成负片。

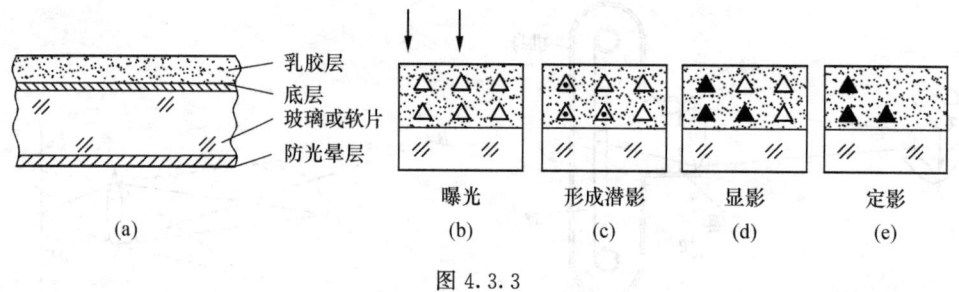

图 4.3.3

处理后的感光胶片上已感光部分呈黑色，该处透射率 T 的对数的相反数称为光学密度 D，以定量描述底片的变黑程度

$$D = -\lg T \qquad (4.3.1)$$

经实验测定，D 与曝光量 E（$E = I \cdot t$，I 为曝光强度，t 为曝光时间）的对数的关系如图 4.3.4 中曲线所示。曲线各段的意义为：①曝光不足部分 AB，此处黑度 D_0 称为灰雾。②BC 称趾部，底片对曝光有所反映。③CD 为线性段，一般以密度为 $(D_0 + 0.1)$ 对应的曝光量处作为胶片曝光起点，起点高低反映了底片的灵敏度。④DE 称肩部，开始饱和。⑤EF 为饱和段，底片达到最大黑度 D_{max}，景物高照度处差别已无法反映。⑥FG 为反转部，一般不易见到。E 至 F

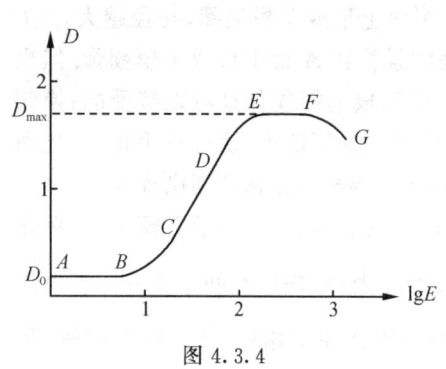

图 4.3.4

为曝光过度部分。感光曲线也常称为 HD 曲线，以纪念最早的研究者 Hurter 与 Driffield。

线性段是应用感光材料的有效范围，与 C、D 相应的曝光量 E_C 与 E_D 之比为胶片的感光动态范围，俗称宽容度；与 C、D 相应的光学密度则反映底片透光与不透光的程度，定义 CD 段斜率为反差系数

$$\gamma = \frac{D_D - D_C}{\lg E_D - \lg E_C} \tag{4.3.2}$$

$\gamma > 1$ 的胶片呈现黑白分明,但缺乏层次,宽容度也较小,适合于拍摄文字或线条画. $\gamma < 1$ 的胶片宽容度大,包含层次丰富,适合于拍摄人像、风景等. γ 与胶片特性、显影液特性及显影时间有关.图 4.3.5 表示某一已感光胶片在不同显影时间 t(min)后的光学密度情况,显影刚开始时,底片上强曝光处略变灰,而中等曝光以下处均尚未能显影,如此时即加以定影则底片较透明, γ 也很小,这是显影不足.而 t 为最佳时间时,底片上黑白分明, γ 也达到最大值,如底片继续浸在显影液中,则中、低曝光处也相继变黑, γ 反而降低,这是显影过度了.富有暗房经验的摄影者可以减少显影时间(同时适当增加曝光量)来降低底片 γ,或者反过来做.而初学者宁可坚持显影剂说明书上规定的条件,不要随意更动,才能获得满意的底片.

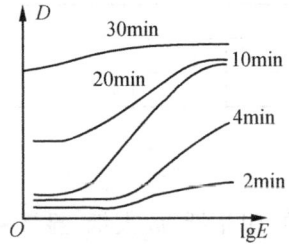 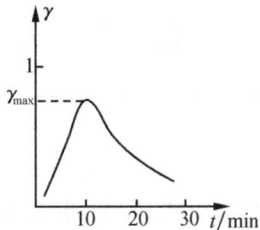

图 4.3.5

前文所述曝光量 $E = I \cdot t$,意为光强降低一半时可以延长曝光时间一倍来保持曝光效果不变,这称为互易律.例如,某一条件下如 F 取 8 时,曝光时间 $\frac{1}{60}$ s,如 F 取 5.6,则曝光 $\frac{1}{120}$ s,F 取 11,则 t 取 $\frac{1}{30}$ s.但过暗或过亮的闪光下,互易律会失效,应适当增加些曝光时间.

物理实验室常用的感光材料有光谱干板、全息干板、全色胶卷等,一般都通过试拍来确定最佳曝光时间及显影条件,有条件时应该用密度梯尺覆盖后曝光,用光学密度计测定各处密度以绘制 HD 曲线或 t-E(振幅透射率-曝光量)曲线.

从光谱灵敏度的观点来看,只含卤化银的胶片感色范围为 $330 \sim 480$nm,称为色盲片,只对蓝光、紫光感光.加入不同的染料可实现光谱增感,感色范围扩大到黄光的,称为正色片,扩大到红光的称为全色片,扩大到红外光的,称红外片.各有不同用途.

各国对胶卷灵敏度有不同单位.我国的 GB 用度作单位,与德国工业标准 DIN 制相同,美国标准制(ASA 制)灵敏度为

$$S_{\text{ASA}} = \frac{0.8}{E_{D_0+0.1}} \tag{4.3.3}$$

$E_{D_0+0.1}$ 是 HD 曲线上与密度 $D_0 + 0.1$ 相应的曝光量.按 ASA 标准,曝光时间可简记为"阳光 F16",即在春夏阳光下,光圈数 F 为 16,快门挡与 ASA 值相等,即 ASA100 用 $\frac{1}{100}$ s,ASA200 用 $\frac{1}{200}$ s 等.DIN 制每差 3 度曝光时间差一倍.DIN 与 ASA 关系为

$$\text{DIN 数} = 1 + 10\lg(\text{ASA 数}) \tag{4.3.4}$$

即 DIN 制 $18°, 21°, 24°, 27°$ 分别相当于 ASA 50,100,200,400 等.现在市售胶卷上按国际标准组织的规定,标记如 ISO21°/100,斜杠两边的数值分别是该胶卷灵敏度 DIN 制与 ASA 制

的数值.一般而言,感光度低的胶片中卤化银晶粒细,因而分辨率高,γ 高,D_{max} 高,D_0 低.$21°$ 的全色胶卷 γ 为 0.7,有利于记录景物的丰富层次.

对于印相纸与放大纸,定义其光学密度为反射率对数的相反数.同样也可经过实验测定其 HD 曲线.市售感光纸上标有号数,号数高的反差大(表 4.3.1).正常曝光与显影的全色胶片 $\gamma=0.7$,配用 2 号纸较合适,总的反差系数为 $0.7\times2=1.4$,略高于 1,但黑白照片的 γ 略高符合观看习惯.如底片反差小可选用号数高的感光纸.市售感光纸规格一般都是 $25.4\text{cm}\times30.5\text{cm}$,使用时视需要用切刀进行剪裁.感光纸一般用反差偏高的 D72 进行显影.感光纸有光面、绸纹面,实验室一般用光面纸.

至于彩色胶卷与相纸,因条件所限此处不再介绍,有兴趣的读者可参阅摄影专著.

表 4.3.1 感光纸性能

感光纸号数	1	2	3	4
γ	1.5	2	3	3.5
曝光宽容度	1∶25	1∶14	1∶8	1∶4

【仪器和用具】

照相机,印相机,放大机,显影罐,洗片盆,胶卷,印相纸,放大纸,显影液,定影液,恒温水浴,温度计.

【实验内容】

1. 拍摄

(1) 熟悉照相机的结构,了解各按钮、部件的作用与使用方法,并加以练习.

(2) 装上胶卷,选择好光圈数 F 与快门时间,对拍摄物调焦,然后进行拍摄,同样的对象可改变一挡 F 或快门多摄一、二张.记录下拍摄参数.

(3) 把胶卷退回暗盒,从相机中取出.

2. 冲洗底片

(1) 配制显影液及定影液(参见附 1).

(2) 在暗室中把胶卷卷在转轴上,放回显影罐内,合上罐盖后可以亮灯.

(3) 先把清水倒入显影罐中,以浸润胶卷,倒出清水.灌入显影液,显影时间 10min,然后倒出显影液,灌入清水,漂洗后倒出.再灌入定影液,定影时间 15min.最后用清水冲洗 20min.把胶片挂起,自然晾干.

3. 印相片

在红灯下选好印相纸,用切刀切成合适尺寸.相纸曝光后,经过显影、停显、水洗、定影、水洗、烘干处理,切去毛边即可.

4. 放大相片

选好放大纸,切成所需尺寸.熟悉放大机构造及使用方法.把胶片装入底片夹(乳剂面向下),把镜头上光圈旋至最大,升降底片高度以获得所需的放大尺寸,再升降镜头以求落在放大纸架上的像最为清晰(此时在纸架上放有同样厚度的白卡纸).把光圈关小 1~2 挡(以减少聚焦误差),把滤光片 R 转入挡住光线,取走白卡纸,把放大纸放在此位置上且用压条压好. 把滤光片转出,让放大纸曝光. 可以用曝光定时器控制时间,如无此项设备则可以读秒计时. 曝光结束后进行与前述印相片同样的系列处理.

5. 印相、放大操作注意点

(1) 可以在红色安全灯下进行.

(2) 在正式印放之前均应对试样进行不同的曝光量试验,以显影后的效果确定正确曝光量,这是因印相、放大纸在存放过程中质量会发生变化.

(3) 定影后必须用清水充分冲洗,如相纸上残留定影液,今后照片会发黄.

(4) 绸纹相纸不必上光,自然晾干即可. 光面相纸须上光.

对以上各项实验内容中参数均应作记录,以便分析改正.

【思考题】

(1) 景深与哪些因素有关,为什么?

(2) 近距离翻拍图表文件应注意哪些事项?

(3) 在冲胶卷与印相、放大时,有哪几项重要环节?

【附】

1. 常用显影液和定影液

表 4.3.2 中药剂量为配制 1000mL 药液所需.

表 4.3.2 显影液配方

配方 \ 显影液	D72	D76
显影剂(Ⅰ)	米吐尔 3g	米吐尔 2g
保护剂	无水亚硫酸钠 45g	无水亚硫酸钠 100g
显影剂(Ⅱ)	对苯二酚 12g	对苯二酚 5g
促进剂	无水碳酸钠 67.5g	硼砂 2g

配制步骤:在大烧杯内盛 50℃左右温水 500~700mL,将各药品按配方排列顺序依次投入. 每投入一种,须搅拌溶液,待其完全溶解后再投入下一种. 全部药品溶解后再加清水至 1000mL. 可显影 5-卷胶卷或相纸 6 大张. 过滤后装入棕色玻璃瓶备用. 保存期为瓶内 1 个月,敞口盆 24h. 显影时间 $D72$ 为 3min,$D76$ 为 10min.

配制步骤类似以上配显影液的方法,定影液一般放在无色玻璃瓶中,可定胶片 20 卷或相纸 20 张. 定影时间为底片 10~15min,相纸 5~10min,保存期 2 个月,盆中 5 天(表 4.3.3).

表 4.3.3 F-5 定影液配方

作用	成分	用量
定影剂	硫代硫酸钠	240g
保护剂	无水亚硫酸钠	15g
酸性剂	28%醋酸	48mL
缓冲剂	硼酸	7.5g
坚膜剂	铝钾矾	15g

2. 暗室规则

(1) 熟悉暗室内环境,弄清电源插座、白光灯、红光灯电键、自来水龙头、水池的位置.

(2) 清洗用具后,在实验桌上按从左到右的次序放置显影液盆、清水盆与定影液盆.操作中不要把药液洒出,更不能滴在其他仪器上.

(3) 冲洗胶卷时必须把显影液温度调到 20℃,可采用恒温水浴.定影液温度不作严格要求.印相放大时,也可把显影盆放在大水浴上,温度在 20℃ 左右.

(4) 底片显影要在全暗环境中进行,相纸显影可在安全红灯下进行.无论底片或相纸定影时,至少 5min 后才可在白光下观察.

(5) 不得用手触及感光材料乳剂面.

(6) 工作完毕时,把各药液分别倒回原瓶,清洗所用器皿,废胶卷、废纸均应投入废纸篓.所有的仪器、器具均应恢复原状.

实验 4.4 考察光源的时间相干性

【实验目的】

(1) 理解光源的时间相干性.

(2) 测量光源的线宽及相干长度.

【实验原理】

干涉条纹的可见度 V 定义为

$$V = \frac{I_{\max} - I_{\min}}{I_{\max} + I_{\min}} \tag{4.4.1}$$

式中,$I_{\max}$、$I_{\min}$ 分别为观察点附近的极大、极小光强.若 $V=1$,此时干涉条纹最清晰;$V=0$,则看不到干涉条纹.一般地,V 总是在 $0 \sim 1$.

影响干涉条纹可见度的因素主要有两束光的光强比、光源的大小及光源的光谱分布等.本实验讨论光源光谱分布对条纹可见度的影响,此问题与光源的时间相干性密切相关.

1. 理想单色光源的可见度为常数

如果有两个相干单色点光源(频率为 ν_0)S_1 及 S_2,则相干场中某点 P 的光强为

$$I_P = I_1 + I_2 + 2\sqrt{I_1 I_2}\cos\left(2\pi \frac{\nu_0}{c}\Delta L\right) \tag{4.4.2}$$

式中,I_1、I_2 分别为来自 S_1、S_2 在 P 点的光强,ΔL 为 S_1 及 S_2 到 P 点的光程差,c 为光速.当 $I_1 = I_2 = I_0$ 时,有

$$I = 2I_0\left(1 + \cos\frac{2\pi}{\lambda}\Delta L\right) \tag{4.4.3}$$

此时 $V=1$.因此,理想的单色光源所产生的干涉条纹可见度与光程差无关,是一常量,如图 4.4.1(a)所示.

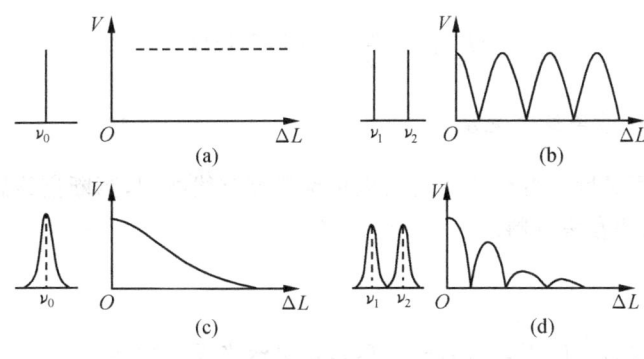

图 4.4.1

2. 双线结构使可见度随光程差作周期性变化

如果光源具有两条相隔很近的且各自线宽为零的谱线,其频率为 ν_1 和 ν_2. 所观察到的干涉图样是分别由 ν_1 和 ν_2 各自产生的干涉条纹的非相干叠加. 若两谱线强度相等,则有

$$I = 4I_0\left[1 + \cos 2\pi\left(\frac{\nu_1+\nu_2}{2}\right)\frac{\Delta L}{c}\cos 2\pi\left(\frac{\nu_2-\nu_1}{2}\right)\frac{\Delta L}{c}\right] \tag{4.4.4}$$

令平均频率 $\nu_0 = \frac{\nu_1+\nu_2}{2}$,频率差 $\Delta\nu = \nu_2 - \nu_1 \ll \nu_0$,则有

$$I = 4I_0\left[1 + \cos 2\pi\nu_0\frac{\Delta L}{c}\cos\pi(\Delta\nu)\frac{\Delta L}{c}\right] \tag{4.4.5}$$

因此,干涉条纹的可见度为

$$V = \left|\cos\pi(\Delta\nu)\frac{\Delta L}{c}\right|$$

为一周期函数,随着光程差的增加作周期性变化(图 4.4.1(b)),其周期为

$$\Delta L_P = \frac{c}{\Delta\nu} = \frac{\lambda_0^2}{\Delta\lambda} \tag{4.4.6}$$

3. 有限宽度的单谱线使可见度随光程差的增加而单调下降

实际的光谱线总有一定的宽度,图 4.4.1(c)显示了一个中心频率为 ν_0,半宽度为 $\delta\nu$ 的光谱线的频率分布. 计算得出干涉条纹的可见度变化如图 4.4.1(c)所示. 随着光程差 ΔL 增加, 可见度单调下降,直到 $\Delta L = \Delta L_{\max}$ 时,干涉条纹基本看不清,称 $\Delta L_{\max}$ 为相干长度,且

$$\Delta L_{\max} \approx \frac{c}{\delta\nu} \quad \left(\text{或 } \Delta L_{\max} \approx \frac{\lambda_0^2}{\delta\lambda}\right) \tag{4.4.7}$$

相应的相干时间为

$$\delta\tau = \frac{\Delta L_{\max}}{c}$$

4. 有限宽度双线结构的干涉条纹可见度

图 4.4.1(d)所显示的是两条间距为 $\Delta\nu$ 的谱线,其中各自线宽为 $\delta\nu$,可见度曲线为一衰减函数调制的周期性函数,其中

$$\Delta L_P = \frac{\lambda_0^2}{\Delta\lambda} \quad \text{(可见度变化周期)}$$

$$\Delta L_{\max} = \frac{\lambda_0^2}{\delta \lambda} \quad \text{(相干长度)}$$

5. 光谱线型与干涉条纹可见度

根据干涉条纹可见度的变化规律还可以精确研究谱线线型，判断谱线属于洛伦兹线型还是高斯线型．详见有关参考资料．

【仪器和用具】

迈克耳孙干涉仪，钠灯，汞灯（高压、低压），氦氖激光器，白炽灯．

【实验内容】

1. 观测白光的相干长度

调出等厚的白光干涉条纹，记下所观测到的干涉条纹级数 k_1；白光经黄玻璃滤光后，记下能看到的干涉条纹级数 k_2；白光经干涉滤光片（中心波长为 578nm、通带半宽度为 12nm）后，记下能看到的干涉条纹级数 k_3．解释实验现象，并估计各自的相干长度．

2. 测量汞灯绿线的相干长度 $\Delta L_{\max}$，并由此确定其谱线宽度 $\delta\lambda$、相干时间 $\delta\tau$

用高压汞灯及低压汞灯作光源，经滤色片后，可得到有不同线宽的绿光．实验结果表明，由于线宽的不同，使高压汞灯绿线的相干长度远小于低压汞灯绿线的相干长度（前者约 3mm，后者约 6cm）．

3. 测量钠光平均波长 λ_0，双线波长差 $\Delta\lambda$，单谱线宽度 $\delta\lambda$

钠黄光的可见度变化类似于图 4.4.1(d) 所示的情况，干涉条纹对比度周期 ΔL 反映了波长间隔 $\Delta\lambda$，干涉条纹消失时对应的最大相干长度 $\Delta L_{\max}$ 取决于单线宽度．

4. 观测 He-Ne 激光干涉条纹可见度的变化

He-Ne 激光器所发出的激光谱线分布如图 4.4.2 所示，由于谐振腔的作用，输出光（干涉加强）的频率满足：

$$2nl = k\lambda$$

式中，l 为腔长，n 为腔中介质折射率，λ 为光在真空中波长，k 为干涉序．两相邻被加强的频率差为

$$\delta\nu = \frac{c}{2nl} \quad (4.4.8)$$

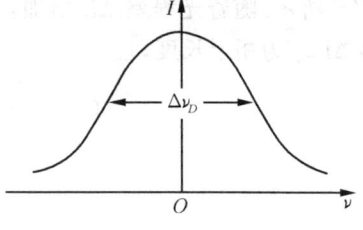

图 4.4.2

对于 $l = 23$cm 的 He-Ne 激光器，纵膜间隔 $\delta\nu = \frac{c}{2l} \approx$ 650MHz，已知 He-Ne 激光波长为 632.8nm 的 $\Delta\nu_D$ 为 1500MHz，因此该激光器输出的激光可能包含两个或三个频率值（即激光的纵膜数值），其可见度变化如图 4.4.3(a)、(b) 所示，(a) 为三个纵膜的可见度，(b) 为两个纵膜的可见度．测量光路图如图 4.4.4 所示，对多纵膜激光器，干涉条纹可见度是周期性变化的．计算结果表明，当光程差为激光管腔长的 l 偶数倍时，可见度为极大；当光程差为激光管腔长 l 的奇数倍时，可见度很小，甚至是零．

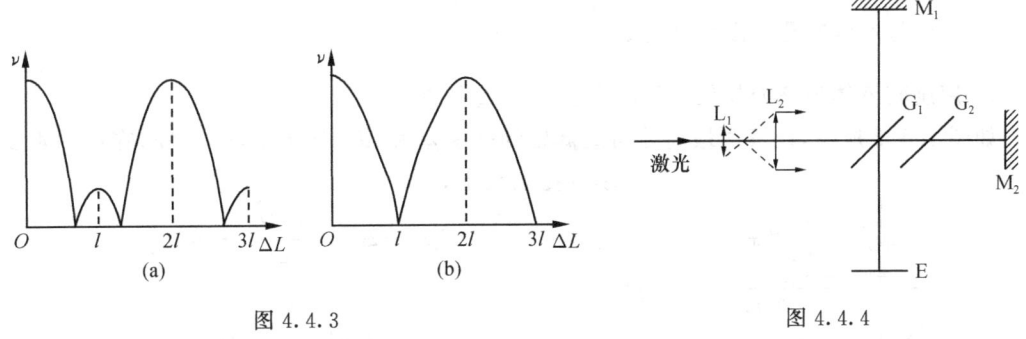

图 4.4.3   图 4.4.4

实验 4.5 旋转液体特性研究

【实验目的】

(1) 用旋转液体最高处与最低处高度差测量重力加速度
(2) 激光束平行转轴入射测斜率法求重力加速度
(3) 研究和测量旋转液面的光学特性
(4) 研究和测量转速和液面形状及液面光学特性的关系

【实验原理】

1. 匀速旋转液体的上表面为抛物面

图 4.5.1 为旋转液体的轴截面图,液体跟随一个半径为 R、绕其中心轴 Oy 旋转的圆桶一起,以角速度 ω 旋转,考虑位于液面上的一个质元,当其处于平衡时,有 $N\cos\theta = mg$,$N\sin\theta = mx\omega^2$,其中 θ 为液面上该处的切线与 x 轴方向的夹角,由于表面张力相对其他力小得多,故忽略. 由此得 $\dfrac{dy}{dx} = \tan\theta = \dfrac{\omega^2}{g}x$,所以

$$y = \frac{\omega^2 x^2}{2g} + y_0 \tag{4.5.1}$$

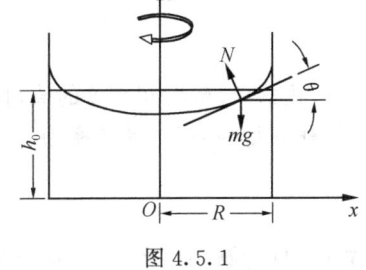

图 4.5.1

式中,y_0 为 $x=0$ 处的 y 值.

设在 $x=x_0$ 处液面的高度 y 不随 ω 的改变而改变,液体在未旋转时液面高度为 h_0 则点 (x_0, h_0) 在图 4.5.1 所示的抛物线上. 所以

$$h_0 = \frac{\omega^2 x_0^2}{2g} + y_0 \tag{4.5.2}$$

因液体的体积不随角速度而变化,所以

$$\pi R^2 h_0 = \int_0^R y(2\pi x)dx = \int_0^R 2\pi \left(y_0 + \frac{\omega^2 x^2}{2g}\right)x\,dx$$

即

$$y_0 = h_0 - \frac{\omega^2 R^2}{4g} \tag{4.5.3}$$

联立式(4.5.2)和式(4.5.3)得 $x_0 = \dfrac{R}{\sqrt{2}}$,这说明,在 $x = \dfrac{R}{\sqrt{2}}$ 处,液面的高度始终保持不变.

2. 用旋转液体测量重力加速度

1) 用旋转液体最高处与最低处的高度差测重力加速度

如图 4.5.2 所示,设液面最高处与最低处的高度差为 Δh,则点 $(R, y_0 + \Delta h)$ 在如图 4.5.1 所示的抛物线上,即

$$y_0 + \Delta h = \frac{\omega^2 R^2}{2g} + y_0$$

所以

$$g = \frac{\omega^2 R^2}{2\Delta h} = \frac{\pi^2 D^2}{2T^2 \Delta h} \tag{4.5.4}$$

将 $\Delta h, D, T$ 测出,代入式(4.5.4)求得 g.

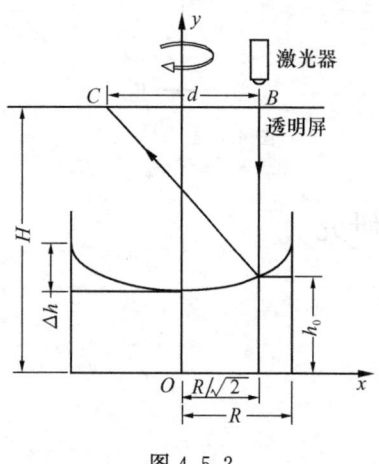

图 4.5.2

2) 激光束平行转轴入射测斜率法求重力加速度

如图 4.5.2 所示,BC 为透明屏幕,激光束竖直向下打在 $x = \frac{R}{\sqrt{2}}$ 的液面的 D 点,反射光点为 C,D 处切线与 x 方向的夹角为 θ,则 $\angle BDC = 2\theta$,实验中测出透明屏幕至圆桶底部的距离 H、液面静止时高度 h_0 以及两光点 B、C 距离 d,则

$$\tan 2\theta = \frac{d}{H - h_0} \tag{4.5.5}$$

又 $\tan\theta = \dfrac{\mathrm{d}y}{\mathrm{d}x} = \dfrac{\omega^2 x}{g}$,所以在 $x = \dfrac{R}{\sqrt{2}}$ 处,有

$$\tan\theta = \frac{\omega^2 R}{\sqrt{2} g} = \frac{2\sqrt{2} \pi^2 R}{g T^2} \tag{4.5.6}$$

由式(4.5.5)可得 θ 的值,代入式(4.5.6)就可求得 g,多次测量得到多组 $\tan\theta$-$1/T^2$ 的数据,作图得一直线,其斜率为 k,则

$$g = \frac{2\sqrt{2}\pi^2 R}{k} = \frac{\sqrt{2}\pi^2 D}{k} \tag{4.5.7}$$

式中,D 为圆桶内径,可直接测量得到.

【实验仪器】

旋转液体特性测试仪等.

【实验内容】

1. 旋转液体最高处与最低处高度差测量重力加速度

将实验用圆桶用气泡式水平仪调水平,否则实验中,水在旋转时液面高度不稳定而导致测量效果不佳.然后在圆桶中加入适量的水,水面离筒口 3~5cm 为宜,过多液体转速受限制;过少旋转的抛物液面的焦点在桶口以下而无法测量焦距.用游标卡尺测量圆筒的内径 D,从圆筒侧壁读出液面最高点与最低点的高度差 Δh,从旋转液体实验仪上读取周期 T,则由式(4.5.4)可得 g.

2. 激光束平行转轴入射测斜率法求重力加速度

(1) 测量圆筒中液面高度 h_0 和圆筒底至透明屏幕的距离 H.

(2) 开启半导体激光器,调节其位置,使其光束平行转轴入射至桶底半径为 $R/\sqrt{2}$ 的圆刻线上,透明屏幕上入射光点和经水面反射后的光点在水静止时重合.(激光的自准直原理)

(3) 在不同的周期 T 下读取入射点与反射光点的距离 d,作 $\tan\theta$-$1/T^2$ 直线,求其斜率 k,由式(4.5.7)算得 g,苏州的重力加速度公认值为 $9.794\mathrm{m/s^2}$,计算实验值与标准值的偏差.

3. 焦距 f 与液体旋转周期 T 关系的测量

将激光光束正对着圆筒底部的中央.为了确保激光束与转轴平行,在液面静止时屏幕上的入射光点与经液体上表面反射回来的光点应重合.这时激光束的位置就是光轴的位置,在屏幕上两光点重合处做一个小标志,此标志与筒底部中央连线就是光轴.

在保持光束平行于光轴的情形下将光束移离光轴位置,当液体旋转时,反射光点一般不与屏幕上的小标志重合,上下移动屏幕,使两者重合,则此时反射光点所在的位置就是焦点的位置.量出屏幕到杯底的距离 H,从侧壁读出液体最低点的高度 y_0,焦距 $f \approx H - y_0$,从旋转液体实验仪上可读取周期 T.改变 T 得到多组 f 与 T 值.假设 $f = \alpha T^\beta$,则 $\ln f = \beta \ln T + \ln\alpha$,即 $\ln f$ 与 $\ln T$ 为线性关系,作 $\ln f$-$\ln T$ 图,线性拟合后求线性相关系数 γ、β、α,即可求出 f 与 T 的关系.

4. 旋转液体凹表面成像研究

给激光器装上帽盖,使其光束略有发散且在屏幕上成一箭头状(或动画图形),光束平行光轴在偏离光轴处射向旋转液体,经液面反射后,在屏上也留下一个箭头(或动画图形),为了使此箭头看得更为清晰,在屏上铺一块半透明纸,使反射所成像落在上面.

(1) 固定屏幕高度 H,改变旋转周期 T,观察像箭头(或动画图形)的方向及大小变化,实验发现,转速较小时,入射光和反射光留下的箭头(或动画图形)方向相同;随着转速逐渐增大,反射光留下的箭头(或动画图形)越来越小,直至成一个光点,记下此时液面最低点的高度 y_0 和旋转周期 T;随后箭头(或动画图形)反向逐渐变大,焦距可看作 $f \approx H - y_0$,将 f 和 T 代入式(4.5.8),看其符合程度.

(2) 固定液体的转速,即固定周期 T,改变屏幕高度 H,将会观察到类似的现象,分析出现这种现象的原因.

【注意事项】

(1) 不要直视激光束.

(2) 用气泡式水平仪校准转盘的水平.

(3) 给激光器装上帽盖时,注意顺时针旋紧,小心下落水中.

实验 4.6 热空气发动机[①]

【实验目的】

了解热泵和制冷机的工作原理,研究提高实际循环效率的途径.

---

① 本实验转录自:马世红,童培雄,赵在忠.文科物理实验.北京:高等教育出版社,2008.

【实验原理】

要使一个物体升温,可用加热或摩擦物体的方法使物体升温,前者是通过传递热量的方式完成的,而后者是通过做功的方式完成的.两者方式不同,但是有相同的状态变化.热力学系统在一定状态下所具有的能量称为热力学系统的"内能",内能改变量仅决定于初末两个状态,而与所经历的过程无关.

如果外界对系统传递热量为 Q,系统内能为 E_1 的初状态改变到内能为 E_2 末状态,系统又对外做功为 A.则

$$Q = E_2 - E_1 + A \tag{4.6.1}$$

上式表明,外界对系统传递的热量,一部分使系统内能增加,一部分使系统对外做功.这就是热力学第一定律.

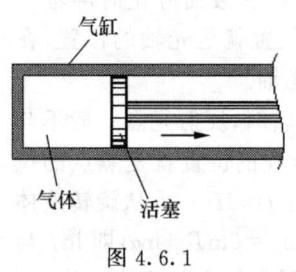

图 4.6.1

图 4.6.1 是理想气体在等温(内能没有增加)膨胀状态下,对外做功 $p\mathrm{d}V$(p 为压强,$\mathrm{d}V$ 为气体体积微小增量).这时系统从外吸取的热量全部转化为功.但是,实际情况下,汽缸不可能无限长,同时在等温膨胀状态下,随着气体增大,气体压强总会降低到同外界相同,也就停止做功.为了解决这一问题,就要求系统经历一系列变化过程后又回到初始状态,这样变化称为循环.卡诺循环就是这种变化过程.

卡诺循环是 1824 年法国青年工程师卡诺(Carnot)提出的.热空气发动机就是根据卡诺循环设计出的发动机.

由时年 26 岁的苏格兰籍牧师罗伯特·斯特林(Robert Stirling)在 1861 年发明的热空气发动机,也称斯特林发动机.它是一种将热能转换为机械能的装置,是外燃、闭式循环往复活塞式热力发动机的另称.该发动机内部的工作气体为空气,空气不参与燃烧,只在发动机的热腔和冷腔中循环,推动活塞做功.加热热腔可以使用各种热能(油、气、煤、太阳能等).现在热气机还可用氢、氮、氦等气体作为工质,热气机有多种结构,应用在航天、陆上、水上和水下等各个领域,热气机有不排废气(如用太阳能)、噪声较低、无爆炸燃烧的危险、无需气门机构等优点.

通过热空气发动机实验,可以帮助理解热机原理与卡诺循环.

【实验器材】

热泵由电动机、电动机调转速控制器、电热器、泵及飞轮、汽缸、带防护罩的玻璃试管、温度计等组成,它可以做热机实验,也可以做制冷机实验,其装置如图 4.6.2 所示.

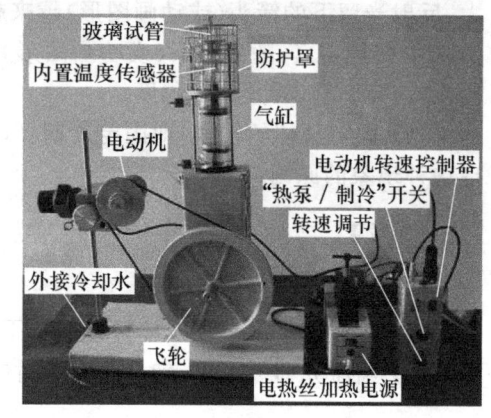

图 4.6.2

【实验内容】

1. 热(泵)实验

(1) 如图 4.6.3,水泵管子与实验装置的水冷却系统相连接.并接通水泵电源.

(2) 在热空气发动机的顶端玻璃试管内放入温度传感器(伸到底).温度传感器与温度计显示器相连接.电动机转速开关控制器上的"转速调节"旋钮开到最小."热泵/制冷"选择开关置"热泵"挡.

(3) 慢慢调大"转速调节"旋钮,使飞轮旋转(注意安全,当心异物或长发卷入电动机飞轮上).

(4) 通过温度计显示器观察玻璃试管内的温度是否上升.

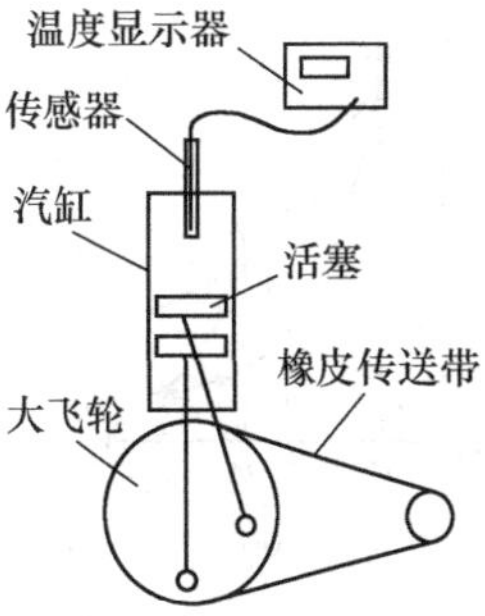

2. 制冷机实验

(1) 使玻璃试管内温度恢复到常温,"转速调节"调节到中挡位置."热泵/制冷"选择开关置"制冷"挡.间隔一定时间(20～40s,具体多少根据实际情况而定)记录温度计显示玻璃试管内的温度值(记录的温度值个数不要超过 10 个),填入表 4.6.1 中.

图 4.6.3

表 4.6.1 制冷状态下玻璃试管内温度随时间的变化

时间 t/s							
温度 T_1/K(中挡)							
温度 T_2/K(快挡)							

(2) 记录结束,使"热泵/制冷"选择开关置"关"挡.使飞轮停止旋转.

(3) 把"转速调节"调到最大再测玻璃试管内随时间的变化温度.在同一张作图纸上作简图.

3. 热空气发动机实验(选做)

(1) 取出温度传感器,旋出三个螺丝,拿出顶盖,换上带有电热丝的顶盖.

(2) 取下橡皮传送带,水泵循环系统处于工作状态.

(3) 用电源线连接电热丝与电源.电热丝的通电电压为 6V.

(4) 接通电源,这时电热丝发热,过一会儿.用手拨动飞轮,使飞轮旋转.此后飞轮自动旋转.

【注意事项】

(1) 整个实验过程中,不能关闭水泵.实验结束后几分钟后才能关闭水泵.

(2) 水泵中循环水不要超过 30℃.

(3) 当心不要把异物卷入电动机转动轴内,特别是长发同学的头发.

【思考题】

(1) 热空气发动机中飞轮起什么作用?
(2) 循环动作的热机的效率是否能够等于 100%?
(3) 简单扼要说明本实验中制冷原理.
(4) 热量从低温物体传向高温物体需要什么条件?

【讨论】

(1) 如图 4.6.4 是卡诺循环(热机)的 p-V 图及工作示意图.图中曲线 ab 与曲线 cd 是两条等温线;曲线 bc 与 da 是两条绝热线(系统不与外界作热量交换的情况下,系统变化过程称为绝热过程).

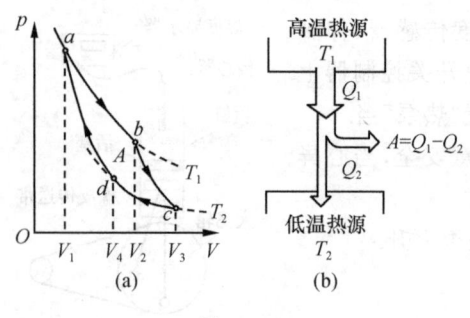

图 4.6.4

$a \to b$ 气体等温膨胀,从高温热源吸收热量 Q_1,体积从 V_1 膨胀到 V_2,并对外界做正功.

$b \to c$,气体绝热膨胀,体积从 V_2 膨胀到 V_3,对外界做正功,温度从 T_1 降至 T_2.

$c \to d$,气体等温压缩,外界对气体做功,体积从 V_3 压缩到 V_4,气体向低温热源放出热量 Q_2.

$d \to a$,气体绝热压缩,体积从 V_4 压缩到 V_1,外界对气体做功,温度从 T_2 回升到 T_1.

在 abc 的膨胀过程中,气体对外做功 A_1(数值上与此曲线下的面积相当);在 cda 的压缩过程中,外界对气体做功 A_2(数值上与此曲线下的面积相当).总效果气体对外做净功 $A(A_1-A_2)$,即数值上等于闭合曲线 $abcd$ 围成的面积.

在等温膨胀过程 ab 中,气体从高温热源中吸取热量 Q_1;在等温压缩过程 cd 中,气体向低温热源放出热量 Q_2.在每次循环过程中,高温物体传给气体的热量 Q_1 除一部分传给低温物体外,还对外做净功 A,如图 4.6.5(b)所示.

热机转化为功的效率 η

$$\eta = \frac{A}{Q_1} = \frac{Q_1-Q_2}{Q_1} = 1 - \frac{Q_2}{Q_1} \tag{4.6.2}$$

卡诺热机的效率为

$$\eta_{卡诺} = 1 - \frac{T_2}{T_1} \tag{4.6.3}$$

上式表明高温热源的温度越高,低温热源的温度越低,卡诺循环的效率越大.卡诺循环的效率总是小于 1 的.

如果循环过程与热机相反,如图 4.6.5(a)所示,气体从低温热源吸取热量 Q_2,又接受外界对气体所做功 A,最后向高温热源传递热量 Q_1.结果使低温热源温度降低,这就是制冷机原理.

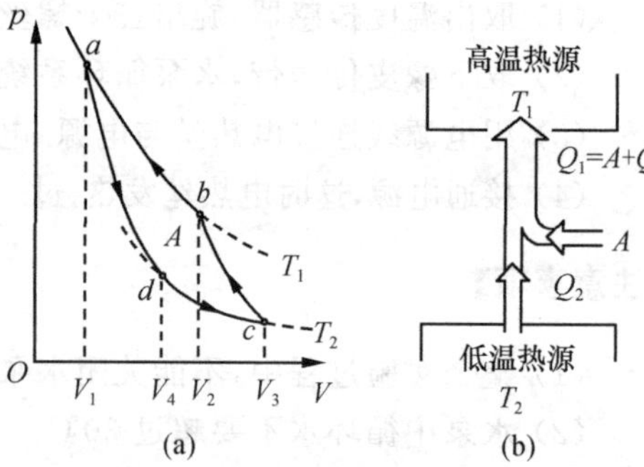

卡诺制冷机的制冷系数为

$$\omega_{卡诺} = \frac{T_2}{T_1-T_2} \tag{4.6.4}$$

图 4.6.5

上式表明要从温度越低的低温热源中吸收热量,就需要外界做越多的功.

热泵实际上是把制冷机反过来应用于制热(如取暖)的"制热机",这时的制冷机就成为热泵.设想在冬天把单冷空调"调换安装".即把夏天装在室外散热机装在室内,单冷空调就变成了一个热泵了.

(2) 热空气发动机的结构及工作原理图如图 4.6.6 所示,发动机由汽缸、高温区 T_1、低温区 T_2、工作活塞、位移活塞、飞轮、连杆等部分组成.汽缸上部为高温区,通过电热丝加热产生高温;下部为低温区,通过循环水维持一定温度形成低温区.汽缸内气体被工作活塞封闭.位移活塞是半封闭活塞,通过位移活塞上下移动,气体可在高温区与低温区之间交换.工作活塞与位移活塞通过连杆与飞轮连接,相位差 90°.当工作活塞处于最高处时,位移活塞迅速下移,汽缸内气体从低温区流到高温区,如图 4.6.6(a)所示;进入高温区的气体温度升高,汽缸内压强增大并推动工作活塞向下运动,如图 4.6.6(b)所示.在此过程中热能转换为飞轮转动的机械能;工作活塞在最底处时,位移活塞迅速上移,使处于汽缸高温区内气体向低温区流动,如图 4.6.6(c)所示;进入低温区的气体温度降低,汽缸内压强减小,由于飞轮惯性力的作用,工作活塞向上运动,完成循环,如图 4.6.6(d)所示.在一次循环过程中气体对外所做净功等于 p-V 图所围的面积.

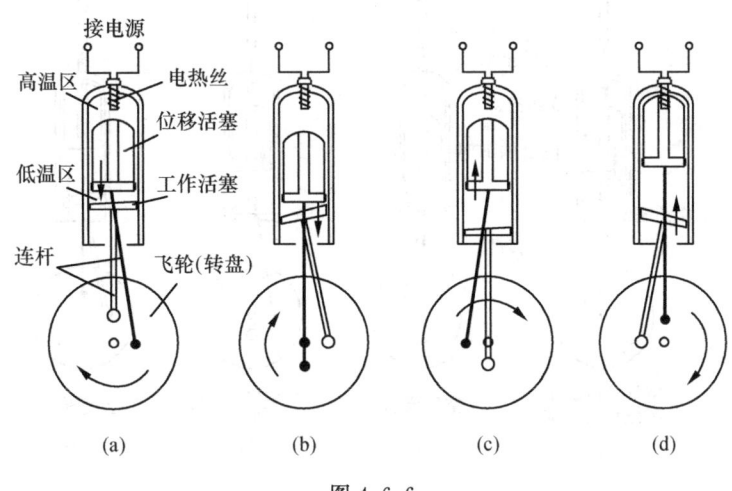

图 4.6.6

(3) 热空气发动机通过外力驱动飞轮可用作热泵或冷泵(制冷机).

① 作热泵.当飞轮逆时针旋转时,如图 4.6.7 所示,工作活塞位于最高处.当位移活塞向上移动,汽缸上部的空气流动到汽缸下部.如图 4.6.7(a)所示.空气在汽缸下部时,由于工作活塞向下移动而膨胀,造成空气温度下降.这时,空气从"冷却水"中吸收热量,如图 4.6.7(b)所示.当工作活塞位于最低处时,位移活塞向下移动,空气又流动到汽缸的上部,如图 4.6.7(c)所示.这时,空气被工作活塞压缩并放出热量给汽缸的上部,如图 4.6.7(d)所示.这样热空气发动机就作为热泵工作.

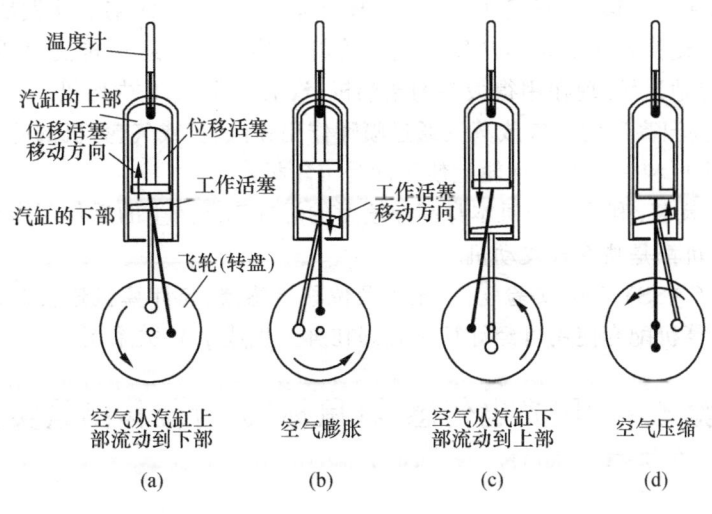

图 4.6.7

② 作冷泵.当飞轮顺时针旋转,工作活塞处于最高处,位移活塞向下运动,汽缸下部空气流动到汽缸上部,如图4.6.8(a)所示.空气在汽缸上部时,由于位移活塞向下移动而膨胀,造成汽缸上部温度下降,这时,空气从汽缸的上部吸收热量,如图4.6.8(b)所示.这时位移活塞向上移动,从汽缸上部空气流动到汽缸下部,如图4.6.8(c)所示.此后工作活塞向上移动,压缩汽缸下部的空气,空气温度上升,向汽缸下部放热,即向冷却水放热.

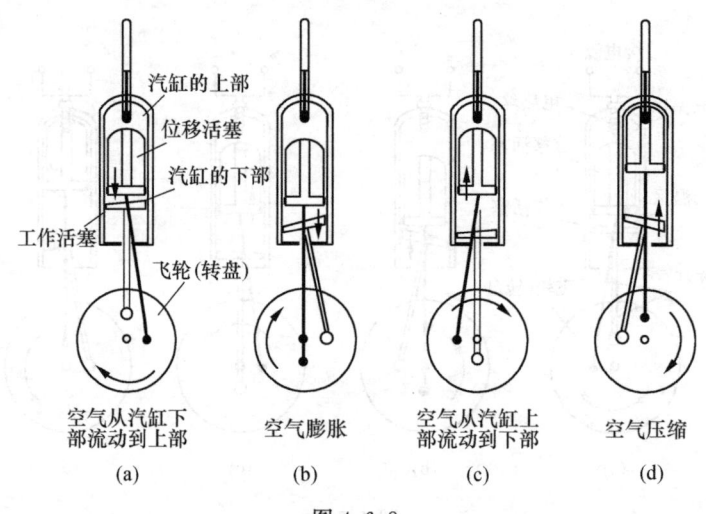

图 4.6.8

在热空气发动机里工作活塞起压缩或膨胀空气的作用,位移活塞起到"转移"空气的作用.由于两个活塞相位差90°,当一个活塞的位置变化率最大时,另一活塞处于位置变化率最小.

(4) ① 蒸汽机.燃料加热锅炉将水烧开,产生蒸汽,蒸汽进入汽缸推动活塞做往复运动,活塞再通过连杆机构把往复运动转换为圆周运动使车轮转动.相对内燃机讲属于"外燃机".因为燃料在汽缸外燃烧,所以称外燃机.老式的机车都使用蒸汽机,所以都冒着黑烟、喷着蒸汽.我国最后一台使用蒸汽机的火车在2005年被淘汰.蒸汽机是人类发明的一种强有力的动力机械.蒸汽机发明,拉开了第一次工业革命的序幕.

② 内燃机.燃料在汽缸内燃烧.体积膨胀,推动活塞做往复运动(四个冲程过程如下:活塞下移、进燃气;活塞上移,压缩燃气;点火,气体迅速燃烧膨胀,活塞下移做功;活塞上移,排出废气,飞轮惯性使活塞又下移),活塞再通过连杆机构把往复运动转换为圆周运动输出做功.推动机器不停地运转.现在用得最多的柴油机、汽油机等,都是内燃机.

③ 汽轮机.高温高压的燃气或蒸汽通过喷嘴作用在汽轮(或气轮)机的叶片上,使叶片旋转做功.火力发电厂和一些大型油轮上使用的是汽轮机.

④ 喷气式发动机.利用发动机本身高速喷射的燃气流所产生的反作用力做功的,超音速飞机和火箭发动机都是喷气式发动机.

(5) 如果有 CASSY Lab 实验软件、压力及位移传感器、与计算机连接的接口电路,则热空气发动机与计算机配套使用可经计算机处理在屏上生成 p-V 关系图.

实验4.7 用光电传感器(鼠标)进行位移测量实验

【实验目的】

(1) 掌握鼠标的分类、工作原理和技术参数.

（2）掌握鼠标中采用的位移传感器测量原理．

【实验原理】

在计算机外设中用到了多种传感器，譬如鼠标，就是利用光电传感器来进行检测、定位的．

鼠标的工作原理是利用机械、光电等方式，把移动距离及方向的位置信息变成脉冲传给计算机，再由计算机把脉冲转换成鼠标光标的坐标数据，从而达到指示位置的目的．

市场上鼠标有光电与机械、有线和无线、普通与人体工程学之分．鼠标按照按键的数目，可分为两键鼠标、三键鼠标及滚轮鼠标等．按照鼠标接口类型，可分为 PS/2 接口的鼠标、串行接口的鼠标、USB 接口的鼠标．

根据鼠标按其工作原理、内部结构的差异，鼠标大致可以分为机械式、光学机械式、光电式以及轨迹球、无线等类型．

（1）机械式鼠标通过内部橡皮球的滚动，带动两侧的转轮来定位，原理简单，成本低．机械式鼠标的译码轮上没有小孔，而有一圈金属片，译码轮插在两组电刷之间，当它旋转时，电刷接触到金属片就连通开关，从而产生脉冲，由于完全依靠机械检测，它的精度和速度都较差，而且其机械装置容易磨损，使用寿命较短，目前已基本被淘汰了．

（2）光学机械式鼠标（光机式鼠标）的基本原理是用光敏半导体元件测量位移，但结合了机械鼠标的一些特点：鼠标内置了二个滚轴，分别是 X 方向滚轴和 Y 方向滚轴，这两个滚轴都与一个可以滚动的小球接触，当小球滚动时便带动了两个滚轴转动，当译码轮被带动时LED 发出的光时而照到光敏晶体管时而被阻断，从而产生表示位移的脉冲，通过鼠标的控制芯片转换处理后被 CPU 接收并对其计数．互相垂直的传动轴分别对应着屏幕上的横轴和纵轴，脉冲信号的数量和频率决定了鼠标在屏幕上移动的距离和速度．

（3）光电式鼠标则是通过光的反射来确定鼠标的位置，通过发光二极管（LED）与光敏晶体管的组合来测量位移，设计好二者之间的夹角，使 LED 发出的光照到光电板后正好反射给后者，发光二极管发出的一部分光照射到下面的感光板上反射回来被光敏三极管吸收，另一部分光被感光板吸收而无反射，从而形成了高低电平交错的脉冲信号．鼠标中的电路就将检测到的光的强弱变成表示位移的脉冲．光电式鼠标的优点是精度高，内部结构比较简单，其中没有橡胶球、传动轴和光栅轮等机械部件，使用寿命得以延长．

早期的纯光电鼠标需要靠一个特殊的鼠标垫的反光来判断鼠标的移动方向，否则就不能工作，这种限制很快就把它带出了市场．而现在最流行的新光电鼠标几乎是做了革命性的改进，使它能在大部分材料的桌面上直接使用了．而且因为替换掉了外部滚轮，使它能够在长时间下保持良好的灵敏度，这一点尤其受到一些设计者和游戏玩家的好评，光电鼠标在市场的占有率越来越高．

（4）轨迹球鼠标的工作原理和内部结构其实与普通鼠标类似，只是改变了滚轮的运动方式，其球座固定不动，直接用手拨动轨迹球来控制鼠标箭头的移动．轨迹球外观新颖，可随意放置．各类轨迹球鼠标球的位置、样子、甚至手握鼠标的方法上都有很大不同，有利于张扬个性，因此虽然受到光电鼠标的冲击，仍有许多设计人员更垂青于轨迹球鼠标的精准定位．

（5）无线鼠标．根据用途和频段的不同，又被分为若干不同的类别，当前主流无线鼠标当属蓝牙．蓝牙使用的频段在 2.4～2.485GHz ISM（工业、科学、医学），实现全双工传输模式，并实现 1600 次/s 的自动调频．此外，该技术能够使蓝牙设备的接收方和传输方两者以

1MHz 为间隔,在一定范围内在其划分的 79 个子频段上互相配对并连接、传输数据.

根据使用距离的远近,蓝牙可分为工业用"Class1"标准、日常生活常见的"Class2"标准和传输距离最短的"Class3"标准.其中工业用途的 Class1 标准可提供最长 100m 的传输距离,常见的 Class2 标准则提供 10m 的传输距离,而 Class3 标准仅提供 1m 的传输距离.当然,传输距离越远,其功耗也越大.常用的 Class2 标准功耗为 2.5mW,因此符合这个标准的蓝牙设备通常具备较长的电池使用时间.

鼠标的主要性能指标:

(1) 分辨率.DPI(每英寸点数)值越大,则鼠标越灵敏,定位也越精确.
(2) 使用寿命.一般说来,光电式鼠标比机械式鼠标寿命长.
(3) 响应速度.鼠标响应速度越快,意味着在快速移动鼠标时,屏幕上的光标能做出及时的反应.
(4) 抗震性.要选择外壳材料比较厚实、内部元件质量较好的鼠标.

【实验内容】

(1) 观察所采用的鼠标结构,判断其类型.
(2) 鼠标位移测量实验:在测试坐标区域内上、下、左、右移动鼠标,观察鼠标位移对应的脉冲产生情况.
(3) 小设计:列出鼠标在日常生活中可能的用途(提交简单方案).

实验 4.8 数码相机的应用

【实验目的】

(1) 了解数码相机的成像原理.
(2) 掌握数码相机基本拍摄技巧.
(3) 学会数码图像的简单编辑.

【实验原理】

在数码产品已普及到日常生活的方方面面的今天,数码技术在科学实验及研究上也得到了广泛应用,其中,数码相机的应用带来的便利尤为突出.了解数码相机的成像原理,掌握数码相机的基本拍摄技巧,学会数码图像的简单编辑,对于高校学生来说是必要的.

1. 数码相机的成像原理

与传统的照相机相比,数码相机的主要优越之处在于不是采用胶卷来记录被摄物的图像,而是采用电子耦合器件(CCD)作为感光元件,数码图像由像素组成行,由行组成帧.每个像素根据照射光的信息(包括强弱和颜色)转变成相应的电信号,再经模数转换后变成数字信号,储存在可擦写的存储器上,并且在光照停止之后仍能长时间、高保真地维持电信号的大小,实现记忆,并可便捷地编辑和传输.

像素数的多与少,决定了一块 CCD 上有多少个感光单元,也体现了 CCD 的分辨率.在相同像素的情况下,相机 CCD 的面积越大,单个感光单元的面积也就越大,其信噪比和感光能力也就越强,成像的质量自然就越好.因此,不难理解如今的数码相机的像素达 800 万,而手机上的照相机像素只有 200 万左右.

CCD 的突出特点是以电荷作为信号,其基本功能是电荷的存储和电荷的转移.它存储由光或电激励产生的信号电荷,当对它施加特定时序的脉冲时,其存储的信号电荷便能在 CCD 内作定向传输.CCD 工作过程的主要问题是信号电荷的产生、存储、传输和检测.

CCD 是一种固态检测器,由多个光敏像元组成,其中每一个光敏像元就是一个 MOS(金属-氧化物-半导体)电容器.在 p 型硅衬底上通过氧化形成一层 SiO_2,然后再淀积小面积的金属铝作为电极.p 型硅里的多数载流子是带正电荷的空穴,少数载流子是带负电荷的电子.当金属电极上施加正电压时,其电场能够透过 SiO_2 绝缘层对这些载流子进行排斥或吸引.于是带正电的空穴被排斥到远离电极处,剩下不能移动的带负电的受主杂质离子在紧靠 SiO_2 层形成负电荷层(耗尽层).这种现象便形成对电子而言的陷阱,电子一旦进入就不能复出,故又称为电子势阱.

当 CCD 器件受到光照时(光可从各电极的缝隙间经过 SiO_2 层射入,或经衬底的薄 p 型硅射入),光子的能量被半导体吸收,产生电子-空穴对,这时出现的电子被吸引储存在势阱中,这些电子是可以传导的.光越强,势阱中收集的电子越多,光弱则反之.这样就把光的强弱变成电荷的数量,实现了光和电的转换.而势阱中的电子是被储存状态,即使停止光照,一定时间内也不会损失,这就实现了对光照的记忆.上述结构实质上是个微小的 MOS 电容器,用它构成像素,既可"感光"又可留下"潜影".感光作用是靠光强产生的电子积累电荷,潜影是因各个像素留在各个电容里的电荷不等而形成的.若能设法把各个电容里的电荷依次传送到它处,再组成行和帧,并经过"显影",就实现了图像的传递.

由于组成一帧图像的像素总数太多,在 CCD 器件里通过外加多相脉冲,依次对并列的各个电极施加电压就能实现各像素信息的串行化.

转移到 CCD 输出端的信号电荷在输出电路上实现电荷/电压(电流)的线性变换,称为电荷检测.从应用角度对电荷检测提出的要求是检测的线性、检测的增益和检测引起的噪声.针对不同的使用要求,可设计出相应的检测电路,如栅电容电荷积分器、差动电路积分器以及带浮置栅和分布浮置栅放大器的输出电路等.

2. 数码图像的传输、浏览、处理和编辑

数码相机的拍摄功能数目随所选择的具体相机的型号不同而有所差异,相应的使用手册上均有详细地说明.

通过数码相机的液晶显示屏可清晰、方便地取景,所有数码相机均具有拍摄后立即检视拍摄效果的功能.所拍摄的数码图像可通过传输线传送到电脑或闪存中,实现图像传输.

利用相关软件,可方便地浏览数码图像.而数码图像的最大亮点在于利用相关软件可方便地进行编辑、剪辑、合成、特技等处理,如常用的静态处理软件有"Photoshop"等,录像处理有"绘声绘影"等.

【实验内容】

(1) 对照相关使用手册和资料,熟悉数码相机的各项功能及其工作原理.
(2) 熟悉相应数码相机的功能,掌握相关拍摄要求和技巧,如变焦技术的使用,近景、远景、夜景的拍摄技巧,风景照、人物肖像的拍摄要求,抓拍技巧,资料的翻拍等.

(3) 选定实验项目,如驻波的形成、落球法测液体的黏度系数、水滴流的平抛运动、光路实拍等,自行设计拍摄方案,注意利用相关拍摄技巧,提高图像质量.

(4) 学会数码图像的传输、浏览、处理和编辑.①将数码相机拍摄的图像传输到计算机中;②学会用豪杰、ACDsee、暴风影音等等图像软件浏览所拍摄的照片、录像,体会数码相机的成像特点;③使用 Photoshop 等软件处理数码图像,如改变亮度、对比度、图像裁剪等,并掌握常用滤镜的使用;使用"绘声绘影"等软件对所拍摄的动态物理现象进行编辑处理,包括加片头、拼接、剪辑、加背景音乐等.

(5) 写一份数码相机的使用报告,结合实验室的实验条件,再设计出几个拍摄方案,注意根据具体实验现象,充分利用有关拍摄技巧,力求达到最佳拍摄效果.

附 4.1 测量仪器和测量条件的选择

在实验方法选定之后,就需要确定仪器.仪器的选择是从事科学实验十分重要的基本功.怎样选择仪器呢?

首先要根据测量原理表示间接测量量 y 与直接测量量 $x_1, x_2, \cdots, x_n$ 之间的关系式 $y = f(x_1, x_2, \cdots, x_n)$,并由不确定度传递公式确定间接测量量与直接测量量的不确定度关系.然后,按误差均分原则和实验精度要求的不确定度范围来确定各直接测量量的不确定度范围.最后,根据直接测量量的不确定度范围来确定所选用仪器的精度.

例 F4.1.1 用伏安法测量电阻.若待测电阻为 R_x,要求测量相对不确定度 $E_x \leqslant 1.5\%$. 应如何选择仪器和测量条件?

解 由欧姆定律 $R_x = U/I$ 和误差传递公式,有

$$\frac{\Delta R_x}{R_x} = \frac{\Delta U}{U} + \frac{\Delta I}{I}$$

根据合理选择仪器的误差均分原则,有

$$2\frac{\Delta U}{U} = 2\frac{\Delta I}{I} \leqslant 1.5\%,$$

即

$$\frac{\Delta U}{U} \leqslant 0.75\%, \quad \frac{\Delta I}{I} \leqslant 0.75\%$$

由电表等级误差的规定 $\Delta U/U_m \leqslant S\%$,$\Delta I/I_m \leqslant S\%$,式中 S 为电表的等级,U_m 和 I_m 为电表的量程.显然应选用 0.5 级的电表.若实验有 0～1.5～3V、0.5 级的电压表和 3V 的电源,则电压表应取 3V 的量程.允许电压误差为 $\Delta U = U_m S\% = 3 \times 0.5\% = 0.015$V.为了满足 $\Delta U/U \leqslant 0.75\%$ 的要求,测量时必须使电压

$$U \geqslant \frac{\Delta U}{0.75\%} = \frac{0.015}{0.0075} = 2(V)$$

即实验时,待测电阻两端的电压不得小于 2V,否则电压误差将大于 0.75%.

为了选定电流表的量程和确定测量条件,可先用多用电表粗测 R_x 值.若 R_x 约为 50Ω,则在实验中流过 R_x 最大电流 $I_m = 3/50 = 0.06A = 60$mA.故应选用量程为 60mA、等级为 0.5 级的毫安表.为了满足 $\Delta I/I \leqslant 0.75\%$,测量时必须使电流

$$I \geqslant \frac{\Delta I}{0.75\%} = \frac{I_m \times 0.5\%}{0.75\%} = \frac{60 \times 0.005}{0.0075}\text{mA} = 40(\text{mA})$$

也就是测量条件为:测量时电流不得小于 40mA,否则电流测量的误差将大于 0.75%(注意:由于采用了合适的电路,仪表内电阻对被测电阻的影响可忽略不计).

例 F4.1.2 测定圆柱体的密度.某圆柱体其直径为 d,高为 h,质量为 m,则其体积为 $V = \pi d^2 h/4$,密度为 $\rho = \frac{m}{V} = \frac{4m}{\pi d^2 h}$. 若要求 ρ 的相对误差 $\Delta\rho/\rho \leqslant 0.5\%$,则测量 d,h,m 各量应选用什么仪器呢?

解 由误差理论,有

$$\frac{\Delta\rho}{\rho} = 2\frac{\Delta d}{d} + \frac{\Delta h}{h} + \frac{\Delta m}{m}$$

按照误差均分原则,有

$$\frac{\Delta\rho}{\rho} = 6\frac{\Delta d}{d} = 3\frac{\Delta h}{h} = 3\frac{\Delta m}{m} \leqslant 0.5\%$$

若已知待测圆柱体的 d 约为 1.2cm,h 约为 3.6cm,质量约为 36g,则有

$$\Delta d \leqslant d \times 0.5\%/6 = 1.2 \times 0.005/6 = 0.001\text{cm}$$
$$\Delta h \leqslant h \times 0.5\%/3 = 3.6 \times 0.005/3 = 0.006\text{cm}$$
$$\Delta m \leqslant m \times 0.5\%/3 = 36 \times 0.005/3 = 0.06\text{g}$$

因此应选用螺旋测微计(千分尺,精度为 0.001cm)来测量直径,用 0.005cm 精度的游标卡尺来测量高度,用感量为 0.05g/div 的天平来称衡质量.

若已知各测量量的不确定度应按方差合成法求出合成不确定度,则均分原则应按 $\left(\frac{u_{c,y}}{y}\right)^2$ 进行,处理方法与上述相同.这里 $u_{c,y}$ 为 y 的合成不确定度.

按误差均分原则来选配仪器的精度比较合理.当然,限于实际条件,有时不能完全做到,因此在处理具体问题时,还应依照实际情况调整误差分配.

附 4.2 测量最有利条件的确定

通常测量结果总是与若干条件有关,如何选择测量条件使测量结果的精度最高呢? 设间接测得量与直接测得量关系为

$$y = f(x_1, x_2, \cdots, x_n)$$

若 x_i 各量的误差为已知,且 x_i 最大误差为 Δx_i,相应 y 的误差为 Δy,$\frac{\Delta y}{y}$ 与 $\frac{\Delta x_i}{x_i}$ 的关系由误差传递公式确定. 为了使 $\frac{\Delta y}{y}$ 为极小值,则要求 $\frac{\partial}{\partial x_i}\left(\frac{\Delta y}{y}\right) = 0$,由此可定出最佳测量条件.

例如,用滑线式电桥测电阻(参阅电桥实验). $R_x = \frac{R_0 l_1}{l_2}$. R_0 为已知标准电阻,l_1, l_2 为滑线两臂长($l = l_1 + l_2$),那么滑键在什么位置时(l_1、l_2 取何值时)才能使 R_x 的相对误差最小?

忽略检流计误差时,由误差传递公式,有

$$\frac{\Delta R_x}{R_x} = \frac{\Delta R_0}{R_0} + \frac{\Delta l_1}{l_1} + \frac{\Delta l_2}{l_2} = \frac{\Delta R_0}{R_0} + E_l$$

即滑线电桥的相对误差是比较臂相对误差和长度测量误差两项之和. 其中长度测量误差

$$E_l = \frac{\Delta l_1}{l_1} + \frac{\Delta l_2}{l_2} = \frac{\Delta l_1}{l_1} + \frac{\Delta l_1}{l - l_1} = \frac{l \Delta l_1}{l_1(l - l_1)}$$

去掉与本问题无关的因素,即假定 R_0、l 为准确值,则

$$\frac{\Delta R_x}{R_x} = E_l = \frac{l \Delta l_1}{l_1(l - l_1)}$$

由 $\frac{\partial}{\partial l_1}\left(\frac{\Delta R_x}{R_x}\right) = 0$ 即由 $\frac{dE_l}{dl_1} = 0$,得

$$\frac{-l(l - 2l_1)\Delta l_1}{l_1^2(l - l_1)^2} = 0$$

故 $l - 2l_1 = 0$, $l_1 = l/2$. 又因 $\frac{\partial^2 E_l}{\partial l_1^2} > 0$, 所以 $l_1 = \frac{l}{2}$ 时, E_l（也就是 $\frac{\Delta R_x}{R_x}$）有最小值,即滑线式电桥测电阻的最佳条件是 $l_1 = l_2 = \frac{l}{2}$.

附4.3 测量次数的确定

在前面介绍放大法时,已经提到有些实验可以通过增加测量次数来减少误差. 在一般情况下,当我们对某物理量 x 进行 n 次等精度测量时,所得结果 $x_1, x_2, \cdots, x_n$,其算术平均值为 $\bar{x}$,各次测量偏差为 $\Delta x_1, \Delta x_2, \cdots, \Delta x_n$,则一次测量的标准误差为 $S_x = \sqrt{\frac{\sum(x_i - \bar{x})^2}{n - 1}}$, n 次测量结果算术平均值 $\bar{x}$ 的标准误差为 $S_{\bar{x}} = \frac{S_x}{\sqrt{n}} = \sqrt{\frac{\sum(x_i - \bar{x})^2}{n(n - 1)}}$. 由此可见,平均值的标准误差等于一次测量的标准误差的 $1/n$ 倍,因而增加测量次数对提高平均值的精度是有利的. 但测量精度主要由测量仪器的精度、测量方法等因素决定,不能超越这些条件而单纯地追求测量次数. 只有在正确地选择了测量方法、测量仪器、测量条件的前提下,才谈得上确定必要的实验次数,以保证实验要求的精度.

比如,用某种天平测量某个物体的质量 m. 已知 m 的一次测量标准误差 $S_m = 1\text{mg}$,若仪器精度、测量方法等只能要求测量结果的标准误差 $S_{\bar{m}} \leqslant 0.4\text{mg}$,则根据 $S_{\bar{m}} = \frac{S_m}{\sqrt{n}}$,有 $n = \frac{S_m^2}{S_{\bar{m}}^2}$,因而测量次数至少应为 $n = \frac{1^2}{0.4^2} = 6.25 \doteq 7$(次).

概括来讲,当要进行或设计某一个物理实验时,要按照既定的实验目的和要求,首先确定实验方法,然后恰当选择仪器和测量条件(有些实验还要确定最有利的条件),确定合理的测量次数. 这是完成一个实验的基本要求.

应当指出,广义的物理实验方法论要比上述内容广泛得多,在此不再介绍.

第 5 章　拓展创新性实验

实验 5.1　全息干涉计量测微小位移

【实验目的】

(1) 熟悉全息记录过程.
(2) 利用全息干涉计量测微小位移.

【实验原理】

光具有电磁波的属性,而激光具有优良的相干性,其光场可以用它的振幅、相位(即复振幅)表征 $A(P)\mathrm{e}^{-\mathrm{i}\phi(P)}\mathrm{e}^{\mathrm{i}\omega t}$. 光频很高,$\omega$ 在 10^{15} 量级,至今尚未有瞬态响应能跟上如此高频变化的探测器,通常测到的只是其时间平均效应即光强: $I = AA^*$,不含相位 φ.

全息照相术利用了激光的相干性,记录了物光-参考光的相干条纹,它包含了物光的振幅、相位信息: $A(P)$、$\varphi(P)$(P 表示空间位置). 当参考光入射,便能再现物光的波前,而使人有三维立体视感(请参见"全息照相"实验中的插图"全息记录"和"全息再现",及其实验注意点等).

全息记录过程中,对"物"作了一次曝光记录后,如果让"物"有一小位移,再作第二次曝光(参考光及记录介质定位条件始终保持不变)即相当于记录了两个全息图,它们分别相应于位移前、后的物,那么在全息再现时,除了再现出此两物的叠影外,还将形成一套干涉条纹. 这是因为相干再现两物,相当于其复振幅相干叠加:

$$I = k[A_1(P)\mathrm{e}^{-\mathrm{i}\varphi_1(P)} + A_2(P')\mathrm{e}^{-\mathrm{i}\varphi_2(P')}][A_1(P)\mathrm{e}^{-\mathrm{i}\varphi_1(P)} + A_2(P')\mathrm{e}^{-\mathrm{i}\varphi_2(P')}]^*$$
$$= k[A_1^2 + A_2^2 + 2A_1A_2^* \mathrm{e}^{-\mathrm{i}(\varphi_1-\varphi_2)}]$$

结果中第三项即与干涉条纹相对应,它蕴涵了"物"的位移随各点的分布的信息. 位移导致的光程差相同的点所处干涉消长情况一致,结果便形成干涉条纹. 由干涉条纹的形状、分布即可求得位移的分布,并进而研究与微小位移关联的各种物理量.

下面用悬臂梁弯曲形变为例来说明:

如图 5.1.1 所示使梁一端(O)夹紧固定,另一端受力 F_y 沿 y 方向,梁上某点 P 发生位移 $\Delta y(P)$ 沿 y 方向. 位移前、后各作一次全息记录曝光,记录在同一张全息干涉底片上,再作全息再现. 则相应于位移前后两个再现"梁"将会产生干涉,出现类似图 5.1.2 所示的干涉条纹.

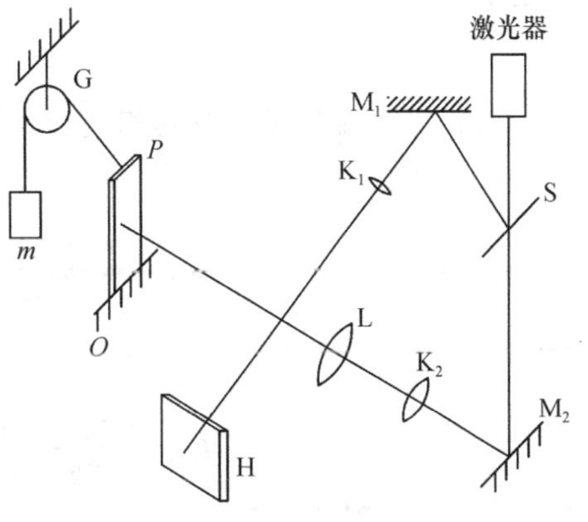

设 P 点相应物光的入射角为 α,反射角为 β,如图 5.1.3 所示,则相应于 P 处位移前、后的光程差 δ 为

图 5.1.1

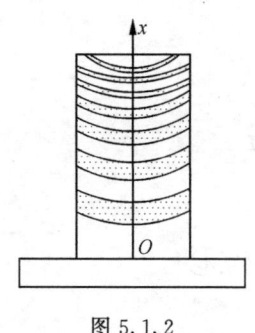

图 5.1.2

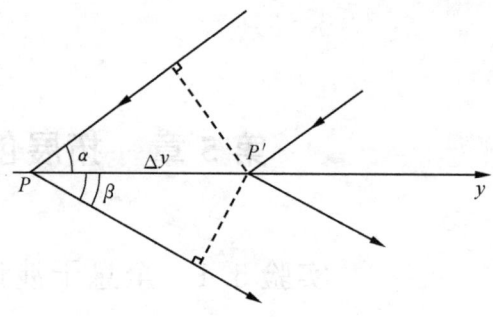

图 5.1.3

$$\delta = \Delta y(\cos\alpha + \cos\beta) \tag{5.1.1}$$

干涉明纹和暗纹应分别满足条件：

$$\delta = \begin{cases} k\lambda, & \text{明纹} \\ (2k-1)\dfrac{\lambda}{2}, & \text{暗纹} \end{cases} \tag{5.1.2}$$

则相应于明纹处及暗纹处的位移应分别为

$$\left.\begin{array}{l}\Delta(\text{明}) = \dfrac{k\lambda}{\cos\alpha + \cos\beta} \\ \Delta(\text{暗}) = \dfrac{(2k-1)\lambda}{\cos\alpha + \cos\beta}\end{array}\right\} \tag{5.1.3}$$

固定点 O 相当于 0 级，对某点 P 说来，数出干涉条纹的级次，得知该点光路的角度 α、β，即可求出该点的微小位移 $\Delta y(P)$。由此可根据条纹形状求出梁上各点小位移的分布。还可由此求出相关的物理量，如杨氏模量。

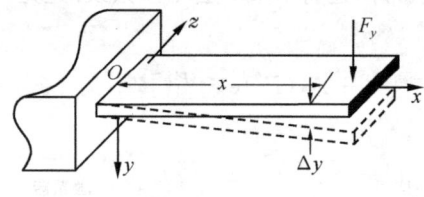

图 5.1.4

悬臂梁受力弯曲产生位移与梁的结构尺寸及材料的杨氏模量有关：

$$\Delta y = \dfrac{F_y x^2}{6EJ}(3L - x) \tag{5.1.4}$$

式中，L 为梁长，惯性矩（yz 截面）$J = bh^3/12$，b 为梁宽，h 为梁厚，如图 5.1.4 所示。

故而由条纹位置 x 及其相应干涉纹次便可计算材料的杨氏模量 E。由式(5.1.4)及式(5.1.3)，可得

$$E = \dfrac{2F_y x^2 (3L-x)}{k\lambda bh^3}(\cos\alpha + \cos\beta) \quad \text{（明纹）} \tag{5.1.5}$$

或

$$E = \dfrac{4F_y x^2 (3L-x)}{(2k-1)\lambda bh^3}(\cos\alpha + \cos\beta) \quad \text{（暗纹）} \tag{5.1.6}$$

【仪器和用具】

全息防震台，He-Ne 激光器（长腔），悬臂梁（模拟）及所需光具座。全息干版及显、定影剂，温控池（暗）。

【实验内容】

布置光路,试(单次)曝光全息记录与再现.试二次曝光全息记录与再现,摸索最佳干涉条纹获得的条件.

翻拍干涉条纹(记下翻拍光路参数),计算 Δy 以及 E,并对数据作分析,报告结果.

【思考题】

(1) 试述本实验光路的注意点.如何简单判别全息干涉记录是否已感光记录? 如果不见全息再现像原因是什么?

(2) 试举出全息干涉计量测微的另一种应用.简要说明物理思路及其实验注意点.

(3) 实验中是否观察到其他现象? 试分析原因.

实验 5.2 阿贝成像原理和空间滤波

【实验目的】

(1) 了解阿贝成像原理,懂得透镜孔径对成像的影响.
(2) 了解透镜的傅里叶变换功能及空间频谱的概念.
(3) 了解两种简单的空间滤波.
(4) 掌握在相干光条件下调节多透镜系统的共轴.

【实验原理】

阿贝在 1873 年为德国蔡斯工厂改进显微镜时发现,大孔径的物镜能导致较高的分辨率,这是因为较大的孔径可以收集全部衍射光,这些衍射光到达像平面时相干叠加出较细的细节(图 5.2.1).例如,用一定空间频率的光栅作为物,并且用单色光加以照明物后的衍射光到达透镜时(这里先考虑±1 级衍射),当 0 级与±1 级衍射光到达像平面时,相干叠加成干涉条纹,就是光栅的像;如果单色光波长较长或者 L 孔径小,只接收了零级光而把±1 级光挡去,

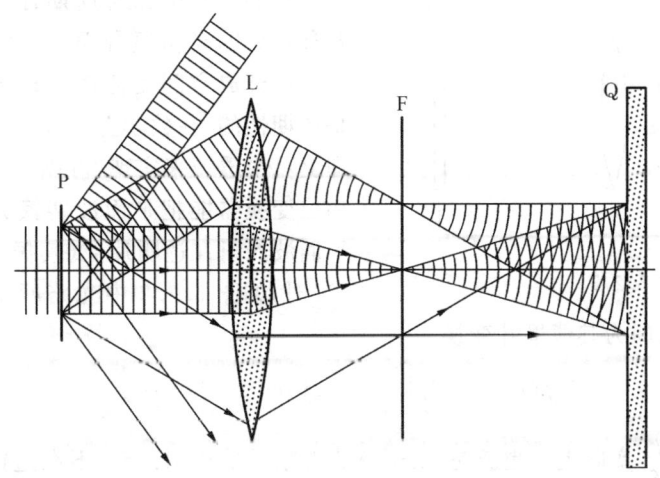

图 5.2.1

那么到达像平面上的只有零级光,就没有条纹出现,我们说像中缺少了这种细节.根据光栅方程,不难算出,物体上细节 d 能得以在像平面有反映的限制为

$$d = \frac{\lambda}{\sin\theta} \tag{5.2.1}$$

式中,θ 为透镜半径对物点所张的角.换句话说,可分辨的空间频率为

$$\frac{1}{d} = \frac{\sin\theta}{\lambda} \tag{5.2.2}$$

物平面上细节越细微,即空间频率越高,其后衍射光的角度就越大,更不可能通过透镜的有限孔径到达像平面,当然图像就没有这些细节.透镜就成像光束所携带的空间频率而言,是低通滤波器,其截止频率就是式(5.2.2)所示的,$f_{截} = \frac{\sin\theta}{\lambda}$.瑞利在1896年认为物平面每一点都发出球面波,各点发出的波在透镜孔径上衍射,到达像面时成为艾里斑,并给出分辨两个点物所成两个模糊像——两个艾里斑的判据.其实阿贝与瑞利两种方法是等价的.

波特在1906年把一个细网格作物(相当于正交光栅),但他在透镜的焦平面上设置一些孔式屏对焦平面上的衍射亮点(即夫琅禾费衍射花样)进行阻挡或允许通过时,得到了许多不同的图像.设焦平面上坐标为 ξ,那么 ξ 与空间频率 $\frac{\sin\theta}{\lambda}$ 相应关系为

$$\frac{\sin\theta}{\lambda} = \frac{\xi}{\lambda f} \tag{5.2.3}$$

(这适用于角度较小时 $\sin\theta \approx \tan\theta = \frac{\xi}{f}$,$f$ 为焦距,见后面图 5.2.8).焦平面中央亮点对应的是物平面上总的亮度(称为直流分量),焦平面上离中央亮点较近(远)的光强反映物平面上频率较低(高)的光栅调制度(或可见度).1934年泽尼克在焦平面中央设置一块面积很小的相移板,使直流分量产生 $\frac{\pi}{2}$ 相位变化,从而使生物标本中的透明物质不须染色变成明暗图像,因而可研究活的细胞,这种显微镜称为相衬显微镜.为此他在1993年获得诺贝尔奖.在20世纪50年代,通信理论中常用的傅里叶变换被引入光学,60年代激光出现后又提供了相干光源,一种新观点(傅里叶光学)与新技术(光学信息处理)就此发展起来.

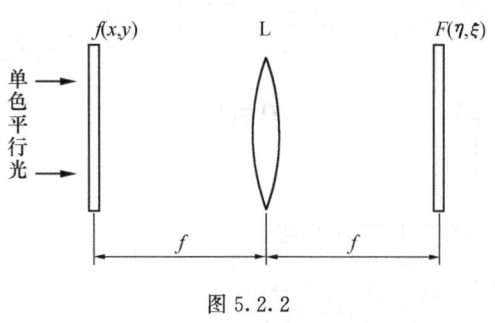

图 5.2.2

物的内容中如含周期性结构,可以看成是各种频率的光栅组合而成,用数学语言讲就是把物展开成空间的傅里叶级数.如物的内容不是周期性的,在数学上就要作傅里叶变换,在物理上可由透镜来实现.可以证明,由于透镜作为相位变换器能把平面波转换为球面波,当单色平面波照射在透明片上(其振幅透射率为 $f(x,y)$)时,如图 5.2.2 中光路所示,透镜后焦平面上光场复振幅分布即为其傅里叶变换

$$f(u,v) = \iint_{-\infty}^{\infty} f(x,y) e^{-i2\pi(ux+vy)} dx dy \tag{5.2.4}$$

式中,$u = \frac{\xi}{\lambda f}$,$v = \frac{\eta}{\lambda f}$,实际上这也就是 $t(x,y)$ 的夫琅禾费衍射.当 t 不在透镜前焦面上时,后焦面上仍为其傅里叶变换,但要乘上相位弯曲因子.当入射的不是平面波,而是球面波(发散、

会聚均可），则在入射波经透镜（甚至不经透镜）后形成的会聚点所在平面上也是傅里叶变换，只是也附加上了相位弯曲因子．傅里叶变换的例子，如 δ 函数 $\to 1$，$1 \to \delta$ 函数，rect 函数 $\to$ sinc 函数及许多性质的标度、卷积定理都可以由此在物理上演示出来．

如图 5.2.3 所示，在透镜后再设一透镜，则在 Q 面上的复振幅分布又经过一次傅里叶变换，物函数

$$f_Q(x',y') = \iint_Q F(\xi,\eta) e^{i2\pi(ux+vy)} d\xi d\eta = f_P(-x,-y) \tag{5.2.5}$$

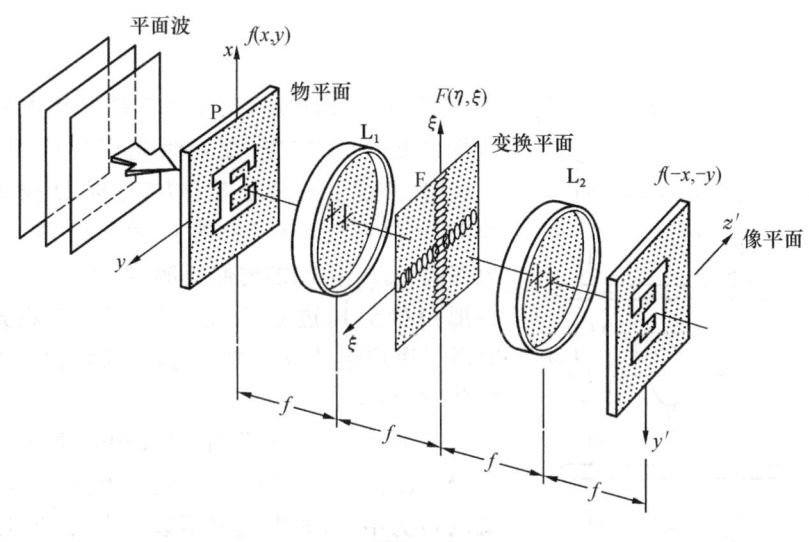

图 5.2.3

的倒置也就是 $f(x,y)$ 的像．前述在平面波照射下在前焦平面上的 $f(x,y)$ 时，在照明光会聚点有其傅里叶变换，但要加上相位弯曲因子，该相位弯曲相当于会聚球面波照在傅里叶变换上，到达该球面波会聚点所在平面 Q 时，也是完成第二次傅里叶变换（图 5.2.4），只是标度有变化，即像是放大或缩小的．因此从波动光学的观点来看，正是透镜的傅里叶变换功能造成了其成像的功能，无论在物理学上还是在数学上，图 5.2.4 与图 5.2.1 所描述的过程其实是一致的．

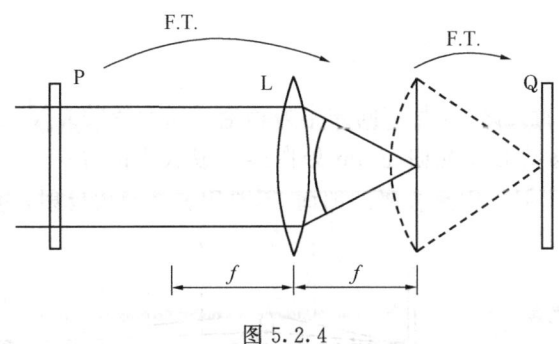

图 5.2.4

这样，就用波动光学的观点叙述了成像过程．这不但说明了几何光学已经说明的透镜成像功能，而且还预示了在频谱平面上设置滤波器可以改变图像的结构，这后者是无法用几何

光学来解释的.前述相衬显微镜即是空间滤波的一个成功例子.除了下面实验中的低通滤波、方向滤波及θ调制等较简单的滤波特例外,还进行特征识别、图像合成、模糊图像复原等较复杂的光学信息处理.因此透镜的傅里叶变换功能的含义比其成像功能更深刻、更广泛.

【仪器和用具】

光具座,氦氖激光器,溴钨灯(12V,50W)及直流电源,薄透镜若干,可变狭缝光阑,可变圆孔光阑,θ调制用光阑,光栅(一维、正交及θ调制各一),光学物屏,游标卡尺,白屏,平面镜.

【实验内容】

共轴调节.本实验主要以激光为光源,光路是否共轴比本书4.2实验更容易判断,调节的效果也更明显.首先,要调激光束平行于光具座(图5.2.5),并位于光具座正上方,把屏 Q 插在光具座滑块上,并移近激光架 L_s,把 L_s 做上下、左右移动,使光束偏离 O,调节 L_s 的俯仰及侧转,使光束又穿过小孔;再把 Q 推至 L_s 边上,反复调节,直到 Q 在光具座平移时激光束均穿过 O 为圆心的孔,以后就不再需要改变 L_s 的位置.

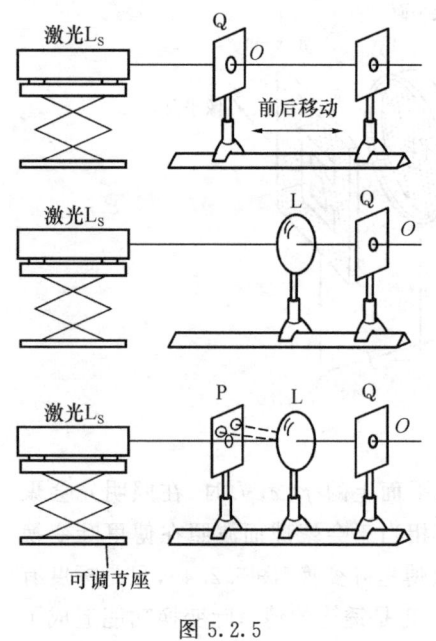

图 5.2.5

在做以下几个实验时,都要用透镜,在加入透镜 L 后,如激光束正好射在 L 的光心上,则在屏 Q 上的光斑以 O 为中心,如果光斑不以 O 为中心,则需调节 L 的高低及左右,直到经过 L 的光束不改变方向(即仍打在 O 上)为止;此时在 L_s 处再设带有圆孔 P 的光屏,从 L 前后两个表面反射回去的光束回到此 P 上,如两个光斑套准并正好以 P 为中心,则说明 L 的光轴正好就在 P、O 连线上.不然就要调整 L 的取向.如光路中有几个透镜,先调离 L_s 最远的透镜,再逐个由远及近加入其他透镜,每次都保持两个反射光斑套准在 O 上,透射光斑以 O 为中心,则光路就一直保持共轴.

1. 阿贝成像原理

(1) 按图 5.2.6 布置光路.G 是空间频率为每毫米几十条的光栅,在实验中作为物.L 是焦距为 10cm 的透镜,移动 L 使光栅在 3m 处白屏上成放大的像(也可以用平面镜把光束反射到实验桌上的白屏上,但要用涂金属的那面,不要用玻璃面去反射,为什么? 可以试试).

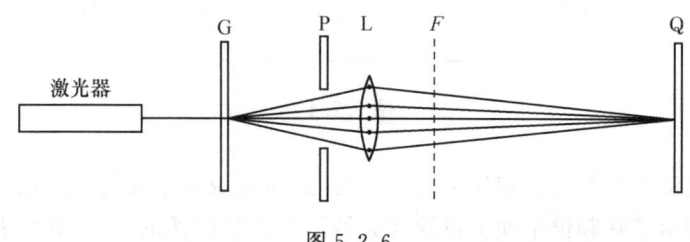

图 5.2.6

(2) 用白纸插入 G 之后的光路中并从 G 处移到 L 可看到 G 后衍射光束逐步分开；再从 L 移到 P 处，可看到光束又逐步合到一起，形成光栅像．

(3) 在 L 前设可变圆孔光阑 P；在逐步减小光阑时在 L 后用白纸检查光束被挡去情况，如有三束光通过，则 Q 上仍有条纹；如仅有一束光通过，Q 上就无条纹，也就是不能分辨这个空间频率的细节了(P 不一定紧贴在 L 之前)．

(4) 使 P 上某一圆孔刚能容纳三束光通过，测量 G、P 距离及圆孔半径，估算 G 的空间频率．并估算能分辨此频率的最小透镜孔径．

2. 波特实验

仍然使用图 5.2.6 中光路，但改为到 L 的焦平面 F 上来改变像的空间频率结构．

把毛玻璃放在 F 面处可看到一系列光点，它们相应于物光栅夫琅禾费衍射的 $0, \pm 1, \pm 2, \cdots$ 级的衍射极大值．用直尺或游标卡尺测出各衍射级离中央亮点的距离 ξ，把透镜焦距 f、所用激光波长 λ 与 ξ 代入式(5.2.3)，算出这些亮点对应的空间频率，并与通过物像关系算出的光栅空间频率进行比较(由物距、像距、像上条纹宽度计算)，说明物理意义．

利用可变狭缝光阑及小磁块，按照图 5.2.7 中(b)、(c)、(d)各个情况挡去某些衍射级，观察像屏 s 上图像的变化情况，并作出解释(可以从傅里叶光学与光波干涉两种观点来解释)．

用二维的正交光栅代替一维光栅，放在输入位置．这时在 F 面上看到的是分立的光点阵，这就是正交光栅的夫琅禾费衍射，或者说是其傅里叶谱．如在 F 面上设小孔光阑，只让一个光点通过，则输出面上仅有一片光亮而无条纹．换句话说，零级相应于直流分量，也可理解为 δ 函数的傅里叶变换为 1(图 5.2.8)．

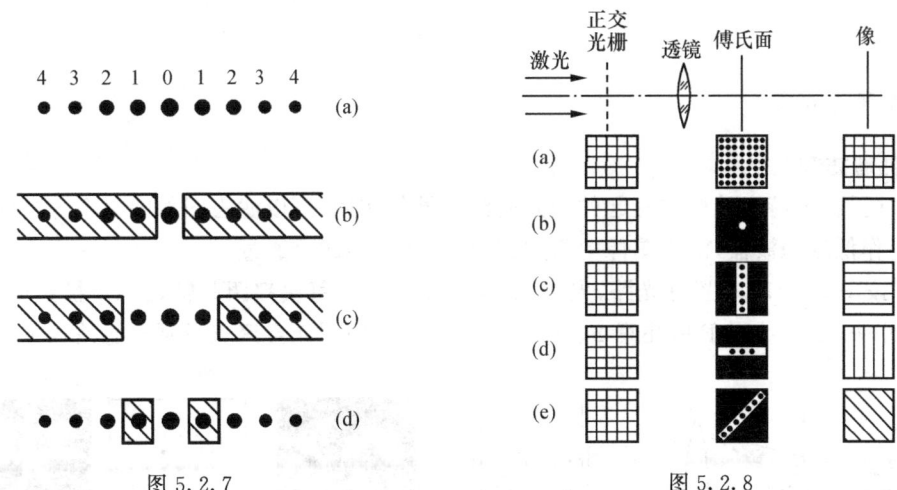

图 5.2.7　　　　　　　　图 5.2.8

换用可旋转狭缝光阑作空间滤波器放在 F 面上，狭缝处于竖直方位时，S 屏上竖条纹全被滤去，只剩横条纹；当然横条纹也可看作几个竖直方向上点源发出光波的干涉条纹．把狭缝转到水平方向及斜方向，观察 S 屏上条纹取向及间距，并加以解释．总之，改变频谱结构，就改变像的结构．

3. 透镜的傅里叶变换功能

按图 5.2.9(a)布置光路，L_1、L_2 构成扩束准直系统，扩束后光束截面直径增大(倍数为两透镜焦距之比).输入至输出共距四倍焦距,故可称为 $4f$ 系统,是典型的光束信息处理光路,能进行二次傅里叶变换.

用 $4f$ 系统直接观察傅里叶变换,有时感到花样较小,不易看清,图 5.2.9(b)光路中的物屏可放在位置 1 到 2 之间,在照明光的会聚点上都可以看到它的夫琅禾费衍射,或者说傅里叶变换.自己选择一个位置(在 2 处,物离 Q 远,则花样分布较大,便于观察),先后插入圆孔、双缝、单缝,观察其傅里叶变换光强分布情况并对傅里叶变换的标度性质、卷积定理作出物理解释.设此时 P、Q 距离为 z,则 Q 空间频率标度为 $\dfrac{\xi}{\lambda z}$.

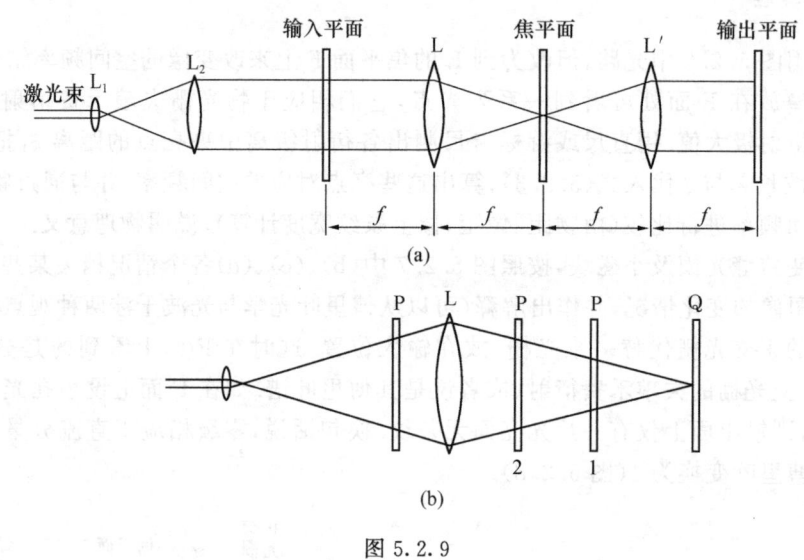

图 5.2.9

4. 空间滤波实验

1) 低通滤波

前述阿贝-波特实验中狭缝起的是方向滤波器的作用,可以滤去图像中某个方向的结构.而圆孔可作低通滤波器,滤去图像中高频成分,只让低频成分通过.

(1) 按图 5.2.10 布置好光路,先放入 L_2,再放入 L_1,每次都调共轴,经 L_1 扩束后光斑应打在 L_2 中央.放入物屏 P 后注意 P、Q 的物像关系,在照明光会聚点设圆孔滤波器 F.

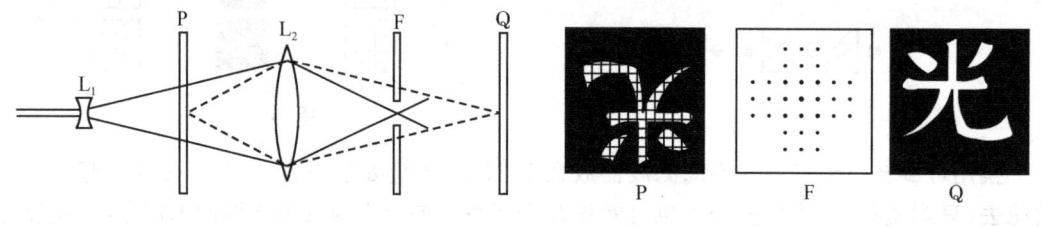

图 5.2.10

本实验物屏中央是透光的"光"字与细网格叠加在一起,网格空间频率约为 10 条/mm,调 P、Q 位置,使 Q 上有清晰的放大像,能看清其网格结构.

(2) 观察 F 面上频谱分布,可以看到排成十字形的点阵.改变 F 上圆孔,逐步缩小,在圆孔直径≥1mm 时(可以通过多个光点),仍可看到像中有网格结构,而换到 0.5mm 直径圆孔时,只允许中央亮点通过,则在 Q 面上看到了没有网格的"光"字.这是因为"光"的空间频率低,就集中在光轴附近很小范围内.可见小圆孔起到只通过低频的作用.

在更换圆孔时,要特别细心,光轴必须严格穿过小圆孔圆心,才能有良好的实际效果,否则可能"光"字不完整.如试验一段时间未能奏效,可以改用下法:把字屏 P 移走,把 F 屏上 0.5mm 圆孔移在中央,然后细心地用手上下移动圆孔,左右调节滑块座上微动螺旋及前后推移滑块位置,同时观察 Q 上衍射花样以决定如何移动小圆孔,直到最后出现大而均匀的光斑,再插入物屏 P,像屏 Q 上必有清晰字样(不带网格).因为此时光束会聚点正好在小圆孔圆心上.

把小圆孔移到中央亮点以外的亮点上,在 Q 屏上仍能看到不带网格的"光"字,只是较暗淡一些.这说明当物为"光"与网格的乘积时,其傅里叶谱是"光"的谱与网格的谱的卷积,因此每个亮点周围都是"光"的谱,再作傅里叶变换就还原成"光"字.这就演示了傅里叶变换的乘积定理.

2) 用 θ 调制产生假彩色

(1) 类似于通信技术中把信号与载波相乘以调制振幅与相位,便于发送;光学信息处理中把图像(信号)与空间载频(光栅)相乘,也起到调制作用,便于进行处理.

本实验中所用的物是由方向不同的一维光栅组合而成的(图 5.2.11).用激光束照射不同部位,就可在其后看到不同取向的衍射光线.光栅空间频率约为 100 条/mm,三组光栅取向各相差 60°.

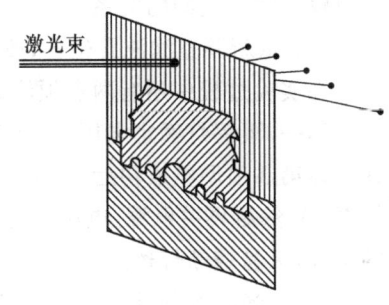

图 5.2.11

(2) 按图 5.2.12(a)布置光路,S 为溴钨灯,L_1 起聚光作用,在 L_1 后聚光亮点处设滤波器 F,注意使 S、L_1 距离大于 L_1、F 距离,以获得较小的亮点.物 P 紧靠在 L_1 后,F 后设 L_2,L_2 把 P 的像成在 Q 屏上,为了得到较亮的像,最好 P、L_2 距离大于或等于 L_2、Q 距离.

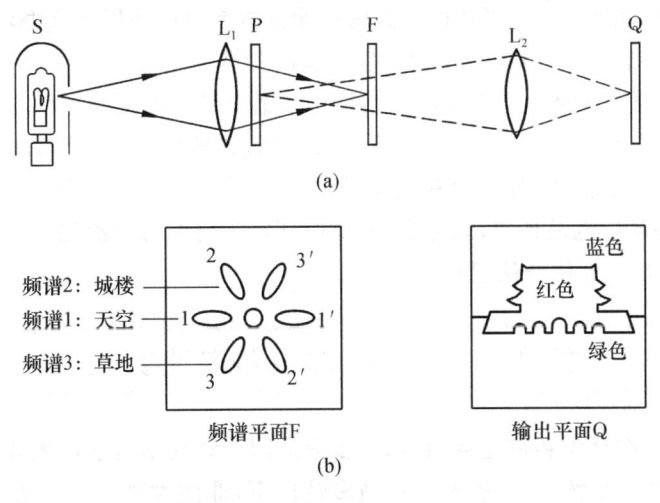

图 5.2.12

(3) 观察 F 面频谱的特点:第一,由于输入图像由三个取向不同的光栅构成,每组光栅对应一个衍射方向,衍射光线所在平面垂直于光栅的取向.如把该方向频谱全部挡去,则输出面上相应区域光强就转为零,如把水平方向的频谱挡去,可以看到像上天空呈黑暗.其余类推.

第二,由于照明光是白光,根据光栅方程,每组频谱零频的各色光衍射角均为0,各色光的零级叠加在一起就呈白色;而在其余±1,±2,…级上,波长长的色光衍射角大,因此各级均呈现从紫(在内)到红(在外)的连续的光谱色.

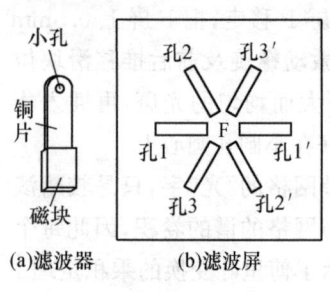

图 5.2.13

(4) 如图 5.2.13 所示,再次仔细调整共轴,使白光亮点恰好射在滤波器中央 F 透光处,而六条光谱带恰好从六条狭长孔中穿过.然后用带有铜片的小磁块在屏上移动,使铜片上小孔处在一级谱的某种颜色上,该色光得以通过.使孔1、孔1′通过黄光,输出平面上天空部分就呈蓝色,同理让孔2与孔2′通过红光,孔3与孔3′通过绿光,相应就在输出像中出现红色的房子与绿色的草地(图 5.2.12(b)).

(5) 用白纸在 F 屏后由近到远移动,观察各衍射级光点的颜色及光斑形状的变化情况,再次思考输入以上光栅取向、频谱面上变色光分布及所携带信息及输出谱形之间的关系.

(6) 重新调整滤波孔位置,改变输出图像的色彩,这说明色彩是人为指定的而非天然色.

在实验过程中还有两点须注意:

第一,溴钨灯额定电压为 12V,因此为延长使用寿命在调整光路时电压只放在 6V 左右,在上述第 3 项调整成功后,才把电压调整到 10V,以观察输出彩色效果,观察后随即把电压调低至 6V 然后再关电源.电压始终不得超过 12V,并不准在 12V 时关掉电源,否则下次开电源的瞬间,极易烧断灯丝.

第二,光源 S 的开孔较大,射出的灯光经过光具座的反射,易在输出面 Q 处增添杂散光,干扰对彩色像的观察,可在 P、F 各屏的下方用黑纸挡去这些杂光.

【思考题】

(1) 从阿贝成像原理出发,要获得较高的成像分辨率可以采用什么办法?如在照明光波长、物镜孔径已确定后,增大目镜的放大率能否提高分辨率?

(2) 用惠更斯原理解释低通空间滤波实验中频谱上各次极大亮点均带有"光"字的频谱.在本实验中如滤波孔直径从 0.5mm 减小到 5μm,试设想输出图像是什么样的?

(3) 在 θ 调制实验中,物面上没有光栅处原是透明的,像面上相应部位却是暗的,为什么?如果要让这些部位也是亮的,该怎么办,此时还能进行假彩色编码吗?

(4) 对透镜的功能有何新认识?

实验 5.3　非线性电路混沌实验

长期以来,人们在认识和描述运动时,大多只局限于线性动力学描述方法,即确定的运动有一个完美确定的解析解.但自然界在相当多情况下,非线性现象却起着很大的作用.1963年美国气象学家 Lorenz 在分析天气预报模型时,首先发现空气动力学中混沌现象,该现象只能用非线性动力学来解释.于是,1975 年混沌(chaos)作为一个新的科学名词首先出现在科学文献中.从此,非线性动力学迅速发展,并成为有丰富内容的研究领域.该学科涉及非常广泛的科学范围,从电子学到物理学,从气象学到生态学,从数学到经济学等.

混沌通常对应于不规则或非周期性,这是由非线性系统产生的.

【实验目的】

(1) 建立一个非线性电路,该电路包括有源非线性负阻,LC 振荡器和移相器三部分.

(2) 采用物理实验方法研究 LC 振荡器产生的正弦波与经过 RC 移相器移相的正弦波合成的相图(李萨如图),观测振动周期发生的分岔及混沌现象.

(3) 测量非线性单元电路的电流-电压特性.

【实验原理】

1. 非线性电路与非线性动力学

实验原理如图 5.3.1 所示.图中只有一个非线性元件 R,它是一个有源非线性负阻器件;电感器 L 和电容器 C_2 组成一个损耗可以忽略的振荡回路;可变电导 G(由可变电阻 $R_{v_1}+R_{v_2}$ 构成)和电容器 C_1 串联将振荡器产生的正弦信号移相输出.

较理想的非线性元件 R 是一个三段分段线性元件.其伏安特性曲线如图 5.3.2 所示,由特性曲线显示,加在此非线性元件上电压与通过它的电流极性是相反的.由于加在此元件上的电压增加时,通过它的电流却减少,因而将此元件称为非线性负阻元件.

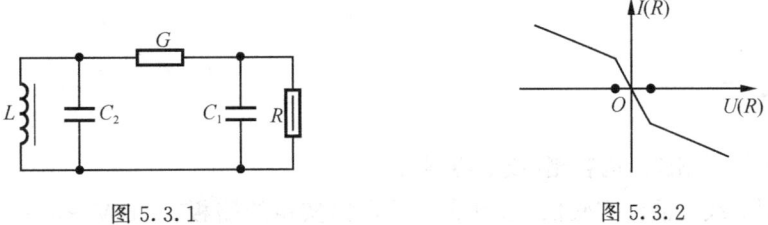

图 5.3.1   图 5.3.2

图 5.3.1 电路的非线性动力学方程为

$$C_1 \frac{dU_{C,1}}{dt} = G \cdot (U_{C,2} - U_{C,1}) - g \cdot U_{C,1}$$

$$C_2 \frac{dU_{C,2}}{dt} = G \cdot (U_{C,1} - U_{C,2}) + i_L$$

$$L \frac{di_L}{dt} = -U_{C,2}$$

式中,电导 $G = \dfrac{1}{R_{U,1}+R_{U,2}}$, $U_{C,1}$ 和 $U_{C,2}$ 分别表示加在 C_1 和 C_2 上的电压, i_L 表示流过电感器 L 的电流, g 表示非线性电阻的电导.

2. 有源非线性负阻元件

有源非线性负阻元件实现的方法有多种,这里使用的是 Kennedy 于 1993 年提出的方法:使用两个运算放大器(一个双运放 TL082)和 6 个配置电阻来实现,其电路如图 5.3.3 所示,它的伏安特性曲线如图 5.3.4 所示.由于本实验研究的是该非线性元件运动对整个电路的影响,只要知道它主要是一个负阻电路(元件),能输出电流维持 LC_2 振荡器不断振荡,而非线性负阻元件的作用是使振动周期产生分岔和混沌等一系列现象.

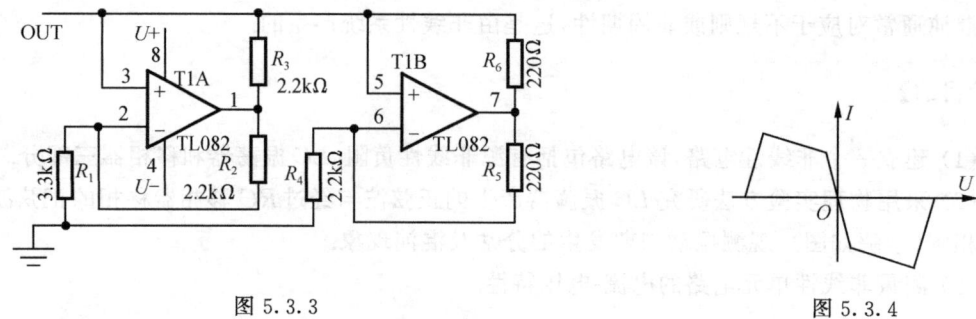

图 5.3.3　　　　　　　　　　　　　　图 5.3.4

实际非线性混沌实验电路如图 5.3.5 所示.

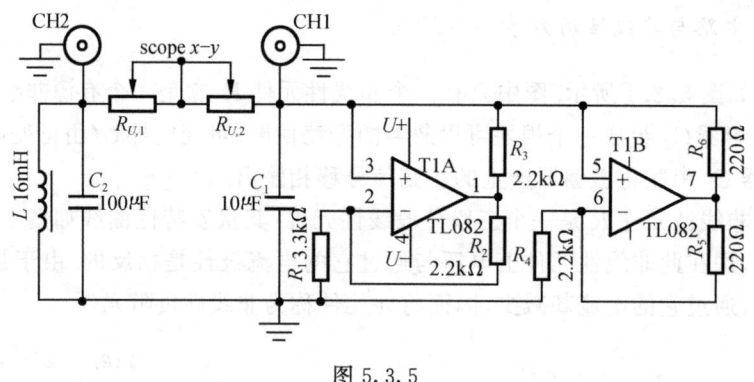

图 5.3.5

【仪器和用具】

双踪示波器,电阻箱,电容箱(或电容器).

NCE-1 型非线性混沌实验仪,它由非线性电路实验线路板、$-15V\sim0\sim+15V$ 稳压电源、四位半数字电压表($0\sim20V$,分辨率 1mV)三部分组成.

【实验内容】

(1) 阅读仪器说明书,按图 5.3.5 所示电路接线,其中电感器 L 由实验者用漆包铜线手工缠绕.可在线框上绕 80~90 圈,然后装上铁氧体磁芯,并把引出漆包线端点上的绝缘漆用刀片刮去,使两端点导电性能良好.

(2) 用串联谐振法测电感器电感量.把自制电感器、电容器、电阻箱(取 10Ω)串联,并与低频信号发生器相连接.用示波器测量电阻两端的电压,调节低频信号发生器正弦波频率,使电阻两端电压达最大值.同时,计算通过电阻的电流值 I,要求达到 $I=5mA$(有效值)时,电感器电感量 $L=17.5mH$.

(3) 把自制电感器接入图 5.3.5 所示的电路中,调节 $R_{U,1}+R_{U,2}$ 阻值.在示波器上观测图 5.3.5 所示的 CH1-地和 CH2-地所构成的相图(李萨如图),调节电阻 $R_{U,1}+R_{U,2}$ 值由大至小时,描绘相同周期的分岔及混沌现象.将一个环形相图的周期定为 P,要求观测并记录 $2P$、$4P$、阵发混沌、$3P$、单吸引子(混沌)、双吸引子(混沌)共 6 个相图以及相应的 CH1-地和 CH2-地两个输出波形.

(4) 把有源非线性电阻元件与 RC 移相器连线断开,测量非线性单元电路在电压 $U<0$

时的伏安特性,作 I-U 关系图.

(5) 注意事项:①双运算放大器 TL082 的正负极不能接反,地线与电源接地点接触必须良好.②关掉电源后拆线.③仪器应预热 10min 后开始测量数据.

【思考题】

(1) 实验中需自制铁氧体为介质的电感,该电感器的电感量与哪些因素有关?此电感量可用哪些方法测量?

(2) 非线性负阻电路(元件)在本实验中的作用是什么?

(3) 为什么要采用 RC 移相器,并用相图来观测周期分岔等现象?

(4) 通过本实验,请简述倍周期分岔、混沌、奇怪吸引子等的物理意义.

实验 5.4　法布里-珀罗标准具

【实验目的】

(1) 了解法布里-珀罗(F-P)标准具的结构、特点、调节和使用方法.

(2) 应用 F-P 标准具测定汞谱线的波长或膜层厚度.

【实验原理】

(1) F-P 标准具是由两块平面玻璃 G_1、G_2 组成,两板的内表面镀以高反射率的银膜或铝膜.当两表面严格平行时,由于光在这两个镀膜面之间空气层的反复反射,形成了多光束的等倾干涉圆环.其外形结构和光路分别如图 5.4.1(a)、(b)所示.为避免没有镀膜表面发射光的干扰,两块平板常做成楔形,楔角为 $1'$~$10'$.两块平板均安装在金属框内,其中一块固定,另一块可借三个调节螺钉调整两反射面的平行度及空气层的厚度 d.

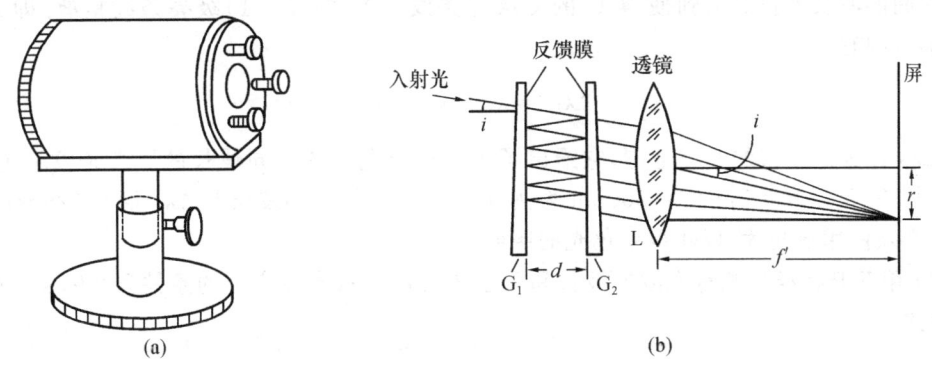

图 5.4.1

(2) F-P 标准具需用单色扩展光源照明,其中以小角度 i 入射光线的光路如图 5.4.1(a)所示,若透镜 L 的主轴垂直于镀膜面,在透镜的焦平面上将形成一系列细窄明亮的圆形等倾干涉条纹.相邻两光束的光程差 Δ 为

$$\Delta = 2nd\cos i \tag{5.4.1}$$

相对应的相位差为

$$\delta = \frac{2\pi}{\lambda} 2nd\cos i \tag{5.4.2}$$

式中，n 为两板之间介质的折射率（现为空气，$n=1$）.

当 $\Delta = k\lambda$ 时形成第 k 级亮纹，相邻干涉条纹的角距离

$$\Delta i = -\frac{\lambda}{2d\sin i} \tag{5.4.3}$$

为简化讨论，不考虑膜对光的吸收以及内反射的相变，则透射光强为

$$I = I_0 \left[1 + \frac{4R}{(1-R)^2}\sin^2\frac{\delta}{2}\right]^{-1} \tag{5.4.4}$$

式中，I_0 为入射光强，R 为镀膜层的光强反射率，δ 为两相邻光束在 P 点产生的相差. 对不同 R，透射光的相对强度分布曲线如图 5.4.2 所示.

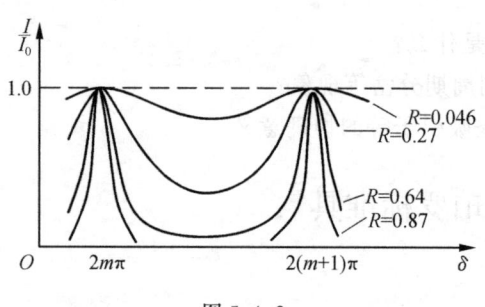

图 5.4.2

F-P 标准具产生的干涉条纹分布特点：① 视场中心（$i=0$），干涉纹级次最高，从中心向外为 $k-1, k-2, \cdots$ 级. ② 相邻干涉条纹的角距离 Δi 随 d, i 的增大而减小. ③ 透射光的干涉图是黑暗背景上的亮条纹，且反射率 R 越高，亮条纹就越明锐.

(3) F-P 标准具还具有分辨本领高和自由光谱区小的特点. 在波长 λ 处，F-P 标准具的分辨率为

$$A = \frac{\lambda}{\Delta\lambda_m} = 0.97ks \tag{5.4.5}$$

式中，$\Delta\lambda_m$ 为能分辨的最小波长差，k 为干涉级，$s = \frac{\pi\sqrt{R}}{1-R}$ 称为干涉条纹的精细度. $\Delta\lambda_m$ 越小，仪器的分辨能力就越高，分辨本领就越大. 以 $d=5\text{mm}, R=0.9$ 为例，在 $\lambda=500\text{nm}$ 处，F-P 标准具能分辨的最小波长差 $\Delta\lambda_m = 0.00083\text{nm}$.

若入射光中包含两个十分接近的波长 λ_1 和 λ_2（$\lambda_1 > \lambda_2$），可得到两套同心圆条纹. 如果 λ_1 和 λ_2 之间的波长差正好大到使得 λ_2 的 k 级亮条纹与 λ_1 的 $(k-1)$ 级亮条纹重叠. 即 $k\lambda_2 = (k-1)\lambda_1$，则有

$$\Delta\lambda_R = \lambda_1 - \lambda_2 \approx \frac{\bar{\lambda}^2}{2d} \tag{5.4.6}$$

式中，$\Delta\lambda_R$ 称为干涉仪的光谱范围，它给出了干涉仪所允许的不同波长的干涉条纹不重序的最大波长差. 仍以 $d=5\text{mm}, \lambda=500\text{nm}$ 为例，F-P 可测量的最小波长差 $\Delta\lambda_R$ 仅 0.025nm，所以实验时必须使用滤光片，以获得单色光的照明.

(4) 用 F-P 标准具测量光波的波长和微小波长差. k 级亮纹产生的条件为 $2d\cos i = k\lambda$，另有关系式

$$\cos i = \frac{f'}{\sqrt{f'^2 + r_k^2}} = 1 - \frac{1}{2} \cdot \frac{r_k^2}{f'^2} \tag{5.4.7}$$

合并两式，即有

$$2d\left(1 - \frac{1}{2} \cdot \frac{r_k^2}{f'^2}\right) = k\lambda \tag{5.4.8}$$

式中，f' 为照相物镜的焦距，r_k 为 k 级圆纹的半径，若同一波长相邻两干涉圆纹半径的平方差用 Δr^2 表示，则有

$$\Delta r^2 = r_{k-1}^2 - r_k^2 = \frac{\lambda f'^2}{d} \tag{5.4.9}$$

可见，Δr^2 是与干涉级 k 无关的常量.

如果测得从中心数起的两亮纹的半径 r_{m1} 和 r_{m2}，可得

$$d = \lambda f'^2 (m_2 - m_1)(r_{m_1}^2 - r_{m_2}^2)^{-1} \tag{5.4.10}$$

或

$$\lambda = d(r_{m_1}^2 - r_{m_2}^2)[f'^2(m_2 - m_1)]^{-1} \tag{5.4.11}$$

因此，只要量出干涉环的半径，即可求出照明光波波长 λ（d, f' 已知），或膜厚 d（λ, f' 已知）.

【仪器和用具】

F-P 标准具，低压汞灯（GP20Hg），高压汞灯（GGQ80），钠灯（GP20Na），干涉滤光片（546.1nm），移测显微镜，会聚透镜，望远镜.

【实验内容】

(1) F-P 标准具的调节. 按图 5.4.3 装置调节光路，点亮汞灯 S，用透镜 L_1 使照明光束充满 F-P 的孔径，这时观察者不用移测显微镜 M 和成像透镜 L_2，便可直接看到干涉圆环，让环纹的中心位于标准具视场中央，上、下、左、右移动眼睛观察干涉条纹的变化，如看见视场中心有条纹不断"涌出"或"陷入"，则可调节标准具上的三个调节螺钉，直至干涉环纹的大小均稳定不变，仅环纹中心的位置随观察者视线的移动而变化为止.

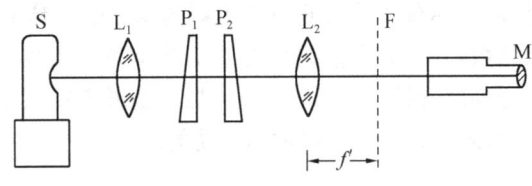

图 5.4.3

(2) 观察多光束等倾干涉条纹. 调好标准具后，放上对无穷远处调焦好的望远镜，加上干涉滤光片（如 546.1nm），应能看到准单色光产生的等倾干涉圆级环，并与迈克耳孙干涉仪产生的双光束等倾干涉圆环比较，说明异同.

(3) 测定干涉圆纹半径 r_k. ①移去望远镜，在标准具与移测显微镜之间加入消色差透镜 L_2，令移测显微镜对 L_2 的后焦面聚焦，应能从中看到一组清晰的干涉条纹. ②用移测显微镜测出近中心处 10 个干涉圆环的直径，重复几次，取平均值. ③算出各个相邻条纹的 $\Delta r_k^2 = r_{k-1}^2 - r_k^2$，用逐差法处理所得数据，计算 $\overline{\Delta r_k^2}$.

(4) 测定光波波长 λ 或膜厚 d. 将 $\overline{\Delta r_k^2}$ 代入式(5.4.9)计算膜厚 d，并计算不确定度. 实验中取 $\lambda=546.07$nm，透镜焦距 f' 的数值由实验室提供.

(5) 将 GP20Hg 灯分别换成 GP20Na 灯和 GGQ80 汞灯照明，观察、记录干涉条纹的变化. ①钠黄双线有无分开，干涉条纹有无重叠？②高压汞灯照明，干涉圆环逐渐消失. 试分析说明.

【思考题】

(1) 当人眼自上而下移动时，若发现有条纹从视场中心不断"涌出"，试分析标准具中空

气膜层厚度的分布情况,怎样调节才能使条纹稳定不变?

(2) 如果移测显微镜视场里的干涉条纹不能同时清晰,这是什么原因造成的?

(3) 怎样才能应用 F-P 标准具测定双线的波长差? ①不发生干涉级的重叠. ②有干涉级的交叠现象. 分别说明实验原理和方法.

实验 5.5　集成运算放大器及简单应用

【实验目的】

(1) 了解集成运算放大器的基本特性.
(2) 掌握集成运算放大器的简单应用方法.

【实验原理】

集成运算放大器简称运算放大器或运放. 运算放大器被广泛应用在电子线路中,配有不同的外围电路,可构成各种放大器、线性和非线性数学运算器、电压比较器、波形变换和发生器等. 常用的运算放大器有如图 5.5.1 的 8 脚双列直插的单运放 OP07、LF351 和双运放 LM358、TL062、LF353 等;14 脚双列直插的四运放 LM324、TL084 等. 运算放大器的基本单元如图 5.5.2 所示. 例如,四运放就有四个这样的单元,每个单元有两个输入端——同相"+"输入端和反相"−"输入端以及一个输出端. 理想运算放大器的输入阻抗为无穷大,即不会有电流流过输入端. 而实际中有较大区别,如 LM358、LM324 输入阻抗相对低一些,而 LF351、LF353、TL062、TL084 等输入阻抗则非常高,可达到 $10^{12}\,\Omega$. 运算放大器的输出电压等于两输入端间的电势差乘以运算放大器的开环放大倍数,开环放大倍数可达 10^5. 当运算放大器工作在闭环线性区内时,两输入端的电势 U_+ 和 U_- 应始终相等. 对于运算放大器本身并不能实现人们所需的运算功能,只有配有不同的外围电路后,才得以实现不同的运算功能.

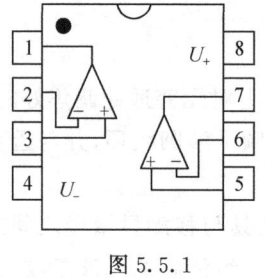

图 5.5.1

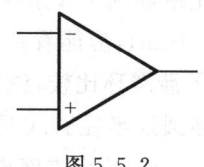

图 5.5.2

1. 反相比例放大器及反相加法器

图 5.5.3 是运算放大器组成的反相放大器,外围电阻 R_i、R_f 组成反馈电路. 运放具有极高的开环放大倍数,当工作在闭环线性区时应有

$$U_+ = U_-; \quad I_i = -I_f$$

$$I_i = \frac{U_i}{R_i}$$

$$I_f = \frac{U_o}{R_f}$$

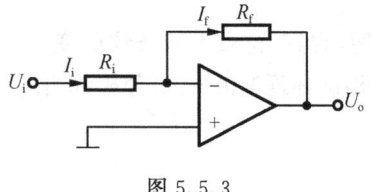

图 5.5.3

由以上各式可得反相放大器的电压放大倍数

$$A = \frac{U_o}{U_i} = -\frac{R_f}{R_i} \tag{5.5.1}$$

反相放大器的输出电压 U_o 和输入电压 U_i 的关系为

$$U_o = -U_i \frac{R_f}{R_i} \tag{5.5.2}$$

反相放大器的输入阻抗即为 R_i.

当有多个输入电压同时输入时，如图 5.5.4 所示，有

$$I_i = I_{i,1} + I_{i,2} + I_{i,3} = \frac{U_{i,1}}{R_{i,1}} + \frac{U_{i,2}}{R_{i,2}} + \frac{U_{i,3}}{R_{i,3}}$$

此时可得加法器的输出电压 U_o 与输入电压 U_i 的关系为

$$U_o = -R_f \left(\frac{U_{i,1}}{R_{i,1}} + \frac{U_{i,2}}{R_{i,2}} + \frac{U_{i,3}}{R_{i,3}} \right) \tag{5.5.3}$$

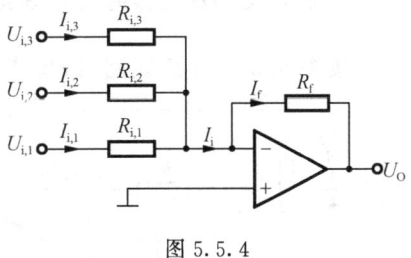

图 5.5.4

当各输入电阻 R_i 相等时，可得

$$U_o = -\frac{R_f}{R_i}(U_{i,1} + U_{i,2} + U_{i,3}) \tag{5.5.4}$$

2. 同相放大器

图 5.5.5 是运算放大器组成的同相比例放大器，与反相放大器不同的是输入电阻 R_i 一端接地，而输入电压则加到运算放大器的同相输入端，即 $U_i = U_+$，此时仍有 $U_+ = U_-$，$I_{R_i} = I_f$，而 $U_i = U_+$，$I_i = 0$. 由图 5.5.5，有

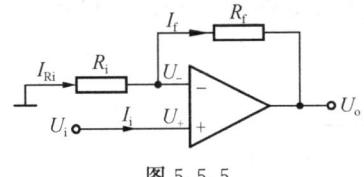

图 5.5.5

$$\frac{U_o - U_-}{R_f} = \frac{U_-}{R_i}$$

得输出电压为

$$U_o = U_- \frac{R_i + R_f}{R_i} = U_i \left(1 + \frac{R_f}{R_i} \right) \tag{5.5.5}$$

由式(5.5.5)可得同相放大器的放大倍数

$$A = \frac{U_o}{U_i} = 1 + \frac{R_f}{R_i} \tag{5.5.6}$$

从式(5.5.6)可看出同相放大器的放大倍数比反相放大器的大 1，反相放大器的放大倍数可以大于 1，也可以小于 1，但同相放大器的放大倍数总是大于或等于 1. 同相放大器的输入阻抗等于运算放大器本身的输入阻抗，因此要比反相放大器的大得多. 输出阻抗与反相放大器的相同. 如将 R_f 短接，即 $R_i = 0$，有 $U_i = U_o$，此时称运算放大器组成的是电压跟随器，起到了阻抗变换的作用.

3. 电压比较器

图 5.5.6 是运算放大器组成的电压比较器，此时的反馈电阻 R_f 为无穷大，运算放大器工作在开环状态. 同相输入端连接可调参考电压 U_s，反相输入端连接待比较的输入电压 U_i. 比较器的输出仅为两个状态，在 U_i 低于 U_s 时，输出为正，当 U_i 高于 U_s 时，输

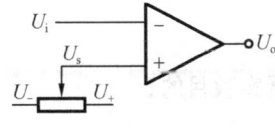

图 5.5.6

出为负. 如果 U_s 连接到反相输入端, U_i 连接到同相输入端, 则输出状态正好相反.

【仪器和用具】

直流稳压电源, 示波器, 数字直流电压表, TL062 运算放大器, 电阻器, 可调电阻器.

【实验内容】

1. 测定反相放大器的放大倍数

按图 5.5.7 连接线路, 按要求设定 R_i 和 R_f 的值, 运算放大器的电源由正负双电源 E_1 和 E_2 提供, 由可调电阻器 W 构成的分压电路来调节不同的输入电压 U_i, 并测出对应的输出电压 U_o. 按 U_o 和 U_i 之比的放大倍数及按 R_f 和 R_i 之比的放大倍数进行对比.

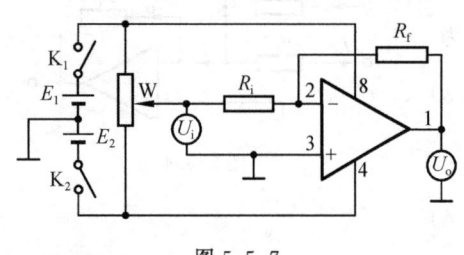

图 5.5.7

2. 测定同相放大器的放大倍数

按图 5.5.8 连接线路, 实验方法与上述相同.

3. 电压比较器实验

按图 5.5.9 连接线路, 调节 W_2 设定比较器的参考电压值 U_s, 调节 W_1 使 U_i 从 $U_i < U_s$ 至 $U_i > U_s$, 观察 U_o 的变化并记录结果.

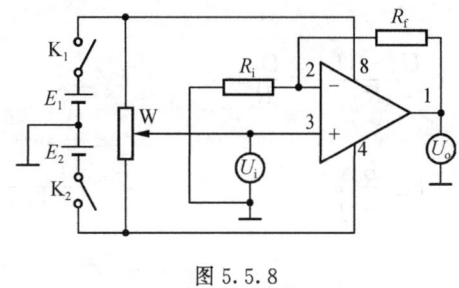

图 5.5.8

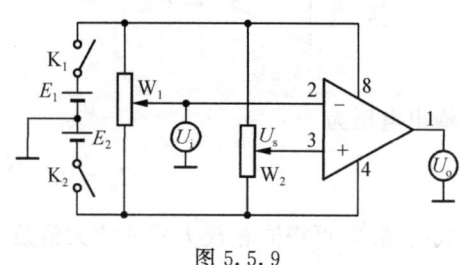

图 5.5.9

4. 作图

将以上的实验结果在坐标纸上画出 U_i-U_o 图线.

【思考题】

(1) 同相放大器中经常采用 R_i 为无穷大、R_f 为零的用法, 此时电路的主要功能是什么?
(2) 根据实验结果, 分析运算放大器的最大正负输出电压受什么因素限制?
(3) 分析实验 3.23 中运算放大器构成的电流电压转换电路.

实验 5.6 硅光电池的线性响应

【实验目的】

(1) 了解光电池线性响应的实用意义;

(2) 学习和掌握测定硅光电池线性工作范围的一种方法.

【实验原理】

硅光电池是利用光生伏打效应设计的一种半导体光电探测器,其特点是不需要外加电源.硅光电池的结构如图 2.1.29(a)所示.半导体硅受光照时,硅中形成电子-空穴对,电子被结电压吸入半透明金属膜,因而结电压降低,金属膜变成负电势,金属基极对透明金属膜层为正电势,这个电势差值与入射光通量有关.如果用导线接入电流计,就会产生光电流.如果光电流的大小与入射光通量有线性关系,则用光电池探测光信号强度,可进行客观、准确而不失真的测量.

线性响应是光电探测器的重要性能指标之一,也是实际使用光电池时必须保持的正常工作条件.但是在测量各种光信号的强度时,信号强度变化幅度可能较为悬殊,因此使用光电池前,必须了解它的线性响应的强度范围.硅光电池的等效电路如图 2.1.29(b)所示.它与电池一样有一个内阻 r,同时还相当于一个平板电容 C,C 与 r 并联,R 表示硅光电池的负载电阻,当入射光通量 F 照射到硅表面时,产生光电流为 i,其中一部分 i_1 流过 r,另一部分 i_2 流过 R,则

$$i = i_1 + i_2 \tag{5.6.1}$$

而在外电路中测量到的光电流为 i_2,因光电池的积分灵敏度为

$$S = \frac{i}{F} \tag{5.6.2}$$

因此可计算得

$$i_2 = \frac{SFr}{(r+R)} \tag{5.6.3}$$

由于半导体的特性,硅光电池的内阻 r 随入射光通量 F 而变,F 增大时,r 变小(一般 r 数值在几千到几十万欧姆范围内).严格地讲,i_2 与 F 无线性关系,而当 R 较小时,r 的变化对 i_2 影响较小,i_2 与 F 接近线性关系.因此,在实际使用中,要选用低内阻的电流计作测量仪表,或用补偿平衡电路.

如图 5.6.1 所示,平行光通过起偏棱镜 N_1 后,形成强度为 I_0 的平面偏振光,其偏振方向平行于棱镜的主截面,如果使该平面偏振光再通过检偏器棱镜 N_2,由马吕斯定律可知,通过 N_2 的透射光强 I 为

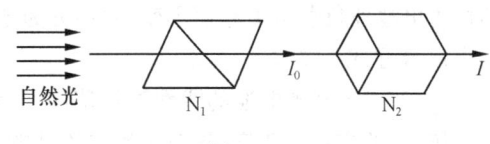

图 5.6.1

$$I = I_0 \cos^2 \alpha \tag{5.6.4}$$

式中,α 为两偏振棱镜主截面之间的夹角.由式(5.6.4)可见,透过 N_2 的光强随 α 的不同而变化.现将该透射光照射在光电池上,假设硅光电池的工作范围处于线性响应区域,则由硅光电池产生的光电流 i 应与入射光的强度 I 成正比,即 $i = c_1 I$,将此关系代入式(5.6.4),得

$$i = c_2 \cos^2 \alpha \quad (c_2 = c_1 I_0) \tag{5.6.5}$$

将上式两侧取对数,则

$$\lg i = \lg c_2 + 2\lg \cos \alpha \tag{5.6.6}$$

即变量($\lg \cos \alpha$)和($\lg i$)间在 $i = c_1 I$ 成立条件下,存在线性关系,且斜率为 2. 测量不同 α 角时的电流值 i,作 $\lg i$-$\lg \cos \alpha$ 图线,一般它为曲线,但其中有一段是斜率为 2 的直线,该段直线对

应的电流变化范围,就是该硅光电池的线性工作区域.

【仪器和用具】

溴钨灯,尼科耳棱镜(或偏振片)一对,硅光电池,灵敏电流计,电阻箱两只,直流稳压电源,聚光透镜,电键.

【实验内容】

(1) 按图 5.6.2 安置实验装置,光源 S 为溴钨灯,经透镜 L 后射出平行光,经过尼科耳棱镜,照射到待测硅光电池 P_c 上,灵敏电流计 G 显示出光电流值.

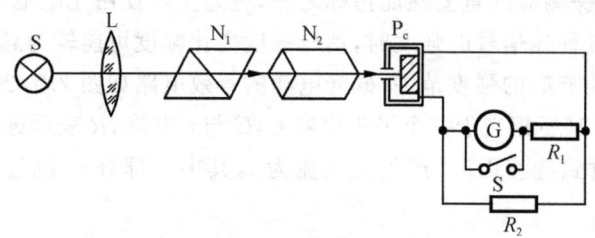

图 5.6.2

(2) 由于半导体硅的固有特性,硅光电池的内阻随入射光强增大而减少,硅光电池产生的光电流除与入射光强有关外,还与外电路负载电阻有关.根据光电池的等效电路分析可知,外负载电阻越小,光电池的线性响应越高.若用灵敏电流计显示,则外负载电阻即电流计内阻 R_g,所以应选用低内阻的灵敏电流计.在具体测量时,光电流变化范围较大,须改变电流表的量程,为使量程改变时外接电阻总阻值不变,可采用图 5.6.2 所示的电路,即先将 R_1 与 R_g 串联,再和 R_2 并联后接入光电池电路,当满足关系式

$$R_1 = (n-1)R_g \quad (5.6.7)$$

$$R_2 = \frac{n}{n-1}R_g \quad (5.6.8)$$

时,光电池外负载电阻总值不变.式中 n 为电流计量程的扩大倍数,一般选 $n=3,10,30,100,\cdots$(自己推导式 5.6.7).

(3) 测定硅光电池的线性工作范围.①调节光路,使之共轴.②转动尼科耳棱镜,使两棱镜 N_1 和 N_2 的主截面正交,这时灵敏电流计的指示应为零,但由于漏电流和背景杂散光的干扰,电流计的示值一般不为零,可通过改变电流计的零点扣除此项影响.③固定光源的工作电压,保持一定的光照度.从消光位置开始,逐次改变 α 值,测出相应光电流 i,作 lg$i$-lgcosα 曲线,确定斜率为 2 的直线段对应的电流变化范围.④提高光源的工作电压,尽量扩大光强变化范围,再作 lg$i$-lgcosα 曲线.⑤换用高内阻的电流计,再测 lg$i$-lgcosα 曲线,与步骤③、④结果比较,以观察外负载电阻对光电池线性响应的影响(扩大量程的 R_1、R_2 值是否不变?).⑥用照度计测定光电池受光面处的光照强度,标定与光电池线性工作范围对应的入射光照度的分布范围.

【思考题】

(1) 如测得光电探测器的 lg$i$-lgcosα 图线为一直线,则光电流即与入射光强成正比,这话对不对,为什么?

(2) 光电探测器的线性响应在实际应用中有何重要性?

实验 5.7　介质薄膜折射率的测定

【实验目的】

(1) 加深对布儒斯特定律意义的理解.
(2) 学会一种测定介质薄膜折射率的方法.

【实验原理】

当一束波长为 λ 的平面偏振光从空气入射到折射率为 n 的介质表面上,如果平面偏振光的偏振面平行于入射面(简称 TM 波),光线的入射角为布儒斯特角 i_B,这时入射的平面偏振光在界面上将不反射而全部进入介质内. 因此,若改变 TM 波的入射角,当反射光强为零时,即可确定布儒斯特入射角 i_B,利用布儒斯特定律求得介质的折射率 n. 但这种方法测量精度较低,这是由于 TM 波在薄膜表面虽不发生反射,但在薄膜和基片的界面上仍有反射光透过膜层而折回空气,透射光干扰了对 i_B 的准确测定.

如果在一块平面玻璃基片的局部区域镀上待测介质膜,如图 5.7.1 所示,当用 TM 波照明时,迎着反射光观察玻璃基片的表面,由于膜层和玻璃表面的反射系数不同,故能看见镀膜区与非镀膜区分界线. 当光线的入射角等于布儒斯特角 i_B 时,如图 5.7.2 所示,TM 波在薄膜前表面虽然没有反射光,但是进入膜层的光可在膜层后表面反射回来. 根据非涅耳公式,膜层与玻璃上的振幅反射系数 r_p 为

$$r_p = \frac{n_g \cos i - n \cos i_g}{n_g \cos i + n \cos i_g} \tag{5.7.1}$$

式中,n_g 为基片玻璃折射率,i 为光线从介质膜射向基片的入射角,i_g 为在基片中的折射角. 当射入介质膜光线的入射角为 i_B 时,应用 $i + i_B = \frac{\pi}{2}$ 和折射定律,则有

$$r_p = \frac{n_g \cos i_B - \cos i_g}{n_g \cos i_B + \cos i_g} \tag{5.7.2}$$

而 TM 波在空气-玻璃界面的反射系数为

$$r_p' = \frac{n_g \cos i_B - \cos i_g'}{n_g \cos i_B + \cos i_g'} \tag{5.7.3}$$

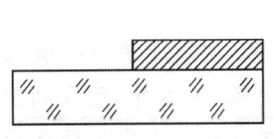

图 5.7.1

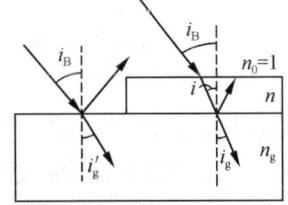

图 5.7.2

由镀膜区与非镀膜区的折射定律,可直接得到 $i_g = i_g'$,显然

$$r_p = r_p' \tag{5.7.4}$$

上式表明,当 TM 波以布儒斯特角入射样品表面时,迎着反射光观察玻璃基片的表面,因镀膜区与非镀膜区的反射光强相等,明暗界线将消失,呈现一片均匀照明,此时光波的入射角必为布儒斯特角 i_B,应用布儒斯特定律即可较准确地求得膜层介质的折射率.

【仪器和用具】

钠光灯,分光计,偏振片,测微目镜,成像透镜,辅助平面镜,待测膜层样品.

【实验内容】

(1) 调节望远镜,包括对无穷远聚焦及望远镜光轴垂直于分光计转轴.

(2) 点亮钠灯 S,用钠灯照明准直管 C,使准直管发出平行光束,且其光轴与望远镜共轴.

(3) 将镀膜样品 F 的背面涂黑,以减少样品反射光的干扰.如图 5.7.3 所示,将样品垂直放在分光计的载物平台上.用已调节好的望远镜对准待测样品的表面,使之位于与分光计转轴平行的位置.

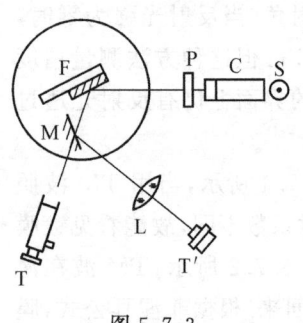

图 5.7.3

(4) 在准直管物镜前加上一偏振片 P,转动偏振片,使其透光截面平行于样品的入射面,以获得 TM 波.

(5) 如图 5.7.3 所示,在样品 F 的近旁,添置一块平面镜 M,则 M 和 F 就构成一个恒偏向装置,当平台旋转时,经 F、M 反射的平行光的方向将不随平台的旋转而变化,即出射光与入射光之间的夹角为常量.可用透镜 L 和测微目镜组成的监测装置,在 M 的反射光方向上,即可观察到样品表面的光强分布情况.

缓慢地转动平台,通过测微目镜 T' 能看到样品表面镀膜区和非镀膜区的明暗对比不断变化.当视场的明暗界线消失时,则相应的入射角即为膜层介质的布儒斯特角 i_B.

(6) 取下平面镜 M,用望远镜对准 F 的反射光方向,记录其方位 T_1,再将望远镜直接对准准直管,记录其方位 T_2,可得入射光线和反射光线的夹角 θ,i_B 应等于 $\frac{1}{2}(\pi-\theta)$,测量几次,取平均值,计算介质薄膜的折射率,并与公认值比较.

【思考题】

(1) 本实验测量方法对于镀膜介质的折射率和膜层厚度有无限制?为什么?

(2) 试估计由于偏振片的透光截面与样品入射面偏离给测量带来的影响.

实验 5.8　真空的获得与测量

真空一词来源于拉丁文"Vacuo",表示"虚无"的意思.在物理学上所谓真空指的是压强比一个标准大气压(1.01325×10⁵ Pa)更低的稀薄气体状态.1643 年,意大利物理学家托里拆利(Torricelli)首创著名的大气压实验,获得真空.真空科学与技术作为独立的科学体系则是从 20 世纪初开始的.这时由于电子器件,原子能,航天技术对真空环境的需求,极为迫切,从而有力地推动了这一技术的发展.目前真空技术的应用已十分广泛,日常用的灯泡、罐头及收音机的电子管、晶体管等的制作中,要用到抽真空技术;光学、微电子学、电子计算机、超导等方面需要用真空镀膜;医药工业和电气工业需要真空冷冻干燥;化工、冶金、焊接、铸造、热处理等也需要真空技术;在原子能、可控热核反应、电子显微镜、质量分析仪、表面物理等方面真空技术更是必不可少的;自然科学三大基础课题,即物性结构、天体演化、生命起源,也都与真空技术和真空物理有着密切的关系,真空技术已成为物理学的基本手段和必备的知识了.

【实验目的】

(1) 学习高真空的获得与测量方法.
(2) 熟悉有关设备和仪器的使用方法.

【实验仪器】

高真空装置,机器泵,分子泵,复合真空计,检漏仪等.

【实验原理】

气体稀薄的程度——真空度,通常用气体压强的大小来表示.气体越稀薄,气体压强越小,真空度越高;反之,则真空度越低.

通常按照气体空间的物理特性(如热传导、电离、气体放电、分子碰撞等)及真空技术应用特点,可将真空划分为粗真空($10^3 \sim 10^5$ Pa)、低真空($10^{-1} \sim 10^3$ Pa)、高真空($10^{-6} \sim 10^{-1}$ Pa)、超高真空($10^{-10} \sim 10^{-6}$ Pa)和极高真空($<10^{-10}$ Pa)等区域.

真空技术主要包括真空的获得、测量和检查漏气等方面的内容.

1. 高真空的获得

获得真空用真空泵.真空泵分为气体传输泵和气体捕集泵两类:气体传输泵是一种能将气体不断地吸入并排出泵外以达到抽气目的的真空泵,如旋片机械泵、油扩散泵、涡轮分子泵等;气体捕集泵是一种使气体分子短期或永久吸附、凝结在泵内表面的真空泵,如分子筛吸附泵、钛升华泵、溅射离子泵、低温泵和吸气剂泵.真空泵按工作条件的不同分为两类:能够在大气压下工作的真空泵称为初级泵(如机器泵),用来产生预备真空,需要在预备条件下才能工作的真空泵称为次级泵(如扩散泵、分子泵),次级泵用来进一步提高真空度,获得高真空.

(1) 机器泵.一般采用油封转片式机器泵,其结构如图 5.8.1 所示,在圆柱形汽缸(定子)内有偏心圆柱作为转子,当转子绕轴转动时,其最上部与汽缸内表面紧密接触,沿转子的直径装有两个滑动片(简称滑片),其间装有弹簧,使滑动片在转子转动时与汽缸内表面紧密接触,当转子沿箭头所指方向转动时,就可以把被抽容器内的气体由进气管吸入而经过排气孔,排气阀排出机械泵.为了减少转动摩擦和防止漏气,排气阀及其下部的机械泵内部的空腔部分用密封油密封.机械泵用的密封油是一种矿物油,要求在机械泵的工作温

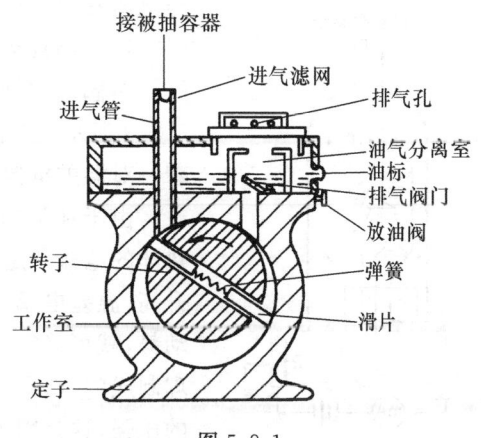

图 5.8.1

度下有小的饱和蒸汽压和适当的黏度,机器泵的极限真空度一般在 $10^{-4} \sim 10^{-2}$ mmHg,抽气速率一般为每分钟数十升到数百升.

(2) 分子泵. 属动量传递真空泵. 实用的分子泵是涡轮分子泵,其工作原理是依靠高速运动的物体表面把定向速度传递给入射表面的气体分子,造成泵出口、入口的气体分子正向、反向传输几率的差异而产生抽气作用. 涡轮分子泵典型结构如图 5.8.2(a)所示. 它由涡轮叶片组件、中频马达和外壳组成. 涡轮叶片组件包括若干转子叶轮和定子叶轮,每一叶轮相应于一级. 叶轮的制法之一是在薄圆片上径向开槽,再按相同角度扭成许多近似平行的叶片,定子叶轮的开槽方向与转子叶轮相反. 图 5.8.2(b)为涡轮分子泵转子叶轮剖面图. 叶片转动时的平均平移速度 v_b 大体上等于空气分子的平均热运动速度,气体与叶轮相碰获得定向速度,而叶轮开槽的角度保证分子由入口到出口的传输几率大于相反方向的几率. 出口、入口压强相等时泵有最大抽速. 分子泵的压缩比和气体分子量的平方根成正比,气体分子越轻,压缩比越小,分子泵的残气主要由氢组成,而重的碳氢化合物是极少的,因此分子泵油蒸气污染较轻.

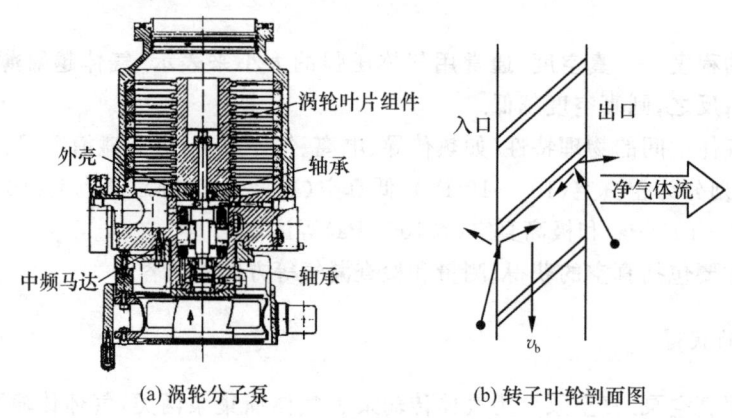

(a) 涡轮分子泵　　　(b) 转子叶轮剖面图

图 5.8.2

2. 真空的测量

真空计是测量真空系统中气体压强的仪器,种类很多,实验室里常见的是由热偶真空计与电离真空计组合而成的复合真空计.

1) 热偶真空计

热偶真空规管由玻璃制成,通过小管 8 和真空系统相接,如图 5.8.3 所示,在规管内的两根引线上装有热丝 3,另外两根引线上焊着一对温差电偶 4,温差电偶的另一端与热丝在 A 点焊接.

由于在低压下,气体的热传导系数与压强成正比,所以在通过热丝的电流一定的条件下,热丝的温度随着规管内真空度的提高而升高,温差电偶电动势也就随之而增大. 因此,通过测量温差电偶电动势,就可确定出被测系统的真空度,热偶真空计就是根据这个原理制成的. 热偶真空计的测量范围在 $10^{-1} \sim 100$ Pa,它不能测量再低的压强,这是因为当压强更低时,热丝的温度较高,此时气体分子热传导带走的热量很小,而由热丝引线本身产生的热传导和热辐射这

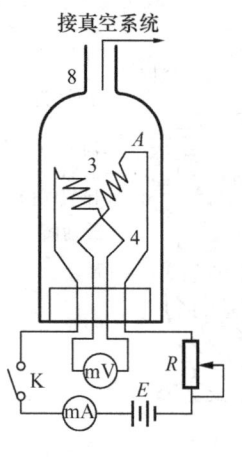

图 5.8.3

两部分不再与压强有关,因此就达到了测量下限.

2)电离真空计

最简单的电离真空规管就是一只三极管,如图 5.8.4 所示,通过 B 管与真空系统相接,使用时,在灯丝电路中通以电流,灯丝 F 受热后便发射电子,由于栅极 G(用金属丝绕成螺旋状)上加正电压,便吸引电子使电子加速,中途与气体分子相碰,气体的密度越大,碰撞机会越大,产生的正离子也越多.另外,由于收集极 A 电压为负,便吸引正离子在收集极电路中形成收集极电流 I_p,气体分子密度越大(即压强越大),

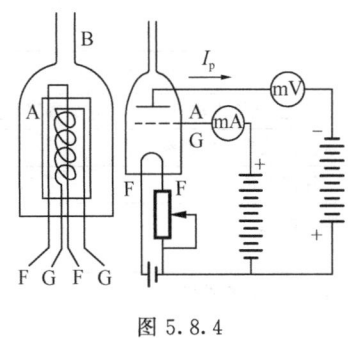

图 5.8.4

收集极电流也越大.所以,通过测量收集极电流便可以确定气体的压强,电离真空计就是根据这个原理制成的.电离真空计是测量极高真空的仪器,测量范围为 $10^{-5} \sim 10^{-2}$ Pa.

3. 检漏

在真空系统初步装置完成以后,就要检查是否漏气,漏气可能发生在接口部位处,也可能发生在管道或者真空泵本身.一般讲,系统在较长时间内达不到预定的真空度的时候,就要进行检漏.玻璃真空系统的检漏,常用高频火花检漏仪(真空测定仪)来检查,其结构如图 5.8.5 所示.

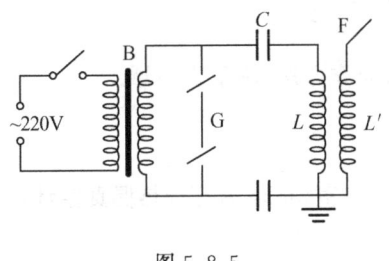

图 5.8.5

高频火花检漏仪是一个具有探头的高频高压火花发生器,其线路原理如图 5.8.5 所示.220V 的市电经变压器 B 变为 3000~5000V 的交流高压,这个交流高压使火花隙 G 击穿,就在 LC 回路中引起高频振荡,故在高频感应器的次级线图 L' 中感应出高频高压.这时利用探头 F 上的高频高压电场可以击穿空气而激起很强的火花放电现象,来检测玻璃壁是否存在漏孔.当检漏端(高频高压探头)在玻璃壁附近(离开 0.5~1cm)来回移动时,高频放电火花是散乱地漂浮在玻璃壁上不规则的跳动,如图 5.8.6(a)所示,但当检漏端接近漏气部位时,则因空气不断漏入,高频火花将聚束于漏孔处变为一束很细很亮的火花,对准漏气处向系统里钻.如图 5.8.6(b)所示的情况使漏孔得以识别.但对完好器壁,尤其是器壁的薄弱部位,火花束绝不能在一地停留过久,以免击穿器壁.有时也可用涂擦

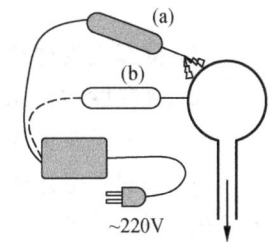

图 5.8.6

酒精、汽油的方法检查漏气部位,当涂抹酒精、汽油的部位漏气时,电离计的指针会立即偏转,此时若用高频火花检漏计检查,系统内会出现淡蓝色的辉光.当知道漏气的部位后,用火焰封接或用真空封蜡封闭即可.

另一方面,也可利用探头 F 上的高频高压电场能穿透玻璃介质使气体发生辉光放电的特性来粗略测量玻璃真空系统内的真空度数量级.接通电源后,调节放电火花间隙,当产生击穿放电时,将高频放电探头在被抽容器处不停的移动.随着压强的变化,系统内放电辉光的颜色不断变化,从放电颜色可粗略估计真空系统的气压,放电颜色与气体压力关系如表 5.8.1 所示,当气压低于 10^{-2}Pa 时,火花仪就不再适用了.

表 5.8.1 放电颜色与气体压力关系

放电辉光颜色	系统压力/Pa	说 明
不发光,在管内靠近玻璃壁的金属零件上有光点	$10^3 \sim 10^5$	气压过高,带电粒子不足以使气体电离和激发发光
紫色条纹或一片紫红色	$1 \sim 10^3$	氧氮的激发发光颜色
一片淡红色	$1 \sim 10$	氧氮的激发发光颜色
淡青白色	$10^{-1} \sim 1$	系统内残余水汽和阴极分解时放出的 CO、CO_2 发光颜色
玻璃上有局部的微光	$10^{-2} \sim 10^{-1}$	系统内残余水汽和阴极分解时放出的 CO、CO_2 发光颜色
不发光,在金属零件上没有光点,但玻璃壁上有荧光	$<10^{-2}$	带电粒子与气体分子碰撞太少,发光微弱

【实验内容】

1. 实验准备工作

(1) 打开水源开关；
(2) 逐渐打开真空室充气阀,待充气完毕后即关闭该阀；
(3) 打开总电源开关,升真空罩；
(4) 清扫真空室,观察真空室结构,熟悉各阀门的作用和操作方法,降下真空罩.

2. 低真空的获得与测量

(1) 启动机械泵,开电磁阀 II、CF100,逐渐旋开旁抽 II 抽真空室,3min 后打开热偶真空计；
(2) 用高频火花检漏仪检查系统的漏气情况；
(3) 每两分钟记录一次系统的真空度(由热偶真空计读出).

3. 高真空的获得与测量

(1) 待真空度达到 5Pa 左右时打开充气阀 VIII,VI 预抽充气管道；
(2) 真空度达到 5Pa 时关闭电磁阀 II,CF100,旁抽 II；打开电磁阀 I,启动分子泵；
(3) 待分子泵正常工作后打开 CF150 抽真空室；
(4) 热偶真空计读数降至 10^{-1}Pa 以下后,打开电离真空计测量系统真空度,每 2min 记录一次系统的真空度(由电离真空计读出).

当真空度达到 1.0×10^{-3}Pa 左右时,就可结束实验.

4. 关机

(1) 关闭真空计电源开关；
(2) 关闭充气阀 VI,VIII；
(3) 关闭 CF150,分子泵电源,并继续由机械泵对分子泵抽气 20min 左右；
(4) 关闭电磁阀 I,机械泵；
(5) 关闭水源,总电源开关.

【注意事项】

若实验过程中突遇停电或系统出现大量漏气时,立即关闭 CF150,电离真空计电源,而后关各个阀门、水源和总电源开关.

【思考题】

(1) 什么叫真空？什么是低真空、高真空和超高真空？什么是真空系统和真空泵的极限真空？

(2) 机械泵为什么能抽真空？为什么只能抽低真空？

(3) 热偶规为什么只能测低真空？为什么要经常对它的加热电流进行定标？热偶规所测的气压是否与气体种类有关？

(4) 用机械泵将某容器抽真空过程中，操作上须注意哪些问题？为何机械泵和扩散泵用油（特别是扩散泵）的饱和蒸汽压要小？

(5) 使用电离真空计测量时的步骤是什么？

(6) 突然停电、断水时应采取什么措施？

实验 5.9 等离子体的产生

【实验目的】

(1) 了解等离子体的产生与基本性质；
(2) 研究放电管的 U-I 特性；
(3) 了解电子回旋共振放电产生等离子体的技术.

【实验原理】

等离子体是物质在高温或特定激励下的一种物质状态，是除固态、液态和气态以外，物质的第四态. 它是由大量正负带电粒子和中性粒子组成的，并表现出集体行为的一种准中性气体. 在茫茫的宇宙中，99%的物质都是等离子体，比如我们平时常见的雷电、火焰、气体光源等都是等离子体.

根据提供能量的方式不同，等离子体的产生分为热电离、光电离和碰撞电离三种方式. 本实验中研究的放电管中的气体放电等离子体、电子回旋共振放电等离子体、电容耦合放电等离子体均属于碰撞电离.

当在充有稀薄气体的放电管两端插入两根钨丝作为发射电极，加上直流高压，将会产生少量自由电子，这些电子被电场加速与气体原子碰撞产生更多的自由电子，引起雪崩式电离，发生辉光放电，从而产生等离子体. 这种采用发射电极的放电方式称为有极放电. 进入辉光放电阶段后，其放电管内大致分布如图 5.9.1 所示.

当加在放电管上的电压不同时，由于电离程度不同，产生的辉光效应也不同，一般来说，按照电离的程度和放电管两端的电压、电流来区分，碰撞电离产生的辉光放电可分为 3 个放电状态：暗放电、辉光放电和弧光放电，其中，暗放电包括本底电离

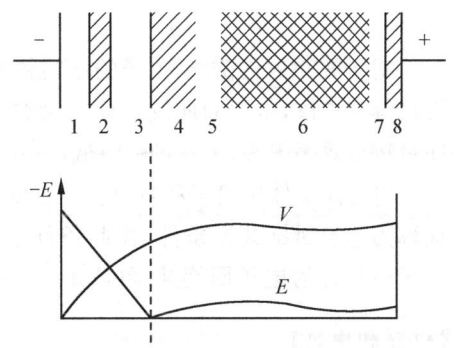

1. 阿斯顿暗区；2. 阴极辉区；3. 克鲁克斯暗区；
4. 负辉区；5. 法拉第暗区；6. 阳极光柱；7. 阳极暗区；8. 阳极辉区

图 5.9.1

和汤生区,这个区域主要是等离子体的产生,此时离子电流很小,电离程度不高,随着离子电流的增大,等离子体进入辉光放电区,在这个区域,等离子体的放电电压稳定,但自由电子仍然增多,放电电流仍旧增大,电离程度仍在增加,表现为很大的内阻,此时,随着电流的增大,等离子体的放电电压开始不稳定,开始随着电流的增大而增大,于是进入异常辉光区.进入异常辉光区的等离子体内阻较为稳定,但当等离子体电离到一定程度时,等离子体的内阻急速降低,于是其两端的电压也就跟着急速降低,等离子体进入弧光放电状态,等离子体呈导通状态.等离子体有极放电的 U-I 曲线如图 5.9.2 所示.

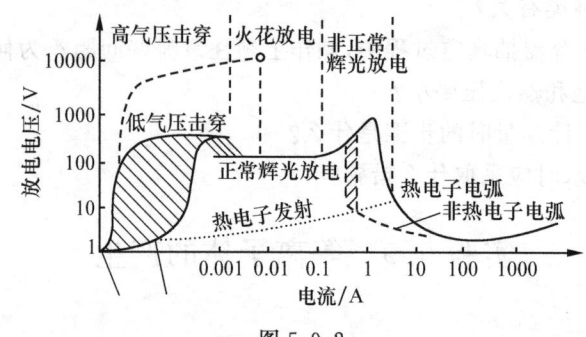

图 5.9.2

电子回旋共振放电等离子体是一种无电极的放电等离子体,其基本原理如下:在图 5.9.3 所示的等离子体系统施加一个垂直于电场的磁场,由于电场加速带电粒子的运动速度,磁场改变带电粒子的运动方向,因此,在电、磁场的共同作用下,带电粒子将沿着磁场线做拉莫尔回旋运动,回旋半径 r_L 为

$$r_L = \frac{mv_\perp}{eB} = \frac{1}{eB}\sqrt{2\frac{W_\perp}{m}} \quad (5.9.1)$$

式中,m 为带电粒子质量,$v_\perp$ 为垂直于磁场线的粒子速度分量,$W_\perp$ 为与 $v_\perp$ 相对应的能量分量.

回旋角频率 ω_c 为

$$\omega_c = \frac{eB}{m} \quad (5.9.2)$$

对于 875Gs 的磁场,电子的回旋频率为 2.45GHz. 如果采用 $\omega=2.45$GHz 的微波来激发并维持等离子体,电子的回旋运动与微波处于共振状态,能量耦合效率提高,击穿场强降低($\sim$10V/cm),从而导致放电等离子体中离子和自由基的密度增大,这种条件被称为电子回旋共振条件,在此条件下激发形成的等离子体被称为电子回旋共振(ECR)等离子体.

【仪器和用具】

(1) 高压放电管,高压电源,电流表,电压表.
(2) 电磁线圈型电子回旋共振等离子体系统,如图 5.9.4 所示.装置由真空系统、微波系统、电磁场同轴

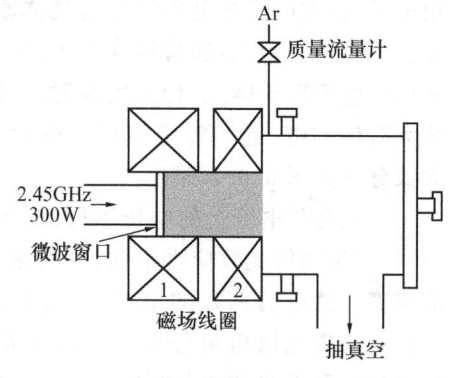

图 5.9.4

线圈、进气系统组成.

【实验内容】

(1) 测定放电管中气体放电的 U-I 曲线；
(2) 学习电磁线圈型电子回旋共振等离子体系统的使用技术.

实验 5.10　等离子体参数的静电探针测量

【实验目的】

(1) 了解等离子体诊断在等离子体研究中的重要地位；
(2) 掌握等离子体诊断的静电单探针法；
(3) 用单探针法诊断 Ar 气体放电等离子体.

【实验原理】

静电探针是最古老的、但又最常用的低温等离子体诊断方法. 它是由朗缪尔 (Langmuir) 于 1923 年发明, 因此通常称为朗缪尔探针 (Langmuir probe). 朗缪尔探针的工作原理如下.

将一根金属探针插入等离子体中, 在它末端连接上简单的电路 (图 5.10.1), 便构成了 Langmuir 单探针. 当在 Langmuir 单探针施加正或负的偏置电压以收集电子或离子电流, 对应探针电势由负变到正的每一个电势值, 记录下相应的流过探针的电流值, 便获得探针的 I-U 特性曲线 (图 5.10.2).

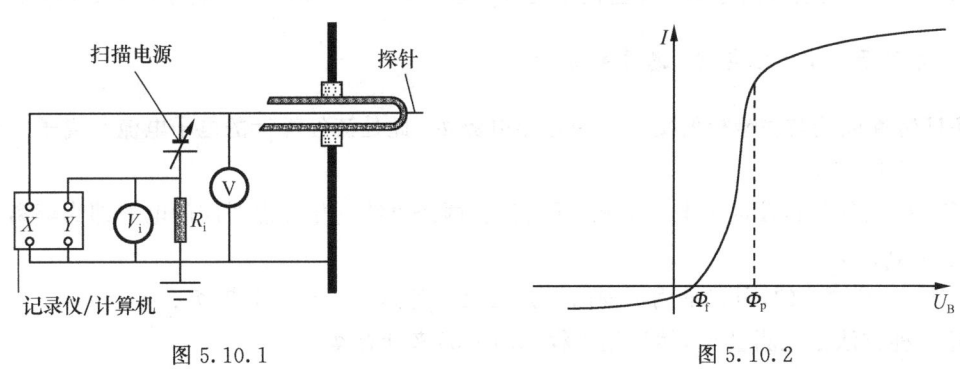

图 5.10.1　　　　　　　　　　图 5.10.2

设探针相对于地的偏置电压为 U_B, 等离子体相对于地的电势为 Φ_p, 探针 I-U 特性曲线分为三个区域.

1. 饱和电子电流区

当 $U_B = \Phi_p$ 时, 探针处于与等离子体相同的电势, 此时探针收集的电流主要来自电子, 定义这时的电流方向为正 (即从探针流向等离子体的电流方向为正). 在 $U_B = \Phi_p$ 处, I-U 特性曲线发生急剧转变, 这个转变点称为拐点. 当增加 U_B 并使其超过 Φ_p 时, 即 $U_B > \Phi_p$, 全部正离子都受鞘层拒斥场的作用不能到达探针表面, 只有电子能被探针收集, 探针电流将趋于饱和而达到电子饱和电流值.

2. 饱和离子电流区

在饱和离子电流区,探针电势远远小于等离子体空间电势,即 $U_B \ll \Phi_p$. 此时,全部电子都受鞘层拒斥场的作用不能到达探针表面,只有正离子能被探针收集,离子电流逐渐变为探针电流的主要来源(相当于流向等离子体的负电流),探针电流趋于离子饱和电流值. 由于离子的质量远大于电子,所以离子饱和电流远小于电子饱和电流.

3. 过渡区

在过渡区,探针电势小于等离子体空间电势,即 $U_B < \Phi_p$,根据玻尔兹曼关系式,电子将被排斥. 落在鞘层表面的正离子全部能到达探针表面,构成探针电流(I_p)的一部分,但较电子电流小很多. 过渡区的 I-U 曲线呈指数函数关系,当采用与探针电压的半对数关系时,如果电子是 Maxwell 分布,应该是一条直线

$$I_e = I_{es} \exp[e(U_p - U_s)/kT_e] \quad (5.10.1)$$

$$I_{es} = eAn_e \bar{v}/4 = en_e A \left(\frac{kT_e}{2\pi m} \right)^{1/2} \quad (5.10.2)$$

式中,A 为裸露的探针面积,I_{es} 为饱和电子流. 从方程式(5.10.1)可见,$\ln I$-U_B 呈线性关系,其斜率为 $1/kT_e$,因此从斜率可以获得电子温度.

当偏压减小到 Φ_f 时,探针电势相对于等离子体电势足够负,从而使得电子和离子电流相等,即 $I=0$. Φ_f 称为悬浮电势,也就是绝缘探针(它不能收集电流)所处的电势.

借助于探针电流-电压关系的理论描述,可以确定等离子体的基本参数:电子密度 n_e、离子密度 n_i、电子温度 T_e、等离子体空间电势 Φ_p、悬浮电势 Φ_f 和电子能量分布函数(EEDF).

1. 等离子体空间电势 Φ_p、悬浮电势 Φ_f

I-U 特性曲线与横坐标的交点即为悬浮电势 Φ_f. 此处流经探针的电子电流与离子电流大小相等而方向相反.

在 I-U 曲线的过渡区和电子饱和区画直线,两条直线的相交点对应的电势即为等离子体空间电势 Φ_p.

如果 I_{es} 是弯曲的,可以采用下列两种方法获得等离子体空间电势 Φ_p.

第一种方法是先测量 Φ_f,然后用方程(5.10.3)来计算 Φ_p

$$\Phi_f = \Phi_p - \frac{kT_e}{2e} \ln \left(\frac{2M}{\pi m} \right) \quad (5.10.3)$$

第二种方法是取 I_e 开始偏离指数增长的那一点,也就是 $I'_e(U)$ 最大或 $I''_e(U)$ 为 0 的点对应的电势,即为等离子体空间电势 Φ_p.

2. 电子温度 kT_e

在过渡区探针电流 I_p 与鞘层电场($U_B - \Phi_p$)之间呈指数函数关系

$$I_p = I_e - I_i \approx I_e = I_{e0} \exp \left[\frac{e(U_B - \Phi_p)}{kT_e} \right] \quad (\text{mA}) \quad (5.10.4)$$

对上式取对数,可得

$$kT_e = \frac{e(U_B - \Phi_p)}{\ln I_p - \ln I_{e0}} \quad (\text{eV}) \tag{5.10.5}$$

因此，将实验测得的 I-U 特性曲线取半对数，获得的 $\ln I_p$ 与 U 在过渡区内呈线性关系，由该直线斜率的倒数可获得等离子体的电子温度 kT_e．

3. 电子密度 n_e 与离子密度 n_i

在饱和电子电流区，电子饱和电流 I_{e0} 的表达式为

$$I_{e0} = j_{e0} A_p = \frac{1}{4} e n_e A_p \overline{v_e} = 2.7 \times 10^{-9} n_e A_p \sqrt{kT_e} \quad (\text{mA}) \tag{5.10.6}$$

由此可得电子密度 n_e 为

$$n_e = 3.7 \times 10^8 I_{e0}/(A_p \sqrt{kT_e}) \quad (\text{cm}^{-3}) \tag{5.10.7}$$

式中，A_p 为探针的表面积，单位为 cm^{-3}．

由等离子体的电中性，可得离子密度 n_i 为

$$n_i = n_e \quad (\text{cm}^{-3}) \tag{5.10.8}$$

4. 电子能量分布函数（EEDF）

由于在过渡区探针电流（电子电流）来自于对电子能量分布函数的积分，因此，对实验测得的 I-U 特性曲线的过渡区部分求微分，可以得到电子的能量分布函数．

【仪器和用具】

实验采用自制单探针和自动探针两种方法测量等离子体参数．

自制单探针结构如图 5.10.3 所示，采用高熔点的钨金属作为探针材料．制作时，钨丝直径 φ0.5mm，长度根据实验测量位置确定．暴露在等离子体中的针尖尺寸为：长 10mm、直径 φ0.5mm．

自动探针采用 Hiden ESPION 等离子体静电探针．

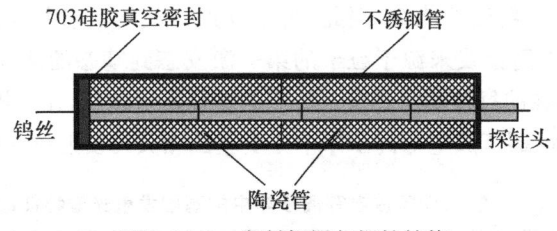

图 5.10.3　自制朗缪尔探针结构

【实验内容】

（1）用单探针法诊断电容耦合放电 Ar 等离子体的等离子体参数；

（2）用单探针法诊断电子回旋共振放电 Ar 等离子体的等离子体参数．

实验 5.11　等离子体参数的发射光谱诊断

【实验目的】

（1）了解等离子体发射光谱诊断在等离子体研究中的作用，并掌握发射光谱诊断技术．

(2) 用光纤光谱仪诊断碳氟、碳氢放电等离子体特性.

【实验原理】

发射光谱是应用广泛的等离子体过程监测与诊断方法,发射光谱的谱特征提供了等离子体中发生的化学和物理过程信息,通过测量等离子体发射谱线的波长和强度,就能够识别等离子体中存在的各种基团,并获得基团的浓度,因此,等离子体发射光谱诊断技术在实验室研究和工业生产中均得到应用.

等离子体发射光谱诊断与等离子体中的光发射过程有关. 当分子受到电子、离子的碰撞作用时,分子可能通过式(5.11.1)~式(5.11.3)所示的过程被激发或被分解,产生激发基团 A^*.

$$A + e \longrightarrow A^* + e \tag{5.11.1}$$

$$AB + e \longrightarrow A^* + B + e \tag{5.11.2}$$

$$A^+ + e(+M) \longrightarrow A^* (+M) \tag{5.11.3}$$

由于处于激发态的基团不稳定,其寿命小于 10^{-8} s,激发基团 A^* 随即通过式(5.11.4)所示过程释放能量,到达基态或另一个能量低于 A^* 的激发态 A^{**},释放出多余的能量,若此能量以光的形式出现,即得到了发射光谱.

$$A^* \longrightarrow A^{**} + h\nu \tag{5.11.4}$$

通过对探测到的不同频率的光信号进行分析,便可以得到等离子体的特性.

设高能级的能量为 E_2,低能级的能量为 E_1,发射光谱的波长为 λ(或频率 ν),则释放出的能量 ΔE 与发射光谱的波长关系为

$$\Delta E = E_2 - E_1 = \frac{hc}{\lambda} = h\nu \tag{5.11.5}$$

或

$$\lambda = \frac{hc}{E_2 - E_1} \tag{5.11.6}$$

式中,h 为普朗克常量(6.626×10^{-34} J·s),c 为光速($2.997\,925 \times 10^{10}$ cm/s). 由于每个粒子(原子、分子、离子)均具有精确的能级,因此,每条发射谱线均具有特定的频率 ν 和波长 λ. 通常,等离子体中最强的发射谱线来源于粒子的第一激发态到基态的跃迁.

放电等离子体中存在的每种基团都有其特定的本征发射谱线,在分析光谱图时要首先对这些谱线进行识别. 与碳氟、碳氢放电等离子体中主要基团相关的发射谱线如表 5.11.1 所示.

表 5.11.1 碳氟、碳氢放电等离子体中的基团发射光谱特征谱线表

基团	光谱范围/nm	基团	光谱范围/nm
CF	207.6	H_2	603.2
CF_2	276.0	H_α	656.3
CF_2^+	290.0	H_β	486.1
F	703.5	CH	434.0
F	730.9		

采用发射光谱可以定量测定等离子体中基团的相对浓度. 通常假定谱线的发射强度 I_x 与基团浓度 $[x]$ 成正比,即

$$I_x = a_s^e [x] \tag{5.11.7}$$

但是,比例常数 a_s^e 在工艺参数改变时并不能保持常量,因此,采用标定剂的办法来解决问题.

在放电等离子体的源气体中,添加1%~2%的惰性气体作为标定气体,通常采用 Ar 气.测量放电等离子体中反应基团的发射强度 I_x 和标定气体的发射强度 I_i,假定反应基团、标定气体基团的量子增益和反应截面具有相同的能量关系,下列关系式成立:

$$\frac{I_x}{I_i} = C \frac{[x]}{[i]} \tag{5.11.8}$$

式中,C 为不受等离子体工艺参数影响的常数.

【仪器和用具】

实验采用光强标定的发射光谱技术分析等离子体中的基团分布,实验装置如图 5.11.1 所示.采用美国大洋光学公司的 S2000 型微型光纤光谱仪作为实验仪器.微型光纤光谱仪的测定波长范围为 160~880nm,波长分辨率为 0.35nm.

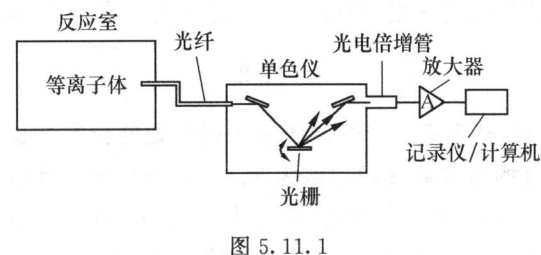

图 5.11.1

放电等离子体的光辐射信号通过石英窗口照射在光谱仪的探头上,经光纤传入单色仪,经 A/D 转换输入计算机,采用相应的软件包得到各特征谱线的波长和相对发射强度.

【实验内容】

(1) 采用等离子体发射光谱分析碳氟、碳氢 ECR、CCP 放电的等离子体特性;
(2) 测定等离子体中各基团浓度,研究碳氟、碳氢放电的等离子体化学行为.

实验 5.12　纳米薄膜的红外光谱测定和分析

【实验目的】

(1) 熟悉双光束红外分光光度计的操作以及系统软件的使用;
(2) 学会使用红外分光光度计测量样品的红外吸收光谱.

【实验原理】

分子由于构成它的各原子的电负性的不同,也显示不同的极性,称为偶极子.通常用分子的偶极矩(μ)来描述分子极性的大小.红外跃迁是偶极矩诱导的,即能量转移的机制是通过振动过程所导致的偶极矩的变化和交变的电磁场(红外线)相互作用发生的.当偶极子处在电磁辐射的电场中时,该电场作周期性反转,偶极子将经受交替的作用力而使偶极矩增加或减少.由于偶极子具有一定的原有振动频率,显然,只有当辐射频率与偶极子频率相匹配时,分子才与辐射相互作用(振动耦合)而增加它的振动能,使振幅增大,即分子由原来的基态振动跃迁到较高振动能级.因此,并非所有的振动都会产生红外吸收,只有发生偶极矩变化($\Delta\mu \neq$

0)的振动才能引起可观测的红外吸收光谱,该分子称之为红外活性的;$\Delta\mu=0$ 的分子振动不能产生红外振动吸收,称为非红外活性的.

当一定频率的红外光照射分子时,如果分子中某个基团的振动频率和它一致,二者就会产生共振,此时光的能量通过分子偶极矩的变化而传递给分子,这个基团就吸收一定频率的红外光,产生振动跃迁.如果用连续改变频率的红外光照射某样品,由于试样对不同频率的红外光吸收程度不同,使通过试样后的红外光在一些波数范围减弱,在另一些波数范围内仍然较强,用仪器记录该试样的红外吸收光谱,进行样品的定性和定量分析.

傅里叶红外吸收光谱的测试主要是基于分子的振动-转动能级跃迁引起的光谱.

对双原子分子来说,分子中的原子以平衡点为中心,以非常小的振幅(与原子核之间的距离相比)做周期性的振动,可近似的看作简谐振动.这种分子振动的模型,以经典力学的方法可把两个质量为 m_1 和 m_2 的原子看作钢体小球,连接两原子的化学键设想成无质量的弹簧,弹簧的长度 r 就是分子化学键的长度.由经典力学可导出该体系的基本振动频率计算公式

$$\Delta E = h\nu = \frac{h}{2\pi}\sqrt{\frac{k}{u}}, \quad \nu = \frac{1}{2\pi}\sqrt{\frac{k}{u}}, \quad 波数 = \frac{1}{2\pi c}\sqrt{\frac{k}{u}} = 1302 \times \sqrt{\frac{k}{u}} \quad (5.12.1)$$

式中,k 为化学键的力常数,其定义为将两原子由平衡位置伸长单位长度时的恢复力(单位为 N/cm).单键、双键和叁键的力常数分别近似为 5、10 和 15N/cm,具体数据可查阅相关手册;c 为光速(2.998×10^{10} cm/s),u 为折合质量,单位为 g,且 $u=m_1m_2/(m_1+m_2)$.

影响基本振动频率的直接原因是折合质量和化学键的力常数.化学键的力常数 k 越大,折合相对原子质量 u 越小,则化学键的振动频率越高,吸收峰将出现在高波数区;反之,则出现在低波数区.例如,≡C—C≡、═C═C═、—C≡C—三种碳碳键的质量相同,键力常数的顺序是叁键>双键>单键.因此在红外光谱中,—C≡C—的吸收峰出现在 2222cm^{-1},而 ═C═C═ 约在 1667cm^{-1},≡C—C≡ 在 1429cm^{-1} 左右.

对于多原子分子而言,由于原子数目增多,组成分子的键或基团和空间结构不同,其振动光谱比较复杂.但是可以把它们的振动分解成许多简单的基本振动,即简正振动的线性组合.简正振动的振动状态是分子质心保持不变,整体不转动,每个原子都在其平衡位置附近做简谐振动,其振动频率和相位都相同,即每个原子都在同一瞬间通过其平衡位置,而且同时达到其最大位移值.

一般将简正振动的基本形式分成两类:伸缩振动和变形振动.原子沿键轴方向伸缩,键长发生变化而键角不变的振动称为伸缩振动,用符号 ν 表示.它又可以分为对称伸缩振动(ν_s)和不对称伸缩振动(ν_{as}).对同一基团,不对称伸缩振动的频率要稍高于对称伸缩振动.基团键角发生周期变化而键长不变的振动称为变形振动,用符号 δ 表示.变形振动又分为面内变形和面外变形振动.面内变形振动又分为剪式(以 δ 表示)和平面摇摆振动(以 ρ 表示).面外变形振动又分为非平面摇摆(以 ω 表示)和扭曲振动(以 τ 表示).

绝大多数的有机化合物和许多无机化合物的化学键振动的基频均出现在中红外区($400\sim4000\text{cm}^{-1}$).

中红外光谱区可分成 $1800\sim4000\text{cm}^{-1}$ 和 $600\sim1800\text{cm}^{-1}$ 两个区域.最有分析价值的基团频率在 $1800\sim4000\text{cm}^{-1}$,这一区域称为基团频率区、官能团区或特征区.区内的峰是由伸缩振动产生的吸收带,比较稀疏,容易辨认,常用于鉴定官能团.

$2500\sim4000\text{cm}^{-1}$ 对应于 X—H 伸缩振动区,X 可以是 O、H、C 或 S 等原子.C—H 的伸缩振动可分为饱和和不饱和的两种.饱和的 C—H 伸缩振动出现在 3000cm^{-1} 以下,约

$2800\sim3000\text{cm}^{-1}$,取代基对它们影响很小.如—$CH_3$ 基的伸缩吸收出现在 2960cm^{-1} 和 2876cm^{-1} 附近;—CH_2 基的吸收在 2930cm^{-1} 和 2850cm^{-1} 附近;≡CH(不是炔烃)基的吸收基出现在 2890cm^{-1} 附近,但强度很弱.不饱和的 C—H 伸缩振动出现在 3000cm^{-1} 以上,以此来判别化合物中是否含有不饱和的 C—H 键.苯环的 C—H 键伸缩振动出现在 3030cm^{-1} 附近,它的特征是强度比饱和的 C—H 键稍弱,但谱带比较尖锐.

$1900\sim2500\text{cm}^{-1}$ 为叁键和累积双键区.主要包括—C≡C、—C≡N 等叁键的伸缩振动,以及—C=C=C、—C=C=O 等累积双键的不对称性伸缩振动.

$1200\sim1900\text{cm}^{-1}$ 为双键伸缩振动区.该区域主要包括三种伸缩振动:①C=O 伸缩振动出现在 $1650\sim1900\text{cm}^{-1}$,是红外光谱中很特征的且往往是最强的吸收,以此很容易判断酮类、醛类、酸类、酯类以及酸酐等有机化合物.酸酐的羰基吸收带由于振动耦合而呈现双峰.②C=C 伸缩振动.烯烃的 C=C 伸缩振动出现在 $1620\sim1680\text{cm}^{-1}$,一般很弱.单核芳烃的 C=C 伸缩振动出现在 1600cm^{-1} 和 1500cm^{-1} 附近,有两个峰,这是芳环的骨架结构,用于确认有无芳核的存在.③苯的衍生物的泛频谱带,出现在 $1650\sim2000\text{cm}^{-1}$,是 C—H 面外和 C=C 面内变形振动的泛频吸收,虽然强度很弱,但它们的吸收面貌在表征芳核取代类型上是有用的.

1375cm^{-1} 附近的谱带为甲基的 δC—H 对称弯曲振动,对识别甲基十分有用,C—O 的伸缩振动在 $1000\sim1300\text{cm}^{-1}$,是该区域最强的峰,也较易识别.

$900\sim1300\text{cm}^{-1}$ 区域是 C—O、C—N、C—F、C—P、C—S、P—O、Si—O 等单键的伸缩振动和 C=S、S=O、P=O 等双键的伸缩振动吸收.

在 $600\sim1300\text{cm}^{-1}$ 区域,除单键的伸缩振动外,还有因变形振动产生的谱带.这种振动与整个分子的结构有关.当分子结构稍有不同时,该区的吸收就有细微的差异,并显示出分子特征.这种情况就像人的指纹一样,因此称为指纹区.指纹区对于指认结构类似的化合物很有帮助,而且可以作为化合物存在某种基团的旁证.

$650\sim900\text{cm}^{-1}$ 区域的某些吸收峰可用来确认化合物的顺反构型.

例如,烯烃的=C—H 面外变形振动出现的位置,很大程度上取决于双键的取代情况.对于 RCH=CH_2 结构,在 990cm^{-1} 和 910cm^{-1} 出现两个强峰;为 RC=CRH 结构是,其顺、反构型分别在 690cm^{-1} 和 970cm^{-1} 出现吸收峰,可以共同配合确定苯环的取代类型.

本实验采用的双光束红外分光光度计有别于普通的光学零点平衡式仪器,它是基于计算机直接比例记录的基本原理而进行工作的.图 5.12.1 为其工作原理框图.

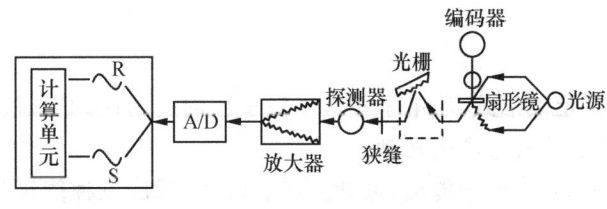

图 5.12.1

由光源发出的光,被分为对称的两束;一束通过样品,称为样品光 S;另一束作基准用,称为参考光 R.

这两束光通过样品室进入光度计后,被一个以每秒 10 周旋转着的扇形镜所调制形成交变光信号并将它们合为一路,交替地通过入射狭缝进入单色器中.

在单色器中,离轴抛物镜将来自入狭缝的光束转变为平行光投射在光栅上,经光栅色散返回离轴抛物镜并通过出射狭缝射出,滤光片将高级次光谱滤除,再经椭球镜,聚集在探测器的接收面上.

探测器将上述的交变光信号转换为相应的电信号,经放大器进行电压放大之后送入A/D转换单元,将模拟电信号转换为相应的数字量,并送入数据处理系统的计算单元处理后,即可输出样品的红外吸收光谱.

【实验内容】

(1) 对照仪器使用说明,熟悉相关注意事项和操作规程;
(2) 采用实验室提供的标准样品进行测试、光谱采集、谱峰比对训练;
(3) 换上待测样品,按操作规程采集其红外吸收光谱,参照有关手则进行光谱解析,确定相关特征谱线.

【注意事项】

(1) 实验前必须仔细阅读相关的仪器使用注意事项,操作顺序严格按照实验室提供的操作规程进行,以免对仪器造成损坏.
(2) 鉴于仪器在出厂之前已经调整到最佳状态,所以用户不可擅自加以调整,更不可拆卸其中的零件.尤其光学镜面为真空镀铝,极易碰伤,不可碰及.
(3) 测试结束后,把样品取出,盖好样品室罩及防尘罩.

实验 5.13 纳米薄膜的紫外光谱测定和分析

【实验目的】

(1) 初步掌握紫外可见分光光度计的基本结构和使用.
(2) 学习测量薄膜物质透过率的方法.
(3) 测量薄膜样品的吸收系数.

【实验仪器】

WFZ-26型紫外可见分光光度计.

【实验原理】

物质分子内部三种运动形式:①电子相对于原子核的运动;②原子核在其平衡位置附近的相对振动;③分子本身绕其重心的转动.

分子具有三种不同能级:电子能级、振动能级和转动能级.三种能级都是量子化的,且各自具有相应的能量.分子的内能:电子能量 E_e、振动能量 E_v、转动能量 E_r. 即

$$E = E_e + E_v + E_r \tag{5.13.1}$$

且有

$$\Delta E_e > \Delta E_v > \Delta E_r \tag{5.13.2}$$

转动能级间的能量差 ΔE_r 为 0.005~0.050eV,跃迁产生吸收光谱位于远红外区;振动能级的能量差 ΔE_v 约为 0.05eV,跃迁产生的吸收光谱位于红外区;电子能级的能量差 ΔE_e

较大,在 $1\sim20\,\mathrm{eV}$. 电子跃迁产生的吸收光谱在紫外-可见光区,即紫外-可见光光谱属于电子跃迁光谱.

当光经过均匀而透明的介质时,部分在介质表面反射,部分被介质吸收,部分透过介质出射. 在实际测量时,首先让光从空白石英片中通过,测得其光强为 I_0,然后将同样厚度且上面镀有薄膜的石英片插入光路,使光从样品上通过,测得其光强为 I,两次结果的比值就是透过率. 本实验中采用以被吸收光的波长为横坐标,用光通过样品后的百分透光率作为纵坐标来表示样品的紫外-可见光透射光谱. 均匀介质对光的吸收额和吸收介质厚度的关系遵从 Lambert-Beer 定律:

$$I(\nu) = I_0(\nu)\mathrm{e}^{-\alpha(\nu)d} \tag{5.13.3}$$

该定律是分光光度法的理论基础. 式中,$I(\nu)$ 和 $I_0(\nu)$ 分别为透射光和入射光的强度,d 为光束透过介质的长度,本实验中即为固体薄膜的厚度. 从薄膜的透射光谱可得出薄膜的吸收系数 α.

当光线入射到平行的透明薄板时,在薄板内部将产生多次反射,对某些波长会出现相长或相消干涉. 如果进行透射光谱测量,就会得到一系列条纹,由此可以较准确地求得折射率,这称为沟槽光谱. 如果薄层中有吸收存在,条纹的反衬就会减低甚至消失,这时光谱透射比可表示为

$$T = (1-R)^2(1+k^2/n^2)\exp(-\alpha(\nu)d)/[1-R^2\exp(-2\alpha(\nu)d)] \tag{5.13.4}$$

式中,d 为薄板厚度,R 为光谱反射比. 若 $k^2\ll n^2$,而且满足条件 $\exp2(\alpha d)\gg R^2$,因而光谱透射比可简化为

$$T = (1-R)^2\exp(-\alpha(\nu)d) \tag{5.13.5}$$

在这种近似的情况下,可以通过测量不同厚度的薄膜样品的透射比,来获得薄膜的吸收系数. 利用吸收系数的频率关系,可以研究样品的某些参数,如测定薄膜的禁带宽度,或者称为光学带隙 E_g 的准确值. 它的大小和跃迁性质对电学输运过程是决定性的,对光学和电性质也是至关重要的.

一台性能优良的分光光度计,必须有一个高性能的光路系统即单色仪. 单色仪有两类:一类是以玻璃三棱镜为色散元件组成;另一类是由光栅为色散元件组成. 两种单色仪各有利弊,用石英玻璃做成的单色仪,在紫外光区有较高的色散率,波长精度较高,分辨率可达 $0.2\,\mathrm{nm}$,但在可见光区要大于 $2\,\mathrm{nm}$,波长精度呈非线性,像 751G 型分光光度计,是由光栅做成的单色仪,在全段波长($200\sim800\,\mathrm{nm}$)之间具有相同的波长精度. 但目前大部分光栅或分光光度计所用的光栅都是复制光栅,波长精度不太高,波长精度大多在 $\pm2\,\mathrm{nm}$.

紫外分光光度计的工作波长在 $200\sim1000\,\mathrm{nm}$,其波长范围涵盖紫外光($200\sim400\,\mathrm{nm}$)、可见光($400\sim750\,\mathrm{nm}$)及近红外光($750\sim1000\,\mathrm{nm}$). 在紫外光区($200\sim350\,\mathrm{nm}$)测定时必须用石英杯.

紫外可见分光光度计与可见分光光度计的区别是测定波长范围不同,紫外一般用氢灯,测定波长范围 $180\sim350\,\mathrm{nm}$,可见一般用钨灯,测定波长范围 $320\sim1000\,\mathrm{nm}$. 所谓紫外可见分光光度计也就是说这个仪器可以更换光源,能够测定吸收峰在紫外和可见光部分的化合物. 发现吸光度超过 2,便不再显示,是正常现象. 吸光度是透光率的负对数,吸光度超过 2 就是说透光率小于 1%,低于仪器的检出限,就不再显示了. 至于能不能用分光光度计,取决于所要测定的波长.

【实验内容】

(1) 利用实验室提供的标准样品,作测试练习,熟悉仪器的操作规程;

(2) 测定给定薄膜样品的紫外可见光光谱,绘出样品的吸收系数的频谱特性.

【注意事项】

(1) 操作测量前,必须仔细阅读有关仪器使用手册和操作规程;
(2) 停在一点时,变化不超过 4% 为正常状态,连续测量不得超过 5h.

实验 5.14　固体材料润湿性能的水接触角测量

【实验目的】

(1) 了解液体对固体浸润性的基本知识;
(2) 学习液体在固体表面润湿接触角的测量方法与技术;
(3) 研究特定材料(微电子材料、纺织材料)的水浸润性.

【实验原理】

随着科技的进步,物质表面性质的研究在现代应用科学中正不断提高.液体对固体的浸润性,与物质的表面性质密切相关,在人们的日常生活以及材料、电子、石油、印染、医药、喷涂、选矿等产业,具有非常重要的作用,如防雾眼镜、防雨玻璃、不粘锅、隐形眼镜、人工静脉导管以及压电式喷墨打印、封装、表面清洁、复合材料、化妆品、涂料、纸、纺织材料等.

液体对固体的浸润,与固体的临界表面张力有关.固体临界表面张力越低,液体对其浸润性越差.分析液体对固体的浸润性,通常采用测量固体表面的液体润湿接触角方法.

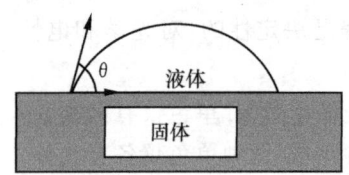

图 5.14.1

将液体滴于固体表面上,随着体系性质的不同,液体可能完全展开而覆盖固体表面,也可能液滴与固体表面形成一定角度液滴而停留于表面上,这时在固、液、气三相交界处,自固-液界面经过液体内部到气-液界面之间的夹角称为接触角(contact angle),通常以 θ 表示,如图 5.14.1 所示.液体在固体表面的接触角与固-气界面自由能 γ_{SG}、固-液界面自由能 γ_{SL} 及液体的表面张力 γ_{LG} 有关,其关系服从杨氏润湿方程:

$$\gamma_{SG} - \gamma_{SL} = \gamma_{LG}\cos\theta \tag{5.14.1}$$

此方程可看作在固、液、气三相交界处,三个界面张力之间平衡的结果.接触角的大小,可以反映液体对固体表面的润湿情况,通常将 $\theta=90°$ 定义为润湿与否的标准,$\theta>90°$ 为不润湿,$\theta<90°$ 为润湿,接触角不存在或为 0 则为铺展.通过测定接触角和液体的表面张力,利用杨氏润湿方程,可以得到黏附功、黏附张力、铺展系数的值,并能对各种润湿过程能否自动进行作出判断.

在测量接触角时,若在固-液界面扩展后测量,此接触角称前进角,通常以 θ_A 表示;若在固-液界面缩小后测量,此接触角为后退角,用 θ_R 表示.通常前进角与后退角的数值不等,两者之差值 $(\theta_A-\theta_R)$ 叫做接触角滞后.造成接触角滞后现象的主要原因是液体或固体表面被污染,固体表面的粗糙不平和不均匀性.

接触角的测量技术主要分为如下四种:①影像分析法;②插板法;③力测量法;④透过测量法(主要是粉体接触角).通常,影像分析法和力测量法是我们通常使用的测试接触角方法.影像分析法用于分析一个测试液滴(sessile drop)滴在固体上后的角度影像;力测量法是用称重传感器测量固体与测试液间的界面张力,通过换算得出接触角值.对于影像分析法,根据停滴方法的不同,影像分析法还可以分为悬滴法、停滴法(二态)、停滴法(三态),如图5.14.2所示.

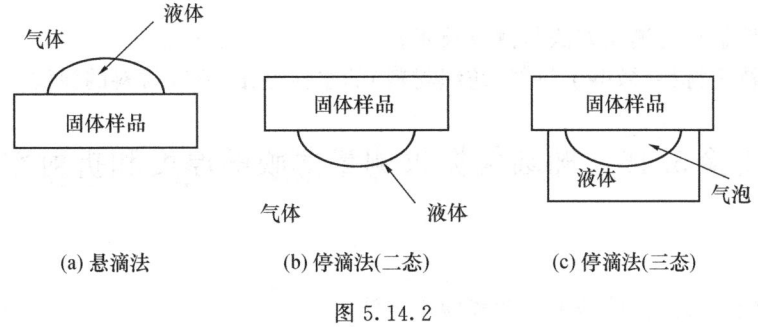

图 5.14.2

【仪器与用具】

本实验采用影像分析法的悬滴法测量微电子材料或纺织材料的水接触角.当将一滴满足要求体积的液体(双蒸水)滴在固体表面后,采用接触角仪、计算机采集系统和分析软件,通过影像分析技术,测量出液体与固体表面的接触角.

实验采用SL200A型接触角仪,如图5.14.3所示.仪器主要由CCD镜头(75mm焦距,25/30 帧/秒)、进样器控制部件(可升降12.5mm,0.01mm微距)、光源控制部件(可调亮度LED光源)、样品台部件(样品台面50mm×50mm,样品厚度10mm)、图像采集卡(25/30 帧/秒)和手动控制微量进样器($10\mu l$)组成.

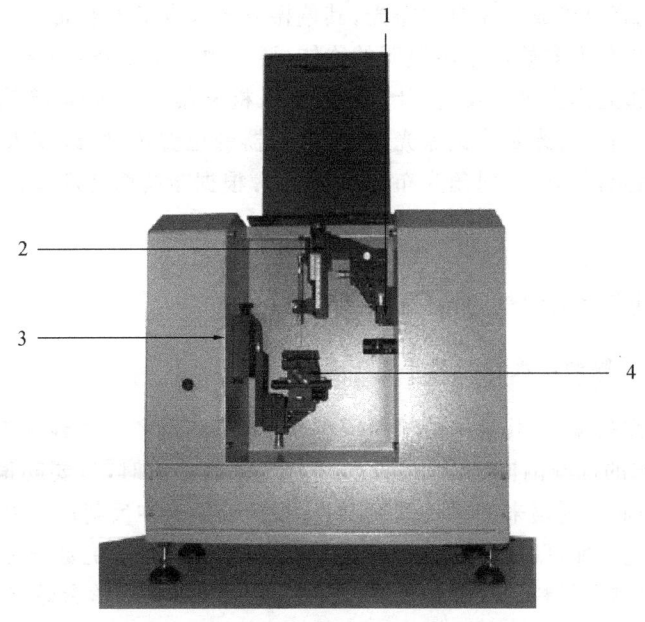

1. CCD 镜头;2. 进样器控制部件;3. LED 光源;4. 样品台部件

图 5.14.3

该仪器采用表面张力与接触角分析系统的CAST2.0软件控制,使接触角与表面自由能分析变得简单、高效、准确.系统可以提供不同的接触角值分析方法,如悬滴法、停滴法、斜板法(插板法)等.

【实验内容】

(1) 学习接触角的测量方法与测量技术;
(2) 测量特定材料(微电子材料、纺织材料)的水接触角,研究材料的浸润性.

实验 5.15 椭圆偏振仪测量薄膜的厚度和折射率

【实验目的】

(1) 了解椭圆偏振仪的基本结构和使用方法;
(2) 利用椭圆偏振仪测量不透明的物体的布儒斯特角;
(3) 掌握消光法测量透明薄膜厚度与折射率的基本原理和方法.

【实验仪器】

TPY-Ⅱ型多功能激光椭圆偏振仪.

【实验原理】

1. 测量布儒斯特角,计算不透明物质的折射率

自然光在两种介质的分解面上反射和折射时,反射光和折射光都将成为部分偏振光,在特定情况下,反射光有可能成为完全偏振光,其偏振方向垂直于入射面.

在分光计的载物台上安放一个不透明的物体(要有抛光面).令从平行光管出射的激光束直接投射在物体的抛光面上进行反射,让反射光射入检偏器.适当转动检偏器,使透过检偏器的光强为最小.这表明反射光是线偏振光,保持检偏器的位置不动,改变入射角,观察检偏器的光强,直到完全消光,此时,入射角为布儒斯特角 φ. 根据布儒斯特定律:

$$\tan\varphi = \frac{n_2}{n_1} = n_{21} \tag{5.15.1}$$

式中, n_{21} 为此不透明物体对空气的相对折射率.

2. 用消光法测薄膜的厚度与折射率

椭圆偏振法简称椭偏法,其基本的测量原理是,由起偏器产生的线偏振光经取向一定的 1/4 波片后成为特殊的椭圆偏振光,把它投射到待测样品表面时,只要起偏器取适当的透光方向,被待测样品表面反射出来的将是线偏振光.根据偏振光在反射前后的偏振状态变化(包括振幅和相位的变化),便可以利用光的电磁理论导出的较为复杂的数学方程,确定薄膜的厚度和折射率,也可以测定材料的吸收系数或金属的复折射率等光学参数.该原理最早由布儒斯特、菲涅耳等提出,已有 100 多年的历史,但由于数学处理上的困难,直到 20 世纪 40 年代计算机出现以后才发展起来.椭偏法的测量经过几十年来的不断改进,已从手动进入到全自动变入射角、变波长,特别适用于实时监测,极大地促进了纳米技术的发展.椭偏法的测量精度很高(比一般的干涉法高一至二个数量级),测量灵敏度也很高(可探测生长中的薄膜小于 0.1nm 的厚度变化).随着计算机及其相关计算软件、光纤及光谱仪的飞速发展,椭偏法在半

导体材料、光学、化学、生物学和医学等领域得到了广泛的应用.

设待测样品是均匀镀在衬底上的透明同性膜层. 如图 5.15.1 所示，n_1，n_2 和 n_3 分别为环境介质、薄膜和衬底的折射率，d 是薄膜的厚度，入射光束在膜层上的入射角为 φ_1，在薄膜及衬底中的折射角分别为 φ_2 和 φ_3. 按照折射定律有

$$n_1\sin\varphi_1 = n_2\sin\varphi_2 = n_3\sin\varphi_3 \quad (5.15.2)$$

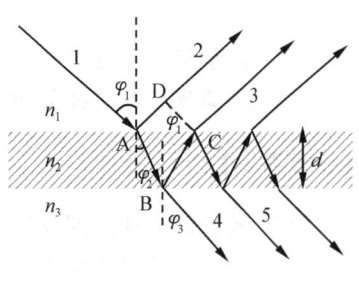

图 5.15.1

光的电矢量分解为两个分量，即振动面在入射面内的 p 分量及垂直于入射面的 s 分量. 根据折射定律及菲涅耳反射公式，可求得 p 分量和 s 分量在第一界面上的复振幅反射率分别为

$$r_{1\text{p}} = \frac{n_2\cos\varphi_1 - n_1\cos\varphi_2}{n_2\cos\varphi_1 + n_1\cos\varphi_2} = \frac{\tan(\varphi_1-\varphi_2)}{\tan(\varphi_1+\varphi_2)}, \quad r_{1\text{s}} = \frac{n_1\cos\varphi_1 - n_2\cos\varphi_2}{n_1\cos\varphi_1 + n_2\cos\varphi_2} = -\frac{\sin(\varphi_1-\varphi_2)}{\sin(\varphi_1+\varphi_2)}$$
$$(5.15.3)$$

在第二界面处则有

$$r_{2\text{p}} = \frac{n_3\cos\varphi_2 - n_2\cos\varphi_3}{n_3\cos\varphi_2 + n_2\cos\varphi_3} = \frac{\tan(\varphi_2-\varphi_3)}{\tan(\varphi_2+\varphi_3)}, \quad r_{2\text{s}} = \frac{n_2\cos\varphi_2 - n_3\cos\varphi_3}{n_2\cos\varphi_2 + n_3\cos\varphi_3} = -\frac{\sin(\varphi_2-\varphi_3)}{\sin(\varphi_2+\varphi_3)}$$
$$(5.15.4)$$

从图 5.15.1 可以看出，入射光在两个界面上会有多次的反射和折射，总反射光束将是许多反射光束干涉的结果. 利用多光束干涉的理论，得 p 分量和 s 分量的总反射系数：

$$R_\text{p} = \frac{r_{1\text{p}} + r_{2\text{p}}\exp(-2\text{i}\delta)}{1 + r_{1\text{p}}r_{2\text{p}}\exp(-2\text{i}\delta)}, \quad R_\text{s} = \frac{r_{1\text{s}} + r_{2\text{s}}\exp(-2\text{i}\delta)}{1 + r_{1\text{s}}r_{2\text{s}}\exp(-2\text{i}\delta)} \quad (5.15.5)$$

式中

$$2\delta = \frac{4\pi}{\lambda}dn_2\cos\varphi_2 \quad (5.15.6)$$

是相邻反射光束之间的相位差，而 λ 为光在真空中的波长.

光束在反射前后的偏振状态的变化可以用总反射系数比（R_p/R_s）来表征. 在椭偏法中，用椭偏参量 φ 和 Δ 来描述反射系数比，其定义为

$$\tan\varphi\exp(\text{i}\Delta) = \frac{R_\text{p}}{R_\text{s}} \quad (5.15.7)$$

此式称为椭偏方程.

分析上述各式可知，在 λ，φ_1，n_1 和 n_3 确定的条件下，φ 和 Δ 只是薄膜厚度 d 和折射率 n_2 的函数，只要测量出 φ 和 Δ，原则上应能解出 d 和 n_2. 由于 n_1、δ（光程差）与 φ、Δ 之间不易得到简单的函数关系，特别是当基底为导电物质时，计算更为复杂，从上述各式实际上无法解析出 $d=(\varphi,\Delta)$ 和 $n_2=(\varphi,\Delta)$ 的具体形式. 因此，只能先按以上各式用电子计算机算出在 λ，φ_1，n_1 和 n_3 一定的条件下 (φ,Δ) 与 (d,n) 的关系图表，待测出某一薄膜的 φ 和 Δ 后再从图表上查出相应的 d 和 $n(n_2)$ 的值.

WJZ-II 型多功能激光椭圆偏振仪配备了上述数据表和计算软件. 可以在测量出起偏器读数盘及检偏器读数盘这两个数据后上机通过软件计算出 n_2 和 d.

【实验内容】

(1) 测量给定不透明样品的布儒斯特角,计算其折射率;
(2) 用消光法测定样品薄膜的厚度与折射率.

【注意事项】

(1) 实验前必须对照仪器,详细阅读仪器说明书.
(2) 整个实验过程中不得旋动平行光管,以保证入射面不改变,否则会改变 S,P 坐标轴的方位而使起偏器零点的位置发生改变.
(3) 整个实验过程中,特别是转动望远镜时,不得调节望远镜镜筒的高低.
(4) 激光光源点亮后会发出较强的激光,对人眼能造成一定的伤害,故在使用中,绝对禁止直视光源.

【思考题】

(1) 用椭圆偏振仪对透明薄膜厚度与折射率进行测量的基本原理是什么?
(2) 测量时,为什么要将 1/4 波片置于 45°和 315°的位置?

参 考 文 献

丁慎训.1992.物理实验教程(普通物理实验部分).北京:清华大学出版社
方建兴.2007.物理实验.第2版.苏州:苏州大学出版社
贾玉润.1987.大学物理实验.上海:复旦大学出版社
江美福.1998.大学物理实验.苏州:苏州大学出版社
梁华翰.1996.大学物理实验(修订版).上海:上海交通大学出版社
陆廷济.2003.物理实验教程.上海:同济大学出版社
马世红,童培雄,赵在忠.2008.文科物理实验.北京:高等教育出版社
苏州大学,南京师范大学,扬州大学师范学院.1994.物理实验教程.苏州:苏州大学出版社
万春华.1999.大学物理实验(第一册).南京:南京大学出版社
杨述武.2000.普通物理实验(第一、二、三册).第3版.北京:高等教育出版社
邹铭新.1998.基础物理实验.北京:北京航空航天大学出版社

附录 A 中华人民共和国法定计量单位

经 1984 年 1 月 20 日国务院第 21 次常务会议讨论,决定在采用国际单位制的基础上进一步统一我国的计量单位,并在同年 2 月 27 日发布命令实行《中华人民共和国法定计量单位》.国际单位制是国际计量大会在 1960 年通过的,以长度、质量、时间、电流、热力学温度、物质的量与发光强度 7 个基本单位构成不同科学技术领域中所需要的全部单位,是在米制基本上发展起来的现代化形式.国际单位制的国际代号为 SI,中文称号为国际制.

国际单位制包括以下三部分内容:

(1) 国际制单位.分基本单位、辅助单位和导出单位三类.基本单位共 7 个,辅助单位指平面角和立体角.导出单位是通过系数为 1 的定义方程由基本单位导出的,其中有 19 个具有专门名称.所有单位的符号均采用正体拉丁字母,源于人名的单位,第一个字母大写,其余都小写[注:我国另选定的可以使用的非国际制单位有时间(日、小时、分)、平面角(度、分、秒)、转速(分、转)、质量(吨、原子量单位)、体积(升)、能量(电子伏)及级差(分贝)等,这些也属我国法定计量的单位].

(2) 国际制词头.

(3) 国际制的十进倍数与分数单位,由国际制词头冠于国际单位前构成,其中有一个例外是质量单位,此词头加在"克"前构成.

详见附表 A-1~附表 A-3.

附表 A-1 国际单位制的基本单位与辅助单位

	量的名称	单位名称	单位符号
基本单位	长度	米	m
	质量	千克(公斤)	kg
	时间	秒	s
	电流	安[培]	A
	热力学温度	开[尔文]	K
	物质的量	摩[尔]	mol
	发光强度	坎[德拉]	cd
辅助单位	平面角	弧度	rad
	立体角	球面度	sr

附表 A-2 具有专门名称的导出单位

量的名称	单位名称	单位符号	SI 单位表示	SI 基本单位表示
频率	赫[兹]	Hz	—	s^{-1}
力,重力	牛[顿]	N	J/m	$m \cdot kg/s^2$
压力,压强,应力	帕[斯卡]	Pa	N/m^2	$m^{-1} \cdot kg/s^2$
能量,功,热	焦[耳]	J	$N \cdot m$	$m^2 \cdot kg/s^2$
功率,辐射通量	瓦[特]	W	J/s	$m^2 \cdot kg/s^3$
电荷量	库[仑]	C	—	$A \cdot s$
电势,电压,电动势	伏[特]	V	W/A	$m^2 \cdot kg/(s^3 \cdot A)$

续表

量的名称	单位名称	单位符号	SI 单位表示	SI 基本单位表示
电容	法[拉]	F	C/V	$s^4 \cdot A^2/(m^2 \cdot kg)$
电阻	欧[姆]	Ω	V/A	$m^2 \cdot kg/(s^3 \cdot A^2)$
电导	西[门子]	S	A/V	$s^3 \cdot A^2/(m^2 \cdot kg)$
磁通量	韦[伯]	Wb	V·s	$m^2 \cdot kg/(s^2 \cdot A)$
磁通量密度,磁感强度	特[斯拉]	T	Wb/m^2	$kg/(s^2 \cdot A)$
电感	亨[利]	H	Wb/A	$m^2 \cdot kg/(s^2 \cdot A^2)$
摄氏温度	摄氏度	℃	—	K
光通量	流[明]	lm	cd·sr	
光照度	勒[克斯]	lx	$cd \cdot sr \cdot m^{-2}$	
放射性活度	贝可[勒尔]	Bq	—	s^{-1}
吸收剂量	戈[瑞]	Gy	J/kg	m^2/s^2
剂量当量	希[沃特]	Sv	J/kg	m^2/s^2

附表 A-3　国际制词头

倍数与分数	词头名称		符　号
	外文名称	中文名称	
10^{24}	yotta	尧[它]	Y
10^{21}	zetta	泽[它]	Z
10^{18}	exa	艾[可萨]	E
10^{15}	peta	拍[它]	P
10^{12}	tera	太[拉]	T
10^{9}	giga	吉[咖]	G
10^{6}	mega	兆	M
10^{3}	kilo	千	k
10^{2}	hecto	百	h
10^{1}	deca	十	da
10^{-1}	deci	分	d
10^{-2}	centi	厘	c
10^{-3}	milli	毫	m
10^{-6}	micro	微	μ
10^{-9}	nano	纳[诺]	n
10^{-12}	pico	皮[可]	p
10^{-15}	femto	飞[母托]	f
10^{-18}	atto	阿[托]	a
10^{-21}	zepto	仄[普托]	z
10^{-24}	yocto	幺[科托]	y

附录 B 基本物理常数

国际科学技术数据委员会(CODATA)于 1973 年发表了基本物理常数的推荐值，以后又于 1986 年、1998 年发布了两种新的推荐值，每次都比上次精密，大体各提高一个数量级.CODATA 的基本常数任务组由美、俄、中、英等 9 国与国际度量衡局代表组成.

有几个基本常数已用于定义国际制的基本单位，如 1m 为真空中光在 1/299 792 458s 中经过的距离，碳-12 的摩尔质量为 12g 等，反过来说，光速等物理常数的值是精确的.还有单位制所需要的常数 $\varepsilon_0(=1/\mu_0 c^2)$ 及 $\mu_0(=4\pi\times 10^{-7})$ 也是精确的.另外，地球表面重力加速度、大气压，因地点、时间而变，本身没有确定的值，也就为它们各规定以个标准值.只要这几类规定不变，这些常数就具有精确值，附表 B-1.

附表 B-1 精确的物理常数

物理量	符号	数值	单位
真空中光速	c	299 792 458	m/s
磁常数	μ_0	$12.566\ 370\ 614\cdots\times 10^{-7}$	N/A²
电常数	ε_0	$8.854\ 187\ 817\cdots\times 10^{-12}$	F/m
标准重力加速度	g_n	9.806 65	m/s²
标准大气压		101 325	Pa

其他物理常数的标准不确定度取两位有效数字，放在该常数后的括弧内，见附表 B-2.

附表 B-2 基本物理常数 CODATA 1998 值

物理量	符号	1998年推荐值	单位
牛顿引力常数	G	$6.673(10)\times 10^{-11}$	m³/(kg·s²)
普朗克常量	h	$6.626\ 068\ 76(52)\times 10^{-34}$	J·s
精细结构常数	α	$7.297\ 352\ 533(27)\times 10^{-3}$	
摩尔气体常量	R	$8.314\ 472(15)$	J/(mol·K)
阿伏伽德罗常量	N_A	$6.022\ 141\ 99(47)\times 10^{23}$	mol⁻¹
玻尔兹曼常量	k	$1.380\ 650\ 3(24)\times 10^{-23}$	J/K
气体摩尔体积(标准状况)	V_m	$22.413\ 996(39)\times 10^{-3}$	m³/mol
洛施密特常量	n_0	$2.686\ 777\ 5(47)\times 10^{25}$	m⁻³
玻尔半径 $\alpha/4\pi R_\infty$	a_0	$0.529\ 177\ 208\ 3(19)\times 10^{-10}$	m
电子磁矩	μ_e	$-928.476\ 362(37)\times 10^{-26}$	J/T
质子磁矩	μ_p	$1.410\ 606\ 633(58)\times 10^{-26}$	J/T
中子磁矩	μ_n	$-0.966\ 236\ 40(23)\times 10^{-26}$	J/T
核磁子 $eh/2m_p$	μ_N	$5.050\ 783\ 17(20)\times 10^{-27}$	J/T
μ 子质量	m_μ	$1.883\ 531\ 09(06)\times 10^{-28}$	kg
τ 子质量	m_τ	$3.167\ 88(52)\times 10^{-27}$	kg
基本电荷	e	$1.602\ 176\ 462(63)\times 10^{-19}$	C
约瑟夫森常量	K_J	$483\ 597.898(19)\times 10^9$	Hz/V
冯·克利青常量	R_K	$25\ 812.807\ 572(95)$	Ω

续表

物理量	符 号	1998 年推荐值	单 位
法拉第常量	F	96 485.341 5(39)	C/mol
电子荷质比	e/m_e	$-1.758\ 820\ 174(71)\times 10^{11}$	C/kg
电子质量	m_e	$9.109\ 381\ 88(72)\times 10^{-31}$	kg
（以 μ 表示）		$5.485\ 799\ 110(12)\times 10^{-4}$	u
质子质量	m_p	$1.672\ 621\ 58(13)\times 10^{-27}$	kg
（以 u 表示）		1.007 276 466 88(13)	u
中子质量	m_n	$1.674\ 927\ 16(13)\times 10^{-27}$	kg
（以 u 表示）		1.008 664 915 78(55)	u
氘核质量	m_d	$3.343\ 583\ 09(26)\times 10^{-27}$	kg
（以 u 表示）		2.013 553 212 71(35)	u
里德伯常量	R_∞	10 973 731.568 549(83)	m^{-1}
斯特藩-玻尔兹曼常量	σ	$5.670\ 400(40)\times 10^{-8}$	$W/m^2 \cdot K^4$
维恩位移常量	b	$2.897\ 768\ 6(51)\times 10^{-3}$	$m \cdot k$
电子伏特	eV	$1.602\ 176\ 462(63)\times 10^{-19}$	J
原子量单位	u	$1.660\ 538\ 73(13)\times 10^{-27}$	kg

注：所有物理常数只有万有引力常数的精度有所下降，这是由于近几年中各国测定值较离散所致，但最近又有人用扭摆测得 G 值为 $6.674\ 215(92)\times 10^{-11}\mathrm{N}\cdot\mathrm{m/kg}^2$.

附录 C 物理常量表

附表 C-1 固体的密度 (单位:g/cm³)

物 质	密 度	物 质	密 度	物 质	密 度	物 质	密 度
银	10.492	康铜③	8.88	玻璃(火石)	2.8~4.5	煤	1.2~1.7
金	19.3	硬铝④	2.79	瓷器	2.0~2.6	石板	2.7~2.9
铝	2.70	德银⑤	8.30	砂	1.4~1.7	橡胶	0.91~0.96
铁	7.86	殷钢⑥	8.0	砖	1.2~2.2	硬橡胶	1.1~1.4
铜	8.933	铅锡合金⑦	10.6	混凝土⑩	2.4	丙烯树脂	1.182
镍	8.85	磷青铜⑧	8.8	沥青	1.04~1.40	尼龙	1.11
钴	8.71	不锈钢⑨	7.91	松木	0.52	聚乙烯	0.90
铬	7.14	花岗岩	2.6~2.7	竹	0.31~0.40	聚苯乙烯	1.056
铅	11.342	大理石	1.52~2.86	软木	0.22~0.26	聚氯乙烯	1.2~1.6
锡(白、四方)	7.29	玛瑙	2.5~2.8	电木板(纸层)	1.32~1.40	冰(0℃)	0.917
锌	7.12	熔融石英	2.2	纸	0.7~1.1		
黄铜①	8.5~8.7	玻璃(普通)	2.4~2.6	石蜡	0.87~0.94		
青铜②	8.78	玻璃(冕牌)	2.2~2.6	蜂蜡	0.96		

注:附表 C-1 中物质的配比成分:
①Cu 70, Zn 30; ②Cu 90, Sn 10; ③Cu 60, Ni 40; ④Cu 4, Mg 0.5, 其余为 Al; ⑤Cu 26.6, Zn 36.6, Ni 36.8; ⑥Fe 63.8, Ni 36, C 0.2; ⑦Pb 87.5, Sn 12.5; ⑧Cu 79.7, Sn 10, Sb 9.5, P 0.8; ⑨Cr 18, Ni 8, Fe 74; ⑩水泥 1, 沙 2, 碎石 4.

附表 C-2 液体的密度 (单位:g/cm³)

物 质	密 度	物 质	密 度	物 质	密 度	物 质	密 度
丙酮	0.791*	三氯甲烷	1.489*	汽油	0.66~0.75	海水	1.01~1.05
乙醇	0.7893*	甘油	1.261*	柴油	0.85~0.90	牛乳	1.03~1.04
甲醇	0.7913*	甲苯	0.8668*	松节油	0.87		
苯	0.8790*	重水	1.105*	蓖麻油	0.96~0.97		

标有"*"记号者为 20℃时值.

附表 C-3 水的密度 (单位:g/cm³)

温度/℃	0	1	2	3	4	5	6	7	8	9
	0.	0.	0.	0.	0.	0.	0.	0.	0.	0.
0	999 84	999 90	999 94	999 96	999 97	999 96	999 94	999 91	999 88	999 81
10	999 73	999 63	999 52	999 40	999 27	999 13	998 97	998 80	998 62	998 43
20	998 23	998 02	997 80	997 57	997 33	997 06	996 81	996 54	996 26	995 97
30	995 68	995 37	995 05	994 73	994 40	994 06	993 71	993 36	992 99	992 62
40	9922	9919	9915	9911	9907	9902	9898	9894	9890	9885

续表

温度/℃	0	1	2	3	4	5	6	7	8	9
50	9881	9876	9872	9867	9862	9857	9853	9848	9843	9838
60	9832	9827	9822	9817	9811	9806	9801	9795	9789	9784
70	9778	9772	9767	9761	9755	9749	9743	9737	9731	9725
80	9718	9712	9706	9699	9693	9687	9680	9673	9667	9660
90	9653	9647	9640	9633	9626	9619	9612	9605	9598	9591
100	9584	9577	9569							

附表 C-4　水银的密度

温度/℃	0	10	20	30	40	50
密度/(g/cm^3)	13.5951	13.5705	13.5460	13.5216	13.4971	13.4727
温度/℃	60	70	80	90	100	
密度/(g/cm^3)	13.4484	13.4241	13.3999	13.3757	13.3517	

附表 C-5　空气密度　　　　（单位：g/cm^3）

压强/mmHg 温度/℃	720	730	740	750	760	770	780
0	1.225	1.242	1.259	1.276	1.293	1.310	1.327
4	1.207	1.224	1.241	1.258	1.274	1.291	1.308
8	1.190	1.207	1.223	1.240	1.256	1.273	1.289
12	1.173	1.190	1.206	1.222	1.238	1.255	1.271
16	1.157	1.173	1.189	1.205	1.221	1.237	1.253
20	1.141	1.157	1.173	1.189	1.205	1.220	1.236
24	1.126	1.141	1.157	1.173	1.188	1.204	1.220
28	1.111	1.126	1.142	1.157	1.173	1.188	1.203

附表 C-6　气体的密度（1.013×10^5 Pa, 0℃）　　　　（单位：g/cm^3）

物质	密度	物质	密度	物质	密度	物质	密度
Ar	1.7837	N$_2$	1.2505	NH$_3$	0.7710	丙烷	2.009
H$_2$	0.0899	O$_2$	1.4290	乙炔	1.173		
He	0.1785	CO$_2$	1.977	乙烷	1.356(10℃)		
Ne	0.9003	Cl$_2$	3.214	甲烷	0.7168		

附表 C-7　1 大气压（1.013×10^5 Pa）下一些元素的熔点和沸点　　　　（单位：℃）

元素	熔点	沸点	元素	熔点	沸点	元素	熔点	沸点
铜	1084.5	2580	铝	660.4	2486	锡	231.97	2270
铁	1535	2754	锌	419.58	903	铅	327.5	1750
镍	1455	2731	金	1064.43	2710	汞	−38.86	356.72
铬	1890	2212	银	961.93	2184			

附表 C-8　各种固体的弹性模量

名称	杨氏模量 E /10^{10} N/m²	切变模量 G /10^{10} N/m²	泊松比	名称	杨氏模量 E /10^{10} N/m²	切变模量 G /10^{10} N/m²	泊松比
金	8.1	2.85	0.42	硬铝	7.14	2.67	0.335
银	8.27	3.03	0.38	磷青铜	12.0	4.36	0.38
铂	16.8	6.4	0.30	不锈钢	19.7	7.57	0.30
铜	12.9	4.8	0.37	黄铜	10.5	3.8	0.374
铁(软)	21.19	8.16	0.29	康铜	16.2	6.1	0.33
铁(铸)	15.2	6.0	0.27	熔融石英	7.31	3.12	0.170
铁(钢)	20.1～21.6	7.8～8.4	0.28～0.30	玻璃(冕牌)	7.1	2.9	0.22
铝	7.03	2.4～2.6	0.355	玻璃(火石)	8.0	3.2	0.27
锌	10.5	4.2	0.25	尼龙	0.35	0.122	0.4
铅	1.6	0.54	0.43	聚乙烯	0.077	0.026	0.46
锡	5.0	1.84	0.34	聚苯乙烯	0.36	0.133	0.35
镍	21.4	8.0	0.336	橡胶(弹性)	$(1.5\sim5)\times10^{-4}$	$(5\sim15)\times10^{-5}$	0.46～0.49

附表 C-9　固体的线胀系数(1.013×10^5 Pa)

物质	温度/℃	线胀系数 /10^{-6}	物质	温度/℃	线胀系数 /10^{-6}	物质	温度/℃	线胀系数 /10^{-6}
金	20	14.2	磷青铜	—	17	陶瓷		3～6
银	20	19.0	镍钢(Ni10)	—	13	大理石	25～100	5～16
铜	20	16.7	镍钢(Ni43)	—	7.9	花岗岩	20	8.3
铁	20	11.8	石蜡	16～38	130.3	混凝土木材	−13～21	6.8～12.7
锡	20	21	聚乙烯		180	(平行纤维)木材		3～5
铅	20	28.7	冰	0	52.7	垂直纤维		35～60
铝	20	23.0	碳素钢		约11	电木板		21～33
镍	20	12.8	不锈钢	20～100	16.0	橡胶	16.7～25.3	77
黄铜	20	18～19	镍铝合金	100	13.0	硬橡胶		50～80
殷铜	−250～100	−1.5～2.0	石英玻璃	20～100	0.4	冰	−50	45.6
锰铜	20～100	18.1	玻璃	0～300	8～10	冰	−100	33.9

附表 C-10　一些液体的黏滞系数　　　(单位:mPa·s)

物质	0℃	10℃	20℃	50℃	100℃
苯胺	10.2	6.5	4.40	1.80	0.80
丙酮	0.395	0.356	0.322	0.246	—
苯	0.91	0.76	0.65	0.436	0.261
溴	1.253	1.107	0.992	0.746	—
水	1.787	1.304	1.002	0.548	0.284
甘油	12100	3950	1499	—	—
醋酸	—	—	1.22	0.74	0.46
蓖麻油	—	2420	986		16.9

续表

物 质	0℃	10℃	20℃	50℃	100℃
轻机油	—	—	—	—	4.9
精致汽缸油	—	—	—	—	18.7
硝基苯	3.09	2.46	2.01	1.24	0.70
戊烷	0.283	0.254	0.299	—	—
汞	1.685	1.615	1.544	1.407	1.240
二硫化碳	0.433	0.396	0.366	—	—
硅酮	201	135	99.1	47.6	21.5
甲醇	0.817	0.68	0.584	0.396	—
乙醇	1.78	1.41	1.19	0.701	0.326
甲苯	0.786	0.667	0.586	0.420	0.271
四氯化碳	1.35	1.13	0.97	0.65	0.387
氯仿	0.70	0.63	0.57	0.426	—
乙醚	0.296	0.268	0.243	—	0.118
松节油	—	—	1.49	—	—
硝酸(25%)	—	—	1.2	—	—
硫酸(100%)	—	—	26.7	—	—

附表 C-11 不同温度时水的黏滞系数 η （单位：mPa·s）

温度/℃	0	1	2	3	4	5	6	7	8	9
0	1.787	1.728	1.671	1.618	1.567	1.519	1.472	1.428	1.386	1.316
10	1.307	1.271	1.235	1.202	1.169	1.139	1.109	1.081	1.053	1.027
20	1.002	0.978	0.955	0.932	0.911	0.890	0.870	0.851	0.833	0.815
30	0.798	0.781	0.765	0.749	0.734	0.719	0.705	0.691	0.678	0.665

附表 C-12 在不同温度下水与空气接触时的表面张力系数 σ （单位：10^{-3}N/m）

温度/℃	1	2	3	4	5	6	7	8	9	10
0	75.64	75.50	75.36	75.241	75.07	74.93	74.79	74.65	74.50	74.36
10	74.22	74.07	73.93	73.78	73.63	73.49	73.34	73.19	73.04	72.90
20	72.75	72.59	72.44	72.28	72.12	71.97	71.81	71.65	71.49	71.34
30	71.18	71.02	70.86	70.69	70.53	70.37	70.21	70.05	69.88	69.72

附表 C-13 在 20℃ 时与空气接触的液体的表面张力系数 σ （单位：10^{-3}N/m）

介 质	表面张力系数	液 体	表面张力系数	介 质	表面张力系数
石油	30	肥皂液体	40	水银	513
煤油	24	氟利昂-12	90	甲醇(0℃时)	24.5
松节油	28.8	蓖麻油	36.4	乙醇(0℃时)	24.1
水	72.75	甘油	63	(60℃时)	18.4

附表 C-14 电介质的介电常数

介 质	温度/℃	相对介电常数	介 质	温度/℃	相对介电常数
气态乙醚	100	1.0049	醋酸	20	6.4
二氧化碳	0	1.00098	固体乙醇	−172	3.12
气态甲醇	100	1.0057	固体氨	−90	40.1
气态乙醇	100	1.0065	固体醋酸	2	4.1
水蒸气	140~150	1.00785	石蜡		2.0~2.1
气态溴	180	1.0128	聚苯乙烯		2.4~2.6
氦	0	1.000074	无线电瓷		6~6.5
氢	0	1.00026	超高频瓷		7~8.5
氧	0	1.00051	二氧化氮		1.6
氮	0	1.00058	氧化铝		116
氩	0	1.00056	钛酸钡		$10^3 \sim 10^4$
气态汞	400	1.00074	橡胶		2~3
空气	0	1.000585	硬橡胶		4.3
硫化氢	0	1.004	纸		2.5
真空		1	干砂		2.5
乙醚	20	4.335	湿砂(15%水)		约 9
液态二氧化碳	0	1.585	木头		2~8
甲醇	20	33.7	琥珀		2.8
乙醇	20	25.7	冰	−5	2.8
水	16.3	81.5	虫胶		3~4
液态氨	14	16.2	赛璐珞		3.3
液态氦	−270.8	1.058	玻璃		4~11
液态氢	−253	1.22	黄磷	20	4.1
液态氧	−182	1.465	硫	16	4.2
液态氮	−185	2.28	碳(金刚石)		5.5~16.5
液态氯	0	1.9	云母		6~8
煤油		2~4	花岗岩		7~9
松节油	2	2.2	大理石		8.3
苯	20	2.283	食盐(氯化钠)		6.2
油漆		3.5			
甘油	20	45.8	氧化铍		7.5

附表 C-15 某些金属和合金的电阻率及其温度系数

金属或合金	电阻率/(μΩ·m)	温度系数/(1/℃)
铝	0.028	42×10^{-4}
铜	0.0172	43×10^{-4}
银	0.016	40×10^{-4}
金	0.024	40×10^{-4}
铁	0.098	60×10^{-4}
铅	0.205	37×10^{-4}

续表

金属或合金	电阻率/($\mu\Omega \cdot m$)	温度系数/(1/℃)
铂	0.105	39×10^{-4}
钨	0.055	48×10^{-4}
锌	0.059	42×10^{-4}
锡	0.12	44×10^{-4}
水银	0.958	10×10^{-4}
武德合金	0.52	37×10^{-4}
钢(0.10%～0.15%碳)	0.10～0.14	6×10^{-3}
康铜	0.47～0.51	$(-0.04\sim-0.01)\times10^{-3}$
铜锰镍合金	0.34～1.00	$(-0.03\sim0.02)\times10^{-3}$
镍铬合金	0.98～1.10	$(0.03\sim0.4)\times10^{-3}$

* 电阻率跟金属中的杂质有关,因此表列中列出的只是20℃时电阻率的平均值.

附表 C-16　一些气体的折射率(常温常压下)

物质名称	折射率	物质名称	折射率
空气	1.000 292 6	水蒸气	1.000 254
氢气	1.000 132	二氧化碳	1.000 488
氯气	1.002 96	甲烷	1.000 444
氧气	1.000 271		

(对 $\lambda_0=589.3$nm,下同)

附表 C-17　一些液体的折射率

物质名称	温度/℃	折射率	物质名称	温度/℃	折射率
水	20	1.3330	丙酮	20	1.3591
乙醇	20	1.3614	二硫化碳	18	1.6255
甲醇	20	1.3288	三氯甲烷	20	1.446
苯	20	1.5011	甘油	20	1.474
乙醚	22	1.3510	加拿大树胶	20	1.530

附表 C-18　一些晶体及光学玻璃的折射率

物质名称	折射率	物质名称	折射率	物质名称	折射率
熔凝石英	1.458 43	冕牌玻璃 K8	1.515 90	火石玻璃 F8	1.605 51
氯化钠(NaCl)	1.544 27	冕牌玻璃 K9	1.516 30	重火石玻璃 ZF1	1.647 50
氯化钾(KCl)	1.490 44	冕牌玻璃 ZK6	1.612 60	ZF6	1.755 00
萤石(CaF_2)	1.433 81	冕牌玻璃 ZK8	1.614 00	钡火石玻璃 BaF8	1.625 90
冕牌玻璃 K6	1.511 10	钡冕玻璃 BaK_2	1.539 90		

附表 C-19　一些单轴晶体的 n_o 和 n_e

物质名称	n_o	n_e
方解石	1.6584	1.4864
晶态石英	1.5442	1.5533
电石	1.669	1.638
硝酸钠	1.5874	1.3361
锆石	1.923	1.968

附表 C-20　一些双轴晶体的光学常数

物质名称	n_α	n_β	n_γ
云母	1.5601	1.5936	1.5977
蔗糖	1.5397	1.5667	1.5716
酒石酸	1.4953	1.5353	1.6046
硝酸钾	1.3346	1.5056	1.5061

附表 C-21　几种纯金属的"红眼"波长及脱出功(功函数)

金属	λ_0/nm	W/eV	金属	λ_0/nm	W/eV
钾(K)	550.0	2.2	汞(Hg)	273.5	4.5
钠(Na)	540.0	2.4	金(Au)	265.0	5.1
锂(Li)	500.0	2.4	铁(Fe)	262.0	4.5
铯(Cs)	460.0	1.8	银(Ag)	261.0	4.0

附表 C-22　光在有机物中偏振面的旋转

旋光物质、溶剂、浓度	波长/nm	$[\rho]$	旋光物质、溶剂、浓度	波长/nm	$[\rho]$
葡萄糖+水 $C=5.5$ ($t=20$℃)	447.0	96.62	酒石酸+水 $C=28.62$ ($t=18$℃)	350.0	−16.8
	479.0	83.88		400.0	−6.0
	508.0	73.61		450.0	+6.6
	535.0	65.35		500.0	+7.5
	589.0	52.76		550.0	+8.4
	656.0	41.89		589.0	+9.82
蔗糖+水 $C=26$ ($t=20$℃)	404.7	152.80	樟脑+乙醇 $C=34.70$ ($t=19$℃)	350.0	378.3
	435.8	128.80		400.0	158.6
	480.0	103.05		450.0	109.80
	520.9	86.80		500.0	81.7
	489.3	66.52		550.0	62.0
	670.8	50.45		589.0	52.4

注：表中给出的旋光率：$[\rho]_\lambda = \dfrac{\Phi \times 100}{lc}$，式中 Φ 表示温度为 t 时在所给溶液中振动面的旋转角；l 表示透过旋光溶液厚度，以 dm 为单位；而 c 为溶液的浓度，即在 100cm³ 溶液中旋光性物质的克数。

附表 C-23　1mm 厚石英片的旋光率(温度 20℃时)

波长/nm	344.1	372.6	404.7	435.9	491.6	508.6	489.3	656.3	670.8
旋光率 ρ	70.59	58.86	48.93	41.54	31.98	29.72	21.72	17.32	16.54

附表 C-24　常用光源的谱线波长

元素	波长/nm	颜色	元素	波长/nm	颜色	元素	波长/nm	颜色
氢(H)	656.28(H_α)	红	氖(Ne)	650.65	红	汞(Hg)	690.75	红
	486.13(H_β)	绿蓝		640.23	红		623.44	红
	434.05(H_γ)	蓝		638.30	红		579.07	黄
	410.17(H_δ)	蓝紫		626.65	红		576.96	黄
	397.01	蓝紫		621.73	橙		546.07	绿
氦(He)	706.52	红		614.31	橙		491.60	绿蓝
	667.82	红		588.19	黄		435.83	蓝
	587.56(D_3)	黄		585.25	黄		407.78	蓝紫
	501.57	绿	镉(Cd)	643.85	红		404.66	蓝紫
	492.19	绿蓝		609.92	红	He-Ne 激光	632.8	红
	471.31	蓝		508.58	绿	氩离子激光	514.53	绿
	447.15	蓝		479.99	蓝		487.99	绿蓝
				467.82	蓝	红宝石激光	693.4	红
	402.62	蓝紫	钠(Na)	589.592	黄			
	388.87	蓝紫		588.995	黄			

附表 C-25　铜-康铜热电偶分度表（0～100℃）

温度/℃	热电动势/mV	温度/℃	热电动势/mV	温度/℃	热电动势/mV	温度/℃	热电动势/mV	温度/℃	热电动势/mV
0	0.000	21	0.830	42	1.695	63	2.599	84	3.538
1	0.039	22	0.870	43	1.738	64	2.643	85	3.584
2	0.078	23	0.911	44	1.780	65	2.687	86	3.630
3	0.117	24	0.951	45	1.822	66	2.731	87	3.676
4	0.156	25	0.992	46	1.865	67	2.775	88	3.721
5	0.195	26	1.032	47	1.907	68	2.819	89	3.767
6	0.234	27	1.073	48	1.950	69	2.864	90	3.813
7	0.273	28	1.114	49	1.992	70	2.908	91	3.859
8	0.312	29	1.155	50	2.035	71	2.953	92	3.906
9	0.351	30	1.196	51	2.078	72	2.997	93	3.952
10	0.391	31	1.237	52	2.121	73	3.042	94	3.998
11	0.430	32	1.279	53	2.164	74	3.087	95	4.004
12	0.470	33	1.320	54	2.207	75	3.131	96	4.091
13	0.510	34	1.361	55	2.252	76	3.176	97	4.137
14	0.549	35	1.403	56	2.294	77	3.221	98	4.184
15	0.589	36	1.444	57	2.337	78	3.266	99	4.231
16	0.629	37	1.486	58	2.380	79	3.312	100	4.277
17	0.669	38	1.528	59	2.424	80	3.357		
18	0.709	39	1.569	60	2.467	81	3.402		
19	0.749	40	1.611	61	2.511	82	3.447		
20	0.789	41	1.653	62	2.555	83	3.493		